Leistungsbild und Honorierung

Nr. 19

Ergänzende Leistungsbilder im Projektmanagement für die Bau- und Immobilienwirtschaft

Stand: Januar 2018

erarbeitet von der
AHO-Fachkommission
„Projektsteuerung/Projektmanagement“

2., vollständig überarbeitete Auflage

Ausschuss der Verbände und Kammern
der Ingenieure und Architekten
für die Honorarordnung e.V.

Bundesanzeiger
Verlag

Bibliografische Information Der Deutschen Bibliothek
Die Deutsche Bibliothek verzeichnet diese Publikation in der Deutschen Nationalbibliografie; detaillierte bibliografische Daten sind im Internet über: http://dnb.ddb.de abrufbar.

Herausgeber:

AHO e.V.
Uhlandstraße 14
10623 Berlin
Telefon: (030) 31 01 917-0
Telefax: (030) 31 01 917-11
E-Mail: aho@aho.de

Redaktionelle Bearbeitung:

Dipl.-Ing. Rebecca Klose
Jana Nowak

Prof. Dr.-Ing. Norbert Preuß
Döbrastraße 10
81549 München
Telefon: (089) 2 06 06 55-10
Telefax: (089) 2 06 06 55-19
E-Mail: norbert.preuss@cbre.com

Dieses Heft erscheint im Rahmen der AHO-Schriftenreihe als unverbindliche Honorierungsempfehlung und Praxishilfe. Bei der Zusammenstellung des Inhalts wurde mit größter Sorgfalt vorgegangen. Haftungsansprüche gegen den Herausgeber, die Autoren oder den Verlag sind jedoch ausgeschlossen.

ISBN 978-3-8462-0049-0
2., vollständig überarbeitete und erweiterte Auflage 2018
1. Auflage September 2004

Mitglieder der AHO-Fachkommission „Projektsteuerung/Projektmanagement"

RA Prof. Dr. jur. K. Eschenbruch	Kapellmann und Partner, Düsseldorf DVP-Vorstand
RA R. Herholz	Geschäftsführer des AHO e.V., Berlin
Dipl.-Ing. (FH) W. Hoffmann, BD, EUR ING	LBB Landesbetrieb Liegenschafts- und Baubetreuung, Rheinland-Pfalz, Idar-Oberstein
RAin Dr. M.-R. Legat	Justitiarin des AHO e.V., Berlin
Prof. Dr.-Ing. N. Preuß (Leiter der Fachkommission)	CBRE PREUSS VALTEQ GmbH, München Geschäftsführender DVP-Vorstand
Dipl.-Ing. Arch. H. Pillich	bmp Baumanagement Pillich, Recklinghausen DVP-Vorstand
Dipl.-Ing. W. Schneider	DU Diederichs Projektmanagement AG & Co. KG, Wuppertal, Geschäftsführender DVP-Vorstand
Dr.-Ing. R. Schofer	Ö.b.u.v. Sachverständiger für Baupreisermittlung, Abrechnung und Bauablaufstörungen, Berlin DVP-Vorstand

Verzeichnis der Autoren

Dipl.-Ing. Stadtplaner H. Alsbach	Höcker Project Managers GmbH, München	35–46
Dr.-Ing. U. Baumgärtner	Dr. Baumgärtner GmbH, Steinebach a. Wörthsee	87–98
Dipl.-Ing. (FH) C. Böttinger, M. Eng.	LBB Landesbetrieb Liegenschafts- und Baubetreuung, Rheinland-Pfalz, Trier	161–190
Dipl.-Ing. J. Brand	Schüßler-Plan Ingenieurgesellschaft mbH, Frankfurt am Main	61–86
Dipl.-Ing. M. Sc. REM+CPM Ch. Brunstein	DU Diederichs Projektmanagement AG & Co. KG, Wuppertal	47–60 191–225
Univ.-Prof. Dr.-Ing. C. J. Diederichs	DSB + IQ-Bau Diederichs . Peine, Sachverständige Bau, Eichenau b. München	3–33
Dipl.-Ing. (FH) K. Eiden	Alpha Immobilien Consulting GmbH, Bamberg	161–190
RA Prof. Dr. jur. K. Eschenbruch	Kapellmann und Partner, Düsseldorf	117–127
Dipl.-Ing. Arch. R. Grolle-Hüging	agn niederberghaus & partner gmbh, Ibbenbüren, DVP-Vorstand	3–33 117–127
Dipl.-Ing. (FH) J. Hennefeld	LBB Landesbetrieb Liegenschafts- und Baubetreuung, Rheinland-Pfalz, Trier	161–190
Dipl.-Ing. (FH) W. Hoffmann, BD, EUR ING	LBB Landesbetrieb Liegenschafts- und Baubetreuung, Rheinland-Pfalz, Idar-Oberstein	61–86 161–190
Prof. Dr.-Ing. Th. Höcker	Höcker Project Managers GmbH, Bochum, DVP-Vorstand	35–46
Dipl.-Ing. (FH) S. Hölzlein	Alpha Immobilien Consulting GmbH, Bamberg	161–190
Dr.-Ing. D. Krips	B & O Service und Messtechnik AG, Bad Aibling	47–60
Dipl.-Ing. J. Möser	möser projektmanagement GmbH & Co. KG, Düsseldorf	3–33
Prof. Dr.-Ing. N. Preuß	CBRE PREUSS VALTEQ GmbH, München	1 99–115 129–159 227–246 247–262

Verzeichnis der Autoren

Dipl.-Ing. Dipl.-Wirtsch.-Ing. H. Reinsch	Institut für Training und Coaching, Duisburg-Baerl	47–60
Dipl.-Ing. B. Schmidt-Waechter	iandus Unternehmensgruppe GmbH & Co. KG, Düsseldorf	247–262
Dipl.-Ing. W. Schneider	DU Diederichs Projektmanagement AG & Co. KG, Wuppertal	61–86
Dr.-Ing. R. Schofer	Ö.b.u.v. Sachverständiger für Baupreisermittlung, Abrechnung und Bauablaufstörungen, Berlin	99–115

Vorwort zur 2. Auflage

Der Titel der 1. Auflage des AHO-Heftes Nr. 19 (September 2004) lautete „Neue Leistungsbilder zum Projektmanagement in der Bau- und Immobilienwirtschaft". Seitdem haben sich die Branche selbst und die Leistungsanforderungen stark verändert. Dies gilt insbesondere im Hinblick auf die Durchführung von sehr anspruchsvollen Großprojekten.

In der 4. Auflage von Heft Nr. 9 der AHO-Schriftenreihe (Mai 2014) erfolgten deshalb Hinweise zur Anwendung des Leistungsbildes bei komplexen Projekten. Für Standardaufgaben bei der Realisierung von Bau- und Immobilienprojekten enthält das Leistungsbild mit den beschriebenen Grundleistungen einen umfassenden und ausreichenden Handlungskatalog. Die Leistungs- und Honorarempfehlung der AHO-Fachkommission „Projektsteuerung/Projektmanagement" ermöglicht – über die Beauftragung von Besonderen Leistungen hinaus – eine Anpassung an ganz besonders komplexe Anforderungen, wie sie etwa bei der Realisierung von Großprojekten anzutreffen sind. In diesem Falle besteht eine wesentliche Aufgabenstellung des Auftraggebers darin, zu prüfen, ob weitere Leistungen projektspezifisch zu berücksichtigen sind. Spektakuläre Fehlsteuerungen bei komplexen und großen Projekten haben in den letzten Jahren verdeutlicht, dass wichtige Felder des Projektmanagements nicht rechtzeitig in Angriff genommen worden sind.

Bei derartigen Projekten kommt insbesondere die Beauftragung der in diesem Heft erläuterten ergänzenden Leistungsbilder in Betracht:

Projektentwicklung Neubau/Bestand (Baulandentwicklung)

Bei komplexen Projekten kann bereits die Definition der Projektziele eine ganz besondere Anforderung darstellen. Das Standardleistungsbild des AHO-Heftes Nr. 9 geht grundsätzlich davon aus, dass der Bedarf und die Projektziele feststehen und der Projektsteuerer bei deren abschließender Definition und Dokumentation mitzuwirken hat. Dagegen können bei komplexeren Projektanforderungen beträchtliche Projektentwicklungsaufgaben erforderlich werden, z.B. Marktanalysen, Bedarfsplanungen sowie Wirtschaftlichkeitsuntersuchungen, die über die Grundleistungen hinaus zu beauftragen sind.

Projektsteuerung von Städtebaulichen Leistungen (PSL)

Die Projektsteuerung von Städtebaulichen Leistungen (PSL) beinhaltet die Steuerung aller Prozesse zur gesamthaften Entwicklung städtebaulicher Areale. Diese Projektsteuerung umfasst die Prozesse der Bauleitplanung, Freimachen, Herrichten und Erschließen.

Stakeholdermanagement

Bei komplexeren Projekten ist in besonderer Weise darauf zu achten, alle Stakeholder, wie etwa betroffene Dritte und die relevante Öffentlichkeit, frühzeitig in die Projektentwicklung und Projektrealisierung einzubinden, um eine störungsfreie Abwicklung des Projekts in der Zukunft zu ermöglichen. Die Durchführung eines entsprechenden Stakeholdermanagements bedarf eigenständiger konzeptioneller Ansätze und ebenfalls der Bearbeitung eines ganzen Leistungsportfolios, dessen ergänzende Beauftragung so früh wie möglich im Projekt zu erfolgen hat.

Multiprojektmanagement (MPM)

Unter Multiprojektmanagement (MPM) versteht man den organisatorischen und prozessualen Rahmen für das Management, d.h. die Planung, übergreifende Überwachung und Steuerung mehrerer einzelner Projekte in einer definierten Organisation. Multiprojektmanagementprojekte sind dabei eine Menge verknüpfter Projekte, die auf ein Ziel abzustimmen sind. Das MPM umfasst dabei die Schaffung einheitlicher Vorgaben und Prozesse sowie die Koordination zwischen den Projekten mit ihren verschiedenen Beteiligten. Das MPM kann in Form von Programmen oder Projektportfolios organisiert werden. Zwingend erforderlich ist dabei die Koordination zwischen den einzelnen Projekten mit ihren vielfältigen Interdependenzen im Hinblick auf Funktionen, Kosten und Termine.

Risikomanagement

Das Leistungsbild der Projektsteuerung beinhaltet in den Grundleistungen ein Mitwirken beim Risikomanagement in Form einer Beratung des Auftraggebers bei der Identifikation von Risiken unter Berücksichtigung der Beiträge der weiteren Projektbeteiligten. Ferner beinhaltet die Leistung die laufende Bewertung der Risiken zur Eingrenzung.

Mit den weitergehenden Leistungen zum Risikomanagement in diesem Heft werden die Verantwortung und konkrete Leistung der Projektsteuerung in Form einer Besonderen Leistung mit mehreren Projektstufen differenziert beschrieben.

Projektcontrolling – für Anteilseigner/Investoren und deren Aufsichtsgremien

Bei großen Projekten mit mehreren Entscheidungsebenen ist es sinnvoll, ein übergeordnetes, unabhängiges Controlling zu beauftragen, welches Anteilseigner/Gesellschafter und/oder Aufsichtsgremien im Rahmen ihrer Mandate unterstützt und diesen gegenüber auch auskunftspflichtig ist. Die ausformulierten Leistungen unterscheiden sich deutlich von einem Projektmonitoring, z.B. für finanzierende Banken. Die Aufgabe des hier beschriebenen Controllings konzentriert sich auf die wesentlichen, projektzielgefährdenden Parameter in allen Bereichen des Projektgeschehens.

Value Engineering

Die im Leistungsbild beschriebenen Aufgaben beinhalten das Ziel, entweder ein bestehendes Planungskonzept im Hinblick auf Wirtschaftlichkeitsvorgaben und funktionale Einflussgrößen zu optimieren oder ein Planungskonzept umfassend auf die realistische Erreichung der Qualitäts-, Kosten-, Termin- und Funktionsziele zu überprüfen. Die Leistungen können aus unterschiedlichen Motiven erforderlich werden und sowohl punktuell als auch kontinuierlich im Projektverlauf beauftragt werden.

Inbetriebnahmemanagement

Die Grundleistung des Projektmanagers liegt in einer gesamthaften Konzeptionierung der Abläufe und Integration der Projektbeteiligten mit dem Ziel, einen bestimmten Inbetriebnahmetermin bei voller Funktionalität des Projekts zu erreichen. Bei hochkomplexen und hochtechnisierten Fabrikationsgebäuden der stationären Industrie, z.B. einem Flughafen oder einem großen Klinikum – um nur einige Projektbeispiele zu nennen –, besteht die Notwendigkeit, dies als Besondere Leistung zu beauftragen. Dies gilt insbesondere für Projekte mit mehreren Teilprojekten bzw. übergreifenden technischen Systemen, die in ihren Abhängigkeiten und der Gesamtfunktionalität bereits in der Planung im Hinblick auf inbetriebnahmerelevante Voraussetzungen und Rahmenbedingungen konzipiert werden müssen. Gleiches gilt für Projekte, die während des laufenden Betriebs baulich stark verändert werden und mit der Nutzung stark vernetzt sind.

Technisches Inbetriebnahmemanagement in Anlehnung an VDI 6039

Nach VDI 6039 bedingt der zunehmend hohe Anteil der Technischen Gebäudeausrüstung (TGA) im Hochbau eine systemübergreifende Inbetriebnahmeplanung und -realisierung. Diese ist als Ganzes, als ein geschlossenes technisches Anlagesystem zu verstehen und kann sich nicht nur auf Einzelgewerke beschränken. Die zielorientierte, systematische Inbetriebnahme der TGA ist im gesamten Planungs- und Ausführungsprozess detailliert zu berücksichtigen. Die Leistungen des Technischen Inbetriebnahmemanagements beschränken sich auf die Technische Gebäudeausrüstung. Dabei sind diese abzugrenzen von Leistungen der Planungsbeteiligten, wie diese in der HOAI beschrieben sind.

Projektmanagement bei Infrastrukturvorhaben

Im Rahmen eines DVP-Arbeitskreises wurde 2014 ein Ergebnisbericht zum Projektmanagement bei Infrastrukturvorhaben veröffentlicht. Darin werden die Besonderheiten des Projektmanagements bei Infrastrukturvorhaben erläutert.

Im vorliegenden Heft werden komprimiert die wesentlichen Leistungsstrukturen zusammengefasst, die bei der Beauftragung relevanter Projektmanagementleistungen zu berücksichtigen sind.

Nutzerprojektmanagement

Oftmals entstehen Probleme dadurch, dass der Nutzerbedarf nicht hinreichend erfasst wird und die Nutzerbelange während der Planung und Ausführung nicht ausreichend berücksichtigt werden. Vielfach erkennen Bauherren erst zu spät, dass die eingesetzte Personalkapazität für die Steuerung der internen Nutzer nicht ausreicht. Im Leistungsbild werden die wahrzunehmenden Aufgaben beschrieben, die auch an externe Projektmanager beauftragt werden können.

Leistungen der Mieterkoordination bei Handelsimmobilien

Die Leistungen der Mieterkoordination bei Handelsimmobilien stellen eine spezialisierte Form des Nutzerprojektmanagements dar, die insbesondere bei Einkaufszentren erbracht werden müssen. Die Mieterkoordination bildet das kommunikative und organisatorische Bindeglied zwischen dem Vermieter, den Mietern und den verschiedenen Projektbeteiligten (Investor, Planer, Haustechnik- und Fachplaner, Centermanagement, Behörden und bauausführende Unternehmen). Die Leistungen werden i.d.R. unter Federführung des Investors bzw. der innerhalb dieser Organisation verantwortlichen Stellen des Vermietungsmanagements erbracht. Sie beinhalten auch eine Beratungsfunktion im Hinblick auf die abzuschließenden Mietverträge und die Umsetzung der darin vereinbarten Rahmenbedingungen im Verhältnis zu verschiedenen Beteiligten.

Die Neuausrichtung dieses AHO-Heftes Nr. 19 war nur aufgrund des großen Engagements der Mitglieder der AHO-Fachkommission sowie der eingeladenen Gastautoren möglich, denen allen ich an dieser Stelle danke.

Vorwort zur 2. Auflage

Bei meinem Vorgänger in der Leitung der AHO-Fachkommission und Initiator der 1. Auflage dieses Heftes, Herrn Univ.-Prof. Dr.-Ing. C. J. Diederichs, bedanke ich mich für die Durchsicht des Gesamtwerkes.

Frau Jana Nowak gilt Dank für die Erstellung der Textfassung für den Bundesanzeiger Verlag und Frau Dipl.-Ing. Rebecca Klose für die engagierte Organisation der Fachkommissionssitzungen und Aufbereitung der Diskussionsergebnisse.

Berlin, im Dezember 2017

Prof. Dr.-Ing. Norbert Preuß

– Leiter der AHO-Fachkommission „Projektsteuerung/Projektmanagement" –

Vorwort zur 1. Auflage

In der Zusammenfassung (Kapitel 7) der 6. Auflage von Heft Nr. 9 der Schriftenreihe des AHO vom Januar 2004 (Untersuchungen zum Leistungsbild, zur Honorierung und zur Beauftragung von Projektmanagementleistungen in der Bau- und Immobilienwirtschaft) wurde bereits darauf hingewiesen, dass sich am Markt neben der klassischen Projektsteuerung in Stabsfunktion und der Projektleitung in Linienfunktion weitere Leistungsbilder etabliert haben, die das Bauprojektmanagement teilweise ergänzen, teilweise aber auch erheblich erweitern im Hinblick auf die Haftungs- und Risikoübernahme des Auftragnehmers.

Als Ergebnis der Beratungen und der Ausarbeitungen der Mitglieder der AHO-Fachkommission „Projektsteuerung/Projektmanagement" werden hiermit neue Leistungsbilder vorgelegt, die Auftraggebern und Auftragnehmern als Leitfaden und Arbeitshilfe bei Vorbereitung und Abschluss diesbezüglicher Leistungsvereinbarungen dienen sollen:

Kap. 2: Implementierung und Anwendung von Projektkommunikationssystemen

Kap. 3: Projektentwicklung im engeren Sinne

Kap. 4: Erstbewertung/Bestandsbewertung (Real Estate Due Diligence)

Kap. 5: Nutzer-Projektmanagement

Kap. 6: Unabhängiges Projektcontrolling im Auftrag des Investors bzw. Nutzers

Kap. 7: Bauprojekt- und Bauvertragsmanagement aus einer Hand

Kap. 8: Construction Management (CM)

Die in diesen sieben Kapiteln gefassten Leistungsbilder treten z.T. zu den in Heft 9 definierten Leistungen des Bauprojektmanagements hinzu (Kap. 2–6), z.T. ersetzen sie diese (Kap. 7–8).

Alle sieben Kapitel sind grundsätzlich einheitlich in jeweils drei Abschnitte gegliedert:

1. Einleitung mit Erläuterungen zum Verständnis von Art und Umfang des jeweiligen Themas
2. Leistungsbild, teilweise mit Kommentar und strukturiert nach Projektstufen, Handlungsbereichen, Grundleistungen und Besonderen Leistungen, soweit möglich
3. Honorierung, wobei vielfach vorgeschlagen wird, angesichts der Individualität und Komplexität jedes Einzelfalles eine Vergütung nach Zeitaufwand vorzunehmen, wie unter § 203 (Ziff. 2.3) und im Kommentar unter Ziff. 4.1 von Heft 9 des AHO vorgeschlagen.

In Kapitel 1 werden Empfehlungen für Auftraggeber gegeben, eine Auswahl aus den neuen Leistungsbildern in Abhängigkeit von ihrer eigenen Konstellation vorzunehmen.

Vorwort zur 1. Auflage

Auch die Erstellung dieses Heftes 19 war mit einem erheblichen Arbeitsaufwand verbunden. Dem gegenüber Heft 9 teilweise erweiterten Mitgliederkreis der AHO-Fachkommission „Projektsteuerung/Projektmanagement" ist daher wiederum zu danken für seine richtungsweisende Zuarbeit sowie der DVP-Assistentin, Frau Dipl.-Ing. Wibke Leithe, für die redaktionelle Bearbeitung der Textfassung für den Bundesanzeiger-Verlag.

München, im September 2004

Univ.-Prof. Dr.-Ing. C. J. Diederichs

– Leiter der Fachkommission –

Inhaltsverzeichnis

Einleitung

Prof. Dr.-Ing. N. Preuß

In der 4. Auflage des AHO-Heftes Nr. 9 (2014) erfolgten in Kapitel 1.3 Hinweise zur Ergänzung der Grundleistungen durch Besondere Leistungen bei besonders komplexen Projekten mit hohen Anforderungen, die dort als Besondere Leistungen in den einzelnen Projektstufen und Handlungsbereichen aufgeführt wurden.

Diese Besonderen Leistungen wurden nun in differenzierten Leistungsbildern ausgearbeitet.

Die Bearbeitungsstruktur ist wie folgt:

1. Definition
2. Anwendungsbereich
3. Schnittstellen zu anderen Leistungen
4. Leistungsbild
5. Kommentierung
6. Honorierung

Den einzelnen Leistungen liegen die Definitionen zu den Tätigkeitsmerkmalen gemäß AHO-Heft Nr. 9, § 2 (4), zugrunde. Je nach Leistungsbild erfolgen ergänzende Definitionen.

In allen Kapiteln erfolgen Hinweise zur Honorierung. Aufgrund der jeweils vorliegenden projektindividuellen Einflüsse und des Fehlens von repräsentativen Daten für Honorarparameter erfolgt die Vergütung nach Zeitaufwand (siehe AHO-Heft Nr. 9, § 9).

Den Vertragsparteien steht es frei, Pauschalhonorarvereinbarungen zu treffen oder ergänzend zu den zeit- oder pauschalbezogenen Honorierungen Erfolgskomponenten festzulegen.

Rechtsberatungsleistungen im Sinne des Rechtsdienstleistungsgesetzes sind nicht Gegenstand der nachfolgenden Leistungsbilder.

1 Projektentwicklung Neubau/Bestand (Baulandentwicklung)

Univ.-Prof. Dr.-Ing. C. J. Diederichs / Dipl.-Ing. J. Möser / Dipl.-Ing. Arch. R. Grolle-Hüging

1.1 Definition

Eine Projektidee entwickelt sich im Spannungsfeld zwischen den drei Komponenten Nutzung, Standort und Kapital. Der Anstoß für eine Projektentwicklung kann aus unterschiedlichen Richtungen kommen. Oft existieren am Anfang zwei dieser drei Komponenten, also beispielsweise ist ein Standort vorhanden und das erforderliche Kapital, es fehlt aber ein Nutzer, oder die Nutzung ist gegeben und das Kapital, es fehlt aber ein Standort. Es gibt aber auch den Fall, dass lediglich das Grundstück vorhanden ist und eine vage Idee zur Nutzung.

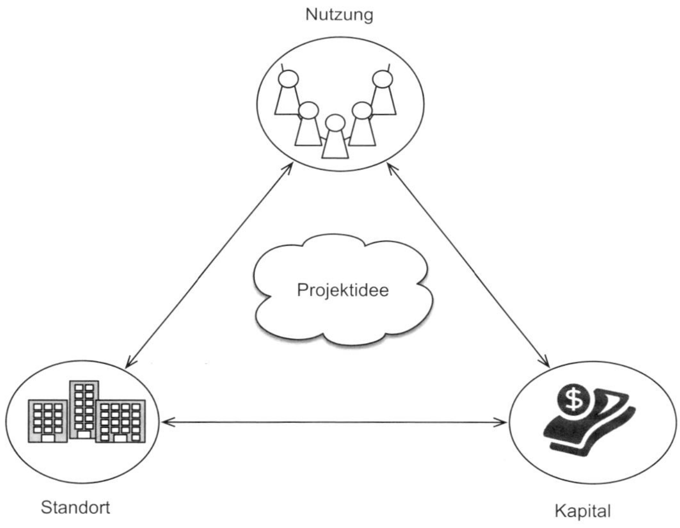

Bild 1: Drei Komponenten der Projektentwicklung

Hinsichtlich des Begriffs und der Funktion der Projektentwicklung bestehen in der Bau- und Immobilienwirtschaft teilweise noch unterschiedliche und unpräzise Vorstellungen. Eine klare Definition zur Abgrenzung oder gar eine gesetzliche Regelung der Projektentwicklungstätigkeit liegt bisher nicht vor.

Projektentwicklung im weiteren Sinne umfasst den gesamten Lebenszyklus der Immobilie vom Projektanstoß bis hin zur Umwidmung oder zum Abriss am Ende der wirtschaftlich vertretbaren Nutzungsdauer.

1. Projektentwicklung Neubau/Bestand (Baulandentwicklung)

Die nachfolgende, auf die Produktionsfaktoren des Projektentwicklungsprozesses abstellende Definition hat im deutschsprachigen Raum weite Verbreitung erlangt und ist aus diesem Grund Basis der nachfolgenden Ausführungen:

> „Durch **Projektentwicklungen (im weiteren Sinne)** sind die Faktoren Standort, Projektidee und Kapital so miteinander zu kombinieren, dass einzelwirtschaftlich wettbewerbsfähige, arbeitsplatzschaffende und -sichernde sowie gesamtwirtschaftlich sozial- und umweltverträgliche Immobilienobjekte geschaffen und dauerhaft rentabel genutzt werden können.“[1]

Mit diesem Begriffsverständnis wird sowohl die gesamtwirtschaftliche als auch die einzelwirtschaftliche Wirkungsebene angesprochen. Gesamtwirtschaftlich wird gefordert, dass die Immobilie als Ergebnis der Projektentwicklung im weiteren Sinne öffentlichen Belangen entgegenkommt. Einzelwirtschaftliches Effizienzkriterium ist die Wettbewerbsfähigkeit der Immobilie und deren dauerhafte rentable Nutzung als Ergebnis der von der Immobilie ausgehenden Problemlösungskapazität. Die Forderung nach Wettbewerbsfähigkeit stellt die Funktion der Projektentwicklung zugleich in einen übergeordneten strategischen unternehmensbezogenen Zusammenhang. Aus der Sicht eines Immobilienunternehmens kann Projektentwicklung auch als ein strategischer Ansatz zum Aufbau von Erfolgspotenzialen und von Wettbewerbsvorteilen vor der Branchenkonkurrenz interpretiert werden.[2]

Die Projektentwicklung im Immobilienbereich befasst sich im Allgemeinen mit den ersten Phasen des Lebenszyklus von Immobilien, beginnend mit der Projektidee bis zur vollständigen Realisierung und Inbetriebnahme. Die Projektentwicklung als Dienstleistung weist hier Schnittmengen zum Projektmanagement auf. Das im Rahmen dieser Publikation definierte Leistungsbild befasst sich mit diesem Teilbereich der Projektentwicklung und soll einer Abgrenzung zu den Leistungsbildern des Projektmanagements, des Facility Managements und der Mieter- und Nutzerkoordination dienen.

Ziel der Projektentwicklung ist die Schaffung von Wertsteigerungen, da dies der Ertrag ist, den ein Projektentwickler erwirtschaftet. Hier lassen sich im Projektverlauf verschiedene Punkte definieren, an denen eine Wertsteigerung des Grundstücks stattgefunden hat. Der Wert eines Grundstücks steigt mit gleichzeitig abnehmendem Risiko für den Entwickler. Den geringsten Wert hat ein unbebautes Grundstück ohne Baurecht. Hier ist das Risiko für den Entwickler noch sehr groß, dass die Parameter nicht in der Form realisiert werden können, wie es für eine wirtschaftliche Entwicklung erforderlich wäre. Das geringste Risiko bietet ein bebautes Grundstück mit Vollvermietung. Dementsprechend ist der Verkaufspreis hier deutlich höher.

---

1 Diederichs (1994), S. 43.
2 Diederichs (1994), S. 46.

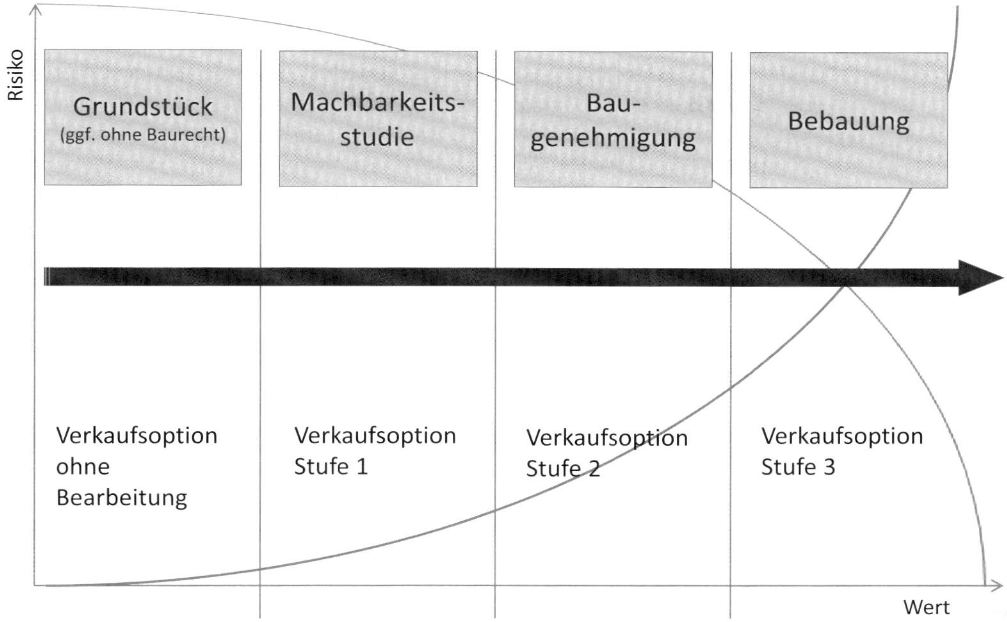

Bild 2: Verhältnis von Risiko zu Wertsteigerung über den Projektverlauf

1.1.1 Formen der Projektentwicklung

In institutioneller Hinsicht lassen sich drei Formen der Leistungserstellung in der Projektentwicklung unterscheiden:

- die Projektentwicklung für den eigenen Bestand,
- die Projektentwicklung für Investoren und
- die Projektentwicklung als Dienstleistung.

Die Projektentwicklung für den eigenen Bestand wird entweder mit eigenen Mitarbeitern oder unter Einbindung von Projektentwicklungsunternehmen vorgenommen. Ein Verkauf der entwickelten Immobilien ist im Allgemeinen nicht vorgesehen, Ziel ist der langfristige Aufbau eines Immobilienportfolios.

Die Projektentwicklung für Investoren zielt darauf ab, die Wertschöpfungspotentiale der Entwicklung zu realisieren. Hierfür erfolgt im Allgemeinen zu einem bestimmten Zeitpunkt der Verkauf der Entwicklung (Exit). Dies geschieht üblicherweise nach Fertigstellung und Inbetriebnahme, kann aber auch in früheren Phasen mit Erreichen bestimmter Wertsteigerungspunkte der Fall sein.

Die Finanzierung dieser Projektentwicklungen kann unterschiedliche Formen haben. Klassisch ist eine Finanzierung über Fremdkapital, welches in Form von Krediten durch Finanzierungspartner zur Verfügung gestellt wird. Der Investor hat im Regelfall einen Teil der Projektkosten als Eigenkapital zu stellen.

Ein alternatives Modell sind Joint Ventures zwischen Entwicklern und Kapitalpartnern, wobei der Entwickler die operativen Entwicklungsleistungen und der Kapitalpartner die

Sicherung der Finanzierung übernimmt. Dazu wird eine Objektgesellschaft gegründet, an der beide Partner Anteile im Rahmen ihrer finanziellen Leistungsfähigkeit erhalten.

Die Projektentwicklung als Dienstleistung (Consultingleistung) kommt somit sowohl für Eigentümer zur Entwicklung des eigenen Bestandes als auch für Investoren in Betracht. Der Vertrag zur Erbringung von Projektentwicklungsleistungen hat dabei je nach Ausgestaltung Dienstleistungs- oder Werkvertragscharakter. Es empfiehlt sich, die Leistungen ergebnisorientiert und damit als Werkvertrag zu vereinbaren, wobei das „Werk" aus den einzelnen übertragenen Teilleistungen besteht (vgl. Ziff. 1.4 und 1.5).

Alternativ kommt eine erfolgsabhängige Leistungsvereinbarung in Betracht. Maßstab für den Erfolg sind dann die Wertschöpfungsbeiträge, die durch den Projektentwickler geleistet werden, z.B. durch die Nutzungskonzeption.

Projektentwicklung kann sowohl im Bereich Neubau/Grundstücksentwicklung als auch im Bereich Bestandsimmobilien stattfinden. Auch bei Entwicklungen im Bestand ist es das Ziel der Projektentwicklung, die drei Komponenten „Projektidee", „Standort" und „Kapital" in ein funktionierendes Gleichgewicht zu bringen. Die Tools sind hierbei die gleichen wie bei der klassischen Neubauentwicklung, allerdings erfordert die Entwicklung im Bestand besondere Erfahrungen im Umgang mit vorhandenen Gebäudestrukturen. Insbesondere gilt es hier, die Risiken, welche im Zusammenhang mit der vorhandenen Gebäudestruktur stehen, im Rahmen der Machbarkeitsstudie richtig zu bewerten.

1.2 Anwendungsbereich

1.2.1 Nachfrager nach Projektentwicklungen

Die Struktur der Nachfrage nach Entwicklungen ist naturgemäß einem ständigen Wandel unterworfen.

Als Dienstleister, der Consultingleistungen im Bereich der Projektentwicklung anbietet, sollte man sich regelmäßig einen Überblick über die aktuellen Marktströmungen verschaffen. Neben den klassischen Nachfragern, wie z.B. offene oder geschlossene Immobilienfonds, Versicherungen und Pensionskassen oder Immobilien-Aktien- oder Leasinggesellschaften, investieren derzeit verstärkt „Family Offices" in Immobilien-Projektentwicklungen.

Diese unterschiedlichen Gruppen zeichnen sich durch teilweise stark voneinander abweichende Anforderungsprofile und Renditevorstellungen aus:

Die Zielsetzung von Anlegern in Immobilienfonds werden durch die Faktoren Rentabilität, Sicherheit und Liquidität bestimmt. Die Rentabilität wird mit dem Begriff „Performance" gemessen, d.h. aus der Summe von Ausschüttungsrendite und Wertsteigerung, bezogen auf den Fondsanteil. Von offenen Immobilienfonds werden innerstädtische Standorte mit mehr als 200.000 Einwohnern bevorzugt. Sie fordern hohe Vermietungsgarantien.

Für Immobilien-Leasinggesellschaften sind sowohl die Bonität des Leasingnehmers als auch die Drittverwendungsfähigkeit des Leasingobjekts vorrangige Entscheidungskriterien.

Für institutionelle Anleger wie Versicherungen und Pensionskassen steht die Sicherheit der Investitionen im Vordergrund. Sie begnügen sich mit geringen Renditen, legen allerdings hohen Wert auf Vermietungsgarantien.

Die noch überschaubare Anzahl von Immobilien-Aktiengesellschaften hat sich erst in den letzten Jahren am Markt etabliert. Das Verhalten der ausländischen Investoren ist vielfältig und von individuellen Interessen geprägt.

Die erwähnten „Family Offices" sind von der Anlagestrategie mit Versicherungen oder Pensionsfonds zu vergleichen. Auch hier geht es um eine möglichst risikoarme Anlage der investierten Vermögen, der Renditeaspekt ist hier erst in zweiter Linie von Interesse.

1.2.2 Der Projektentwicklungsprozess

Ziel einer jeden Projektentwicklung ist die Wertsteigerung im Rahmen des Entwicklungsprozesses. Diese Wertsteigerung kann beim Entwickler verbleiben (bei der Entwicklung für den eigenen Bestand) oder durch einen Verkauf zu einem bestimmten Zeitpunkt realisiert werden. Diese Wertschöpfungsstufen stellen gleichzeitig auch Entscheidungspunkte dar, an denen im Verlauf einer Projektentwicklung die Entscheidung für den Abbruch oder die Fortführung der Entwicklung getroffen werden muss.

Durch diese Entscheidungszäsuren entsteht ein geordneter und nachvollziehbarer Projektablauf. Damit wird das Ausmaß der getroffenen Festlegungen/Entscheidungen bzw. der noch verbleibenden Freiheitsgrade transparent und damit den Projektbeteiligten vermittelbar (siehe Bild 3).

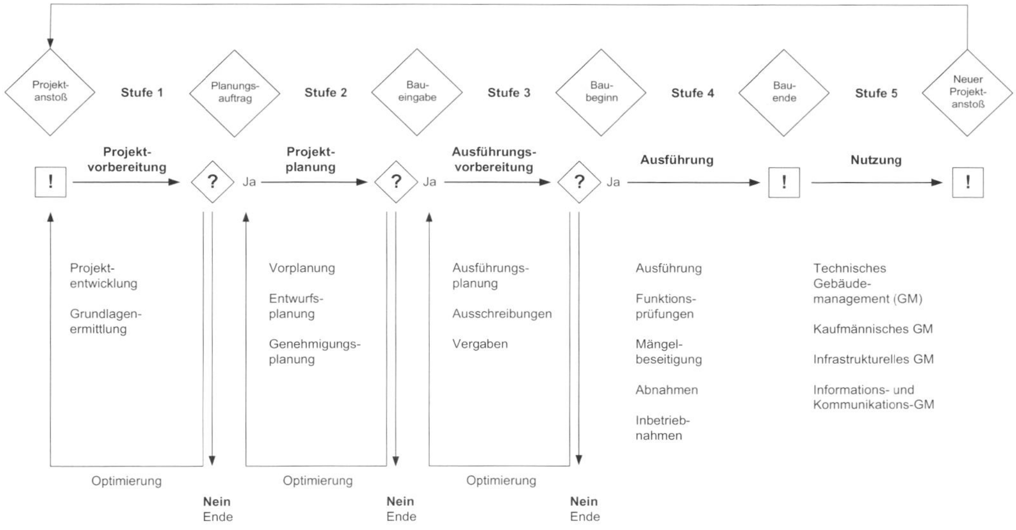

Bild 3: Projektstufen und Entscheidungspunkte des Projektentwicklungsprozesses[1]

Daraus wurde von *Bone-Winkel* ein Phasenmodell des Projektentwicklungsprozesses abgeleitet, das er in Projektinitiierung, -konzeption, -konkretisierung, -realisierung und -management sowie Vermarktung gliedert (siehe Bild 4).

1 Quelle: Diederichs (2003), S. 92.

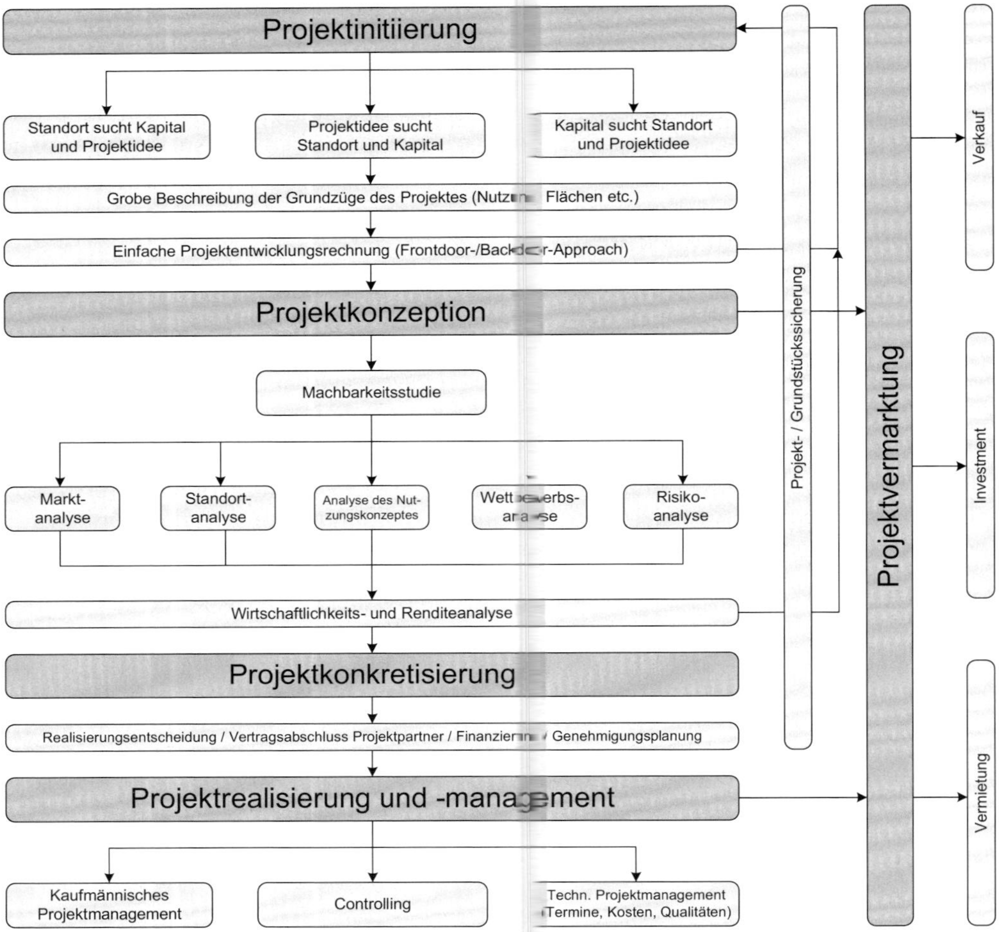

Bild 4: Phasenmodell der Projektentwicklungsprozesse[1]

Wesensmerkmal von Projektentwicklungen ist aber auch, dass zu jedem Zeitpunkt Einflüsse von außen auf die Entwicklung einwirken können. Ein linearer Ablauf, wie er idealtypisch diesen Modellen zugrunde liegt, ist daher äußerst selten. Die Kunst des Projektentwicklers besteht darin, auf sich ändernde äußere Einflüsse flexibel zu reagieren, ohne das Gesamtziel der Entwicklung aus dem Auge zu verlieren.

Bei einer Projektentwicklung von Bestandsimmobilien muss vor dem Einsatz der Planung die Frage der Qualität des Bestandes überprüft werden. Lohnt sich eine Sanierung noch oder ist ein vollständiger Abriss und Neubau sinnvoller? Zur Beantwortung dieser Frage ist eine Vielzahl von Untersuchungen durchzuführen, die den Zustand der tragenden und der nicht tragenden Konstruktion sowie der Installationen und zentralen Betriebstechnik analysiert. Trotz genauester Recherchen verbleiben gewisse Restrisiken und damit gegebene Unwägbarkeiten. Diese Unwägbarkeiten kommen häufig zu einem Zeitpunkt zum Vorschein, in dem die Planung bereits läuft, und aus diesem Umstand Störungen bzw.

1 Quelle: Schulte/Bone-Winkel/Rottke (2002), S. 40.

Änderungen resultieren, die durch das Projektmanagement federführend bearbeitet werden müssen. Der darin steckende Arbeitsaufwand für alle Beteiligten ist sehr viel höher als bei einem klassischen Neubauprojekt:

- Mitwirkung in der Beurteilung der Bestandssituation (Verbleib von Restrisiken und Unwägbarkeiten)
- Mitwirkung bei der Eingrenzung und Lösung von Problempunkten im Bauplanungs- und Bauordnungsrecht unter Berücksichtigung der Aspekte:
  - Reichweite einer Baugenehmigung
  - Reichweite des Bestandsschutzes
  - Bebauungsplanverfahren
  - bauordnungsrechtliche Vorschriften
  - Denkmalschutz
  - Altlasten
- Erstellung des Kosten- und Terminrahmens unter Berücksichtigung der Qualität des Bestandes sowie der evtl. auftretenden Störgrößen der bestehenden Unwägbarkeiten aus Bestand und ggf. laufendem Gebäudebetrieb etc.
- Analyse der aus dem laufenden Gebäudebetrieb resultierenden Anforderung an die Projektabwicklung (Sicherheit inkl. Brandschutz, ggf. Mehrschichtbetrieb, erforderliche bauliche Schutzmaßnahmen, evtl. abschnittsweise Übergabe des Objekts, technische und organisatorische Schnittstellen)

Je nach Form der Projektentwicklung (siehe Ziff. 1.1.1) übernimmt der Auftraggeber unterschiedliche Aufgaben im Entwicklungsprozess. Bei der Projektentwicklung für den eigenen Bestand ist der Auftraggeber selbst der Entwickler, hier gibt es keine Aufgabenteilung zwischen Auftraggeber und Auftragnehmer, daher kann man hier auch nicht von „Pflichten des Auftraggebers" sprechen.

Bei den übrigen Formen der Projektentwicklung (als Dienstleistung oder für Investoren) sind durch den Auftraggeber folgende Pflichten zu übernehmen:

- Beauftragung des Dienstleisters
- Vorgabe der Projektziele (Kosten/Termine/Nutzung) auf Basis der Erkenntnisse der Machbarkeitsstudie
- finale Projektentscheidung

1.3 Schnittstellen zu anderen Leistungen

Die im Rahmen dieses Leistungsbildes betrachtete Projektentwicklung im engeren Sinne tangiert diverse Leistungen des Projektmanagements und der Planungsleistungen im Laufe der verschiedenen Entwicklungsphasen.

Zunächst ist grundsätzlich die Projektentwicklung von Hochbauprojekten von der Projektentwicklung für städtebauliche Leistungen bzw. Baurechtschaffung zu unterscheiden, auf dessen Leistungsbild in Kapitel 2 dieses Heftes verwiesen wird. Im Regelfall wird es ohne Baurecht keine Grundstücksakquisition und -sicherung geben (siehe Modul 2 im Leistungsbild), weil die Risiken zu groß sind. Daher werden die Leistungsbilder aufeinander aufbauen oder ggf. Überschneidungen in der Ablauforganisation haben, aber weniger direkte Leistungsüberschneidungen aufweisen. Die Risiko-, Umfeld- und Stakeholderanalyse (siehe Modul 5 im Leistungsbild) in der Konkretisierungsphase einer Projektentwicklung weist Parallelen zu den Kapiteln 3 und 5 dieses Heftes auf, in denen diese Themen als Einzelleistungen differenziert dargestellt werden (siehe Bild 5).

Lebenszyklus einer Immobilie

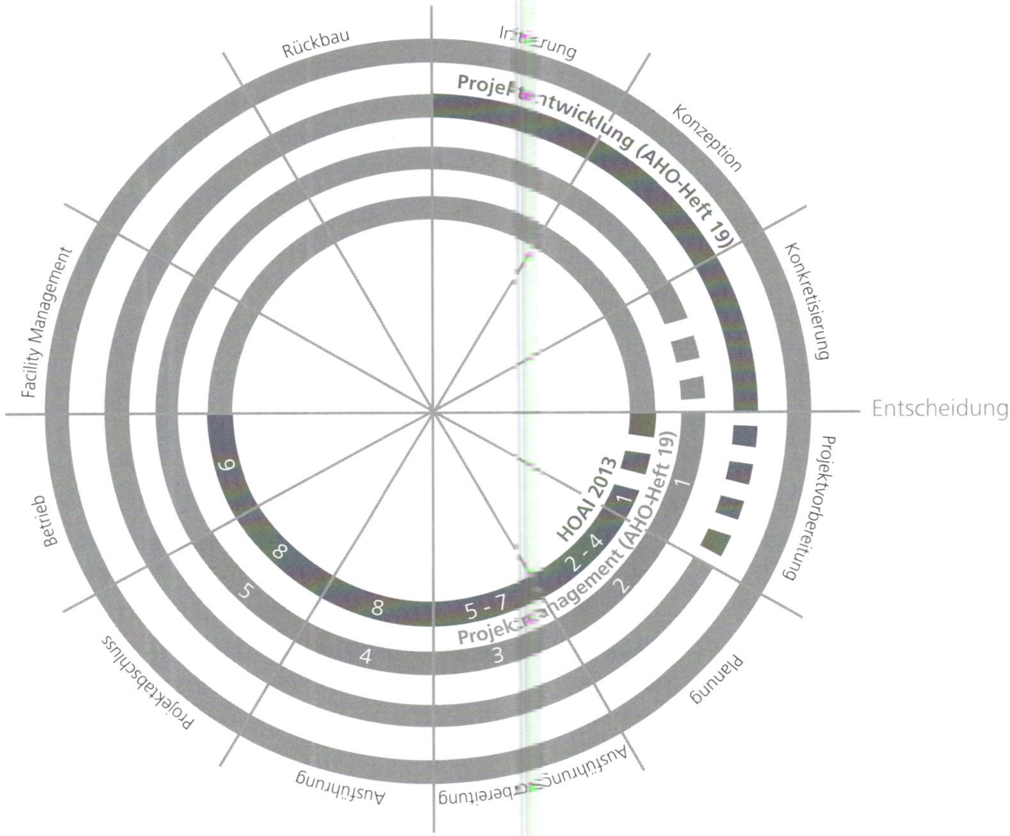

Bild 5: Parallelität der Leistungen der Projektentwicklungsprozesse, der Projektsteuerung und der Planungsprozesse im Lebenszyklus einer Immobilie

Mit Abschluss der Phasen „Initiierung" und „Konzeption" erfolgt die Formulierung der Projektentscheidung und Beauftragung der Projektbeteiligten. Hier gibt es sicherlich die meisten Überschneidungen mit den Leistungen des Projektmanagements gemäß AHO-Heft Nr. 9 in der Projektstufe 1. Dies ist hinsichtlich der Beauftragungssituation aber nur dann problematisch, wenn die Leistungen der Projektentwicklung und der Projektsteuerung demselben Auftragnehmer übertragen werden sollen. In diesem Fall wird beispielsweise der Projektsteuerer nicht mehr die Bedarfsplanung aus der Projektentwicklungsphase überprüfen müssen, wenn er im Vorfeld bereits wesentlich daran mitgewirkt hatte. Die Leistung der Projektentwicklung muss zu diesem Zeitpunkt allerdings noch nicht abgeschlossen sein. Der Projektentwickler begleitet ggf. auch die Planungs- und Realisierungsphasen, dann nimmt er jedoch gegenüber dem Projektsteuerer die Rolle des Auftraggebers, Projektleiters oder externen Beraters des Auftraggebers ein, je nachdem, ob er die Leistungen für den eigenen Bestand oder als Dienstleister erbringt. In dieser Zeit findet im Allgemeinen die Vermarktung der Entwicklung statt und je nach Exit-Szenario auch die weitere Vermarktung. Hier sind die Schnittstellen zur Mieterkoordination und zum Facility Management der Nutzer zu berücksichtigen.

Mögliche Schnittstellen zum Leistungsbild des AHO-Heftes Nr. 9 „Projektmanagementleistungen in der Bau- und Immobilienwirtschaft" (Mai 2014) ergeben sich, wenn die Leistungen der Projektentwicklung und der Projektsteuerung demselben Auftragnehmer übertragen werden sollen (siehe Bild 6):

Grundleistungen in der Projektstufe 1:

- Projektstrukturplanung
- Mitwirken bei der Festlegung der Projektziele
- Mitwirken beim Risikomanagement
- Überprüfen der Bedarfsplanung auf Plausibilität und Vollständigkeit
- Mitwirken bei der Klärung von Standortfragen, bei der Beschaffung von standortrelevanten Unterlagen, bei der Grundstücksbeurteilung hinsichtlich Nutzung in privatrechtlicher und öffentlich-rechtlicher Hinsicht
- Mitwirken bei der Erstellung des Kostenrahmens für Investitionskosten und Nutzungskosten
- Mitwirken bei der Ermittlung und Beantragung von Investitions- und Fördermitteln
- Aufstellen und Abstimmen des Terminrahmens

Besondere Leistungen in der Projektstufe 1:

- Mitwirken bei den Vorbereitungen besonderer behördlicher Genehmigungsverfahren (z.B. Planfeststellungsverfahren)
- Erstellung eines Konzepts zur Erfassung aller betroffenen Dritten und der Öffentlichkeit sowie deren Beteiligung im weiteren Projektablauf
- Erstellen und Abstimmen einer Bedarfsplanung
- Durchführen einer differenzierten Anfrage bezüglich der Infrastruktur (Ver- und Entsorgungsmedien, Verkehr) und Beschaffung der relevanten Informationen und Unterlagen
- Erstellen von Wirtschaftlichkeitsuntersuchungen

1. Projektentwicklung Neubau/Bestand (Baulandentwicklung)

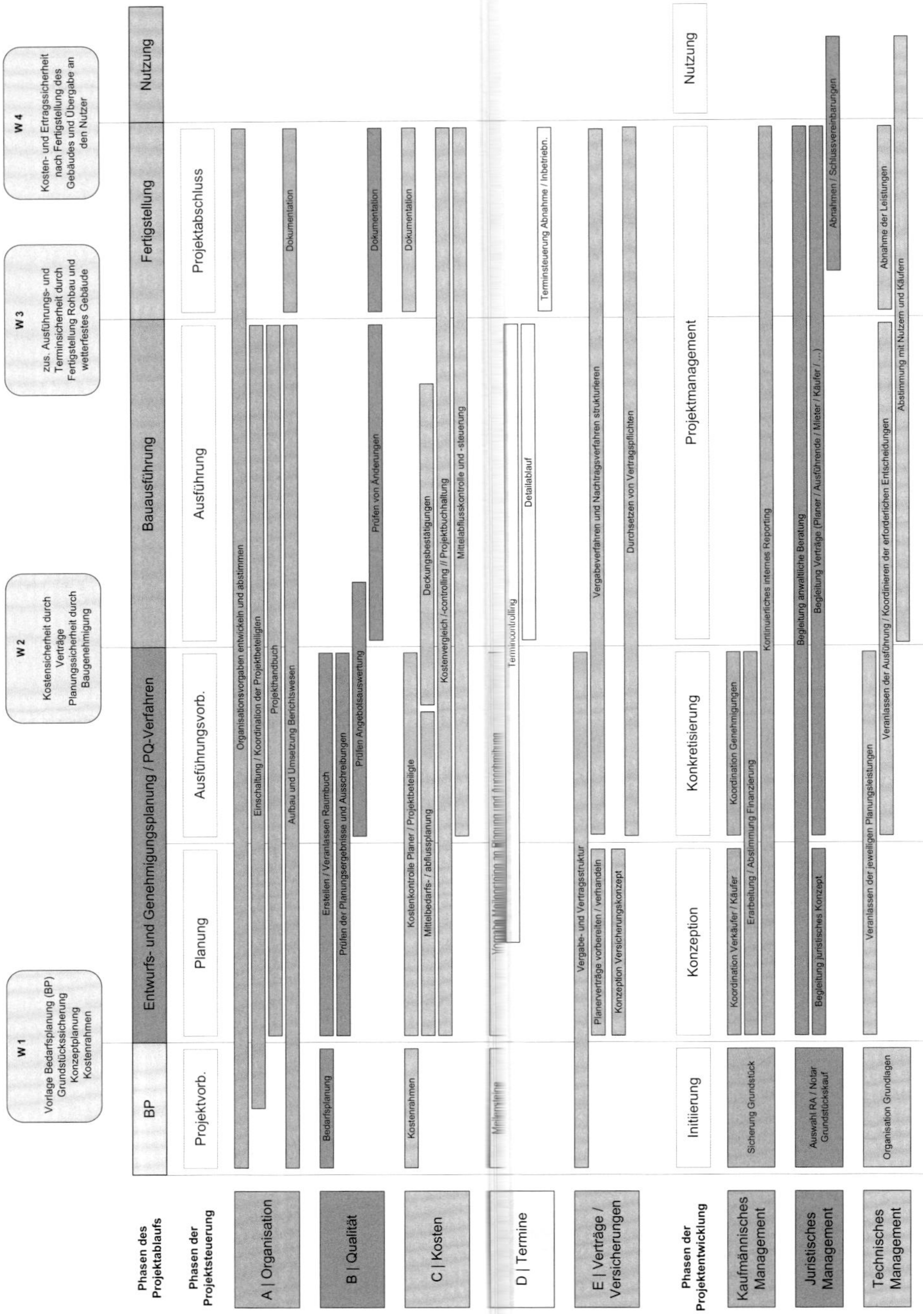

Bild 6: Schnittstellen der Projektentwicklungsprozesse mit dem Leistungsbild der Projektsteuerung

1.4 Leistungsbild

Zur Definition eines Leistungsbildes für die Projektentwicklung ist es zuerst erforderlich, die verschiedenen Arten von Projektentwicklungen voneinander abzugrenzen, da sie unterschiedliche Ziele verfolgen.

Zuerst gilt es zu unterscheiden zwischen Flächenentwicklung und Gebäudeentwicklung. Während bei der Flächenentwicklung als Ziel die grundsätzliche Schaffung von Baurecht im Vordergrund steht (vom Acker zum Bauland), ist das Ziel bei der Gebäudeentwicklung das Erwirken einer Baugenehmigung.

Weiter ist zu unterscheiden zwischen der Entwicklung von gewerblich genutzten Immobilien und von Wohnungsbau, da diese sich in steuerlicher Hinsicht und auch in der Vermarktung stark voneinander unterscheiden.

Im Unterschied zum Projektmanagement verläuft eine Projektentwicklung in den seltensten Fällen linear und ohne die Notwendigkeit von Anpassungen. Je nach Phase der Projektentwicklung können unterschiedliche Tätigkeiten erforderlich werden. Das Leistungsbild der Projektentwicklung gliedert sich daher in einzelne **Module**, die je nach Erfordernis im Projekt geleistet werden. Die jeweilige Umsetzung der einzelnen Leistungsmodule kann zu unterschiedlichen Zeitpunkten im Prozess erfolgen.

Zur Veranschaulichung der Einordnung der einzelnen Module in das Phasenmodell der Projektentwicklung dient die folgende Leistungsmatrix für Projektentwicklung.

Die Module lassen sich im Wesentlichen durch ihre Zuordnung in das kaufmännische, technische und juristische Management in der Wechselwirkung zur jeweiligen Projektphase unterscheiden (siehe Bild 7).

Nachfolgend sind die **15 Leistungsmodule** definiert und anschließend in knapper Form kommentiert.

1. Projektentwicklung Neubau/Bestand (Baulandentwicklung)

	Kaufm. Management	Techn. Management	Juristisches Management	Marketing
Projektinitiierung	M1 Standortanalyse M2 Grundstücksakquisition	M3 Nutzungskonzeption	M11 Rechtliche Rahmenbedingungen	
Projektkonzeption	M4 Wirtschaftlichkeit M5 Risikoanalyse	M6 Vorplanungskonzept M7 Termine	M12 Vertragskonzept	
Projektkonkretisierung	M8 Projektfinanzierung M9 Steuern M10 Entscheidungsvorbereitung	M10 Entscheidungsvorbereitung	M13 Vertragsgestaltung M10 Entscheidungsvorbereitung	M14 Kommunikationskonzept
Projektrealisierung und -management				M15 Vermietung / Verkauf

Bild 7: Leistungsmodule Projektentwicklung

1.4.1 Leistungsmodule Projektentwicklung

Modul 1 – Standortanalyse

Beschreibung eines vorhandenen Standortes oder Beschreibung der Standortanforderungen an einen noch zu beschaffenden Standort

1.1 Definition der räumlichen Rahmenbedingungen des Projekts

1.2 Auswahl und Erhebung relevanter harter Standortfaktoren auf Makro- und Mikroebene

1.2.1 Geografische Lage und Grundstücksstrukturen

1.2.2 Verkehrsstruktur/Anbindung ÖPNV

1.2.3 Wirtschaftsstruktur und Umfeldnutzungen

1.3 Auswahl und Erhebung relevanter weicher Standortfaktoren auf Makro- und Mikroebene

1.3.1 Soziodemografische Struktur

1.3.2 Image und Investitionsklima

1.4 Marktrecherche

Auswahl und Erhebung relevanter Marktindikatoren auf Gesamt- und Teilmarktebene

1.4.1 Nachfrageranalyse

Flächenbedarf, differenziert nach

- Flächengesuchen
- konkreten Anmietungsinteressen
- Vermietungsleistung
- Marktsättigungsgrenzen
- Verdrängungseffekten
- Agglomerationseffekten
- Befragungsergebnissen

Potenzialanalyse zur Erhebung sektorenspezifischer Kenngrößen mit

- sektoraler Marktentwicklung
- möglichen Steigerungsraten
- Auslastungsgraden/Frequenzen
- Kaufkraftströmen/Zentralität
- rechnerischem Flächen- und Umsatzpotenzial
- branchenspezifischer Mietbelastbarkeit
- Befragungsergebnissen

1.4.2 Angebotsanalyse

Flächenbestand, differenziert nach

- Lagequalitäten
- regionaler Verteilung
- Objekttypen und -größen in Zahlen
- Branchenstruktur
- Angebotsniveau
- Alter und Zustand
- jüngeren Baufertigstellungen
- Ausstattungsniveau
- Leerständen/Leerstandsraten
- konkreten Flächenangeboten
- Wettbewerbsposition

Flächenplanung, differenziert nach

- Flächen in der Planung, in der Vorbereitung, im Bau
- Realisierungswahrscheinlichkeit
- Realisierungshorizonte
- geplante Nutzer/Betreiber
- zukünftigen Lagequalitäten
- zukünftiger regionaler Verteilung
- Objekttypen und -größen
- Ausstattungsniveau
- mittelfristigen Flächenangeboten
- Wettbewerbsposition

1.4.3 Preisanalyse, differenziert nach

- Mietenspiegel
- Bestands-, Durchschnitts- und Spitzenmieten
- üblichen Konditionen
- aktuellen Neuvermietungen
- Anzeigenauswertung
- Ausstattungsniveau
- Bodenrichtwerten
- aktuellen Verkäufen/Vervielfältigern
- Prognosen der Preisentwicklung

Wettbewerbsposition im Preisgefüge

1.5 Wechselseitige Betrachtung von Markt- und Standortsituation unter Einbeziehung der Marktlage des Nutzungssektors, der projektspezifischen Marktchancen, der Ertragsaussichten, der Rendite und des Mietenmix

1.6 Auswahl standortgeeigneter Nutzungen für vorhandene Standorte oder nutzungsgeeigneter Standorte für noch zu beschaffenden Standort

Modul 2 – Grundstücksakquisition und -sicherung

Veranlassen aller erforderlichen Maßnahmen, um im Falle einer Entscheidung für die Projektweiterführung (Modul 10) über ein adäquates Grundstück verfügen zu können

1.1 Grundstücksakquisition

1.1.1 Identifizierung von geeigneten Grundstücken

1.1.2 Untersuchung der Einflussfaktoren für die Grundstückskaufentscheidung mit

- unmittelbaren Parametern:
  - Größe der Grundstücksfläche
  - Erweiterungsfähigkeit
  - Tragfähigkeit des Baugrundes
  - Grundwasserstand und Grundwasserschwankungen
  - Topographie
  - Handicaps (Altstandort, Altlasten, Bodendenkmäler, Denkmalschutzauflagen, Kriegseinwirkungen)
  - Technischer Infrastruktur (Ver- und Entsorgung)
- mittelbaren Parametern:
  - Kaufpreis
  - Baurecht (§§ 12, 30, 33, 34 und 35 BauGB i.V.m. § 9 BauGB und BauNVO)
  - örtlichen Gestaltungssatzungen
  - innerstädtischer Lage
  - Verkehrsanbindung (Individualverkehr/ÖPNV)
  - Entfernung zu Arbeits-, Einkaufs-, Freizeit- und Kultureinrichtungen
  - Baulasten

1.1.3 Untersuchung von Bestandsgebäuden

- Planunterlagen, Statik, Baugenehmigung, Gutachten
- Schadstoffanalyse
- Bauzustandsanalyse (Feuchtigkeit, Risse, Schädlingsbefall, Restnutzungsdauer insb. bei technischen Anlagen)
- Konstruktiver Brandschutz
- Energieausweis

1.1.4 Einsicht in die Grundbücher zur Klärung

- der Eigentumsverhältnisse (Abt. I)
- der Lasten und Beschränkungen (Abt. II) sowie
- der Hypotheken-, Grund- und Rentenschulden (Abt. III)

1.1.5 Klärung der Möglichkeiten des Grundstückserwerbs durch

- Vorkaufsrecht
- schuldrechtlichen Vorvertrag
- Ankaufsrecht des Käufers
- Grundstückskauf

1.2 Grundstückssicherung

1.2.1 Sicherung der Bebaubarkeit nach BauGB

Unterscheidung der fünf Fälle nach BauGB:

- § 12 BauGB: Das Grundstück liegt im Bereich eines Bauvorhaben- und Erschließungsplans.
- § 30 BauGB: Das Grundstück liegt im Geltungsbereich eines rechtskräftigen Bebauungsplans.
- § 33 BauGB: Ein Bebauungsplan befindet sich erst im Aufstellungsverfahren.
- § 34 BauGB: Das Grundstück liegt innerhalb der im Zusammenhang bebauten Ortsteile.
- § 35 BauGB: Das Grundstück befindet sich im Außenbereich.

1.2.2 Abstimmen der Regelungen für den Grundstückskaufvertrag mit

- Kaufgegenstand
- Kaufpreis
- Besitzübergabe
- bestehenden Miet- und Pachtverhältnissen
- Rechtsmängeln

- Sachmängeln
- Sicherung des Erwerbers
- Sicherung des Veräußerers
- Kaufpreisfinanzierung
- Rücktrittsklausel (z.B. bei noch nicht gesicherter Bebaubarkeit des Grundstücks)

Modul 3 – Bedarfsplanung gemäß DIN 18205

Die Bedarfsplanung besteht im engeren Sinne aus vier Teilschritten und dient der Ermittlung der projektspezifischen Inhalte.

1.1 Prozessschritte der Bedarfsplanung

1.1.1 Projektkontext klären (ggf. auf Basis der Checkliste 1 in Anhang A der DIN 18205)

- Projekt erfassen
- Bedarfsträger verstehen
- Bedarfsplanung vorbereiten

1.1.2 Projektziele festlegen (ggf. auf Basis der Checkliste 2 in Anhang A der DIN 18205)

- Funktionale, technische, soziokulturelle und gestalterische Ziele klären
- Ökonomische und zeitliche Ziele setzen
- Ökologische Ziele formulieren

1.1.3 Informationen erfassen und auswerten (ggf. auf Basis der Checkliste 3 in Anhang A der DIN 18205)

- Fakten sammeln und analysieren
- Qualitative Bedarfsangaben aufnehmen und analysieren
- Quantitative Bedarfsangaben erfassen und analysieren

1.1.4 Bedarfsplan erstellen (ggf. auf Basis der Checkliste 4 in Anhang A der DIN 18205)

- Inhalte und Prozesse dokumentieren
- Bedarfsplan billigen
- Bedarfsplan kommunizieren

1.2 Bedarfsplan erstellen

1.2.1 Projektkontext mit Bezeichnung, bedarfsauslösenden Gründen, Finanzrahmen, Zeitrahmen, strategischen Zielen und Visionen, wesentlichen und weiteren Beteiligten

1.2.2 Projektziele formulieren

1.2.3 Organisationsplanung mit Organisationsstruktur, Mitarbeiterstruktur, Personenzahl, Arbeitsplatzanzahl, relevanten Prozessen und Arbeitsweisen

1.2.4 Funktionsprogramm mit Vorgaben zu Schnittstellen und Zusammenarbeit, Informations- und Kommunikationsbedingungen, Arbeitsplätzen, Arbeitsumfeld und sonstigen Nutzungen, Nutzungskonzept und Standards, Erschließung und Orientierung sowie Zugänglichkeit und Sicherheit

1.2.5 Anforderungen an Gebäude, Konstruktion und Technik mit Vorgaben zu Verhältniszahlen (z.B. Nutzfläche zu Verkehrsfläche, Nutzfläche zu Hüllfläche), baukonstruktiven Anforderungen (z.B. Verkehrslasten, Geschosshöhen, Konstruktions- und Ausbauraster), Flexibilität und Erweiterbarkeit, Barrierefreiheit, Wärmeschutz und Behaglichkeit, Energiesparvorgaben und Vorgaben zu technischen Systemen (Wärme, Kälte, Luft, usw.), nutzerspezifischen Anlagen

1.2.6 Anforderungen an den Gebäudebetrieb mit Vorgaben zu energieoptimierter Anlagentechnik und zum Betreiberkonzept bzw. zu betreiberspezifischen Abläufen

1.2.7 Anforderungen an Außenanlagen mit Vorgaben zu Begrünung, Wasserflächen, Spielflächen, Sportflächen, Kunst am Bau und im Stadtraum, Bauwerken und technischen Anlagen außen

1.2.8 Ausstattungsprogramm mit Anforderungen an wesentliche Ausstattung

1.2.9 Flächenprogramm mit Differenzierung der Funktionseinheiten nach Nutzung

1.2.10 Raumprogramm mit Gliederung nach DIN 277

Modul 4 – Wirtschaftlichkeit

Kostenrahmen für Investitionen (DIN 276) und Nutzungskosten (DIN 18960)

1. Erstellen des Kostenrahmens für Investitionen und Nutzungskosten

1.1 Erstellen des Kostenrahmens für Investitionen gemäß DIN 276

- Kostenannahmen für die KG 300 und 400 über Flächen- und Kubaturrichtwerte, z.B. nach BKI, für die jeweilige Nutzung unter Berücksichtigung des baulichen Standards, des gebäudetechnischen Standards und des energetischen Standards sowie besonderer Nachhaltigkeitskriterien
- Kostenannahmen für die KG 200, 500 und 600 nach projektspezifischen Anforderungen wie technische Infrastruktur, notwendige Bodensanierungs- und Abrissmaßnahmen, Grundstücksfläche für die Freianlagen und Anforderungen an die Ausstattung
- Kostenannahme für die KG 700, prozentual bezogen auf die KG 200–600, unter Berücksichtigung von Projektart, Unternehmereinsatzformen, Kumulativleistungsträgern und notwendigen Sonderfachleuten
- Risikobewertung durchführen und im Investitionsrahmen ausreichend berücksichtigen

1.2 Erstellen des Rahmens für Nutzungskosten gemäß DIN 18960 oder Lebenszykluskostenberechnung

- Betrachtungszeitraum vorschlagen und abstimmen
- Annahmen für Finanzierungs-, Energie-, Dienstleistungs- und Personalkosten unter Berücksichtigung möglicher Steigerungsraten im Betrachtungszeitraum vorschlagen und abstimmen
- Regenerative Energienutzungen berücksichtigen
- Diskontierungssatz vorschlagen und abstimmen
- Sanierungserfordernisse im Betrachtungszeitraum berücksichtigen, insb. bei technischen Anlagen
- Risikobewertung durchführen und ausreichend berücksichtigen

2. Abschätzung der zu erwartenden Erträge aus Vermietung oder Verkauf

2.1 Abschätzen der nachhaltig erzielbaren Erträge aus Vermietung durch Auswertung von relevanten Mietpreisspiegeln und Marktberichten

2.2 Abschätzen der nachhaltig erzielbaren Erträge durch Verkauf anhand einer Verkehrswertermittlung nach den Grundsätzen der ImmoWertV

3. Rentabilitätsanalyse und -prognose mit Sensitivitätsanalyse

3.1 Erstellen einer Rentabilitätsanalyse nach der einfachen Developerrechnung

3.2 Erstellen einer Rentabilitätsprognose für den erwarteten Nutzungszeitraum mit Hilfe der Kapitalwertmethode (bzw. alternativ mittels DCF- (Discounted Cash Flow) Betrachtung

3.3 Durchführen einer Sensitivitätsanalyse durch Veränderung von Mieterträgen bzw. Verkaufspreis, Gesamtinvestitionskosten, Nutzungskosten und Schadenshöhe aus der Risikoanalyse

Modul 5 – Umfeld-, Stakeholder- und Risikoanalyse

1. Umfeld- und Stakeholderanalyse

- Durchführen einer Projektumfeldanalyse nach sachlichen und sozialen sowie direkten und indirekten Einflussfaktoren
- Durchführen einer Stakeholderanalyse auf Basis der Umfeldanalyse unter Berücksichtigung der Interessenslage, des Grades der Betroffenheit sowie des Macht-, Einfluss- und Konfliktpotentials
- Vorschlagen, Abstimmen und Durchführen der Management- und Kommunikationsstrategie für die wichtigsten Stakeholder

2. Risikoanalyse

- Durchführen einer Risikoanalyse auf Basis der Umfeldanalyse mit Einschätzung von Ursache und Wirkung, Eintrittswahrscheinlichkeit und möglicher Schadenshöhe sowie Festlegung des Risikowerts für jedes Einzelrisiko
- Eingruppierung in Schadensklassen mit Empfehlungen für Maßnahmen (vermeiden, vermindern, verlagern, akzeptieren)
- Bewerten der beschlossenen Maßnahmen und Restrisiken nach Durchführung der Maßnahmen
- Berücksichtigung bei Kosten- und Terminrahmen

Modul 6 – Machbarkeitsstudie

Konzeptionelle planerische Umsetzung der Bedarfsplanung

1.1 Erarbeiten einer Machbarkeitsstudie für die Nutzungskonzeption zum Nachweis der planerischen Umsetzbarkeit der Bedarfsplanung auf dem vorgesehenen Grundstück und der Erfüllung des Raum- und Funktionsprogramms durch eine Gebäude- und Geschossbelegung

1.1.1 Untersuchen von Art und Maß der baulichen Nutzung, der Erschließung, der städtebaulichen Einordnung und Erfüllung der funktionalen Erfordernisse unter Berücksichtigung objektspezifischer Notwendigkeiten, nutzungsbedingter Vorgaben und Vorstellungen des Auftraggebers

1.2 Vertiefung der Machbarkeitsstudie durch Teile von Grundleistungen aus der Vorplanung nach HOAI (bei Bedarf)

1.2.1 Lageplan M 1:1000 oder M 1:500 mit Darstellung der Erschließung, des ruhenden Verkehrs und der Grundstücksgrenzen

1.2.2 Schematische Grundrisse, Schnitte und Ansichten M 1:200

1.2.3 Erläuterungsbericht zu den wesentlichen städtebaulichen, gestalterischen, funktionalen, baukonstruktiven, technischen, wirtschaftlichen, ökologischen, bauphysikalischen, energiewirtschaftlichen, sozialen und öffentlich-rechtlichen Zusammenhängen sowie dem Nachweis der baurechtlichen Umsetzbarkeit des Projekts auf dem vorgesehenen Grundstück

1.2.4 Nachweis zur Erfüllung des Raumprogramms

1.2.5 Überprüfen von Bedarfsdeckungsalternativen (z.B. durch Umbau, Erweiterung, Neubau oder Umzug)

Modul 7 – Termine

Entwickeln, Vorschlagen und Festlegen des Terminrahmens

- Analysieren und Abstimmen der wesentlichen Terminmeilensteine, insb. hinsichtlich der Entscheidungsnotwendigkeiten über die Fortführung des Projekts
- Vorschlagen, Synchronisieren und Abstimmen der wesentlichen Vorgänge aus der Phasenplanung, den Planungszeiträumen, der Zeiträume für die Bauausführung und der Inbetriebnahmezeiträume
- Risikobewertung durchführen und im Terminrahmen ausreichend berücksichtigen

Modul 8 – Projektfinanzierung

Vorbereiten und Durchführen von Finanzierungsverhandlungen mit Kreditinstituten für das Gesamtprojekt bis zur Unterschriftsreife

1.1 Überprüfen möglicher Formen der Projektfinanzierung, z.B.:

- Finanzierung aus eigenen Mitteln
- Fremdfinanzierung mit Eigenkapitalanteil
- Mezzaninfinanzierung
- Joint Venture Modelle

1.2 Überprüfen und Kontaktaufnahme zu möglichen Anbietern der Projektfinanzierung

1.3 Vorbereiten und Durchführen von Finanzierungsverhandlungen mit ausgewählten Anbietern von Projektfinanzierungen für das Gesamtprojekt bis zur Unterschriftsreife

Folgende Leistungen sind im Allgemeinen hier zu erbringen:

- Aufstellung des Finanzierungsbedarfs
- Kalkulation der Finanzierungskosten und Gegenüberstellung der verschiedenen Modelle
- Aufstellung eines Mittelabflussplans unter Berücksichtigung der vorläufigen Terminschiene
- Darstellung der Gesellschafterstrukturen auf der Entwicklerseite
- Darstellung der Exit-Strategie
- steuerliche Bewertung (ggf. unter Hinzuziehung eines Steuerberaters)
- Begleitung einer evtl. erforderlichen Due Diligence

Modul 9 – Immobilien-, Unternehmens- und Gesellschaftersteuern (Grunderwerb-, Grund-, Gewerbe-, Körperschaft-, Einkommen-, Erbschaftsteuer)

1. Untersuchen und Darlegen der Veränderung der Projektfinanzierung durch Steuereffekte unter Einbindung von im Immobilien-, Unternehmens- und Gesellschaftersteuerrecht erfahrenen Steuerberatern

1.1 Überprüfen der für die Projektfinanzierung in Abhängigkeit von der Finanzierungsform relevanten Steuerarten

1.2 Untersuchen und Darlegen der Veränderung der Projektfinanzierung durch Steuereffekte unter Einbindung von im Unternehmens-, Gesellschafter- und Immobiliensteuerrecht erfahrenen Steuerberatern

Modul 10 – Entscheidungsvorbereitung

1. Entscheidungsvorbereitung für die Projektweiterführung oder den Projektabbruch

1.1 Auswerten der Ergebnisse der Rentabilitätsanalyse und -prognose mit Sensitivitätsanalyse sowie der Risikoanalyse und -prognose mit Stakeholderanalyse in einem Koordinatensystem der Erfolgsfaktoren für die Projektentwicklung

1.2 Erstellen einer Nutzwertanalyse zur Beurteilung von nicht monetär bewertbaren Faktoren von Projektentwicklungsalternativen

1.3 Entscheidungsempfehlung für die Projektweiterführung oder den Projektabbruch mit Begründung

Modul 11 – Rechtliche Rahmenbedingungen

1.1 Erfassung der rechtlichen Rahmenbedingungen für die konkrete Projektabwicklung

1.2 Aufbau eines Systems zur Gewährleistung einer rechtssicheren Projektabwicklung (Projekt-Compliance)

1.3 Beratung im Rahmen der Projektinitiierung zu geeigneten Rechtsformen von Projektgesellschaften (z.B. GmbH, GmbH & Co. KG)

Modul 12 – Vertragskonzeption

1.1 Vertragsrechtliche Absicherung der Projektstrukturplanung hinsichtlich Projektaufbau- und -ablauforganisation durch gesellschaftsrechtliche, arbeitsrechtliche und allgemeine vertragsrechtliche Instrumente und Vollmachten

1.2 Vorschlagen und Abstimmen eines Vertragssystems für das Gesamtprojekt

- Erfassung der möglichen Vertragspartner in der Projektentwicklungsphase
- Analyse vorgegebener Verträge/Vertragsmuster (Grundstücks-Kaufverträge, Erschließungsverträge, städtebauliche Verträge etc.) und Ableitung der erfor-

derlichen Vorgaben für das eigene Vertragswesen
- Festlegung der Einsatzform für die Projektbeteiligten
- Definition von Schnittstellen, insbesondere zwischen Planung und Ausführung
- Lieferung eindeutiger Leistungsbeschreibungen
- Festlegung der jeweiligen Vertragsform
- Einheitliche Anlagenregelungen für alle Verträge
- Einheitliches Versicherungs- und Haftungskonzept

Modul 13 – Vertragsgestaltung

1.1 Begleitung und Strukturierung der Vertragsgestaltung
- Standardisierung und Partnering
- Branchenadäquate Verträge (unter Beachtung HOAI, VOB/B)
- Gewährleistung einer geeigneten Risikoallokation
- Abstimmen einheitlicher Schnittstellen und Inhalte zu Vermietungs-, Bau- und Verkaufsverträgen
- Passgenaue Regelungen zu Sicherheiten, insbesondere auch zum Zwecke der Übertragung an Endinvestoren
- Beachtung der FM-Anforderungen in allen Verträgen
- Festlegen der Zahlungspläne unter Berücksichtigung der Finanzierungsrahmenbedingungen

1.2 Verhandlung
- Festlegung der allgemeinen Verhandlungsstrategie
- Strukturvorgaben für Parallelverhandlungen und für die termingerechte Einführung von Vertragsunterlagen
- AGB-Strategien
- Vertragsangebote der Auftragnehmer und deren Annahme

1.3 Abwicklung der Verträge
- Durchsetzung der Vertragspflichten
- Nachtragsmanagementsysteme

Modul 14 – Kommunikationskonzept

Konzeption des Immobilienmarketings sowie ggf. Auswahl eines externen Dienstleisters für Marketing- und PR-Maßnahmen

1. Zielfestlegung
- Abstimmung der Marketingziele für das Projekt
- Festlegung der Marketingstruktur
- Aufstellen eines Vermarktungszeitplans
- Aufstellen eines Vermarktungsbudgets

2. Detailplanung
- Detailterminplan Vermarktung
- Detailkostenplan Vermarktung
- Einbindung von externen Dienstleistern (Auswahl, Beauftragung, Verträge, Honorarvereinbarungen etc.)
- Planung Marketingmaßnahmen/Kommunikationskonzept (Events, PR/Pressearbeit, Web-Auftritt etc.)
- Markenentwicklung (Logo, Typo, Farbkonzept etc.)
- Vertrieb vor Ort (Schilder, Vertriebsbüro, Hotline etc.)

Modul 15 – Vermietung/Verkauf

Vermietungsmanagement, Organisation des Verkaufs, ggf. unter Einbindung externer Makler

1. Vermietung

1.1 Auswahl des Vermietungspartners

1.2 Beratungs- und Vermietungsaufträge

1.3 Definition und Ansprache der Mieter-Zielgruppen

1.4 Marketingstrategie

1.5 Festlegen der Kommunikationsmaßnahmen und des Budgets

1.6 Abstimmen der Vermarktungszeitachse

1.7 Abstimmen der Inhalte des Mietvertrages

2. Verkauf

2.1 Ermittlung potenzieller Investorengruppen

2.2 Erarbeiten der Begründungen zu den entscheidungsrelevanten Anlagekriterien wie

2.3 Standortqualität

2.4 Mieterbonität und Mietermix

2.5 Mietvertrag

2.6 Gebäudemanagement

2.7 Nutzungsflexibilität

2.8 Gebäudeeffizienz

2.9 Architektur

2.10 Gebäudesubstanz

2.11 Image und Prestige des Projekts

3. Vorbereitung der Kaufverträge durch Verhandlungen mit Kaufinteressenten bis zur Unterschriftsreife

1.5 Kommentar

Kommentar zur Leistungsbeschreibung der Projektentwicklung

Modul 1 – Standortanalyse und -prognose (Makro- und Mikrostandort)

Zielsetzung ist eine objektive, methodisch aufgebaute und fachlich fundierte Untersuchung von direkt und indirekt mit der künftigen Entwicklung einer Immobilie im Zusammenhang stehenden Informationen. Dabei ist zu unterscheiden zwischen

- einem bereits fixierten Standort für eine noch zu definierende Idee,
- verschiedenen vorhandenen Standortalternativen hinsichtlich ihrer Eignung zur Realisierung eines bestimmten Nutzungskonzepts oder
- der Suche nach einem optimalen noch fiktiven Standort für eine vorhandene Projektidee.

Unter „Makrostandort" wird der Bereich (Region, Kreis, Gemeinde) verstanden, der für die Immobilie Bedeutung hat. Der Mikrostandort stellt das direkte Umfeld, maximal in fußläufiger Entfernung, sowie das Baugrundstück selbst dar.

Weiter ist zu unterscheiden zwischen harten (physikalisch messbaren) und weichen (nicht messbaren) Standortfaktoren.

Für die Bewertung von Standortalternativen bietet sich das Verfahren der Nutzwertanalyse an. Die Standortanalyse ist zu erweitern um eine Prognose für die Zukunft, wie sich der Projektstandort in den Jahren nach Projektfertigstellung während der vorgesehenen Nutzungsdauer voraussichtlich entwickeln wird. Dazu sind aktuell verfügbare Informationsquellen zu nutzen (Internet, Marktberichte von Unternehmen und Verbänden, Standortbegehungen und persönliche Inaugenscheinnahme).

Wesentlicher Teil der Standortanalyse ist die Marktrecherche. Für die Nachfrager-/Kundenanalyse und -prognose sind aktuell verfügbare Informationen zu nutzen (z.B. Marktberichte von Maklerhäusern, Beratungsunternehmen oder Kommunen, Frühjahrsgutachten Immobilienwirtschaft der Immobilienzeitung (Bulwien, emperica, GfK prisma)).

Durch die Konkurrenzanalyse sollen für den Erfolg des Projekts relevante Informationen über die mindestens jeweils drei stärksten konkurrierenden Projektangebote und Konkurrenzunternehmen gewonnen werden. Die vergangenheitsorientierte Analyse ist durch eine Prognose über die zu erwartende weitere Entwicklung zu ergänzen.

Modul 2 – Grundstücksakquisition und -sicherung

Eine sorgfältig vorbereitete und dennoch rechtzeitige Grundstückssicherung ist wesentliche Voraussetzung einer erfolgreichen Projektentwicklung. Auf der Basis der Ergebnisse der Standortanalyse und -prognose für den Mikrostandort ist eine Grundstücksoption durch ein notariell beurkundetes Verkaufsangebot zu beschaffen. Bei nicht gesicherter Bebaubarkeit des Grundstücks empfiehlt sich die Aufnahme einer Rücktrittsklausel in den notariell zu beurkundenden Kaufvertrag. Bei der Akquisition eines Grundstücks mit Bestandsimmobilie sollte im Wesentlichen darauf geachtet werden, dass die Risiken aus dem Zustand der Bausubstanz, mögliche Schäden und vorhandene Schadstoffe ausreichend berücksichtigt werden.

Modul 3 – Bedarfsplanung gemäß DIN 18205

Bedarfsplanungen entstehen aus Projektideen. Bei Projektideen mit noch zu beschaffendem Standort und Kapital bestehen die größten, bei einer Bestandsimmobilie die geringsten Freiheitsgrade. Dazu sind aktuell verfügbare Quellen für Projektideen zu nutzen (z.B. Marktbeobachtungen, standortkundige Nutzer, Prognosen über künftige Nutzungsstrukturen, Informationen über zeitgemäße städtische Lebensformen).

Die Bedarfsplanung ist nach Grundstücksauswahl und -sicherung durch notarielle Vereinbarung als „Pflichtenheft" für die nachfolgend einzubindenden Planungsbeteiligten zu erstellen.

Gegenstand und Zielsetzung der Bedarfsplanung ist es, den (voraussichtlichen) Nutzerwillen in eindeutiger und erschöpfender Weise zu definieren und zu beschreiben, um damit die „Messlatte der Projektziele" zu schaffen, die projektbegleitend über alle Projektstufen hinweg verbindliche Auskunft darüber gibt, ob und inwieweit mit den Planungs- und Ausführungsergebnissen die Projektziele erfüllt werden.

Das Funktionsprogramm regelt die Zuordnung einzelner Arbeits- und Betriebsbereiche mit Arbeits- und Materialflüssen.

Neben Zielen und Rahmenbedingungen werden die qualitativen Anforderungen in einer Organisationsplanung, einem Funktionsprogramm, Anforderungen an Gebäude, Konstruktion und Technik, Anforderungen an den Gebäudebetrieb, Anforderungen an Außenanlagen sowie Anforderungen an die Ausstattung und die quantitativen Anforderungen in einem Flächen- und Raumprogramm allgemeinverständlich zusammengefasst. Das Raumprogramm enthält die Zusammenstellung der erforderlichen Nutzflächen und -räume für die unterzubringenden Unternehmensbereiche. Planungsziele sind u.a. die Optimierung der Flächenproportionen durch möglichst hohe Anteile der Hauptnutzflächen an der Bruttogrundfläche und die Anpassungsfähigkeit durch Flexibilität und Variabilität.

Im zunehmenden Maße sind auch Nachhaltigkeitsanforderungen und Anforderungen an den energetischen Standard ausreichend zu berücksichtigen.

Modul 4 – Wirtschaftlichkeit

Kostenrahmen:

Der Investitions- oder auch Kostenrahmen ist stets, differenziert nach Neubau und Umbau/Modernisierung, mit einer Mindestgliederung nach den 7 Kostengruppen der DIN 276 zu erstellen. Dabei sind zwei Ausgangssituationen zu unterscheiden:

- Erzielung eines möglichst hohen nachhaltigen Mietertrags und einer Wertsteigerung bzw. Werterhaltung bei vorgegebenem Budget (Budgetdeckel) nach dem Maximalprinzip oder
- Erfüllung einer wohldefinierten Bedarfsplanung mit geringstmöglichen Mitteln nach dem Minimalprinzip.

Der Kostenrahmen für die KG 100 Grundstück ergibt sich aus der aktuellen Grundstücksgröße sowie den örtlichen Grundstückspreisen, wobei zum Kaufpreis noch die Grundstücksneben- und Freimachungskosten hinzuzurechnen sind (KG 120 und 130 der DIN 276). Sofern die Entwicklung für einen Eigennutzer erfolgt, kann ggf. das Grundstück bereits vorhanden sein, so dass keine Grunderwerbskosten anfallen.

Kostenkennwerte für die weiteren Kostengruppen 300 und 400 der DIN 276 sind aus Vergleichsprojekten sowie aktuellen Veröffentlichungen zu gewinnen. Die Kosten der Kostengruppen 200, 500 und 600 sind projektspezifisch zu ermitteln, da sie in erheblichem Maß von der individuellen Situation des Projekts abhängen, wie z.B. vorhandene technische Infrastruktur des Grundstücks, ggf. notwendige Abbruch- und Bodensanierungsmaßnahmen, Größe und Art der zu bearbeitenden Freianlagen in Abhängigkeit zur Grundstücksgröße und nutzungsspezifische Einrichtungen – um nur einige zu nennen. Die KG 700 sollte prozentual zu den KG 200–600 ermittelt werden. Hierbei ist zu berücksichtigen, ob es sich um einen Neubau oder eine Sanierung handelt (z.B. Umbauzuschläge und anrechenbare Bausubstanz), ob zusätzliche Sonderfachleute eingeschaltet werden müssen (z.B. Umweltgutachten, Antrag nach BImSchG, Schwingungsgutachten) und ob Kumulativleistungsträger zum Einsatz kommen (Generalplaner- und/oder Generalunternehmerzuschläge).

Jede Kostenangabe erfordert die Nennung von mindestens drei Merkmalen:

- Kostengruppenumfang nach DIN 276, der in der Kostenangabe enthalten sein soll,
- Preisindexstand des Kostenwertes sowie
- Hinweis, ob es sich um Netto- oder Bruttowerte, mit oder ohne Umsatzsteuer, handelt.

Zusätzlich zur Ermittlung des Kostenrahmens für die Erstinvestitionen ist eine Abschätzung der Nutzungskosten nach DIN 18960 oder sogar eine Lebenszykluskostenberechnung vorzunehmen. Für die Kennwerte der Kostengruppen der DIN 18960 sind wiederum Kennwerte aus vergleichbaren Projekten sowie aus aktuellen Veröffentlichungen heranzuziehen, z.B. die Nutzungskostenkennwerte des Baukosteninformationszentrums (BKI) in Stuttgart oder der fm.benchmarking Bericht.

Das Ergebnis der Untersuchungen zu Investitionen und Nutzungskosten ist in einem Erläuterungsbericht über getroffene Annahmen, Bezugsmengen (Randbedingungen) und die Ergebnisse inklusive Risiko-/Sensitivitätsanalyse zusammenzufassen. Die Kostenermittlungen sind durch grafische Darstellungen zur Erläuterung der Kostenstrukturen in geeigneter Weise zu ergänzen.

Sowohl für die Investitions- als auch für die Nutzungskosten sind entsprechende Risikobewertungen durchzuführen und zu berücksichtigen.

Ertragsrahmen:

Die Erträge aus Vermietung sind unter Berücksichtigung des Mietausfallwagnisses und unter Abzug der nicht umlagefähigen Bewirtschaftungskosten wie Verwaltungs- und Instandhaltungskosten zu ermitteln. Dabei sind die unterschiedlichen rechtlichen Rahmenbedingungen des Mietrechts bei Wohnraum- und Gewerberaummiete zu beachten.

Für die Abschätzung des Ertrags zum Zeitpunkt des Verkaufs sind die Verfahren der Verkehrswertermittlung nach den Grundsätzen der ImmoWertV heranzuziehen:

- für den Grundstückswert das Vergleichswertverfahren,
- für gewerblich genutzte Gebäude und Mietshäuser das Ertragswertverfahren,
- für selbstgenutzte Ein- und Zweifamilienhäuser das Sachwertverfahren.

Rentabilität:

Zielsetzung der Investoren in Projektentwicklungen ist die Maximierung der Rentabilität bei Wahrung der Liquidität und Minimierung des Risikos. Die operative „Performance" besteht in der jährlich erzielten Ausschüttungsrendite und der jährlichen Wertveränderung der Immobilie. Die Liquidität wird durch die Marktgängigkeit (Fungibilität) und die Sicherheit durch das Wertänderungsrisiko der Immobilie bestimmt.

Die einfache Developerrechnung ist ein in der Immobilienpraxis häufig angewandtes Verfahren zur Ermittlung der Rendite eines Projekts. Dabei werden die jährlichen Mieterträge der Gesamtinvestitionssumme gegenübergestellt (Quotient von Jahresmieteinnahmen und Anfangsinvestition) und aus dem Kehrwert der anfänglichen Ausschüttungsrendite wird der Vervielfältiger oder auch Mietenmultiplikator bestimmt.

Dynamische Wirtschaftlichkeitsberechnungen untersuchen durch Berücksichtigung von Zeitreihen für die Zahlungsströme der Ein- und Ausgaben sowie Ab- oder Aufzinsung auf einen festen Bezugszeitpunkt die Vorteilhaftigkeit von Investitionen für die gesamte Nutzungsdauer bzw. bis zu einem bestimmten Planungshorizont. Kriterien der Vorteilhaftigkeit ist die Höhe der Kapitalwerte, der internen Zinsfüße und der Annuitäten.

Ziel der Kapitalwertmethode ist die Ermittlung des Kapitalwertes einer Einzelinvestition oder von alternativen Investitionen.

Der Kapitalwert ist definiert als Differenz der Barwerte von Einnahmen- und Ausgabenreihen. Barwerte sind die auf einen gemeinsamen Bezugszeitpunkt ab- oder aufgezinsten Einnahmen und Ausgaben. Der dabei angesetzte kalkulatorische Zinssatz muss der Zeitpräferenz und den Finanzierungsmöglichkeiten Rechnung tragen.

Die Errechnung des Kapitalwertes einer Einzelinvestition setzt voraus, dass ihre Einnahmen und Ausgaben bzw. Saldi isoliert und bis zum Planungshorizont sowohl der Höhe als auch der zeitlichen Verteilung nach prognostiziert werden können.

Beim alternativen Vergleich inkl. Ersatzproblem ist sicherzustellen, dass die Alternativen vollständig sind, d.h. dass das jeweils gebundene Kapital gleich groß und der Betrachtungszeitraum gleich lang sind.

Nach der Kapitalwertmethode ist die absolute Vorteilhaftigkeit einer Einzelinvestition wie folgt zu beurteilen:

- Ist der Kapitalwert positiv, so wird durch die Investition eine höhere Verzinsung des eingesetzten Kapitals erzielt als mit dem kalkulatorischen Zinssatz vorausgesetzt, d.h., es wird darüber hinaus ein Vermögenszuwachs erwirtschaftet.
- Ist der Kapitalwert negativ, so erreicht die Investition die geforderte kalkulatorische Verzinsung des Kapitaleinsatzes nicht.
- Ist der Kapitalwert gerade = 0, so wird die Mindestverzinsung zum kalkulatorischen Zinssatz genau erreicht.

Für die Beurteilung der relativen Vorteilhaftigkeit von alternativen Investitionsmaßnahmen gilt, dass eine Investition A vorteilhafter ist als eine Investition B, wenn der Kapitalwert von A höher als der von B ist. Die Realisierung von A ist dann zu befürworten, wenn A außerdem dem Kriterium der absoluten Vorteilhaftigkeit genügt, d.h. einen positiven Kapitalwert besitzt.

Modul 5 – Umfeld-, Stakeholder- und Risikoanalyse

Bei einer Umfeldanalyse werden die wesentlichen Einflussfaktoren zunächst in einer Matrix in ein Verhältnis gesetzt. Dabei wird nach direkte und indirekte auf der einen und nach soziale und sachliche Aspekte auf der anderen Seite unterschieden.

Die sozialen Einflussfaktoren bieten die Grundlage für die daran anschließende Stakeholderanalyse. Stakeholder sind alle Institutionen und Personen, die an einem Projekterfolg oder auch dessen Verhinderung besonders interessiert sind, wie z.B. Investoren, Planer, Unternehmer, Banken, Kommunen, Genehmigungsbehörden, Bürgerinitiativen, Umweltschutzgruppen und Konkurrenten. Der Projektentwickler hat daher die maßgeblichen Projektstakeholder in seine Analysen und Prognosen einzubeziehen, um mögliche Risiken aus deren Verhalten rechtzeitig zu erkennen und in die Abschätzung der Risiken und Chancen einzubeziehen. Hier werden Interessenslage, Grad der Betroffenheit sowie Macht-, Einfluss- und Konfliktpotenziale analysiert und ins Verhältnis gesetzt. Insbesondere die Stakeholder mit hohem Macht- und gleichzeitig hohem Konfliktpotenzial sind durch eine geeignete Kommunikationsstrategie im Projekt zu berücksichtigen.

Zwar können alle Faktoren der Umfeldanalyse ein Risiko darstellen, aber insbesondere die sachlichen Einflussfaktoren sollten zunächst bei der Risikoanalyse bewertet werden.

Risiken entstehen aus der Unsicherheit über Entscheidungsprämissen bzw. über den Eintritt zukünftiger Ereignisse mit der Folge einer negativen Abweichung von einer festgelegten Zielgröße (Ertrag, Rendite, Investitionssumme etc.).

Zur Risikoanalyse sind mögliche Einzelrisiken zu identifizieren (der Vermarktung, des Standortes, der Genehmigungsverfahren etc.) und deren Eintrittswahrscheinlichkeiten (relative Häufigkeiten) und die mögliche Schadenshöhe abzuschätzen. Ferner sind Vorschläge zur Risikobewältigung (durch Eliminieren, Übertragen, Versichern, Vermindern oder auch Akzeptieren) zu untersuchen und daraus die Risikokosten abzuschätzen.

Durch eine Sensitivitätsanalyse ist festzustellen, ob und inwieweit sich durch unterschiedliche Annahmen für die Eingangsdaten (Input) die Analyseergebnisse (Output) ändern. Damit sollen Fragen folgender Art beantwortet werden:

- Wie ändert sich der Wert der Outputgröße (z.B. trading profit) bei vorgegebener Abweichung einer oder mehrerer Inputgrößen vom ursprünglichen Wertansatz?
- Wie weit darf der Wert einer oder mehrerer Inputgrößen (z.B. des Mietertrags oder des Vervielfältigers) vom ursprünglichen Wertansatz abweichen, ohne dass die Outputgröße einen vorgegebenen Wert über- oder unterschreitet (Verfahren der kritischen Werte)?

Zu beachten ist, dass Risiken auch stets Chancen gegenüberstehen. Hauptmotiv der Projektentwickler ist die Vereinigung der Immobilienmanagement-Aktivitäten in einer Hand. Weitere Motive sind die Einflussnahme auf die Vermietung, die angemessene Verwendung nicht adäquat genutzter Grundstücke und die Verbesserung der städtischen bzw. regionalen Umweltbedingungen.

Modul 6 – Machbarkeitsstudie

In der Machbarkeitsstudie ist der Fokus vorrangig auf die Erfüllung der Projektziele und die Übereinstimmung mit den Anforderungen der Bedarfsplanung sowie des Funktions-, Raum- und Ausstattungsprogramms zu richten. Hierbei richtet sich die Bearbeitungstiefe nach den spezifischen Anforderungen der Projektentwicklung bzw. des Auftraggebers. In jedem Fall sollten die Grundleistungen gemäß AHO-Heft Nr. 34 „Besondere Leistungen bei der Objektplanung Gebäude und Innenräume" (Januar 2016) erbracht werden. Darüber hinaus können vertiefte Untersuchungen notwendig werden, die in den Bereich der Grundleistungen aus der Vorplanung nach HOAI fallen.

Durch die Machbarkeitsstudie sollen mittels Lageplan, Grundrissplänen, Ansichten und Schnitten in jeweils geeignetem Maßstab und eines Erläuterungsberichts die Umsetzbarkeit der Nutzungskonzeption auf dem vorgesehenen Grundstück nachgewiesen werden.

Dieser Nachweis erstreckt sich einerseits auf die Unterbringung des Raum- und Funktionsprogramms und die damit verbundene Gebäude- und Geschossbelegung sowie auf die baurechtliche Zulässigkeit der Bebauung nach dem BauGB und der BauNVO.

In der Machbarkeitsstudie und dem zugehörigen Erläuterungsbericht müssen folgende Fragen eindeutig beantwortet sein:

- Werden die Vorgaben der Bedarfsplanung sowie des Raum-, Funktions- und Ausstattungsprogramms erfüllt?
- Besteht Konformität zwischen Machbarkeitsstudie, dem Erläuterungsbericht, dem Kostenrahmen und dem Terminrahmen für die Gesamtinvestition?
- Ist das Projekt auf dem vorgesehenen Baugrundstück nach geltendem Baurecht ohne besondere Anforderungen im Hinblick auf Art und Maß der baulichen Nutzung zu realisieren?
- Ist die Grundkonzeption des Tragwerks in Bezug auf die Bodenverhältnisse geklärt (Bezug auf Gründung, erforderlicher Verbau, Wasserhaltung etc.)?
- Ist die Grundkonzeption der TGA geklärt (Versorgungsträger, Medientrassen, Notwendigkeit von Raumlufttechnik mit Auswirkungen auf Geschosshöhen, Erfordernis von Kältetechnik, Flächen für TGA-Zentralen etc.)?
- Wurden mögliche Alternativen wie z.B. Neubau, Sanierung, Teilabriss und Anbau untersucht bzw. ins Verhältnis gesetzt?

Modul 7 – Termine

Mit dem Terminrahmen sind – ausgehend vom aktuellen Zeitpunkt – die Meilensteine Beginn der Projektentwicklung, Entscheidung zum Planungsauftrag, Baueingabe, Baugenehmigung, Baubeginn, Fertigstellung des Rohbaus und der wetterfesten Gebäudehülle und damit die Möglichkeit zum Beginn der Bauheizung, Baufertigstellung, Beginn der Abnahme-/Übergabephase und Nutzungsbeginn fixiert. Weiter enthält der Terminrahmen sämtliche wirtschaftlich relevanten Meilensteine, wie z.B. Fälligkeitszeitpunkte von Kaufpreisen, Finanzierungstranchen oder erwartete Erträge aus Verkauf.

Als Ergebnis ist ein grafisch ansprechend gestalteter Meilensteinplan zu liefern und durch einen Erläuterungsbericht zu ergänzen. Darin sind die getroffenen Annahmen, die gewählten Bezugsdaten, die Planungs- und Baufortschrittskennwerte sowie die Ergebnisse der Risiko-/Sensitivitätsanalyse zu den ausgewiesenen Abwicklungszeiträumen zu beschreiben.

Modul 8 – Projektfinanzierung

Immobilieninvestitionen binden langfristig hohe Kapitalbeträge, die nur selten voll aus Eigenkapital finanziert werden können. Die klassische Immobilienfinanzierung geschieht daher über grundpfandrechtlich gesicherte Darlehen. Bei Gewerbeimmobilien werden i.d.R. 60 % der Investitionskosten durch erststellige Hypotheken und weitere 20 % durch nachrangige Darlehen finanziert. Der Kernsatz der Immobilienfinanzierung lautet: „Die Erträge aus der Immobilie müssen den Kapitaldienst und der Wert der Immobilie die Besicherung gewährleisten."

Aktuell entwickeln sich völlig neue Formen der Immobilienfinanzierung, z.B. über sog. Crowdfunding-Modelle. Die klassische Immobilienfinanzierung wird immer seltener. Im Rahmen der Abstimmung zur Projektfinanzierung gilt es hier, einen Marktüberblick herzustellen und die Chancen und Risiken der verschiedenen Finanzierungsmodelle einander gegenüberzustellen.

Modul 9 – Steuern

Die Rentabilität und Finanzierung von Projektentwicklungen wird maßgeblich durch fällige und gestundete Steuern beeinflusst.

Zu den Immobiliensteuern zählen die Grunderwerb- und die Grundsteuer sowie die Möglichkeiten der Absetzung für Abnutzung (AfA) bei gewerblichen Immobilieninvestitionen. Zu den Unternehmenssteuern zählen die Gewerbesteuer und die Körperschaftsteuer. Zu den Gesellschaftersteuern zählen die Einkommensteuer und die Erbschaftsteuer.

In Zusammenarbeit mit einem Vertreter der steuerberatenden Berufe gilt es hier, die optimale Gesellschaftsform im Zusammenhang mit der geplanten Nutzung, der Finanzierungsform und den evtl. Abschreibungs- und Fördermöglichkeiten zu finden.

Modul 10 – Entscheidungsvorbereitung für die Projektweiterführung oder den Projektabbruch

Die Untersuchungsergebnisse aus der Projektentwicklungsphase müssen in einem Entscheidungsmodell zusammengefasst werden, um die Entscheidung zur Fortführung der Projektentwicklung durch Erteilung von Planungsaufträgen wegen nachhaltiger Erfolgsaussichten oder aber über den Abbruch der Projektentwicklung wegen zu hoher Risiken vorzubereiten.

Hierzu eignet sich ein Koordinatensystem der Erfolgsfaktoren für die Projektentwicklung, das z.B. gebildet werden kann aus

- dem Projektentwicklergewinn in Prozent p.a. der Gesamtinvestitionssumme,
- den Zinsen aus Mieteinnahmen in Prozent p.a. des Verkaufspreises und
- der Schadenshöhe aus der Risikoanalyse in Prozent der Gesamtinvestitionssumme.

Ein solches Koordinatensystem kann ergänzt werden durch eine Nutzwertanalyse zur Beurteilung der nicht monetär bewertbaren Faktoren von Projektentwicklungsalternativen, in die u.a. folgende Teilziele einzubeziehen sind:

- hohe Lagequalität, hohe Attraktivität der Nutzungskonzeption,
- hohe Drittverwendungsfähigkeit,
- hohe Marktnachfrage,
- geringes Konkurrenzangebot.

Bei den Entwicklungsalternativen ist dann derjenigen Alternative der Vorzug zu geben, die bei gleicher oder ähnlicher Positionierung im Koordinatensystem der Projektentwicklung den höchsten Wert der gewichteten Nutzenpunkte erhält und dabei auch einen vorgegebenen Grenzwert von z.B. 750 von 1.000 möglichen Punkten überschreitet.

Modul 11 – Rechtliche Rahmenbedingungen

Die Aufgabenstellung des Vertragsmanagements beginnt mit der Erfassung der relevanten rechtlichen Rahmenbedingungen. Hierzu zählen zuerst sämtliche Themen rund um die Grundstücksbeschaffung, wie z.B. Kaufverträge, Erbrechtsvereinbarungen, städtebauliche Verträge oder Erschließungsverträge. Die hier getroffenen Vereinbarungen sind bei den weiteren Verträgen als Grundlagen zu berücksichtigen. Diese reichen von rein planungs- und baubezogenen Rahmenbedingungen bis hin zu Fragen der Strafrechtsprävention und der Einhaltung investmentrechtlicher Bestimmungen im Kontext mit Exit-Lösungen. In diesem Zusammenhang sind auch die Vorschriften der Baustellenverordnung (BaustellV) von Relevanz. Verstöße gegen die dort niedergelegten Vorschriften zur Arbeitssicherheit führen bei Arbeitsunfällen schnell zu Verantwortlichkeiten bis hin zur Projektleitung und Unternehmensführung. Auf der Grundlage der so ermittelten rechtlichen Rahmenbedingungen ist eine Projekt-Compliance zu entwickeln, mithin ein System, welches sicherstellt, dass die Projektabwicklung in Übereinstimmung mit den gesetzlichen Vorschriften erfolgen kann.

Neben den projektbezogenen rechtlichen Rahmenbedingungen gilt es in dieser Phase, auch die internen Rahmenbedingungen im Zusammenhang mit der Gründung von Objektgesellschaften o.Ä. zu klären. Dies betrifft insbesondere die Wahl der geeigneten Rechtsform (GmbH, GmbH & Co. KG etc.) vor dem Hintergrund der Partnerstruktur und der geplanten Exit-Strategie.

Modul 12 – Vertragskonzeption

Im Anschluss an die Klärung der rechtlichen Rahmenbedingungen ist die Projektstrukturplanung, einschließlich Projektaufbau- und -ablauforganisation, rechtlich abzusichern. Dies geschieht einerseits durch Ausbildung eines konkreten Vertragsnetzes mit den notwendigen gesellschafts-, werk- und dienstvertraglichen Bestimmungen, andererseits mit der Herstellung eindeutiger Anordnungs- und Vertretungsbeziehungen. Auf der Grundlage der abzuschließenden Verträge und der daraus abzuleitenden Anordnungsrechte, Weisungsbefugnisse und Vollmachten muss eindeutig geklärt sein, wer im Rahmen der Projektabwicklung für bestimmte Aufgaben verantwortlich ist.

Modul 13 – Vertragsgestaltung

Sobald die Projektstruktur abgestimmt ist, kann mit der Konzeption und der Abstimmung eines gesamtheitlichen Vertragssystems für das Projekt begonnen werden.

Die Überlegungen beginnen mit der Festlegung der Einsatzformen für die einzelnen Projektbeteiligten. Auch die Position des Projektentwicklers selbst ist hier genau zu definieren, z.B. als eigenwirtschaftliche Projektentwicklung etwa eines Bauträgers oder aber als ein „Fee Development". Zu klären ist auch, ob bei der Veräußerung vom „Reißbrett" der Projektentwickler weiterhin durch Führungskompetenz die versprochenen Projekterfolge sicherzustellen und die einzelnen Projektprozesse zu managen hat.

Daran schließt sich die Festlegung der Einsatzform für die übrigen Projektbeteiligten an, wobei vielfach Einsatzformen der Generalplanung und der Generalunternehmung präferiert werden. Es gibt jedoch keine per se überlegene Einsatzform. Die passgenaue Einsatzform für das Projekt und die hiermit verfolgten weitergehenden Ziele müssen kontextuell festgelegt werden. Das Vertragssystem ist auch auf die angedachte Exit-Strategie abzustimmen.

Nach Festlegung der geeigneten Einsatzform erfolgt die Abstimmung der Schnittstellen nebst Definition der Aufgabenpakete für die einzelnen Beteiligten. Das gilt insbesondere für die Schnittstellen zwischen Entwicklung, Planung und Bau (dort speziell auch hinsichtlich des Mieterausbaus). Zu diesem Zweck haben die fachlich Beteiligten geeignete Leistungsbilder beizusteuern.

Sobald sich die Anforderungen an die Aufgabenstellung der einzelnen Beteiligten herauskristallisiert haben, sind die geeigneten Vertragsformen vorzuschlagen und abzustimmen, etwa in Abhängigkeit der Leistungsbeschreibungsform, detailpauschale oder globalpauschale Werkvertragsformen für die Ausführungsbeteiligten und dienst- oder werkvertragliche, ggf. auch rahmenvertragliche Absprachen mit den an der Planung fachlich Beteiligten.

Einheitliche Anlagenbenennungssysteme für alle Verträge sollten vorgesehen werden. Dasselbe gilt für die Entwicklung eines durchgängigen Systems der Mangelhaftungsansprüche, der Haftung und der Sicherheiten.

Im Rahmen der Vertragsgestaltung selbst geht es um die Entwicklung sachangemessener Einzelverträge für die Projektbeteiligten. Bei großen Projekten oder Multi-Projektmanagement-Realisierungen kann sich die Festlegung einheitlicher Vertragsstandards für das gesamte Projekt oder mehrere Projekte empfehlen („Contract Guidelines").

Im Übrigen beginnt die Tätigkeit im Rahmen der Vertragsgestaltung mit der Festlegung allgemeiner Vertragsstandards, wie z.B. für den Einsatz fairer Verträge, ggf. Partnering-Systeme. Auch eine branchengerechte Standardisierung aller Vertragswerke ist erforderlich, um ein sachgerechtes Vertragsmanagement zu ermöglichen. Im Hinblick auf das Risikomanagement ist eine in jedem Einzelfall sachgerechte Risikoallokation herbeizuführen.

In Bezug auf Sicherheiten sind Abtretungs-, Durch- und Weiterreichungsbefugnisse auch im Zusammenhang mit dem Exit vorzudenken.

Bei allen Verträgen sind die Schnittstellen in Bezug auf die Leistungspflichten bei Vermietungs-, Bau- und Veräußerungsverträgen zu beachten. Die FM-Anforderungen späterer Nutzer sind von vornherein in Planungs- und Bauverträgen umzusetzen. Dasselbe gilt für etwaige Nachhaltigkeitsstrategien.

Die jeweiligen Anforderungen an Abschlagszahlungssysteme müssen mit der Finanzierung übereinstimmen.

Sind die Verträge gestaltet, müssen sie auch verhandelt werden. Auch hier sind einige Vorüberlegungen zur allgemeinen Verhandlungsstrategie zu treffen, etwa die Frage, wie der Markt aufmerksam gemacht und bearbeitet werden kann und wie ein größerer Kreis von Interessenten sukzessive reduziert wird. Parallel dazu findet eine Verdichtung der Vertragsgespräche statt. Speziell bei angedachten Parallelverhandlungen mit mehreren Bietern sind Strukturvorgaben zu entwickeln. Zielstellung ist es, einen optimalen Informationstransfer sicherzustellen, um wirtschaftliche Vergabeergebnisse zu erreichen, ohne Anreize für ein spekulatives Bieterverhalten zu setzen.

Überdies ist eine generelle AGB-Strategie für die Verhandlungen zu entwickeln und umzusetzen, die möglichst sicherstellt, dass Klauseln, die bedenklich sind, auch individuell verhandelt werden können.

Schließlich wird darauf zu achten sein, dass zu den jeweiligen Entscheidungsmeilensteinen bindende Bieterangebote vorliegen, die dann seitens des Auftraggebers angenommen werden können. Sofern bereits bindende Verträge geschlossen werden, müssen von der Projektentwicklung angemessene Rücktrittsrechte oder Bedingungen formuliert sein, die auch mit den steuerrechtlichen und gesellschaftsrechtlichen Rahmenbedingungen übereinstimmen.

Im Rahmen der Abwicklung der Verträge geht es im Wesentlichen um die Durchsetzung der Rechte aus abgeschlossenen Verträgen. Es geht aber gerade im Bereich der Bau- und Immobilienprojekte auch um die Umsetzung eines geeigneten Änderungsmanagements (einschließlich Anti-Claim-Management). Hierfür müssen die entsprechenden Systeme vorgedacht und auf der Grundlage entsprechender Vertragslösungen auch umgesetzt werden, schließlich bedarf jede geordnete Bau- und Immobilienprojektabwicklung eines Controllings. Abhängig von den jeweiligen Besonderheiten der Projektentwicklung sind derartige Projektcontrolling-Systeme rechtzeitig einzusetzen und abzuwickeln.

Modul 14 – Kommunikationskonzept

Immobilienmarketing bezeichnet die Gesamtheit aller unternehmerischen Maßnahmen, die zur Entwicklung, Preisfindung und Verbreitung von Immobilien dienen, um Austauschprozesse zwischen Mietern/Käufern einerseits und Vermietern/Verkäufern andererseits herbeizuführen.

Grundlage aller Marketingaktivitäten sollte ein frühzeitig entwickelter Kommunikationsplan sein. Der Kommunikationsplan gliedert die geplanten Marketingaktivitäten, d.h. wann sind welche Aktionen geplant, wer ist verantwortlich und wer ist Ansprechpartner beim Entwickler z.B. für Nachfragen der Presse oder von Interessenten, wann werden welche Medien geschaltet etc.

Insbesondere bei großen städtebaulichen Projekten ist es wichtig, frühzeitig die Öffentlichkeit mit einzubinden, um negative Entwicklungen frühzeitig zu erkennen und diesen ggf. gegensteuern zu können. Hierzu dient eine aktive Pressearbeit, heutzutage im Allgemeinen unter Einbindung der modernen Kommunikationsmedien über das Internet (Webseite, Facebook, Blog etc.).

Im Rahmen der Projektkalkulation ist ein auskömmliches Budget für Marketingmaßnahmen einzustellen.

Je nach Größe der Entwicklung bietet es sich an, externe Dienstleister mit einzubinden.

Weitere typische Immobilienmarketing-Elemente sind:

- Vermarktungsbroschüren, Flyer, Plakate, Bauschild
- Homepage, Blog, Facebook, Web-Cam
- Grundsteinlegung, Richtfest, Eröffnung, Tag der offenen Tür
- Messeauftritte (Expo Real, regionale Immobilienmessen etc.)
- Kontakte zur regionalen und überregionalen Presse, zu Funk und Fernsehen.

Modul 15 – Vermietung/Verkauf

Je nach Finanzierungsmodell wird eine gewisse Vermarktungsquote (Vermietung oder Verkauf) vor Baubeginn angestrebt. Beim klassischen Einzelvertrieb wird im Allgemeinen eine Vorvermarktungsquote von 40–60 % vorausgesetzt. Beim Blockverkauf an einen Bestandshalter im Wohnungsbau kann dies allerdings auch anders ausschauen. Dieser Faktor ist im Rahmen der Wirtschaftlichkeitsuntersuchungen mit zu betrachten.

Im Rahmen der Projektkonkretisierung liegt der Schwerpunkt der Aktivitäten des Projektentwicklers in der Begleitung der eingeschalteten Vertriebspartner sowie im juristischen Management und der Abwicklung der Kaufverträge.

Nach Abschluss des Mietvertrages sind die Mieter im Hinblick auf die Flächennutzung, den Mieterausbau und das Facility Management zu beraten. Hier greift aber im Allgemeinen bereits das Projektmanagement, welches nach Projektentscheidung beauftragt wird.

Bei einem Verkauf soll der Käufer durch eine Kombination von Rendite, Wertsteigerung und Steuervorteilen einerseits und mit einer guten Finanzierung andererseits eine attraktive Verzinsung für das von ihm eingesetzte Eigenkapital erhalten (leverage effect). Dabei ist zu beachten, dass der Gewinn des Projektentwicklers i.w.S. komplett im Verkauf steckt.

1.6 Honorierung (ohne Eigenkapitalbeteiligung)

Grundsätzlich muss bei der Honorierung unterschieden werden zwischen Projektentwicklung mit Eigenkapitalbeteiligung und Projektentwicklung ohne Eigenkapitalbeteiligung (Dienstleistung).

Die Honorierung bei Projektentwicklungen *mit* Eigenkapitalbeteiligung regelt sich im Allgemeinen über die vereinbarte Gewinnbeteiligung bzw. die Gesellschaftsanteile. Hier sind in Ergänzung je nach Eigenkapitalanteil und Dienstleistungsanteil noch ergänzende Honorare möglich, die aber stets individuell ausgehandelt werden.

In Modul 6 „Machbarkeitsstudie" kann es bei Notwendigkeit vertiefter Untersuchungen zur Erbringung von Teilen der Grundleistungen aus der Vorplanung nach HOAI kommen. In diesem Fall soll die Berechnung des Honorars für diese Leistungen nach den Vorschriften der HOAI erfolgen. Bei einer pauschalen Honorierung kann es dabei zu einer Mindestsatzunterschreitung kommen, wenn der Honoraranspruch für die Grundleistungen höher als die vereinbarte Pauschale ausfällt.

Das Honorar für Projektentwicklungsleistungen *ohne* Eigenkapitalbeteiligung setzt sich i.d.R. aus einem Basishonorar (*costs of doing business*) und einer erfolgsabhängigen Leistungshonorierung in Abhängigkeit von der Höhe des Leistungsaufwands und des Erfolgs zusammen.

Für das Basishonorar wird eine Honorierung über Kalkulation nach Zeitaufwand empfohlen.

Als erfolgsabhängige Leistungshonorierung sind Prämienvereinbarungen für den Eintritt bestimmter Ereignisse zu treffen (z.B. für den Wegfall sämtlicher Rücktrittsrechte aus notariellem Kaufvertrag bei Baugenehmigung sowie auch bei Baubeginn, bei Bauabnahme und bei Vollvermietung).

2 Projektsteuerung von Städtebaulichen Leistungen (PSL)

Prof. Dr.-Ing. Th. Höcker / Dipl.-Ing. Stadtplaner H. Alsbach

2.1 Definition

Unter Projektsteuerung von Städtebaulichen Leistungen (PSL) versteht man die Steuerung aller Prozesse zur gesamthaften Entwicklung städtebaulicher Areale. Entwicklung im Sinne dieses Leistungsbildes umfasst alle formellen Instrumente des BauGB, Kapitel „Allgemeines Städtebaurecht" (§ 12, § 13, § 13a, § 30, § 34, § 35 BauGB) sowie Kapitel „Besonderes Städtebaurecht" (§§ 136 ff., §§ 165 ff., §§ 171a ff., § 171e, §§ 187 ff. BauGB).

Die Projektsteuerung von Städtebaulichen Leistungen umfasst im Kern die Aufgabenbereiche **Bauleitplanung** und **Freimachen** und grenzt sich zu den weiteren Aufgabenbereichen Herrichten, Erschließen und Hochbau einer städtebaulichen Flächenentwicklung wie folgt ab (siehe Bild 1).

Aufgabenbereiche	Bauleitplanung	Freimachen	Herrichten	Erschließen	Hochbau
Ziele	Schaffung von Baurecht	Freimachen der betroffenen Grundstücke von schuldrechtlichen und dinglichen Lasten, Planungen und Widmungen	Herrichten der betroffenen Grundstücke durch Beseitigung von Altlasten, Abfällen, Kampfmitteln und Sicherung/ Abbruch von Anlagen und Objekten	Errichtung der inneren Erschließungsanlagen, bestehend aus Ingenieurbauwerken, Verkehrsanlagen, Freianlagen, medialer Ver- und Entsorgung	Errichtung der Hochbauten und Anlagenbauprojekte
Leistungsbilder	AHO-Heft Nr. 19, Projektsteuerung von Städtebaulichen Leistungen (nachfolgend)	AHO-Heft Nr. 19, Projektsteuerung von Städtebaulichen Leistungen (nachfolgend)	AHO-Heft Nr. 18, Baufeldfreimachung / Altlasten AHO-Heft Nr. 9, Projektmanagement in der Bau- und Immobilienwirtschaft	AHO-Heft Nr. 19, Kapitel „Projektmanagement bei Infrastrukturvorhaben" AHO-Heft Nr. 9, Projektmanagement in der Bau- und Immobilienwirtschaft	AHO-Heft Nr. 9, Projektmanagement in der Bau- und Immobilienwirtschaft

Bild 1: PSL und seine Abgrenzung zu anderen Aufgabenbereichen und Leistungsbildern

Dieses Leistungsbild richtet sich an alle, die mit Hilfe eines Projektsteuerers die in Bild 1 genannten Ziele erreichen wollen. Die Aufgabenbereiche Bauleitplanung (Bild 2) und Freimachen (Bild 3) sind in jeweils eigenen Leistungsbildern aufgeführt, welche die zu erbringenden Leistungen im Detail darstellen.

PSL-Projekte besitzen eine hohe Komplexität. Zur Ableitung der bestmöglichen projektspezifischen Organisationsform sowie des notwendigen Koordinationskonzepts sind die strategischen Werkzeuge Projektstrukturplan und Prozessmanagement einzusetzen.[1]

PSL-Projekte mit ihren Aufgabenbereichen sind durch eine sehr große fachliche (technisch, kaufmännisch, juristisch) Breite gekennzeichnet. Projektsteuerung und fachliche Beratung sind eng miteinander zu verzahnen.[2]

Dem Leistungsbild liegt das Leistungsverständnis in den Handlungsbereichen des AHO-Heftes Nr. 9 (z.B. Vorbereiten und Abstimmen der Inhalte von Planerverträgen) zugrunde.

Ferner gilt, soweit in dem Leistungsbild Begriffe wie „Mitwirken", „Erstellen", „Aufstellen" bzw. „Abstimmen", „Umsetzen", „Fortschreiben" oder „Prüfen bzw. Überprüfen", „Analysieren und Bewerten" und „Steuern" verwandt werden, das Begriffsverständnis von AHO-Heft Nr. 9, Kapitel 2, § 2 (4). „Erheben" im Sinne dieses Leistungsbildes bedeutet das Einholen und strukturierte Zusammenstellen von Dokumenten (Verträgen, Vereinbarungen, Planungen etc.) als Grundlage für eine nachlaufende Auswertung.

2.2 Anwendungsbereich

(1) Diese Leistungs- und Honorarempfehlung beinhaltet Vertragsvorschläge für Leistungen der PSL. Sie gelten, soweit die Vertragsparteien in abgeschlossenen Verträgen auf sie verwiesen haben.

(2) Leistungen der PSL beinhalten Leistungsbilder für die Aufgabenbereiche Bauleitplanung und Freimachen. Für Leistungen der Aufgabenbereiche Herrichten, Erschließung und Hochbau kann auf andere Leistungs- und Honorarempfehlungen zurückgegriffen werden (siehe Bild 1). Für spezielle Projektsteuerungsleistungen weiterer öffentlich-rechtlicher Verfahren (z.B. Raumordnungsverfahren, Planfeststellungsverfahren) wird auf Kapitel 10, Abschnitt 10.5 „Baurechtliche Genehmigungen", dieses Heftes verwiesen.

(3) Leistungen der PSL sind Unterstützungsleistungen des Auftragnehmers für einen Auftraggeber in beratender Funktion (Stabsfunktion), wie sie in AHO-Heft Nr. 9, § 2 näher beschrieben sind. Die Leitung der PSL obliegt dem Auftraggeber. Die Übertragung der Projektleitung in Anlehnung an AHO-Heft Nr. 9, § 3 auf einen externen Projektsteuerer ist im Einzelfall abzuwägen.

(4) Die Leistungen der PSL sind Projektsteuerungsleistungen. Leistungen der speziellen fachlichen Beratung (z.B. Altlasten, Bodenmanagement) im Sinne eines Vier-Augen-Prinzips können projektspezifisch übertragen werden. Planungsleistungen, wie sie z.B. in der

1 Höcker/Alsbach, Organisationsformen und deren Anforderungen an das Projektmanagement am Beispiel komplexer städtebaulicher Projekte. Herbstseminar des Deutschen Verbandes der Projektmanager (DVP), Tagungsband, Berlin, Herbst 2015.

2 Höcker, Technisches Projektmanagement bei der Entwicklung von Bahnflächen. Frühjahrsseminar des Deutschen Verbandes der Projektmanager (DVP), Tagungsband, Berlin, März 2001.

HOAI beschrieben werden, können zur Optimierung der organisatorischen Projektabwicklung im Einzelfall ergänzend an die externe Projektsteuerung beauftragt werden.

(5) Rechtsberatungsleistungen i.S.d. Rechtsdienstleistungsgesetzes (RDG) sind, soweit diese nicht unter § 5 RDG fallen, nicht Gegenstand dieser Leistungs- und Honorarempfehlung.

2.3 Schnittstellen zu anderen Leistungen

(1) Dieses Leistungsbild hat Schnittstellen zu mindestens den in Bild 1 aufgeführten Leistungsbildern. Vor der Beauftragung mit den singulären Leistungen der PSL ist auf eine projektspezifisch geeignete Verbundbeauftragung mit diesen Leistungen (s.o.) zu achten. Diese können sowohl dem PSL als auch weiteren Projektsteuerern übertragen werden. Unabhängig davon obliegen dem PSL Aufgaben eines übergeordneten Multiprojektmanagements.

(2) Leistungen der PSL ersetzen keine Leistungsinhalte der in Bild 1 genannten Leistungsbilder.

2.4 Leistungsbild

(1) Sofern die Vertragsparteien keine anderweitigen Festlegungen treffen, wird das nachfolgend beschriebene Leistungsbild der PSL als Regelleistung vorgeschlagen. Die Regelleistungen stellen den empfohlenen Mindestumfang der erforderlichen Projektsteuerungsleistung im Städtebau dar. Übergeordnete Leistungen aus einzelnen Handlungsbereichen lehnen sich an AHO-Heft Nr. 9, § 2 an.

(2) Das Leistungsbild je Aufgabenbereich folgt einem modularen Aufbau. Dieser Aufbau orientiert sich an einer zeitlichen und inhaltlichen Gliederung. Jedes Leistungsbild unterteilt sich in folgende Teilleistungsbilder:

- Teilleistungsbild: Grundlagen
- Teilleistungsbild: Planung
- Teilleistungsbild: Verträge

Sofern die Vertragsparteien nicht etwas anderes vereinbaren, umfasst die Beauftragung je Aufgabenbereich nach unserem Vorschlag das komplette Leistungsbild, also mit allen Regelleistungen aus allen Teilleistungsbildern.

(3) Den Vertragsparteien steht es frei, die für Standardprojekte definierten Leistungen an die Projektumstände anzupassen, zu konkretisieren und ggf. um weitere Leistungen zu ergänzen, die in den Teilleistungsbildern nicht beschrieben sind. Hierzu können insbesondere auch die für die Teilleistungsbilder aufgeführten Leistungen für Bedarfsfälle dienen.

(4) Diesem Leistungsbild liegen die Definitionen von AHO-Heft Nr. 9, § 2 (4) zugrunde.

	Teilleistungsbild Grundlagen	Teilleistungsbild Planung	Teilleistungsbild Verträge
Regelleistungen	1 Organisation und Koordination		
	2 Erstellen einer Rahmenterminplanung und deren Verfolgung		
	3 Erstellen Kostenrahmen, Einrichten der Kostenverfolgung, Rechnungsprüfung und -freigabe, Kostensteuerung		
	4 Vorklären der bauordnungsrechtlichen Situation (FNP, BBP) und standortspezifischen Situation	4 Ausschreibung und Vergabe der städtebaulichen, landschaftsplanerischen und objektplanerischen Leistungen	4 Mitwirken bei der Verhandlung öffentlich-rechtlicher Verträge
	5 Klären der Eigentumsverhältnisse, Klären der Mitwirkungsbereitschaft der betroffenen Eigentümer	5 Ausschreibung und Vergabe der fachplanerischen Gutachten	5 Koordinieren der Anlagen zu den öffentlich-rechtlichen Verträgen
	6 Vorklären der Planungsziele der Kommune (Umgriff, Maß der baulichen Nutzung, städtebauliche Ziele)	6 Koordinieren der städtebaulichen, landschaftsplanerischen und objektplanerischen Leistungen	
	7 Vorklären vorhandener Planungsrestriktionen	7 Koordinieren der fachplanerischen Gutachten	
		8 Mitwirken beim Scoping-Termin	
		9 Mitwirken bei den (frühzeitigen) Beteiligungsverfahren nach §§ 3(1), 4(1), 3(2) und 4(2) BauGB	
im Bedarfsfall	1 Kritische Analyse von Verfahrensabläufen und Prozessoptimierung, Evaluierung der Optimierung		
	2 Überprüfen der Voraussetzungen für Fördermittel	2 Listen und Abwägen der Einwände aus den Beteiligungsverfahren	2 Mitwirken bei der Verhandlung der Einverständniserklärungen für ein gesetzliches, einvernehmliches Umlegungsverfahren
	3 Koordinieren eines Umlegungsverfahrens	3 Mitwirken und Vorbereiten von Beschlüssen der Kommune	3 Koordinieren der Anlagen zu den Einverständniserklärungen für ein gesetzliches, einvernehmliches Umlegungsverfahren
	4 Erstellen von Wirtschaftlichkeitsberechnungen	4 Mitwirken bei weiteren informellen Verfahren der Bürgerbeteiligung	4 Ermitteln der Lasten
	5 Erheben weiterer Grundlagen	5 Mitwirken bei der Öffentlichkeitsarbeit	5 Mitwirken bei der Verhandlung von Kaufverträgen
	6 Mitwirken und Vorbereiten von Beschlüssen der Kommune		6 Mitwirken beim Projektmarketing
	7 Mitwirken und Betreuen von Wettbewerben oder Workshopverfahren		
	8 Mitwirken bei den vorbereitenden Untersuchungen für städtebauliche Entwicklungsmaßnahmen (§ 165 BauGB) oder Sanierungsmaßnahmen (§§ 136 ff. BauGB)		

Bild 2: Teilleistungsbilder des Aufgabenbereichs Bauleitplanung

	Teilleistungsbild Grundlagen	Teilleistungsbild Planung	Teilleistungsbild Verträge
Regelleistungen	1 Erheben der schuldrechtlichen Verträge	1 Ausschreibung und Vergabe der objekt- und fachplanerischen Leistungen zur Anpassung und Ersatz-Verlagerung vorhandener Anlagen	1 Mitwirken bei der Verhandlung zur Freimachung von schuldrechtlichen Verträgen
	2 Erheben der dinglichen Lasten	2 Koordinieren der objekt- und fachplanerischen Leistungen	2 Mitwirken bei der Verhandlung zur Freimachung von dinglichen Lasten
	3 Erheben der Planungsbehaftung (Planfeststellungen, Plangenehmigungen, Widmungen)		
	4 Zusammenführen der Erhebungen in geeigneter Berichtsform		
im Bedarfsfall		1 Erarbeiten und Einreichen von verfahrensbegleitenden Anträgen	

Bild 3: Teilleistungsbilder des Aufgabenbereichs Freimachen

2.5 Kommentar

2.5.1 Aufgabenbereich Bauleitplanung

Zu dem Umfang des Aufgabenbereichs Bauleitplanung gehören als Besonderheit übergreifende Regelleistungen für die Bauleitplanung und das Freimachen. Diese Leistungen umfassen jeweils die Teilleistungsbilder Grundlagen, Planung und Verträge (vgl. Bilder 2 und 3) und sind den Handlungsbereichen Organisation und Koordination, Ablauf- und Terminmanagement sowie Kostenmanagement zugeordnet. Diese Regelleistungen folgen dem Berufsbild und dem Leistungsverständnis der Projektsteuerung in der Bau- und Immobilienwirtschaft nach AHO-Heft Nr. 9.

Die Leistungen der Organisation und Koordination umfassen alle zur Erreichung der Projektziele erforderlichen Tätigkeiten (z.B. Erstellen eines Projektstrukturplans, Entwickeln einer Aufbau- und Ablauforganisation, Festlegen eines Koordinationskonzepts), auch wenn diese nicht explizit aufgeführt werden.

Zu den Aufgaben des Ablauf- und Terminmanagements gehören vorrangig die Erstellung einer Rahmenterminplanung und deren Fortschreibung für die PSL sowie die Erstellung eines Gesamtrahmenterminplans (GRT). Der GRT beinhaltet auch die Prozesse und Termine, die aus den Aufgabenbereichen des Herrichtens (z.B. Rückbaumaßnahmen), der Erschließung (z.B. mediale und verkehrliche Infrastruktur) und des Hochbaus für eine verträgliche Multiprojektabwicklung übergeordnet gesteuert werden müssen. Gegebenenfalls ist dieser GRT um weitere Aufgabenbereiche – wie z.B. Vermarktung – zu ergänzen.

Zusätzlich können im Bedarfsfall als übergreifende Leistung im Handlungsbereich Ablauf- und Terminmanagement die kritische Analyse von Verfahrensabläufen in Verbindung mit einer Prozessoptimierung sowie die Evaluierung der Optimierungsansätze zum Gegenstand einer Beauftragung gemacht werden.

Das Kostenmanagement beinhaltet die typischen Schwerpunktaufgaben, z.B. Erstellung eines Kostenrahmens durch Ermittlung der Investitionskosten. Die Investitionskosten sind abhängig von der Planungsphase durch Kennwerte zu schätzen bzw. durch Übernahme der Kostenermittlungen der beteiligten Objekt- und Fachplaner zusammenzutragen. Weitere Schwerpunktaufgaben sind die Einrichtung einer Kostenverfolgung, Rechnungsprüfung und -freigabe sowie die Kostensteuerung. Darüber hinaus ist der Gesamtkostenrahmen (GKR) über alle Aufgabenbereiche (s.o.) zu führen.

Teilleistungsbild: Grundlagen

- **Vorklären der bauordnungsrechtlichen Situation (FNP, BBP) und standortspezifischen Situation**

Hauptziel des Aufgabenbereichs Bauleitplanung ist die Erwirkung von Baurecht. Insofern ist wesentliche Grundlage, welche bauordnungsrechtliche Situation im Bestand vorliegt. Die Einordnung kann i.d.R. durch Erhebung der bestehenden Bauleitplanung der Kommune (vorbereitende Bauleitplanung durch Flächennutzungsplan sowie verbindliche Bauleitplanung durch Bebauungspläne) erfolgen. Dies bezieht sich auf die gegenständliche Fläche sowie auf die relevanten angrenzenden Flächen. Bedarfsweise, insbesondere bei größeren Entwicklungen, kann es erforderlich werden, zusätzliche informelle Pläne zu erheben (wie Rahmenplan, Leitbild, Masterplan, Verkehrs- oder Gewerbeentwicklungskonzepte) oder Regionalpläne oder Landesentwicklungspläne (LEP).

Neben der Klärung der rechtlichen Grundlagen sind die Erhebung der standortspezifischen Situation (Bestandsbebauung und Bestandsnutzungen) der gegenständlichen Fläche sowie des angrenzenden Bestands durch Begehung und weitere geeignete Erhebungen erforderlich.

Diese Teilleistung greift der Leistungsphase 1 der Leistungen Flächenplanung nach §§ 18, 19 HOAI 2013 voraus, da auf dieser Vorklärung zu einem sehr frühen Projektstadium die weiteren erforderlichen Leistungen – wie z.B. HOAI-Leistungen – definiert werden.

- **Klären der Eigentumsverhältnisse, Klären der Mitwirkungsbereitschaft der betroffenen Eigentümer**

Die Klärung der Eigentumsverhältnisse hat, soweit möglich, verbindlich durch Grundbuchauszug zu erfolgen. Die Ergebnisse sind in geeigneter Form (Tabelle oder Karte) darzustellen.

Die Vorklärung der Mitwirkungsbereitschaft der Eigentümer (der gegenständlichen Grundstücke) ist eine relevante Projektaufgabe, die möglichst früh erfolgen sollte. Bei Projektsteuerungsleistungen für den Eigentümer selbst konzentriert sich die Leistung auf erforderliche, weitere Grundstücke zur Arrondierung. Diese Teilleistung kann sukzessive mit Projektfortschritt erfolgen.

- **Vorklären der Planungsziele der Kommune (Umgriff, Maß der baulichen Nutzung, städtebauliche Ziele)**

Bei allen Entwicklungen ist die Klärung der gemeindlichen Planungsziele in einem Gespräch mit der betroffenen Kommune herbeizuführen. Ergebnis dieser Teilleistung kann nur die grundsätzliche, unverbindliche Klärung sein, da eine verbindliche Abstimmung aus gesetzlichen Gründen nicht erfolgen kann.

- **Vorklären vorhandener Planungsrestriktionen**

Soweit möglich, sind alle relevanten Informationen über potentielle Planungsrestriktionen der gegenständlichen Fläche zu erheben. Die Ergebnisse sind in geeigneter Form (Bericht, Restriktionskarte) darzustellen:

- Bestandsunterlagen Bauwerke
- Bestandsunterlagen Medien
- vorhandene Kartierungen Flora-Fauna-Habitate (Anhang 4 der FFH-Richtlinie)
- Auszug aus Biotopkartierung, Naturdenkmalliste
- Auszug aus Bodendenkmalliste, Baudenkmalliste
- Altlasten, Auszug Altlastenkataster
- vorhandene Gutachten über Abfälle
- vorhandene Gutachten über Kampfmittel
- vorhandene hinreichend konkretisierte Planungen Dritter
- vorhandene Widmungen
- vorhandene Nutzungsgenehmigungen (Emission, Immission)

■ Leistungen im Bedarfsfall zum Teilleistungsbild „Grundlagen"

Überprüfen der Voraussetzungen für Fördermittel

Für städtebauliche Projekte existieren diverse Förderprogramme auf Ebene der Europäischen Union, des Bundes, der Länder, der Region oder der Kommune. Ziel der Leistung ist die Überprüfung der Förderfähigkeit des Projekts unter Einhaltung der jeweiligen Förderrichtlinien für gängige Förderprogramme.

Koordinieren eines Umlegungsverfahrens

Im Falle eines Umlegungsverfahrens (§§ 45 ff. BauGB) sind alle dazu erforderlichen Leistungen zu koordinieren. Insbesondere sind Umlegungsberechnungen anzustellen. Im Falle einer Verteilung nach Werten gemäß § 57 BauGB sind die entsprechenden Wertgutachten für die Anfangs- und Endwerte zu koordinieren.

Erstellen von Wirtschaftlichkeitsberechnungen

Wirtschaftlichkeitsberechnungen sind keine Regelleistung. Für die Erstellung einer Wirtschaftlichkeitsberechnung kann beispielsweise die Kapitalwertmethode verwendet werden.

Erheben weiterer Grundlagen

Sollten zusätzliche, besondere Grundlagen zu erheben sein, die nicht zu den üblich zu erhebenden Grundlagen gehören, ist dies ergänzend zu vereinbaren.

Mitwirken und Vorbereiten von Beschlüssen der Kommune

Das Mitwirken und Vorbereiten jedweder Beschlüsse ist Leistung im Bedarfsfall.

Mitwirken oder Betreuen von Wettbewerben oder Workshop-Verfahren

Hierunter versteht man alle Koordinationsleistungen für etwaige erforderliche Wettbewerbsverfahren (städtebauliche, landschaftsplanerische Ideen- oder Realisierungswettbewerbe) bzw. Workshop-Verfahren.

Mitwirken bei den vorbereitenden Untersuchungen für städtebauliche Entwicklungsmaßnahmen (§§ 165 ff. BauGB) oder Sanierungsmaßnahmen (§§ 136 ff. BauGB)

Die Mitwirkung an den vorbereitenden Untersuchungen für städtebauliche Entwicklungs- oder Sanierungsmaßnahmen kann über Teile, die als Grundleistungen erfasst sind, hinausgehen und wäre im Bedarfsfall zu vereinbaren.

Teilleistungsbild: Planung

■ Ausschreibung und Vergabe der städtebaulichen, landschaftsplanerischen und objektplanerischen Leistungen

Der Projektsteuerer hat die erforderlichen städtebaulichen, landschaftsplanerischen und objektplanerischen Leistungen mit einem geeigneten Leistungsbild auszuschreiben, die Angebote auszuwerten und an der Vergabe mitzuwirken. Hierunter werden alle erforderlichen Teilleistungen im Sinne des AHO-Heftes Nr. 9 verstanden.

■ **Ausschreibung und Vergabe der fachplanerischen Gutachten**

Der Projektsteuerer hat die erforderlichen fachplanerischen Gutachten (EMF, Erschütterung, Flora/Fauna, Schall, Verkehr, saP, Luft, Geruch, Verschattung etc.) mit einem geeigneten Leistungsbild auszuschreiben, die Angebote auszuwerten und an der Vergabe mitzuwirken. Hierunter werden alle erforderlichen Teilleistungen im Sinne des AHO-Heftes Nr. 9 verstanden.

■ **Koordinieren der städtebaulichen, landschaftsplanerischen und objektplanerischen Leistungen**

Schnittstellen zwischen den städtebaulichen, landschaftsplanerischen und objektplanerischen Leistungsprozessen sind gemäß HOAI durch die Planer zu koordinieren. Im Rahmen des Steuerungsprozesses Koordination hat der Projektsteuerer einen störungsfreien Projektablauf zu gewährleisten. Hierzu überwacht er zum einen die Koordinationsaufgabe der Planer und stellt zum anderen sicher, dass alle Schnittstellen zwischen den planerischen Leistungsprozessen und sonstigen Projektprozessen (z.B. Auftraggeberentscheidungen) reibungslos und zeitgerecht ablaufen.

■ **Koordinieren der fachplanerischen Gutachten**

Die fachliche Integration der Gutachten in die städtebaulichen, landschaftsplanerischen und objektplanerischen Leistungen erfolgt durch die Planer. Der Projektsteuerer überwacht diese Schnittstellen. Im Steuerungsprozess Koordination stellt der Projektsteuerer ferner sicher, dass die Gutachten rechtzeitig und mit den erforderlichen Fachinhalten im Projekt vorliegen.

■ **Mitwirken beim „Scoping"-Termin**

Die Vorbereitung, Durchführung und Nachbereitung des „Scoping"-Termins selbst ist Aufgabe der Kommune. Gegenstand der Mitwirkung soll es sein, die städtebaulichen, landschaftsplanerischen und fachplanerischen Grundleistungen, die zur Vorbereitung, Durchführung und Nachbereitung erforderlich werden, zu steuern und zu koordinieren.

■ **Mitwirken bei den (frühzeitigen) Beteiligungsverfahren nach §§ 3(1), 4(1), 3(2) und 4(2) BauGB**

Bei den förmlichen Beteiligungsverfahren gemäß §§ 3(1), 4(1), 3(2) und 4(2) BauGB ist mitzuwirken. Grundsätzlich obliegen die Vorbereitung, Durchführung und Nachbereitung der förmlichen Verfahren der betroffenen Kommune. Gegenstand der Leistung soll die Koordination der städtebaulichen, landschaftsplanerischen und fachplanerischen Leistungen sein, die zur Vorbereitung, Durchführung und Nachbereitung erforderlich werden.

■ **Leistungen im Bedarfsfall zum Teilleistungsbild „Planung"**

Listen und Abwägen der Einwände aus den Beteiligungsverfahren

Die im Rahmen der förmlichen Beteiligungsverfahren eingegangenen Einwände sind tabellarisch zu listen. Darauf aufbauend sind Abwägungsvorschläge zu erarbeiten und mit den beteiligten Planern und der Kommune abzustimmen.

Mitwirken und Vorbereiten von Beschlüssen der Kommune

Die Mitwirkung und Vorbereitung jedweder Beschlüsse erfolgt im Bedarfsfall.

Mitwirken bei weiteren informellen Verfahren der Bürgerbeteiligung

Mitwirkung bei informellen Beteiligungsverfahren (z.B. Bürgerbefragung oder Bürgerentscheid), wie die Vorbereitung, Durchführung und Nachbereitung oder Steuerung und Koordination der beteiligten Planer und Gutachter.

Mitwirken bei der Öffentlichkeitsarbeit

Die möglichen Leistungen des Stakeholder-Managements, zusätzlich zu den vorgeschriebenen Leistungen der informellen Beteiligungsverfahren, können je nach Projekt in sehr unterschiedlichem Umfang anfallen und sind im Bedarfsfall zu vereinbaren (siehe Kapitel 3 dieses Heftes).

Teilleistungsbild: Verträge

- **Mitwirken bei der Verhandlung öffentlich-rechtlicher Verträge**

Unter öffentlich-rechtlichen Verträgen werden die Verträge gemäß §§ 11, 12, 123 BauGB verstanden. Für die Mitwirkung bei der Verhandlung sind die Verhandlungstermine zu organisieren und entsprechend vor- und nachzubereiten. Die Verhandlungen sind unter Berücksichtigung von § 5 RDG zu begleiten. Ziel ist der fristgerechte Abschluss der Verträge.

- **Koordinieren der Anlagen zu den öffentlich-rechtlichen Verträgen**

Gegenstand der Leistung soll die Koordination der städtebaulichen, landschaftsplanerischen und fachplanerischen Grundleistungen sein, die als Anlage zu den öffentlich-rechtlichen Verträgen erforderlich werden.

- **Leistungen im Bedarfsfall zum Teilleistungsbild „Verträge"**

Mitwirken bei der Verhandlung der Einverständniserklärungen für ein gesetzliches, einvernehmliches Umlegungsverfahren

Für die Mitwirkung bei der Verhandlung sind die Verhandlungstermine zu organisieren und entsprechend vor- und nachzubereiten. Die Verhandlungen sind unter Berücksichtigung von § 5 RDG zu begleiten. Ziel ist der fristgerechte Abschluss der Verträge.

Koordinieren der Anlagen zu den Einverständniserklärungen für ein gesetzliches, einvernehmliches Umlegungsverfahren

Gegenstand der Leistung soll die Koordination der städtebaulichen, landschaftsplanerischen und fachplanerischen Grundleistungen sein, die als Anlage zu den Einverständniserklärungen erforderlich werden.

Ermitteln der Lasten

Die Ermittlung sämtlicher Lasten (Verkehrserschließung, Grünerschließung, mediale Erschließung, soziale Infrastruktur etc.) sind – analog der Investitionskostenschätzungen im Modul Grundlagen – Leistungen im Bedarfsfall. Die Lasten sind abhängig von der Planungsphase durch Kennwerte zu schätzen bzw. durch Übernahme der Kostenermittlungen der beteiligten Objekt- und Fachplaner zusammenzutragen.

Mitwirken bei der Verhandlung von Kaufverträgen

Für die Mitwirkung bei der Verhandlung von Kaufverträgen sind die Verhandlungstermine zu organisieren und entsprechend vor- und nachzubereiten. Die Verhandlungen sind unter Berücksichtigung von § 5 RDG zu begleiten. Ziel ist der fristgerechte Abschluss der Verträge.

Mitwirken beim Projektmarketing

Hierzu zählen alle Maßnahmen zum Mitwirken beim Projektmarketing.

2.5.2 Aufgabenbereich Freimachung

Teilleistungsbild: Grundlagen

- **Erheben der schuldrechtlichen Verträge**

Alle geltenden schuldrechtlichen Verträge (z.B. Mietverträge oder Gestattungen) auf den gegenständlichen Entwicklungsflächen sind zu erheben.

- **Erheben der dinglichen Lasten**

Alle geltenden dinglichen Lasten (z.B. Dienstbarkeiten, persönlich-beschränkte Dienstbarkeiten, Grundschulden) auf den gegenständlichen Entwicklungsflächen sind zu erheben.

- **Erheben der Planungsbehaftung (Planfeststellungen, Plangenehmigungen, Widmungen)**

Alle hinreichend konkretisierten Planungen (z.B. Planfeststellungen, Plangenehmigungen, Widmungen) auf den gegenständlichen Entwicklungsflächen sind zu erheben.

- **Zusammenführen der Erhebungen in geeigneter Berichtsform**

Die Ergebnisse der Erhebungen sind in geeigneter Berichtsform (Tabellen und Karten) zusammenzufassen und ggf. daraus resultierende Maßnahmen zu erfassen und zu bewerten.

Teilleistungsbild: Planung

- **Ausschreibung und Vergabe der objekt- und fachplanerischen Leistungen zur Anpassung und Ersatz-Verlagerung vorhandener Anlagen**

Der Projektsteuerer hat alle erforderlichen objekt- und fachplanerischen Leistungen mit einem geeigneten Leistungsbild auszuschreiben, die Angebote auszuwerten und an der Vergabe mitzuwirken. Hierunter werden alle notwendigen Teilleistungen im Sinne des AHO-Heftes Nr. 9 verstanden.

- **Koordinieren der objekt- und fachplanerischen Leistungen**

Die objekt- und fachplanerischen Leistungsprozesse sind gemäß HOAI durch die Planer zu koordinieren. Durch den Projektsteuerer wird diese Koordination der Planer überwacht, um einen störungsfreien Projektablauf zu gewährleisten. Mit dem Steuerungsprozess der Koordination stellt der Projektsteuerer ferner sich, dass alle Schnittstellen zwischen den planerischen Leistungsprozessen und sonstigen Projektprozessen (z.B. finanzielle Freigaben) reibungslos und zeitgerecht ablaufen.

- **Leistungen im Bedarfsfall zum Teilleistungsbild „Planung"**

Erarbeiten und Einreichen von verfahrensbegleitenden Anträgen

Die Erarbeitung und das Einreichen von verfahrensbegleitenden Anträgen (z.B. auf Freistellung nach § 23 AEG, auf Planänderung nach § 76 VwVfG) sind auf separate Anforderung zu erbringen.

Teilleistungsbild: Verträge

- **Mitwirken bei der Verhandlung zur Freimachung von schuldrechtlichen Verträgen**

Für die Mitwirkung bei der Verhandlung zur Freimachung von schuldrechtlichen Verträgen sind die Verhandlungstermine zu organisieren und entsprechend vor- und nachzubereiten. Die Verhandlungen sind unter Berücksichtigung von § 5 RDG zu begleiten. Ziel ist der fristgerechte Abschluss der Verträge.

- **Mitwirken bei der Verhandlung zur Freimachung von dinglichen Lasten**

Für die Mitwirkung bei der Verhandlung zur Freimachung von dinglichen Lasten sind die Verhandlungstermine zu organisieren und entsprechend vor- und nachzubereiten. Die Verhandlungen sind unter Berücksichtigung von § 5 RDG zu begleiten. Ziel ist der fristgerechte Abschluss der Verträge.

2.6 Honorierung

Für die Honorierung nach Zeitaufwand wird in Anlehnung an § 9 AHO-Heft Nr. 9 folgende Vorgehensweise empfohlen:

Zur Abschätzung des Zeitaufwands und der Qualifikation des einzusetzenden Personals kann ergänzend zu einer qualitativen Bewertung des Projekts nach § 5 Abs. 2 AHO-Heft Nr. 9 die Einstufung der Komplexität des Projekts dienen. Die Analyse der Kriterien

- Vielzahl und Vielfalt an Elementen und ihren Relationen sowie
- Dynamik der Veränderlichkeit des Systems

ermöglicht die Einordnung des Flächenentwicklungsprojekts in eine Komplexitätskategorie (durchschnittliche, überdurchschnittliche oder hohe Anforderungen). Die Bewertung nachfolgender Merkmale kann dazu verwendet werden (vgl. Bild 4).

Aus der Komplexität des Projekts und den hiermit einhergehenden Anforderungen ergeben sich Vorgaben an die Qualifikation des Projektsteuerers und den zeitlichen Aufwand zur Projektbearbeitung. In Abhängigkeit der Qualifikation sollten nach Funktionen gestaffelte Mitarbeiterverrechnungssätze vereinbart werden.

Die §§ 10–12 (Nebenkosten, Zahlungen, Umsatzsteuer) aus AHO-Heft Nr. 9 gelten entsprechend.

Beurteilungskriterium „Vielzahl und Vielfalt an Elementen und Prozessen und ihre Relationen“	Beurteilungskriterium „Dynamik und Veränderlichkeit“
• Vielzahl an Eigentümern und Nutzern (Flächen- und Objekteigentümer, Mieter) • Vielzahl an Auftraggebern/Bauherren (Investoren, Bauherrengemeinschaften) • Vielfalt an Finanzierungsbausteinen • Vielzahl und Vielfalt der Leistungs- und Steuerungsprozesse sowie der Schnittstellen (Prozesswelt) • Vielzahl und Vielfalt von Leistungserbringern (Dienstleistungs- und Werkvertragspartner) • Vielfalt an Stakeholderinteressen (Bürger, Politik, Anrainer) • Vielzahl an Projektgegenständen (technische Einzelprojekte, Größe der Gesamtmaßnahme) • Vielfalt an Vertragsarten (Kaufverträge, städtebauliche Verträge etc.)	• Systemzustände (z.B. unterschiedliche Projektphasen, Genehmigungsprozesse) • Intensität und Einfluss von Verwaltungsstrukturen • Eingriff in die Umwelt • Bauen unter Betrieb • Technische Unwägbarkeiten (z.B. Kampfmittel) • Lange Projektlaufzeiten (z.B. Veränderungen von Gesetzeslagen, Marktbedarf) • „Öffentlichkeit“ des Projekts (z.B. politische Terminvorgaben) • Änderungswünsche des Flächenentwicklers • Terminrobustheit der Prozesse während der Leistungserbringung • Schnittstellendynamik

Bild 4: Beispielhafte Komplexitätskriterien für Projekte der städtebaulichen Flächenentwicklung

3 Stakeholdermanagement

Dipl.-Ing. M. Sc. REM+CPM Ch. Brunstein / Dr.-Ing. D. Krips / Dipl.-Ing. Dipl.-Wirtsch.-Ing. H. Reinsch

3.1 Definition

Ein Projekt bewegt sich immer in einem Umfeld und ist geprägt von Projektbeteiligten. Das Umfeld und die Projektbeteiligten sowie die von außen einwirkenden Umstände sind bei der Projektdurchführung zu berücksichtigen. Vor allem im Kontext großer Projekte wird häufig die Kritik geäußert, dass die Einflüsse von Projektbeteiligten (Stakeholder) vernachlässigt werden. Stakeholder eines Projekts sind Gruppen oder Individuen, die durch dieses Projekt in irgendeiner Form tangiert werden.

Zu **internen Stakeholdern** zählen z.B. die Bauherren, Finanziers, Planer und die bauausführenden Unternehmen, zu **externen Stakeholdern** zählen u.a. Anwohner, Umweltverbände und sonstige Interessengruppen. Unterschiedliche Interessen dieser Stakeholder im Projekt führen i.d.R. zu Konflikten und können die Projektrealisierung ernsthaft gefährden. Nicht nur, um zusätzliche Kosten, Verzögerungen, sondern im Zweifel sogar den Totalverlust zu vermeiden, wird den Projektverantwortlichen immer häufiger empfohlen, ein professionelles Stakeholdermanagement zu betreiben.

Um den Umgang mit Stakeholdern, das **Stakeholdermanagement**, zu planen, sind umfangreiche Informationen über die Stakeholder, ihre Interessen, Eigenschaften, Absichten und Strategien nötig. Diese Wissensgrundlage wird durch Stakeholderanalysen geschaffen. Sie bildet einen formalen Rahmen für die Untersuchung der Eigenschaften, Interessen und Strategien der Stakeholder und liefert eine Entscheidungsgrundlage.

3.2 Anwendungsbereich

Das hier beschriebene Stakeholdermanagement stellt als vollständiges Leistungsbild eine Hilfestellung für Auftraggeber dar, die ein externes Projektsteuerungs- oder Projektmanagementunternehmen damit beauftragen wollen.

In Einzelfällen kann es sinnvoll sein, ein zusätzliches Kommunikationsbüro zu beauftragen. Die Leistungen stellen dann eine Ergänzung oder Unterstützung des Projektsteuerungs- oder Projektmanagementunternehmens dar.

Das dargestellte Leistungsbild kann für alle Bauprojekte angewendet werden. Eine besondere Relevanz ergibt sich allerdings für Großprojekte und Infrastrukturprojekte, da hier eine große und direkte Betroffenheit der Öffentlichkeit bzw. der Stakeholder, z.B. durch Umleitungen, gegeben ist.

Bei Projekten, die einer besonderen Genehmigung bedürfen, wie z.B. Infrastrukturprojekte (Autobahnbau, Bahnbau oder Leitungsbau), sind gesetzlich vorgeschriebene „Öffentlichkeitsbeteiligungen" durchzuführen. Insbesondere ist nach § 25 Abs. 3 des Verwaltungsverfahrensgesetzes (VwVfG) beispielsweise eine frühe Öffentlichkeitsbeteiligung vorgeschrieben. Weiterhin ist im Rahmen eines Planfeststellungsverfahrens eine öffentliche Auslage durchzuführen. Diese und ähnliche vorgeschriebenen Verfahrensschritte stellen die formellen Verfahren der Öffentlichkeitsbeteiligung dar. Zusätzlich zu den formellen Verfahren sind im Rahmen eines professionellen Stakeholdermanagements ergänzende informelle Verfahren angezeigt.

Das hier beschriebene Stakeholdermanagement versteht sich als **ergänzende Managementaufgabe** und beinhaltet die informellen Verfahren.

3.3 Schnittstellen zu anderen Leistungen

Das Stakeholdermanagement ist in AHO-Heft Nr. 9, 4. Auflage 2014, im Handlungsbereich A in der Projektstufe 1 als Besondere Leistung – „Erstellen eines Konzepts zur Erfassung aller betroffenen Dritten und der relevanten Öffentlichkeit sowie deren Beteiligung im weiteren Projektablauf" – aufgeführt. In den weiteren Projektstufen werden die Fortschreibung dieses Konzepts und die entsprechende Anwendung in den Besonderen Leistungen aufgeführt.

Das Stakeholdermanagement ist hier als Besondere Leistung, die gesondert beauftragt werden kann, definiert und beschrieben.

Die Ausarbeitung in diesem Heft präzisiert diese **Besondere Leistung** gemäß AHO-Heft Nr. 9 und dient so als Hilfestellung für Auftraggeber und Auftragnehmer.

Die folgende Abbildung verdeutlicht die Zuordnung der Projektstufen nach AHO-Heft Nr. 9 zum Leistungsbild Stakeholdermanagement. Es ist zu erkennen, dass die Projektstufen jeweils analog zu verstehen sind. In der Tabelle sind weitere Teilleistungen aus dem AHO-Heft Nr. 9 aufgeführt, die ebenfalls relevant im Zusammenhang mit einem Stakeholdermanagement sein können, wie z.B. das „Vertreten der Planungskonzeption gegenüber der Öffentlichkeit".

Relevante Teilleistungen aus dem Leistungsbild AHO-Heft Nr. 9	Projektstufe 1		Projektstufe 2		Projektstufe 3		Projektstufe 4		Projektstufe 5	
	Grundleistungen	**Besondere Leistungen**	**Grundleistungen**	**Besondere Leistungen**	**Grundleistungen**	**Besondere Leistungen**	**Grundleistungen**	**Besondere Leistungen**	**Grundleistungen**	**Besondere Leistungen**
Handlungsbereich A		Mitwirken bei den Vorbereitungen besonderer behördlicher Genehmigungsverfahren (z.B. Planfeststellungsverfahren) (1AB6) Erstellen eines Konzepts zur Erfassung aller betroffenen Dritten und der relevanten Öffentlichkeit sowie deren Beteiligung im weiteren Projektablauf (1AB7)		Vertreten der Planungskonzeption gegenüber der Öffentlichkeit unter besonderen Anforderungen und Zielsetzungen sowie bei mehr als fünf Erläuterungs- oder Erörterungsterminen (2AB1) Mitwirken bei der Einbeziehung zu beteiligender Dritter und der Öffentlichkeit bei der weiteren Projektrealisierung (2AB4)		Mitwirken bei der Einbeziehung zu beteiligender Dritter und der Öffentlichkeit bei der weiteren Projektrealisierung (3AB3)		Mitwirken bei der Einbeziehung zu beteiligender Dritter und der Öffentlichkeit bei der weiteren Projektrealisierung (4AB5)		
Handlungsbereich D				Abgleich logistischer Maßnahmen mit Anlieger- und Nachbarschaftsinteressen (2DB4)		Fortführen des Abgleichs logistischer Maßnahmen mit Anlieger- und Nachbarschaftsinteressen (3DB3)				

Zuordnung zum Leistungsbild Stakeholdermanagement (Auszug)	Projektstufe 1	Projektstufe 2	Projektstufe 3	Projektstufe 4	Projektstufe 5
Identifikation und Analyse	**Identifizieren der Stakeholder** • Ermittlung von potentiellen Stakeholdern und Stakeholdergruppen; grobe Abschätzung von Risiken, die von diesen Stakeholdern ausgehen können **Analysieren** • Prüfung, ob Notwendigkeit vorliegt, bestimmte Stakeholder zu fokussieren ... *(vollständiges Leistungsbild siehe Bild 7)*	**Identifizieren** • Ermitteln von vorhandenen Stakeholder-koalitionen, von Stakeholdergruppen sowie von Einzelakteuren ohne Gruppenzugehörigkeit ... *(vollständiges Leistungsbild siehe Bild 7)* **Analysieren** • Feststellen der Eigenschaften von Stakeholdern bzw. Stakeholdergruppen anhand der Merkmale 1. Macht, 2. Legitimität der Stakeholderinteressen, 3. Dringlichkeit der Stakeholderinteressen, 4. Projektnähe, 5. Informationsstand 6. Konfliktpotential sowie 7. Empfänglichkeit und Zugänglichkeit ... *(vollständiges Leistungsbild siehe Bild 7)*	**Identifizieren der Stakeholder** • Fortschreiben bzw. Neuidentifikation weiterer Stakeholder **Analysieren** • Fortschreiben der Analyse der Stakeholder	**Identifizieren der Stakeholder** • Fortschreiben bzw. Neuidentifikation weiterer Stakeholder **Analysieren** • Fortschreiben der Analyse der Stakeholder	
Festlegung von Strategien		**Festlegen von Strategien** • Prüfen, für welche Stakeholder überhaupt die Notwendigkeit eines Stakeholdermanagements, und damit einer Strategiewahl gegenüber diesem Stakeholder, gegeben ist ... *(vollständiges Leistungsbild siehe Bild 7)*	**Festlegen von Strategien** • Fortschreiben der Strategienfestlegung	**Festlegen von Strategien** • Fortschreiben der Strategienfestlegung	
Umsetzung und Monitoring		**Umsetzung** • Umsetzung der Kommunikationsstrategien in detaillierte Kommunikationspläne mit Darstellung der Abfolge der Kommunikationsinstrumente ... *(vollständiges Leistungsbild siehe Bild 7)* **Monitoring** • Durchgängiges Monitoring: Iterative Abbildung von Veränderungen der Stakeholder und sonstiger Umgebungsvariablen im Zeitverlauf ... *(vollständiges Leistungsbild siehe Bild 7)*	**Umsetzung** • Fortführung der Umsetzung der festgelegten Strategien **Monitoring** • Durchgängiges Monitoring: Iterative Abbildung von Veränderungen der Stakeholder und sonstiger Umgebungsvariablen im Zeitverlauf ... *(vollständiges Leistungsbild siehe Bild 7)*	**Umsetzen** • Fortführen der Umsetzung der festgelegten Strategien **Monitoring** • Durchgängiges Monitoring: iterative Abbildung von Veränderungen der Stakeholder und sonstiger Umgebungsvariablen im Zeitverlauf ... *(vollständiges Leistungsbild siehe Bild 7)*	**Umsetzen/Monitoring** • Erstellen eines Abschlussberichts über das Projekt mit Darstellung der Soll-/Ist-Abweichung mit Darstellung von Implikationen für Folgeprojekte ... *(vollständiges Leistungsbild siehe Bild 7)*

Bild 1: Darstellung der Projektstufen gemäß AHO-Heft Nr. 9 und Stakeholdermanagement

Dieses Leistungsbild hat Schnittstellen zu mindestens folgenden weiteren Leistungsbildern:

- AHO-Heft Nr. 9, 4. Aufl. 2014: Teilleistungen insb. im Handlungsbereich A
- AHO-Heft Nr. 19, Kapitel 4: Multiprojektmanagement
- AHO-Heft Nr. 19, Kapitel 5: Risikomanagement
- AHO-Heft Nr. 19, Kapitel 11: Nutzerprojektmanagement

Leistungen des Stakeholdermanagements ersetzen keine Leistungsinhalte der oben genannten Leistungsbilder. Sie können einen Teilbeitrag zu diesen leisten, aber auch unabhängig von diesen erbracht werden.

3.4 Leistungsbild

Der gesamte Stakeholdermanagementprozess gliedert sich nach Bild 2 in folgende Verfahrensschritte:

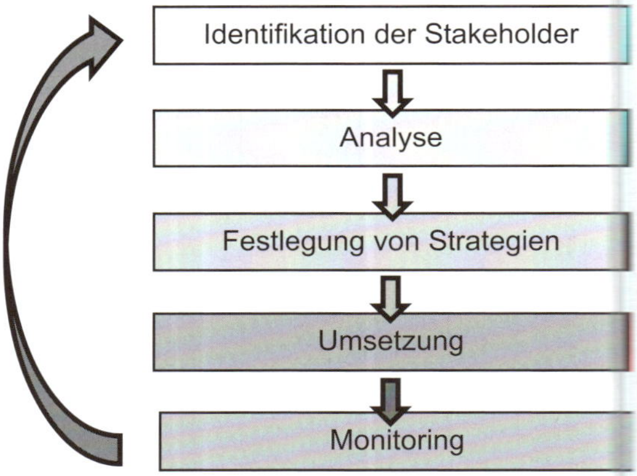

Bild 2: Verfahrensschritte Stakeholdermanagementprozess

Zunächst erfolgt eine **Identifikation** von Stakeholdern. Dazu sind Datenerhebungen durchzuführen. Es sind Individuen, Gruppen und vorhandene Koalitionen zu identifizieren. Weiterhin sind die Ziele, Interessen und Eigenschaften der Stakeholder zu ermitteln.

Anschließend folgt eine **Analyse-Phase**, in der Macht und Einfluss sowie Konfliktpotential der Stakeholder herauszuarbeiten sind. Zusätzlich zu den bereits vorhandenen Koalitionen können ggf. weitere Koalitionen gebildet werden. Aufgabe der Stakeholderanalyse ist hier die Ermittlung potenzieller Koalitionen anhand wechselseitiger Akzeptanz sowie der gegenwärtigen und potenziellen Strategien der Stakeholder.

In Abhängigkeit der Ergebnisse der vorangegangenen Prozessphasen sind für die einzelnen Stakeholder **Strategien** (u.a. Kommunikationsstrategien) zu entwickeln und festzulegen. Die Strategien können je nach Macht und Einfluss sowie Konfliktpotential sehr unterschiedlich ausfallen. Sie reichen von „Ignorieren" bis zur „Partizipation". Die einzelnen Stufen der Aufmerksamkeit (1–12) sind im Kommentarteil in Bild 5 dargestellt.

Es folgt die **Umsetzung** der festgelegten Strategien, entweder durch den Auftraggeber oder durch den damit beauftragten Projektmanager.

Da sich die Relevanz und die Risikoeinstufung der Stakeholder und/oder die Wirksamkeit der festgelegten Strategien im Projektverlauf erheblich ändern können, ist ein kontinuierliches **Monitoring** des Stakeholdermanagements erforderlich.

Das gesamte Stakeholdermanagement ist daher als wiederkehrender Prozess zu verstehen, in dem alle Verfahrensschritte regelmäßig zu durchlaufen sind.

Nachfolgend sind die einzelnen Phasen des Stakeholdermanagements detaillierter dargestellt. Je nach Projektstufe sind Besonderheiten hervorgehoben.

Leistungsbild	
1. Projektvorbereitung	
Identifizieren der Stakeholder	• Ermitteln von potenziellen Stakeholdern und Stakeholdergruppen und grobe Abschätzung von Risiken, die von diesen Stakeholdern ausgehen können
Analysieren	**Strategiefindung:** • Feststellen der Strategiezielrichtung im Umgang mit Stakeholdern (Durchsetzbarkeit, Akzeptanz, Konsens) • Grobabschätzen potenzieller Implikationen, wie voraussichtlich nötiges Stakeholdermanagement, voraussichtlich nötige Kommunikationsstrategien oder voraussichtlich nötige Projektmodifikationen aussehen können **Kosten-Nutzen-Abwägungen:** • Grobabschätzen von möglichen Zusatzkosten, die durch nachträgliches Reagieren auf Stakeholderagitationen entstehen können, und Gegenüberstellung dieser Kosten zu den Kosten, die durch Präventionsmaßnahmen gegenüber diesen Stakeholdern entstehen würden
2. Planung	
Identifizieren	• Ermitteln von vorhandenen Stakeholderkoalitionen, von Stakeholdergruppen sowie von Einzelakteuren ohne Gruppenzugehörigkeit • Ermitteln von internen sowie externen, von direkten und indirekten, von positiven und negativen Stakeholdern bzw. Stakeholdergruppen • Ermitteln der Beziehungen zwischen den ermittelten Stakeholdern bzw. Stakeholdergruppen • Darstellen sämtlicher ermittelter Stakeholder in Übersichten, Tabellen oder Beziehungsdiagrammen • Identifizieren der Bedürfnisse und Interessen sowie der auf das Projekt gerichteten Erwartungen und Ziele der Stakeholder bzw. Stakeholdergruppen

Leistungsbild	
Analysieren	**Eigenschaftenanalyse von Stakeholdern:** • Feststellen der Eigenschaften von Stakeholdern bzw. Stakeholdergruppen anhand der Merkmale 1. Macht, 2. Legitimität der Stakeholderinteressen, 3. Dringlichkeit der Stakeholderinteressen, 4. Projektnähe, 5. Informationsstand, 6. Konfliktpotenzial sowie 7. Empfänglichkeit und Zugänglichkeit • Ermitteln der Strategien, die Stakeholder bzw. Stakeholdergruppen wählen, um ihre Interessen zu verfolgen, sowie Systematisierung dieser Strategien durch Herstellung einer Vergleichbarkeit zwischen Stakeholderstrategien • Herausarbeiten der Bedeutung der Stakeholder bzw. Stakeholdergruppen in Bezug auf das Projekt, insbesondere verglichen mit anderen Stakeholdern bzw. Stakeholdergruppen. Abbildung dieser Bedeutung über eine vergleichbare Priorität • Kategorisieren der Stakeholder bzw. Stakeholdergruppen in Unterstützer, Neutrale oder Gegner **Analyse von Stakeholderkoalitionen:** • Analysieren potenzieller Koalitionen sowie deren Mobilisierungswahrscheinlichkeit, deren mögliche Eigenschaften und deren mögliche Strategien • Analysieren, ob existente Allianzen oder potenzielle Koalitionen tatsächlich plausibel und stabil sind
Festlegen von Strategien	**Prüfung der Notwendigkeit von Strategien:** • Prüfen, für welche Stakeholder überhaupt die Notwendigkeit eines Stakeholdermanagements und damit einer Strategiewahl gegenüber diesem Stakeholder gegeben ist **Allgemeine Strategiefindung:** • Wahl des Stakeholdermanagements: Entwicklung von konkreten Strategien für den Umgang mit jeweils einem Stakeholder in Abhängigkeit von dessen Priorität • Entwickeln eines Stakeholdermanagements gegenüber existenten Allianzen • Einordnen sämtlicher Strategien des Stakeholdermanagements in ein einheitliches Strategieschema, z.B. anhand des den Stakeholdern zugebilligten Partizipationsgrads • Entwickeln von Strategien, wie die Mobilisierung potenzieller Koalitionen verhindert bzw. gefördert werden kann (Abwerben/Einbeziehen von Schlüsselstakeholdern, Mobilisierungsgrundlage beseitigen/schaffen, Werbung gegen/für eine Koalition) **Kommunikationsstrategiefindung:** • Entwickeln von Kommunikationsstrategien mit planbaren und nicht planbaren Kommunikationsinstrumenten in Bezug auf jeden Stakeholder • Vorbereiten von planbaren Kommunikationsinstrumenten • Vorbereiten von nicht planbaren Kommunikationsinstrumenten

Leistungsbild	
	Kosten-Nutzen-Abwägungen: • Abschätzen von Kosten, die ohne Stakeholdermanagement durch die Agitation von Stakeholdern entstehen können • Ermitteln der Kosten zu den geplanten Kommunikationsstrategien und Kostenabschätzung zu den nicht planbaren Aktivitäten im Kontext der Kommunikationsstrategien • Analysieren, welche Kompromisse bzw. Projektmodifikationen Konflikte mit Stakeholdern reduzieren oder beseitigen können: Darstellung von Alternativen und Unterstützung im Entscheidungsfindungsprozess durch Darstellung zu möglichen Projektmodifikationen

Umsetzen	**Kommunikationsstrategien:**
	• Umsetzen der Kommunikationsstrategien in detaillierte Kommunikationspläne mit Darstellung der Abfolge der Kommunikationsinstrumente
	• Festlegen der Verantwortlichkeiten für die Maßnahmen
	• Festlegen der konkreten planbaren Kommunikationsinstrumente: Werbung, Ansprachen, Veranstaltungen, Seminare, Workshops, Arbeitsgruppen, Umfragen, Roundtables, Begehungen, Besichtigungen, Tage der offenen Tür
	• Bereitstellen von Kommunikationsinstrumenten wie Informationshotline, Webseite
	• Festlegen der konkreten unplanbaren Kommunikationsinstrumente: Medienberichterstattungen, fremde Veranstaltungen, öffentliche Anhörungen
	• Vorbereiten von Reaktionsmaßnahmen bei Scheitern der Kommunikationsinstrumente
	• Bei entstandenen und eskalierenden Konflikten: Intensivierung der Kommunikationsinstrumente wie Mediationsverfahren
	• Einbinden von Stakeholdern gemäß Strategiefestlegung
	• Erstellen einer exakten Terminplanung für die Maßnahmen aus den Kommunikationsplänen
	• Planen, Gestalten und Durchführen von Workshops zur Vorbereitung des Projekts mit allen Beteiligten
	  – Einholen von Unterschriften der Stakeholder zu Vereinbarungen
	  – Abschließen von Vereinbarungen mit eventuellen Intermediären (Anwälten, Mediatoren, Reportern etc.)
	Kosten-Nutzen-Abwägungen:
	• Ständige Kostenüberprüfung, ob Plan gehalten werden kann

Leistungsbild	
Durchführen eines Monitorings	• Durchführen eines durchgängigen Monitorings: iteratives Abbilden von Veränderungen der Stakeholder und sonstiger Umgebungsvariablen im Zeitverlauf • Ständiges Überarbeiten des Stakeholdermanagements in Abhängigkeit der ermittelten Veränderungen • Ständiges Überprüfen der Kosten, ob Plan gehalten werden kann • Überprüfen, ob durch Veränderungen neue Kosten ohne Stakeholdermanagement durch die Agitation von Stakeholdern entstehen können • Ständiges Terminmonitoring
3. Ausführungsvorbereitung	
A Organisation, Information, Koordination und Dokumentation	
Identifizierung der Stakeholder	Fortschreiben bzw. Neuidentifikation weiterer Stakeholder
Analysieren	Fortschreiben der Analyse der Stakeholder
Festlegen von Strategien	Fortschreiben der Strategiefestlegung
Umsetzen	Fortführen der Umsetzung der festgelegten Strategien
Durchführen eines Monitorings	• Durchführen eines durchgängigen Monitorings: iteratives Abbilden von Veränderungen der Stakeholder und sonstiger Umgebungsvariablen im Zeitverlauf • Ständiges Überarbeiten des Stakeholdermanagements in Abhängigkeit der ermittelten Veränderungen • Ständiges Überprüfen der Kosten, ob Plan gehalten werden kann • Überprüfen, ob durch Veränderungen neue Kosten ohne Stakeholdermanagement durch die Agitation von Stakeholdern entstehen können • Ständiges Terminmonitoring
4. Ausführung	
Identifizieren der Stakeholder	Fortschreiben bzw. Neuidentifikation weiterer Stakeholder
Analysieren	Fortschreiben der Analyse der Stakeholder
Festlegen von Strategien	Fortschreiben der Strategiefestlegung
Umsetzen	Fortführen der Umsetzung der festgelegten Strategien

Leistungsbild	
Durchführen eines Monitorings	• Durchführen eines durchgängigen Monitorings: iteratives Abbilden von Veränderungen der Stakeholder und sonstiger Umgebungsvariablen im Zeitverlauf • Ständiges Überarbeiten des Stakeholdermanagements in Abhängigkeit der ermittelten Veränderungen • Ständiges Überprüfen der Kosten, ob Plan gehalten werden kann • Überprüfen, ob durch Veränderungen neue Kosten ohne Stakeholdermanagement durch die Agitation von Stakeholdern entstehen können • Ständiges Terminmonitoring
5. Projektabschluss	
A Organisation, Information, Koordination und Dokumentation	
Umsetzen/ Durchführen eines Monitorings	• Erstellen eines Abschlussberichts über das Projekt mit Darstellung der Soll-Ist-Abweichung mit Darstellung von Implikationen für Folgeprojekte • Aufzeigen von aktuellen Konfliktfeldern • Überprüfen des Zielerreichungsgrads durch das Stakeholdermanagement, die Wirksamkeit der gewählten Strategien und die Vollständigkeit der bisher durchgeführten Analysen und der gewählten Strategien • Aufzeigen von Strategien sowie Maßnahmen zur Lösung weiterhin vorhandener Konfliktfelder • Ex-Post Betrachtungen Durchführen von Zusatzkosten durch Stakeholderagitationen, insbesondere auch zuvor unerwarteter Stakeholderagitationen

Bild 3: Phasen des Stakeholdermanagements je Projektstufe

3.5 Kommentar

Der skizzierte Stakeholdermanagementprozess beginnt mit der **Identifikationsphase**. Stakeholder sowie deren Interessen und Ziele müssen identifiziert werden. Zahlreiche Methoden stehen für eine Identifikation zur Verfügung. Die Entscheidung für die konkreten Methoden hängt im Wesentlichen von der zur Verfügung stehenden Zeit sowie dem zur Verfügung stehenden Budget ab.

Derzeit gibt es (noch) wenige Ausschreibungen am Markt. Die Relevanz des Themas wird jedoch weiter zunehmen.

Zukünftig wird der Erfolg von Großprojekten maßgeblich durch eine Akzeptanz der Öffentlichkeit definiert werden!

Nachfolgend (Bild 4) sind schnelle und günstige Methoden, die gute Ergebnisse liefern, beschrieben:

Methodik	Wirksamkeit	Zeitaufwand	Kostenaufwand
Identifikation durch Experten/ Delphimethode	mittel	gering	mittel
Eigene Identifikation durch Stakeholder (Aufruf an Interessierte, sich zu melden)	mittel	hoch	mittel
Identifikation durch andere Stakeholder (Interviews und Diskussionen)	hoch	mittel	hoch
Identifikation durch Sekundärforschung und statistische Daten	mittel	mittel	mittel
Identifikation durch mündliche oder schriftliche Berichte über große Ereignisse	mittel	mittel	mittel
Identifikation durch Checklisten	gering	gering	gering
Identifikation durch Kreativitätstechniken wie Brainstorming	mittel	gering	gering
Identifikation durch SWOT-Analysen (SWOT: S = Strengths/Stärken, W = Weaknesses/Schwächen O = Opportunities/Chancen T = Threats/Gefahren)	gering	gering	gering
Identifikation über Diagramme	gering	gering	gering

Bild 4: Beurteilung der Methoden zur Identifizierung von Stakeholdern mit deren Interessen und Zielen

Wichtig in der Identifikationsphase ist die systematische Aufbereitung der identifizierten Ergebnisse in Form von Tabellen oder Beziehungsdiagrammen, da die anschließende **Analysephase** sämtliche identifizierten Informationen in eine Beziehung setzen muss. Ziel ist die Feststellung, welche Stakeholder welche Bedeutung im Prozess einnehmen. Es muss deutlich werden, welche Stakeholder Relevanz haben und welche nicht. In Theorie und Praxis gibt es zahlreiche Instrumente, wie solche Analysen aussehen können. Im Wesentlichen handelt es sich bei diesen Instrumenten um Mengendiagramme (insb. Venn-Diagramme) sowie 2 x 2- oder 3 x 3-Matrizen (vgl. Bilder 5 und 6).

Die bekannteste Venn-Darstellung in diesem Kontext ist die Darstellung einer Stakeholder-Typologie von *Mitchell/Agle/Wood*[1] (Bild 5):

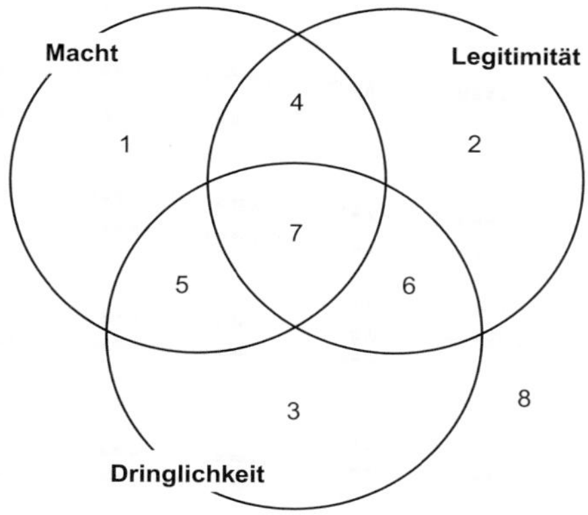

Stakeholder-Typen

Niedrige Priorität („latent stakeholder"):

1. Ruhende Stakeholder („dormant")
2. Beliebige Stakeholder („discretionary")
3. Fordernde Stakeholder („demanding")

Mittlere Priorität („expectant stakeholder"):

4. Dominante Stakeholder („dominant")
5. Gefährliche Stakeholder („dangerous")
6. Abhängige Stakeholder („dependent")

Höchste Priorität („Highly salient stakeholder"):

7. Definitive Stakeholder („definitive")
8. Keine Stakeholder

Bild 5: Stakeholder-Typologie nach Mitchell, Agle und Wood

Eine bekannte Matrix-Darstellung stammt von *Freeman*[2] (Bild 6):

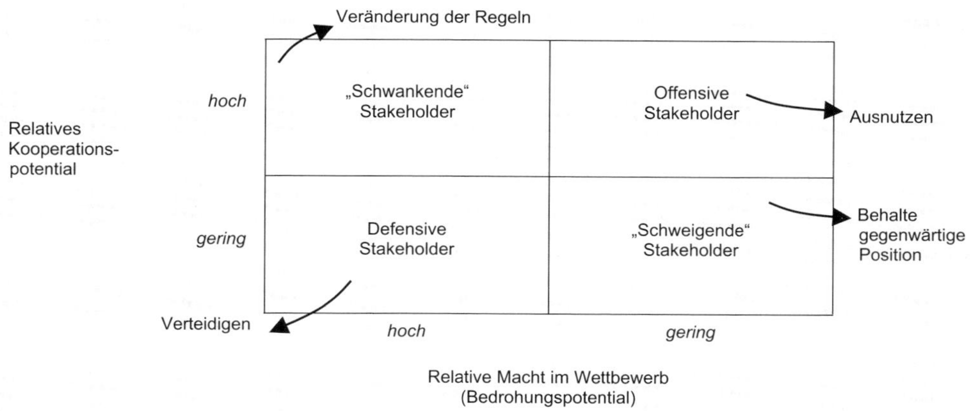

Bild 6: Matrixdarstellung nach Freeman

1 Mitchell/Agle/Wood (1997), S. 874.
2 Freeman (1984), S. 143.

Alternative und eingängige Darstellungen sind den Unterlagen der DVP-ZERT® Weiterbildung[1] mit den Parametern „Konfliktpotential" und „Einfluss/Macht" zu entnehmen. Eine Beispieldarstellung auf Basis der Lehrgangsunterlagen aus dem Jahr 2016 ist nachfolgend abgebildet (Bild 7).

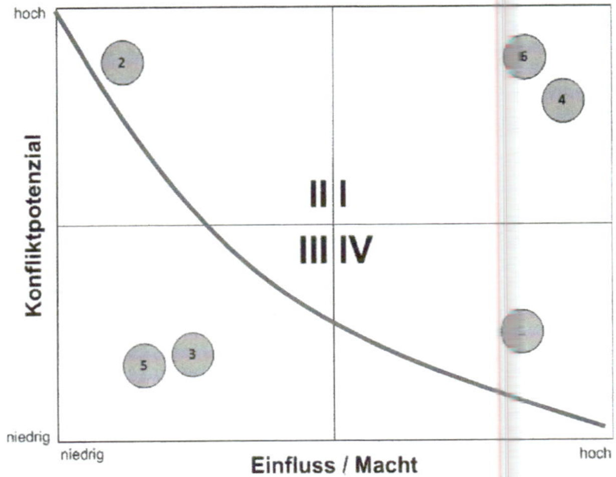

Bild 7: Matrixdarstellung, DVP

In der **Strategiephase** schließlich sind Verhaltens- und Kommunikationsstrategien gegenüber den Stakeholdern anhand des Umfangs auszuwählen, welche Partizipationstiefe den Stakeholdern zugebilligt werden soll. Mittlerweile gibt es hierfür übersichtliche Schemata (siehe Bild 8), die helfen, die Strategien sinnvoll einzuordnen und passende Kommunikationsinstrumente zu wählen (hier: Tokenism = Alibi-Politik, sehr geringer Aufwand, um Kritik zu vermeiden):

1 Hörauf/Pillich, Projektsteuerung ? Projektmanagement in der Bau- und Immobilienwirtschaft: DVP-Weiterbildungsprogramm I Lehrskript 3.0, 2014.

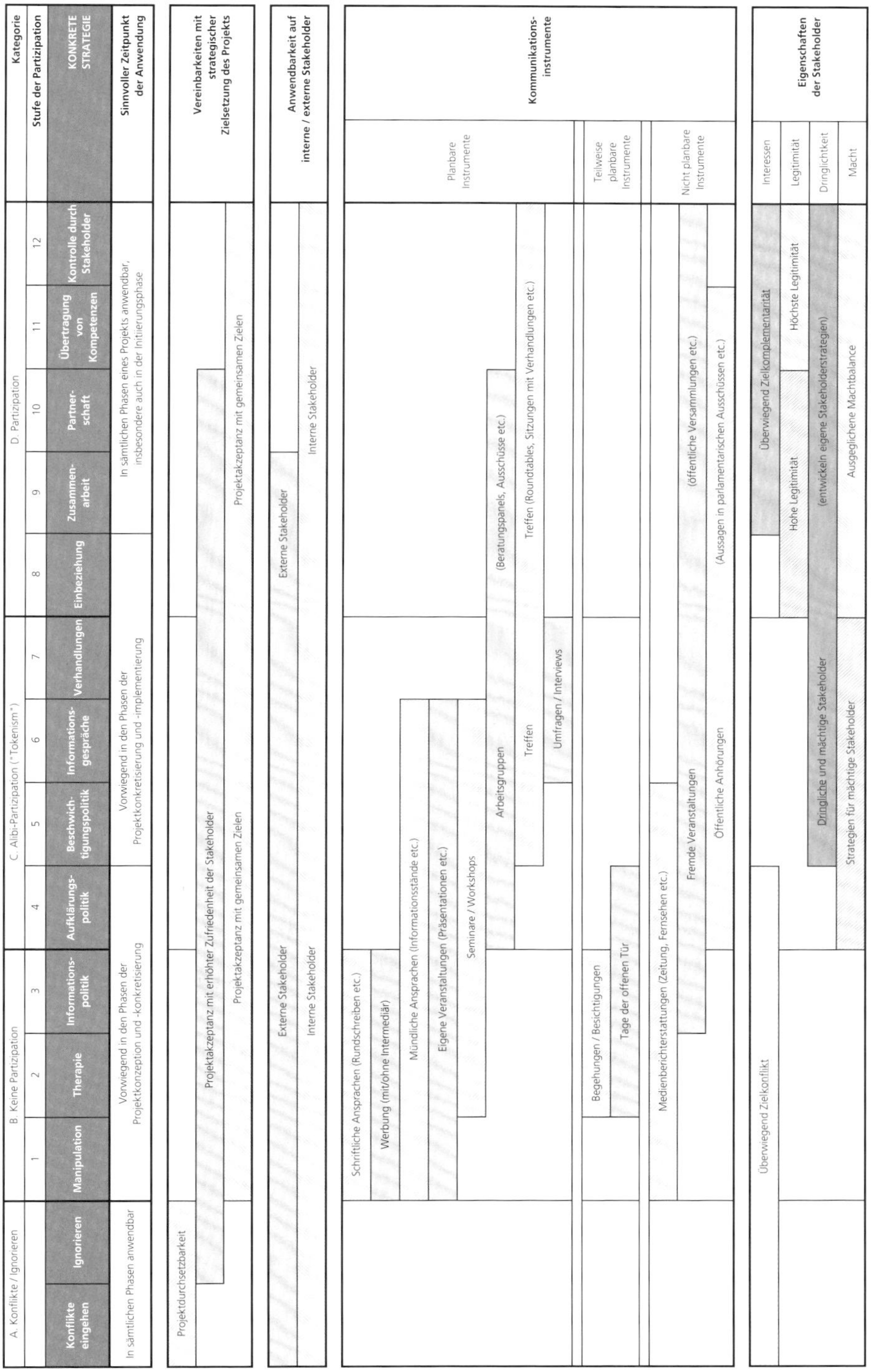

Bild 8: Strategien und Kommunikationsinstrumente in Abhängigkeit der Partizipationsstufe

Die dann folgende **Umsetzungsphase** beschäftigt sich nicht nur mit der Wahl der Kommunikationsinstrumente, sondern vor allem mit der Planung sowie deren Durchführung. Im Wesentlichen unterstützen hier die umfangreichen Instrumente des Projektmanagements und stellen eine zielorientierte Abarbeitung sicher. Im laufenden **Monitoring** schließlich werden die bereits genutzten Instrumente der Vorphasen reaktiviert und aktualisiert.

3.6 Honorierung

Die Honorierung des Stakeholdermanagements hängt von der Komplexität und der Dauer der Aufgabe ab. Da diese Parameter stark variieren können, ist es angezeigt, die Angebotsanfragen in jeglicher Hinsicht präzise auszuarbeiten, z.B. mit einem zugrunde zu legenden Kalkulationsschema.

Im Vorfeld der Honorarfindung sollten die relevanten Kriterien zur Einstufung der Komplexität bewertet werden. Einige der relevanten Kriterien sind nachfolgend aufgeführt:

- Anzahl der Beteiligten und Interessensvertreter
- Grad der Betroffenheit der Öffentlichkeit
- Berücksichtigung von besonderen Schutzgütern (z.B. Wasserschutzgebiet)
- Projektdauer
- Projektkosten
- Vorhandensein gegensätzlicher Stakeholderinteressen, Zielkonflikte
- strategische Bedeutung des Projekts für den Auftraggeber
- Risikopotenzial
- Anzahl Planungsfelder
- Anzahl ausführender Firmen, Gewerke und Bauwerke
- Anzahl der Teilprojekte (Mulitprojekt)

Wie an obiger Auflistung zu erkennen ist, sind zahlreiche Einflusskriterien zur Festlegung der Honorierung zu beachten. Je nach Projektanforderung können auch noch weitere Kriterien hinzukommen.

4 Multiprojektmanagement

Dipl.-Ing. (FH) W. Hoffmann, BD, EUR ING / Dipl.-Ing. W. Schneider / Dipl.-Ing. J. Brand

4.1 Definition

Unter Multiprojektmanagement (MPM) versteht man den organisatorischen und prozessualen Rahmen für das Management, d.h. die Planung, übergreifende Überwachung und Steuerung mehrerer einzelner Projekte in einer definierten Organisation.

Multiprojektmanagement-Projekte sind dabei eine Menge verknüpfter Projekte, die auf ein Ziel abgestimmt sind. Das MPM umfasst die Schaffung einheitlicher Vorgaben und Prozesse sowie die Koordination zwischen den Projekten.

Das MPM kann in Form von Programmen oder Projektportfolios organisiert werden. Großprojekte sind i.d.R. Multiprojektmanagement-Projekte, bei denen die Notwendigkeit der Koordination zwischen den einzelnen Projekten wichtig ist.

Multiprojekte entstehen aus der Projektentwicklung durch das Aufteilen in Projekte oder durch die Verknüpfung ggf. bereits bestehender Projekte mit neuen Projekten.

Bei der Verknüpfung von bestehenden Projekten sind die vorliegenden Grundlagen in den Einzelprojekten zur Bildung einheitlicher Vorgaben für die Projekte und das Multiprojektmanagement zu überprüfen und abzustimmen. Dies schafft die Voraussetzung zur Einführung dieser Vorgaben.

Soweit in dem Leistungsbild Begriffe wie „Mitwirken", „Erstellen", „Aufstellen" bzw. „Abstimmen", „Umsetzen", „Fortschreiben" oder „Prüfen bzw. Überprüfen", „Analysieren und Bewerten" und „Steuern" verwandt werden, gilt das Begriffsverständnis von AHO-Heft Nr. 9, Kapitel 2, § 2 (4).

Das hier vorgestellte Leistungsbild stellt die in den einzelnen Projektstufen jeweils erforderlichen Leistungen des MPM nach den Handlungsbereichen des PM gestaffelt dar. Die dargestellten Leistungen sind als zusätzliche Leistungen zum Leistungsbild PM gemäß AHO-Heft Nr. 9 zu verstehen.

Neben dem Management mehrerer Projekte kommt dem MPM im Hinblick auf die Öffentlichkeitsarbeit, die Einbindung von Stakeholdern und übergreifenden Verfahrensbeteiligten (z.B. hinsichtlich der Genehmigungsfähigkeit) besondere Bedeutung zu. Das Leistungsbild unterstellt, dass diese Verfahrensbeteiligten wie einzelne Projekte organisiert und in die Gruppe zusammenhängender Projekte eingebunden werden. Dies bedeutet, dass die Leistungen durch Sonderfachleute und nicht durch das MPM erbracht werden. Leistungen geringen Umfangs können mit entsprechender Vergütung im Einzelfall dem MPM zugeordnet werden.

Die in Teil 4 der DIN 69909: Multiprojektmanagement – Management von Projektportfolios, Programmen und Projekten vorgesehenen Rollen (Sponsor, Experte, Realisierungsverantwortlicher, Prozessverantwortlicher) sind wie folgt belegt (vgl. Bild 1):

Sponsor = oberster Entscheider (z.B. Vorsitzender des Lenkungsgremiums)

Experte = Personal außerhalb des Leistungsbilds (z.B. externer Controller)

Realisierungsverantwortlicher = Projektleiter des MPM (MPM-Projektleiter)

Prozessverantwortlicher = erbringt als Verantwortlicher die Leistungen des MPM (MPM-Projektsteuerung)

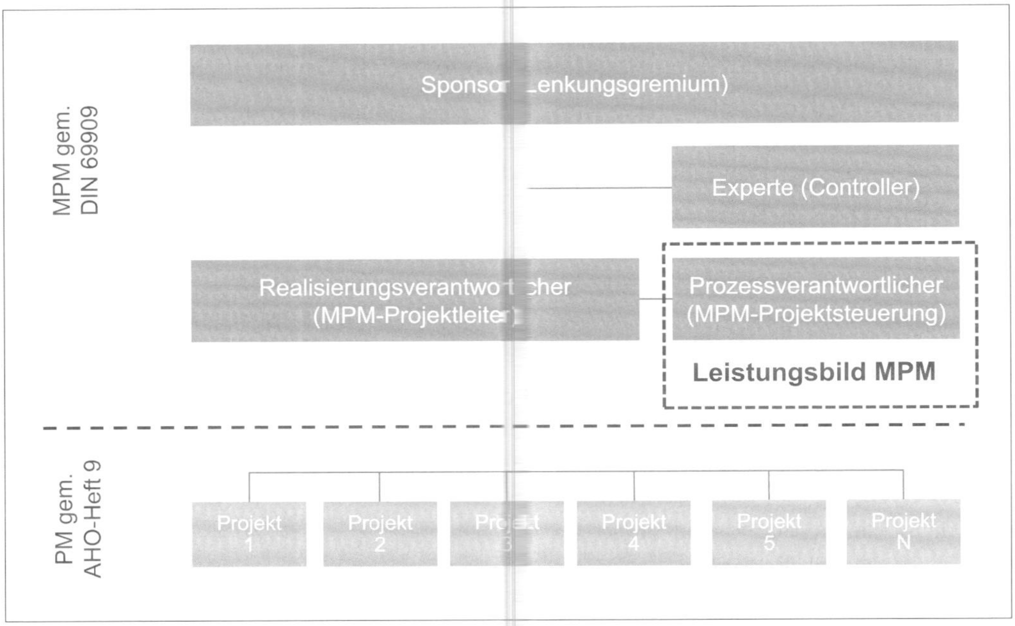

Bild 1: Rollen des MPM gemäß DIN 69909, Abgrenzung zum PM gemäß AHO-Heft Nr. 9

4.2 Anwendungsbereich

(1) Diese Leistungs- und Honorarempfehlung beinhaltet Vorschläge für Leistungen des MPM. Sie gelten, soweit die Vertragsparteien in abgeschlossenen Verträgen auf sie verwiesen haben.

(2) Leistungen des MPM folgen der Definition nach DIN 69909 „Multiprojektmanagement, Management von Projektportfolien, Programmen und Projekten" sowie den Leitlinien des Projektmanagements nach DIN ISO 21500 „Leitfaden zum Projektmanagement". Zum Leistungsinhalt gehören alle Aufgaben, die zur übergeordneten Steuerung mehrerer parallel laufender Projekte (Programme) erforderlich werden. Diese Leistungen bauen auf den Grundleistungen gemäß AHO-Heft Nr. 9, 4. Auflage 2014, auf. Es gibt zu diesen Grundleistungen keine Überschneidungen.

(3) Leistungen des MPM sind Unterstützungsleistungen des Auftragnehmers für einen Bauherrn (Auftraggeber) in beratender Funktion (Stabsfunktion), wie sie in AHO-Heft Nr. 9, § 2 näher beschrieben sind. Die Leitung des MPM obliegt dem Bauherrn/Auftraggeber (MPM-Projektleiter).

(4) Die Leistungen des MPM sind von Leistungen des PM (AHO-Heft Nr. 9) und Leistungen der Planungsbeteiligten zu unterscheiden, wie sie z.B. in der HOAI beschrieben sind. Dem beauftragten Multiprojektmanager sollen derartige Planungs- und Überwachungsleistungen i.d.R. nicht übertragen werden, da dies zu Zielkonflikten in der Aufgabenerfüllung führen kann. Die Übertragung ist im Einzelfall abzuwägen.

(5) Diese Leistungs- und Honorarempfehlung gilt insbesondere für mehrere Projekte, die miteinander verknüpft sind, ein gemeinsames übergeordnetes Ziel verfolgen und spätestens mit der Erreichung der Zielsetzung enden.

4.3 Schnittstellen zu anderen Leistungen

(1) Dieses Leistungsbild hat Schnittstellen zu mindestens folgenden weiteren Leistungsbildern:

- AHO-Heft Nr. 9: Projektmanagementleistungen in der Bau- und Immobilienwirtschaft
- AHO-Heft Nr. 19: Ergänzende Leistungsbilder zum Projektmanagement in der Bau- und Immobilienwirtschaft

(2) Leistungen des MPM ersetzen keine Leistungsinhalte der in (1) genannten Leistungsbilder.

4.4 Leistungsbild

(1) Sofern die Vertragsparteien keine anderweitigen Festlegungen treffen, gilt das nachfolgend beschriebene Leistungsbild des MPM nach unserem Vorschlag mit den Grundleistungen als vereinbart.

(2) Das Leistungsbild folgt dem Prozessmodell nach DIN 69909 in nachstehenden Programmstufen (vgl. Bild 2):

- Programm definieren und planen
- Programm steuern
- Programm abschließen

Sofern die Vertragsparteien nicht etwas anderes vereinbaren, umfasst die Beauftragung sämtliche Handlungsbereiche.

(3) Den Vertragsparteien steht es frei, die für Standardprogramme definierten Leistungen an die Projektumstände anzupassen, zu konkretisieren und ggf. um weitere Leistungen zu ergänzen, die im Leistungsbild nicht beschrieben sind.

Programmstufen	MPM 1: Programm definieren und planen	MPM 2: Programm steuern	MPM 3: Programm abschließen
Handlungsbereiche / Projektstufen	Projektvorbereitung	Planung / Ausführungsvorbereitung / Ausführung	Projektabschluss
A Organisation Information Koordination Dokumentation	Überprüfen der organisatorischen Grundlagen der Einzelprojekte des MPM zur Bildung einheitlicher Vorgaben	Fortschreiben und Abstimmen der organisatorischen Grundlagen zur übergreifenden Steuerung des Programms	Abschließen des Programm-Berichtswesens der übergeordneten programmbezogenen Kommunikationsstruktur – regelmäßiges Informieren und Abstimmen mit dem Auftraggeber
	Erstellen und Abstimmen der Vorgaben für die organisatorischen Grundlagen des MPM	Fortschreiben und Abstimmen der Dokumentation der projektübergreifend getroffenen Entscheidungen	
	Erstellen und Abstimmen der Programmziele	Fortschreiben und Abstimmen des MPM-Berichtswesens und regelmäßiges Informieren und Abstimmen mit dem Auftraggeber	Abschließen des übergeordneten programmbezogenen Entscheidungs-, Änderungs- und Risikomanagements
	Erstellen und Abstimmen der übergeordneten Kommunikationsstruktur des Informations- und Protokollwesens	Umsetzen des Entscheidungsmanagements für übergeordnete Grundsatzentscheidungen	
	Erstellen und Abstimmen des Entscheidungsmanagements für übergeordnet erforderliche Grundsatzentscheidungen	Analysieren und Bewerten der Umsetzung des standardmäßig eingeführten Änderungsmanagements	Abschließen des programmbezogenen Projektkommunikationssystems
	Erstellen und Abstimmen des Änderungsmanagements für übergeordnet erforderliche Grundsatzentscheidungen	Mitwirken beim übergeordneten Risikomanagement	
	Erstellen und Abstimmen des übergeordneten Risikomanagements	Analysieren und Bewerten der Umsetzung der übergeordnet eingeführten Grundlagen der Planung der Planung	
	Erstellen und Abstimmen eines in allen Projekten des Programms anzuwendenden Projektkommunikationssystems		
	Erstellen und Abstimmen der standardmäßig in allen Projekten anzuwendenden Grundlagen für die Planung der Planung		
B Qualitäten Quantitäten	Überprüfen der Qualitäts- und Quantitätsstandards aus der Bedarfsplanung der Einzelprojekte zur Bildung einheitlicher Vorgaben	Analysieren und Bewerten der Umsetzung der übergeordnet eingeführten Qualitäts- und Quantitätsstandards	Überprüfen der Dokumentation der umgesetzten Qualitäts- und Quantitätsstandards (Review)
	Erstellen und Abstimmen einheitlicher Qualitäts- und Quantitätsstandards	Durchführen von Koordinationsbesprechungen zur Qualitätssicherung und Kommunikation der übergeordneten Fragestellungen und Entscheidungen	
	Erarbeiten einheitlicher Planungsstandards	Analyse und Bewerten der systematischen Identifizierung von Schnittstellen zwischen den Projekten und Dokumentation der Ergebnisse	
		[illegible]	
C Kosten Finanzierung	Überprüfen der Inhalte der projektspezifischen Kostenrahmen	Analysieren und Bewerten der projektspezifischen Kostenverfolgung und -steuerung	Abschließen der programmbezogenen Kostenkontrolle und -steuerung
	Erstellen und Abstimmen der MPM-Strukturen und des MPM-Kostenrahmens	Fortschreiben des übergeordneten Kostenrahmens	Erstellen von Kosten-Kennwerten
	Erstellen und Abstimmen der übergeordneten Mittelabflussplanung	Fortschreiben der übergeordneten Mittelabflussplanung und -steuerung	Abschließen der übergeordneten Mittelabflussplanung
D Termine Kapazitäten Logistik	Überprüfen der Termindaten aus den Einzelprojekten zur Bildung einheitlicher Vorgaben	Analysieren und Bewerten der projektspezifischen Terminplanung und -steuerung	Abschließen der programmbezogenen Terminsteuerung
	Erstellen und Abstimmen der Vorgaben für die übergeordnete Terminplanung und -kontrolle	Fortschreiben des übergeordneten Terminplans	Erstellen von Termin- und Logistik-Kennwerten
	Erstellen und Abstimmen von Vorgaben zur standardisierten Darstellung von Vorgängen in den Projektterminplänen	Analysieren und Bewerten der erforderlichen Gesamtkapazitäten	
	Erstellen und Abstimmen des übergeordneten Terminplans auf Grundlage der Einzelprojekte	Analysieren und Bewerten der übergeordneten Logistikplanung	
	Überprüfen der Kapazitätsplanungen der Einzelprojekte und Analyse der erforderlichen Gesamtkapazitäten		
	Überprüfen der übergeordneten Logistikplanung		
E Verträge Versicherungen	Überprüfen der Vergabe- und Vertragsstruktur der Einzelprojekte zur Bildung einheitlicher Vorgaben	Analysieren und Bewerten der MPM-Vergabe- und -Vertragsstruktur	Abschließen der MPM-Vergabe- und -Vertragsstruktur (Review)
	Erstellen und Abstimmen der MPM-Vergabe- und -Vertragsstruktur	Mitwirken bei der Erstellung zusätzlicher Vertragsunterlagen (z.B. Muster)	Abschließen des Versicherungskonzepts
	Mitwirken bei der Erstellung eines übergeordneten Versicherungskonzepts	Fortschreiben der MPM-Vergabe- und -Vertragsstruktur	
		Mitwirken bei der Umsetzung eines übergeordneten Versicherungskonzepts	

Bild 2: Prozessmodell Multiprojektmanagement

Leistungsbild Multiprojektmanagement

Projektstufe 1: Programm definieren und planen

A Organisation, Information, Koordination und Dokumentation (übrige Handlungsbereiche einbeziehend)

1. Überprüfen der organisatorischen Grundlagen der Einzelprojekte des MPM zur Bildung einheitlicher Vorgaben
2. Erstellen und Abstimmen der Vorgaben für die organisatorischen Grundlagen des MPM
3. Erstellen und Abstimmen der Programmziele
4. Erstellen und Abstimmen der übergeordneten Kommunikationsstruktur des Informations- und Protokollwesens
5. Erstellen und Abstimmen des Entscheidungsmanagements für übergeordnet erforderliche Grundsatzentscheidungen
6. Erstellen und Abstimmen des Änderungsmanagements für übergeordnet erforderliche Grundsatzentscheidungen
7. Erstellen und Abstimmen des übergeordneten Risikomanagements
8. Erstellen und Abstimmen eines in allen Projekten des Programms anzuwendenden Projektkommunikationssystems
9. Erstellen und Abstimmen der standardmäßig in allen Projekten anzuwendenden Grundlagen für die Planung der Planung

B Qualitäten und Quantitäten

1. Überprüfen der Qualitäts- und Quantitätsstandards aus der Bedarfsplanung der Einzelprojekte zur Bildung einheitlicher Vorgaben
2. Erstellen und Abstimmen einheitlicher Qualitäts- und Quantitätsstandards
3. Erarbeiten einheitlicher Planungsstandards

C Kosten und Finanzierung

1. Überprüfen der Inhalte der projektspezifischen Kostenrahmen
2. Erstellen und Abstimmen der MPM-Strukturen und des MPM-Kostenrahmens
3. Erstellen und Abstimmen der übergeordneten Mittelabflussplanung

D Termine, Kapazitäten und Logistik

1. Überprüfen der Termindaten aus den Einzelprojekten zur Bildung einheitlicher Vorgaben
2. Erstellen und Abstimmen der Vorgaben für die übergeordnete Terminplanung und -kontrolle
3. Erstellen und Abstimmen von Vorgaben zur standardisierten Darstellung von Vorgängen in den Projektterminplänen
4. Erstellen und Abstimmen des übergeordneten Terminplans auf Grundlage der Einzelprojekte
5. Überprüfen der Kapazitätsplanungen der Einzelprojekte und Analyse der erforderlichen Gesamtkapazitäten
6. Überprüfen der übergeordneten Logistikplanung

E Verträge und Versicherungen

1. Überprüfen der Vergabe- und Vertragsstruktur der Einzelprojekte zur Bildung einheitlicher Vorgaben
2. Erstellen und Abstimmen der MPM-Vergabe- und -Vertragsstruktur
3. Mitwirken bei der Erstellung eines übergeordneten Versicherungskonzepts

Projektstufe 2: Programm steuern

A Organisation, Information, Koordination und Dokumentation (übrige Handlungsbereiche einbeziehend)

1. Fortschreiben und Abstimmen der organisatorischen Grundlagen zur übergreifenden Steuerung des Programms
2. Fortschreiben und Abstimmen der Dokumentation der projektübergreifend getroffenen Entscheidungen
3. Fortschreiben und Abstimmen des MPM-Berichtswesens und regelmäßiges Informieren und Abstimmen mit dem Auftraggeber
4. Umsetzen des Entscheidungsmanagements für übergeordnete Grundsatzentscheidungen

5. Analysieren und Bewerten der Umsetzung des standardmäßig eingeführten Änderungsmanagements
6. Mitwirken beim übergeordneten Risikomanagement
7. Analysieren und Bewerten der Umsetzung der übergeordnet eingeführten Grundlagen der Planung der Planung

B Qualitäten und Quantitäten

1. Analysieren und Bewerten der Umsetzung der übergeordnet eingeführten Qualitäts- und Quantitätsstandards
2. Durchführen von Koordinationsbesprechungen zur Qualitätssicherung und Kommunikation der übergeordneten Fragestellungen und Entscheidungen
3. Analyse und Bewerten der systematischen Identifizierung von Schnittstellen zwischen den Projekten und Dokumentation der Ergebnisse
4. Fortschreiben der einheitlichen Qualitäts-/Quantitäts-/Planungsstandards

C Kosten und Finanzierung

1. Analysieren und Bewerten der projektspezifischen Kostenverfolgung und -steuerung
2. Fortschreiben des übergeordneten Kostenrahmens
3. Fortschreiben der übergeordneten Mittelabflussplanung und -steuerung

D Termine, Kapazitäten und Logistik

1. Analysieren und Bewerten der projektspezifischen Terminplanung und -steuerung
2. Fortschreiben des übergeordneten Terminplans
3. Analysieren und Bewerten der erforderlichen Gesamtkapazitäten
4. Analysieren und Bewerten der übergeordneten Logistikplanung

E Verträge und Versicherungen

1. Analysieren und Bewerten der MPM-Vergabe- und -Vertragsstruktur
2. Mitwirken bei der Erstellung zusätzlicher Vertragsunterlagen (z.B. Muster)
3. Fortschreiben der MPM-Vergabe- und -Vertragsstruktur
4. Mitwirken bei der Umsetzung eines übergeordneten Versicherungskonzepts

Projektstufe 3: Programm abschließen

A Organisation, Information, Koordination und Dokumentation (übrige Handlungsbereiche einbeziehend)

1. Abschließen des Programm-Berichtswesens der übergeordneten programmbezogenen Kommunikationsstruktur – regelmäßiges Informieren und Abstimmen mit dem Auftraggeber
2. Abschließen des übergeordneten programmbezogenen Entscheidungs-, Änderungs- und Risikomanagements
3. Abschließen des programmbezogenen Projektkommunikationssystems

B Qualitäten und Quantitäten

1. Überprüfen der Dokumentation der umgesetzten Qualitäts- und Quantitätsstandards (Review)

C Kosten und Finanzierung

1. Abschließen der programmbezogenen Kostenkontrolle und -steuerung
2. Erstellen von Kosten-Kennwerten
3. Abschließen der übergeordneten Mittelabflussplanung

D Termine, Kapazitäten und Logistik

1. Abschließen der programmbezogenen Terminsteuerung
2. Erstellen von Termin- und Logistik-Kennwerten

E Verträge und Versicherungen

1. Abschließen der MPM-Vergabe- und -Vertragsstruktur (Review)
2. Abschließen des Versicherungskonzepts

4.5 Kommentar

4.5.1 Projektstufe 1: Programm definieren und planen

4.5.1.1 Handlungsbereich A – Organisation, Information, Koordination und Dokumentation (übrige Handlungsbereiche einbeziehend)

4.5.1.1.1 Überprüfen der organisatorischen Grundlagen der Einzelprojekte des MPM zur Bildung einheitlicher Vorgaben

Sofern Einzelprojekte bereits existieren, werden diese mit der vorhandenen Projektaufbauorganisation sowie über die in Projektorganisationshandbüchern vereinbarten organisatorischen Vorgaben erfasst und ausgewertet. Hierzu werden die jeweiligen Schnittmengen herausgearbeitet und die relevanten organisatorischen Vorgaben im Zuge eines Abstimmungsprozesses mit den jeweiligen Projektleitern für eine einheitliche Programmdefinition zusammengeführt. Hierbei muss bedacht werden, dass sich ggf. weitere Einzelprojekte zu einem späteren Zeitpunkt unter Berücksichtigung der Programmvorgaben integrieren lassen. Unter Umständen sind organisatorische Vorgaben in Einzelprojekten anzupassen, um eine konsistente Programmvorgabe zu erhalten.

4.5.1.1.2 Erstellen und Abstimmen der Vorgaben für die organisatorischen Grundlagen des MPM

Hier sind die übergreifenden Programm-Organisationsvorgaben unter Berücksichtigung der Ergebnisse gemäß Ziff. 4.5.1.1.1 zu entwickeln, mit den Verantwortlichen abzustimmen und zur Einführung z.B. in ein Projektkommunikationssystem oder ein Handbuch aufzuführen.

Unter Beachtung der Programm-Organisationsvorgaben werden Musterorganisationsvorgaben für die Einzelprojekte entwickelt. Sofern sehr unterschiedliche Projekte unter einem Programm vereint sind, bspw. Hochbau- und leitungsgebundene Infrastrukturprojekte (Campuserschließung), ist die Aufstellung mehrerer Musterorganisationsvorgaben oder ggf. unterschiedlicher Varianten für einzelne Kapitel zu prüfen und zur Entscheidung zu bringen.

Sowohl die übergreifenden Programm-Organisationsvorgaben als auch die Musterorganisationsvorgaben sind mit und zwischen den einzelnen beteiligten Organisationen und Organisationsebenen (Bauherr, Nutzer, Finanzier etc.) abzustimmen.

4.5.1.1.3 Erstellen und Abstimmen der Programmziele

Die Programmziele speisen sich aus einer Übernahme der einzelnen aufeinander abgestimmten Bedarfsanforderungen der Einzelprojekte. Hier sind die Ergebnisse des Projektentwicklungsprozesses (Rahmenbedingungen aus Liegenschaft, Umfeld etc.) zu berücksichtigen.

Die Programmziele sind das Ergebnis einer Koordination einschließlich eines ggf. erforderlichen Anpassungsprozesses der einzelnen Projektziele.

4.5.1.1.4 Erstellen und Abstimmen der übergeordneten Kommunikationsstruktur des Informations- und Protokollwesens

Mit Blick auf die unterschiedlichen Organisationsebenen ist ein Gesamtkommunikationskonzept zu erstellen, welches die Belange jeder einzelnen Organisationebene in angemessener Weise berücksichtigt.

Daraus ist eine Berichtsstruktur abzuleiten, die sowohl dem Informationsbedürfnis „nach oben“ als auch den handlungsleitenden Vorgaben „nach unten“ Rechnung trägt.

Als Ergebnis der Informationsbeziehungen werden die Zuständigkeiten für die jeweiligen Besprechungsebenen (Einladung, Leitung, Protokollierung von Besprechungen) abgestimmt und festgelegt.

4.5.1.1.5 Erstellen und Abstimmen des Entscheidungsmanagements für übergeordnet erforderliche Grundsatzentscheidungen

Das Erstellen und Abstimmen eines effizienten Entscheidungsmanagements auf übergeordneter Programmebene umfasst:

- Entscheidungsebenen und -strukturen vorschlagen und abstimmen
- Entscheidungsanträge für Programm- und Projektebene entwickeln und abstimmen
- Entscheidungsgrenzen aufzeigen und abstimmen
- Entscheidungsantrag aus Projekt prüfen und zur Entscheidung vorschlagen
- Entscheidungslisten aus Projekt im Hinblick auf die Erreichung der Programmziele zum Zeitpunkt des Programmberichts prüfen sowie Dokumentation und Vorgaben der Projekte verarbeiten

Hierbei wird der Abwägung eines Projektänderungsantrags, der grundlegende Ziele eines Einzelprojekts beeinflusst, dahingehend besondere Bedeutung beigemessen, als dass dieser folgende Fragen aufwirft:

- Ist die Anpassung des Ziels mit den Programmzielen vereinbar?
- Sofern dies nicht der Fall ist: Muss der Projektänderungsantrag daher abgelehnt werden?
- Oder muss das Einzelprojekt aus dem Programm herausgenommen werden?
- Oder ist die Programmebene anzupassen?

4.5.1.1.6 Erstellen und Abstimmen des Änderungsmanagements für übergeordnet erforderliche Grundsatzentscheidungen

Auf Änderungen ausgerichtet (wie vor).

4.5.1.1.7 Erstellen und Abstimmen des übergeordneten Risikomanagements

Das System sollte so robust sein, dass Risiken mit Einzelprojektbezug von denen mit Programmbezug nach einem nachvollziehbaren Abwägungsprozess voneinander abgegrenzt werden können.

Sofern das Risiko grundsätzliche Auswirkungen auf Ziele der Programmebene hat, sind geeignete Vorgaben zur Abwendung bzw. Minimierung des Risikos zu entwickeln. Hierbei ist es wichtig, dass ein solches Risiko frühzeitig erkannt wird, um sich einen ausreichenden Handlungsspielraum auf Programmebene zu bewahren.

Das übergeordnete Risikomanagementsystem ist vom MPM-Projektleiter zu führen. Aufgabe der MPM-Projektsteuerung ist es, die technisch-wirtschaftlichen Risiken für das MPM aus den Projekten und von den MPM-Beteiligten abzufragen sowie die Auswirkungen im Hinblick auf Schadenshöhe und Eintrittswahrscheinlichkeit mit diesen einzuschätzen und in das System einzugeben.

4.5.1.1.8 Erstellen und Abstimmen eines in allen Projekten des Programms anzuwendenden Projektkommunikationssystems

Das Projektkommunikationssystem (PKMS) auf Programmebene muss darauf ausgelegt sein, die Informationen aus den jeweiligen Einzelprojekten entsprechend zu verdichten. Dafür ist eine Ordnungsebene zu wählen, die relevante Einzelinformationen nicht untergehen lässt und zudem die Informationsflut angemessen eindämmt.

Darüber hinaus muss das PKMS auf der Programmebene funktionieren. Besondere Bedeutung kommt der Strukturierung der Projektbeteiligten auf unterschiedlichen Ebenen einschließlich der Zuweisung der einzelnen Zugriffs- und Benutzungsrechte zu.

Eine wesentliche Aufgabe ist die Beratung bei der Auswahl des PKMS für das Programm und die Projekte. Vielfach existieren Projekte mit entsprechenden Systemen. Diese sind dann unter Ziff. 4.5.1.1.1 zu erfassen und bei der Konzeptionierung im Hinblick auf Austausch oder Einbindung zu berücksichtigen.

Für die Auswahl des PKMS ist ein Abschätzen der am PKMS zu Beteiligenden, des erforderlichen Gesamtdatenvolumens, der erforderlichen Leistungen des Systems ebenso bedeutsam wie die Integration der PKMS Strukturen und Systeme der Einzelprojekte.

4.5.1.1.9 Erstellen und Abstimmen der standardmäßig in allen Projekten anzuwendenden Grundlagen für die Planung der Planung

Die Planung der Planung ist eine Kernleistung in den Einzelprojekten. Aufgabe des MPM ist hier, einheitliche Grundlagen und Systeme zu entwickeln, die es insbesondere auch ermöglichen, projekt- und programmübergreifende Analysen vorzunehmen.

Bei bereits bestehenden Projekten mit unterschiedlichen Systemen beinhaltet dies auch eine Priorisierung, um bei divergierenden Vorgaben oder Überlappungen aus einzelnen Bereichen eine eindeutige Festlegung für die Programmebene zu treffen.

Bei der Erarbeitung der Planung der Planung sind die Planungssysteme (3D-Modelle, BIM etc.), Planerstell- und Prüfprozesse, Verantwortlichkeiten, Vollmachten etc. zu beachten.

Auch die Abstimmung von technischen, logistischen und ablauftechnischen Schnittstellen zwischen den Projekten ist insbesondere bei Großprojekten eine wesentliche Tätigkeit der Projektbearbeiter. Um hier eine einheitliche Vorgehensweise in allen Projekten zu gewährleisten, werden vom MPM übergeordnete Vorgaben zur Methodik der Schnittstellenerfassung, -dokumentation und -überwachung erarbeitet und abgestimmt.

4.5.1.2 Handlungsbereich B – Qualitäten und Quantitäten

4.5.1.2.1 Überprüfen der Qualitäts- und Quantitätsstandards aus der Bedarfsplanung der Einzelprojekte zur Bildung einheitlicher Vorgaben

Im ersten Schritt sind die in den Bedarfsplanungen der jeweiligen Einzelprojekte definierten Standards und geltenden Vorschriften sowie Rahmenbedingungen zusammenzutragen.

Die Vergleichbarkeit der Standards ist herzustellen, was insbesondere bei Einzelprojekten mit unterschiedlichen Nutzungen und Funktionen eine vertiefte Abstimmung mit den jeweiligen Projektleitern und -leiterinnen erfordert. Erforderliche Sonderbauteile und/oder vom prägenden Standard abweichende Bereiche sind gesondert zu benennen. Die Bedarfsplanungen sind auf Vollständigkeit insbesondere im Hinblick auf die Programmanforderungen (z.B. infrastrukturelle Erschließung, Sicherheit) zu überprüfen.

Sofern die ermittelten Qualitätsstandards der Einzelprojekte sich substantiell voneinander unterscheiden, sind für das Programm erforderliche und mögliche Anpassungen mit den jeweiligen Projektverantwortlichen zu erörtern.

Analog ist auch mit den Quantitäten der Einzelprojekte zu verfahren. Hierzu eignen sich Kennzahlenvergleiche (NF/BGF; BRI/BGF etc.) gerade bei unterschiedlichen Verhältniswerten. Maßgeblich ist die jeweilige Funktionalität der einzelnen Maßnahmen im Programm.

4.5.1.2.2 Erstellen und Abstimmen einheitlicher Qualitäts- und Quantitätsstandards

Die auf Programmebene vereinheitlichten Qualitäts- und Quantitätsstandards sind in einem Gestaltungshandbuch zusammenzufassen. Hier können beispielsweise anzuwendende Bemessungsverfahren zum Flächenschlüssel und die Ausstattungsstandards definiert werden.

Im Rahmen der übergeordneten Bedarfsplanung kann ein maßnahmenübergreifendes Ausstattungs- und Funktionsprogramm handlungsleitende Vorgaben beinhalten, wie z.B. in jedem Einzelprojekt bestimmte Vorgaben an energetische Standards oder Mindest-/ Maximalraumgrößen unter Berücksichtigung der Funktion.

Die einzelnen Anforderungsprofile sind so zu harmonisieren, dass die Programmparameter respektiert werden. Dies bezieht sich auch auf die anzuwendenden technischen Ausführungsbestimmungen, Normen, Richtlinien und FM-/Betriebsvorgaben.

Auf diesen Grundlagen sollen Optimierungen der Verfahrens-, Planungs- und Realisierungsprozesse mit programmweiter Gültigkeit entwickelt werden. Diese können sich sowohl auf die Auslegung/Dimensionierung technischer Systeme als auch auf die Definition der erforderlichen Planungsbeteiligten bzw. deren Koordination beziehen. Aber auch einheitliche Vorgaben von Aufstellungsverfahren für Bedarfe mit der anzuwendenden Methodik oder die Rahmenparameter zur Auswahl von Wettbewerben sind Bestandteil dieses Optimierungsprozesses auf Programmebene.

Maßgeblich für die Festlegung ist ein Abwägungsprozess zwischen vereinheitlichten Vorgaben auf Programmebene und Möglichkeiten einer individuellen Einzelfalllösung im Bereich der Gestaltung oder funktionalen Besonderheiten.

4.5.1.2.3 Erarbeitung einheitlicher Planungsstandards

Multiprojektmanagementaufträge beinhalten i.d.R. campusartige Strukturen. Einheitliche Planungsanforderungen, die zum Teil auch aus dem Planungsrecht resultieren, müssen berücksichtigt werden. Dies können z.B. Anforderungen an die Fassade, einheitliches Erscheinungsbild in den Außenanlagen, zentrales Leitsystem, grundsätzliche Gestaltungsvorgaben, Technische Ausführungsbestimmungen, Versorgung der Liegenschaft mit Infrastrukturgebäuden etc. sein. Diese Anforderungen sind zu erarbeiten, mit dem Auftraggeber und erforderlichen Gremien abzustimmen und in einem Planungs-/Gestaltungshandbuch zu dokumentieren.

4.5.1.3 Handlungsbereich C – Kosten und Finanzierung

4.5.1.3.1 Überprüfen der Inhalte der projektspezifischen Kostenrahmen

Die Systematik der Kostenplanung soll sich an der DIN 276 Kostenplanung im Hochbau orientieren. Falls Abweichungen oder abweichende Kostengruppen gebildet werden sollen, sind diese für alle Projekte festzulegen oder die Anwendung für einzelne Projekte ist zu definieren. Für Kostenermittlungen sind die jeweiligen Kostenermittlungsstufen und Methoden zu definieren. Sollen bestimmte Softwareprogramme eingesetzt werden, sind die Eingabeparameter aufeinander abzustimmen.

Das MPM muss sich zunächst eine Übersicht über die Kostenstrukturen verschaffen. Es muss sichergestellt werden, dass die Kostenermittlungen nach dem gleichen Standard erstellt werden. Hierbei sind die Kostenermittlungsverfahren zu überprüfen und der verwendete Datenbestand ist festzustellen. Die Zuständigkeiten für die Erstellung der jeweiligen Kostenermittlungsanteile sind ebenso zu klären wie die geplanten Maßnahmen für die Durchführung der Kostenkontrolle. Die Analyse der organisatorischen Grundlagen muss schriftlich in einem Bericht erfasst und für die weiteren Abstimmungsprozesse aufbereitet werden.

Der Bericht über die Analyse der projektspezifischen Kostenermittlung und -verfolgung wird den jeweiligen Projektleitern übermittelt und aufgetretene Fragen in gemeinsamen Gesprächen geklärt. Hier werden Beweggründe, Rahmenbedingungen und notwendige Vorgehensweisen erörtert und in den Bericht integriert. Der aufbereitete Bericht wird den Projektleitern für einen weiteren Erörterungstermin vorgelegt und dient als Grundlage für das weitere Vorgehen.

In einem Erörterungstermin werden die Ergebnisse der Analyse und Abstimmung mit den jeweiligen Projektleitern besprochen. Ziel dieser Erörterung ist die finale Abstimmung von durchgängigen Kostenermittlungs- und -verfolgungsstrukturen. Es sollte versucht werden, eine möglichst hohe Übereinstimmung zwischen den einzelnen Projektleitern herzustellen und somit eine bessere Akzeptanz für die folgenden Schritte der MPM-Kostenstrukturen zu erreichen.

4.5.1.3.2 Erstellen und Abstimmen der MPM-Strukturen und des MPM-Kostenrahmens

Es ist festzulegen, ob die Beträge als Netto- oder Bruttobeträge auszuweisen sind. Die Grundlagen der Kostenbasis sind zu definieren, auf welcher Datengrundlage (z.B. BKI) diese aufgebaut werden und welcher Zeitpunkt für die Kostenausweisung (aktuell oder zum Projektende) maßgeblich ist. Preisindexierungen sind zu bestimmen. Für abweichende Standorte sind die jeweiligen Standortfaktoren zu definieren.

Durch mögliche zeitliche Überlagerungen der jeweiligen Projekte können sich unterschiedliche Kostenstände ergeben. Die Kostenstände sind daher zu jedem Ermittlungszeitpunkt nach der festgelegten Systematik zu indexieren. Die einzelnen Kostenstände sind in der MPM-Kostenzusammenstellung zusammenzuführen und entsprechend darzustellen.

Die projektspezifischen Festlegungen zur Kostenplanung sind in einer MPM-Kostenplanungssystematik zusammenzuführen. Weiterhin sind projektweise die Zuständigkeiten für die jeweiligen Kostengruppen zuzuordnen. Der Aufbau der Kostenermittlungen ist festzulegen. Ebenso sind Prozessabläufe der Informationsverarbeitung zu definieren und die Zusammenführung der Einzelkostenermittlungen ist in eine Programmkostenübersicht vorzunehmen.

Vorgaben zu Finanzierung, Fördermitteln und Mittelabflüssen

Notwendige Parameter der Finanzierung sind abzustimmen und festzulegen. Es ist zu klären, welche Angaben der Auftraggeber zu welchem Zeitpunkt benötigt, um die Finanzierung sicherzustellen. Die projektspezifischen Aussagen zur Finanzierung sind in einem MPM-Finanzierungsplan zusammenzuführen. Die Ergebnisse der abgestimmten Vorgehensweise sind mit dem AG zu vereinbaren und verbindlich für alle Projekte einzuführen.

Für die Bewirtschaftung von Haushaltsmitteln und mögliche Beantragung von Fördermitteln werden frühzeitige Prognosen aus den Kostenermittlungen benötigt. Die jeweiligen Parameter und jeweilige zeitliche Taktung sind abzustimmen und festzulegen. Die projektspezifischen Aussagen sind in einem MPM-Fördermittel- und -Bewirtschaftungsplan zusammenzuführen. Die Ergebnisse der abgestimmten Vorgehensweise sind mit dem AG zu vereinbaren und verbindlich für alle Projekte einzuführen.

Mittelabflüsse entstehen im zeitlichen Verlauf durch Finanzierung, Grundstück, Planung und Bauausführung. Die Kostenentwicklungen der jeweiligen Projekte sind über den spezifischen zeitlichen Verlauf zu strukturieren und den entsprechenden Kostengruppen zuzuordnen. Für jedes Projekt ist von der jeweiligen Projektleitung ein Mittelabflussplan zu erstellen. Die Zeitfenster sind aufeinander abzustimmen. Sie können Monat, Quartal oder Jahr umfassen. Die einzelnen Mittelabflüsse sind in einem MPM-Mittelabflussplan zusammenzuführen. Die Ergebnisse der abgestimmten Vorgehensweise sind mit dem AG zu vereinbaren und verbindlich für alle Projekte einzuführen.

Reservebildungen über alle Maßnahmen

Für die Durchführung eines MPM empfiehlt sich der Einsatz eines strukturierten Risikomanagements. Für jede Einzelmaßnahme sind mögliche Risiken zu ermitteln, zu bewerten und zu behandeln. Die so ermittelten Risikobudgets der Einzelmaßnahmen sind in einem MPM-Risikobudget zusammenzufassen und eine Reservebildung für das MPM ist vorzunehmen. Die Ergebnisse der abgestimmten Vorgehensweise sind mit dem AG zu vereinbaren und verbindlich für alle Projekte einzuführen.

Erstellen des Kostenrahmens

Aus den Einzelermittlungen der spezifischen Projektkosten ist ein Kostenrahmen für das MPM zu erstellen. Dieser Kostenrahmen sollte die Kostenstände über den geplanten Zeitraum enthalten und ein entsprechendes Risikobudget ausweisen. Es ist eine Festlegung zu treffen, wie mit möglichen Überschreitungen des Kostenrahmens umgegangen werden soll. Die Ergebnisse der abgestimmten Vorgehensweise sind mit dem AG zu vereinbaren und verbindlich für alle Projekte einzuführen.

4.5.1.3.3 Erstellen und Abstimmen der übergeordneten Mittelabflussplanung

Die projektspezifischen Mittelabflusspläne sind von den Projektleitern dem MPM vorzulegen. Die MPM-Projektsteuerung erfasst die Mittelabflusspläne in einer zentralen Datenbank und verwendet diese für ihr Berichtswesen. Die Verwendung als übergeordnete Mittelfinanzplanung hängt stark von den Finanzierungsstrukturen und -vorgaben des Auftraggebers ab. Sofern aus dem MPM-Mittelabflussplan Erkenntnisse gewonnen werden, die möglicherweise die Finanzierung oder die Generierung von Fördermitteln beeinflussen, sind Vorschläge für Anpassungsmaßnahmen zu unterbreiten.

4.5.1.4 Handlungsbereich D – Termine, Kapazitäten und Logistik

4.5.1.4.1 Überprüfen der Termindaten aus den Einzelprojekten zur Bildung einheitlicher Vorgaben

Bei MPM-Projekten müssen im ersten Schritt die bestehenden Projekt-Terminpläne beschafft und gesichtet werden. Wichtig ist dabei die Prüfung der Terminpläne hinsichtlich abgestimmter Soll-Termine, i.d.R. Meilensteine, die zwischen Projektbeteiligten vereinbart wurden. Liegen für die einzelnen Projekte Soll-Termine vor, ist im nächsten Schritt zu prüfen, ob diese Termine auch zwischen den Projekten abgestimmt und vereinbart sind.

Vereinbarungen von Soll-Terminen sind z.B. in Projektaufträgen (Quality Gates), Planer-/ Unternehmer-Verträgen, Schnittstellenvereinbarungen zwischen Projektleitern und vom AG freigegebenen Projektterminplänen enthalten.

Für Projekte ohne erkennbare Soll-Termine im Terminplan müssen vor allen weiteren inhaltlichen Überprüfungen als erstes die Projektleiter mit der MPM-Projektsteuerung die projektrelevanten Meilensteine identifizieren, ggf. mit dem einzelnen Projektteam abstimmen und über den Gesamtverantwortlichen die Soll-Termine festlegen.

Neben dieser methodischen Prüfung müssen die bestehenden Terminpläne auf möglichst vollständige Erfassung der Meilensteine überprüft werden. Um dies sinnvoll umsetzen zu können, muss der Terminplaner einen Überblick über mögliche Kategorien von Meilensteinen (siehe Ziff. 4.5.1.4.2) haben. Sollten diese Kategorien in den Terminplänen nicht abgedeckt sein, muss der übergeordnete Terminplaner entsprechende Vorgaben machen. Zusammenfassend ergeben sich folgende Prüfschritte:

- Methodische Prüfung: Wurden als Basis der Terminkontrolle Soll-Termine zwischen den Projektbeteiligten vereinbart?
- Prüfung auf Vollständigkeit: Sind alle wichtigen Kategorien von Meilensteinen vereinbart worden?
- Stichprobenartige Überprüfung auf Machbarkeit: Sind die Vorgangsdauern realistisch und mit entsprechenden Produktionsfunktionen ermittelt worden?
- Prüfung auf Transparenz (Darstellung): Sind die Meilensteine in den Projekt-Terminplänen als solche erkennbar, d.h. Darstellung als Meilenstein?

Nach Vorlage der bestehenden Projekt-Terminpläne durch die Projektleiter bzw. die beteiligten Projektsteuerer muss die Prüfung in enger Abstimmung mit diesen Beteiligten erfolgen, um von Beginn an in den Projekten das Verständnis für die MPM-Belange in der Terminplanung zu fördern.

4.5.1.4.2 Erstellen und Abstimmen der Vorgaben für die übergeordnete Terminplanung und -kontrolle

Zur Sicherstellung einer einheitlichen Mindestqualität der Terminplanung müssen von der übergeordneten Terminplanung inhaltliche und organisatorische Anforderungen an die zu liefernden Termindaten aus den Projekten festgelegt werden.

Inhaltlich müssen v.a. die wichtigen Meilensteine der Projekte identifiziert werden (siehe Ziff. 4.5.1.4.1). Um dies sicherzustellen, müssen mindestens folgende Meilenstein-Kategorien abgebildet sein:

- Schnittstellentermine zwischen Projekten
- Projekt-Meilensteine gemäß Projektauftrag
- Management-Meilensteine zur rechtzeitigen Schaffung der Grundlagen seitens des Managements zur Leistungserbringung der Planer, Gutachter, ausführenden Firmen, z.B.
  - Beauftragungen von Planern, Firmen
  - Abschluss von Konzepten (Vergabekonzept, QS-Konzept)
  - Behörden-Meilensteine
- Wichtige Vertragstermine der Planung, Ausführung, Inbetriebnahme
- Auftraggeber-Meilensteine (Mitwirkungspflichten → Freigaben von Planungs-(zwischen-)Ergebnissen)
- Behörden-Meilensteine

Die Projektleiter der Projekte müssen diese Meilensteine ergänzen und mit der MPM-Projektsteuerung abstimmen. Hierbei ist zu beachten, dass die o.g. Meilensteine in den Projekten strukturiert und methodisch ermittelt werden, um die Vollständigkeit sicherzustellen. Die Vorgehensweise zur vollständigen Erfassung der Meilensteine ist mit dem MPM-Projektleiter (insbesondere auch mit dem Nutzer) und insbesondere mit dem Schnittstellenmanagement (Identifikation von Projekt-Schnittstellen – Abstimmung zwischen Projekten – Dokumentation Ergebnis – Aktualisierung) abzustimmen.

Organisatorisch sind die Abläufe (Prozesse) zur Terminkontrolle zwischen MPM- und Projektebene zu erstellen und mit den Projektleitern abzustimmen. Die Freigabe erfolgt durch den MPM-Projektleiter.

Weiterhin ist die Integration der übergeordneten Terminplanung ins Änderungsmanagement, Berichtswesen und Dokumentenmanagement zu organisieren.

Zur Abwehr von Konflikten sind geeignete Eskalations-Mechanismen von der MPM-Projektsteuerung vorzuschlagen und vom MPM-Projektleiter festzulegen.

4.5.1.4.3 Erstellen und Abstimmen von Vorgaben zur standardisierten Darstellung von Vorgängen in den Projektterminplänen

Der turnusmäßige Datenaustausch zur Terminkontrolle erfordert formale und strukturelle Vorgaben. Diese werden von der übergeordneten Terminsteuerung mit den Projektleitungen abgestimmt.

Zur Sicherstellung einer einheitlichen Mindestqualität der Terminplanung muss von der übergeordneten Steuerung darauf geachtet werden, dass die Projekt-Terminpläne in geeigneten Systemen geführt werden sowie

- Soll-Ist-Vorgänge
- Verknüpfungen zwischen den Vorgängen und
- die Zuordnung von Verantwortlichen zu Vorgängen

enthalten.

Weitere fachliche Festlegungen zur Terminsteuerung (z.B. Terminpläne und Kontrollabläufe innerhalb des Projekts) liegen in der Verantwortung der Projekte und müssen dort geleistet werden.

4.5.1.4.4 Erstellen und Abstimmen des übergeordneten Terminplans auf Grundlage der Einzelprojekte

Der übergeordnete Terminplan muss folgende Zwecke erfüllen:

1. Sicherstellung der terminlichen Schnittstellen zwischen den Projekten
2. Abbildung der projektübergreifenden Terminsituation (z.B. für Lenkungsausschuss, Realisierungsverantwortlichen)
3. Überwachung der Einhaltung der Qualitätsvorgaben an die Projektterminpläne (z.B. Festlegung von Meilensteinen als Grundlage der Steuerung)

„Übergeordneter Terminplan" wird in diesem Leistungsbild als Synonym für die Gesamtheit der Daten verwendet, die benötigt werden, um vorgenannten Zweck zu erfüllen.

Das heißt, die Datengrundlage des übergeordneten Terminplans muss so beschaffen sein, dass zum einen die Funktionen innerhalb des Programms mit den für sie relevanten Informationen versorgt werden können (Punkt 2.), zum anderen die Einhaltung der Mindestqualität in den Projektterminplänen gewährleistet wird (Punkt 3.) und schließlich die Steuerung der Projektschnittstellen ermöglicht wird (Punkt 1.).

Das nachfolgende Bild 3 stellt diese Zusammenhänge dar. Dort wird der Begriff „Übergeordneter Terminplan" (Gesamtheit der Daten) im Hinblick auf die Ebenen der Terminplanung unterteilt in

- übergeordneter Rahmenterminplan (gemäß Punkt 2.) und
- übergeordneter Steuerungsterminplan – Projektschnittstellen-orientiert (gemäß Punkt 1. und 3.)

(in Anlehnung an Bild 6, AHO-Heft Nr. 9, S. 60).

Die Gesamt-Terminsituation wird in einem übergeordneten Rahmenterminplan dargestellt. Dieser kann je nach Adressat (Programmleitung, Lenkungsausschuss) unterschiedlich detailliert sein. Der MPM-Projektleiter kann daraus die maßgeblichen Projekt-

Schnittstellen erkennen, während der Leitungsausschuss an der Herausstellung der Haupt-Meilensteine interessiert ist.

Die Steuerung der Projektschnittstellen sowie die Überwachung der Einhaltung der Qualitätsvorgaben (gemäß Ziff. 4.5.1.4.2) erfolgt auf Grundlage des übergeordneten Steuerungsterminplans. Die Terminkontrolle erfolgt dabei auf Ebene der Steuerungsterminpläne der Projekte.

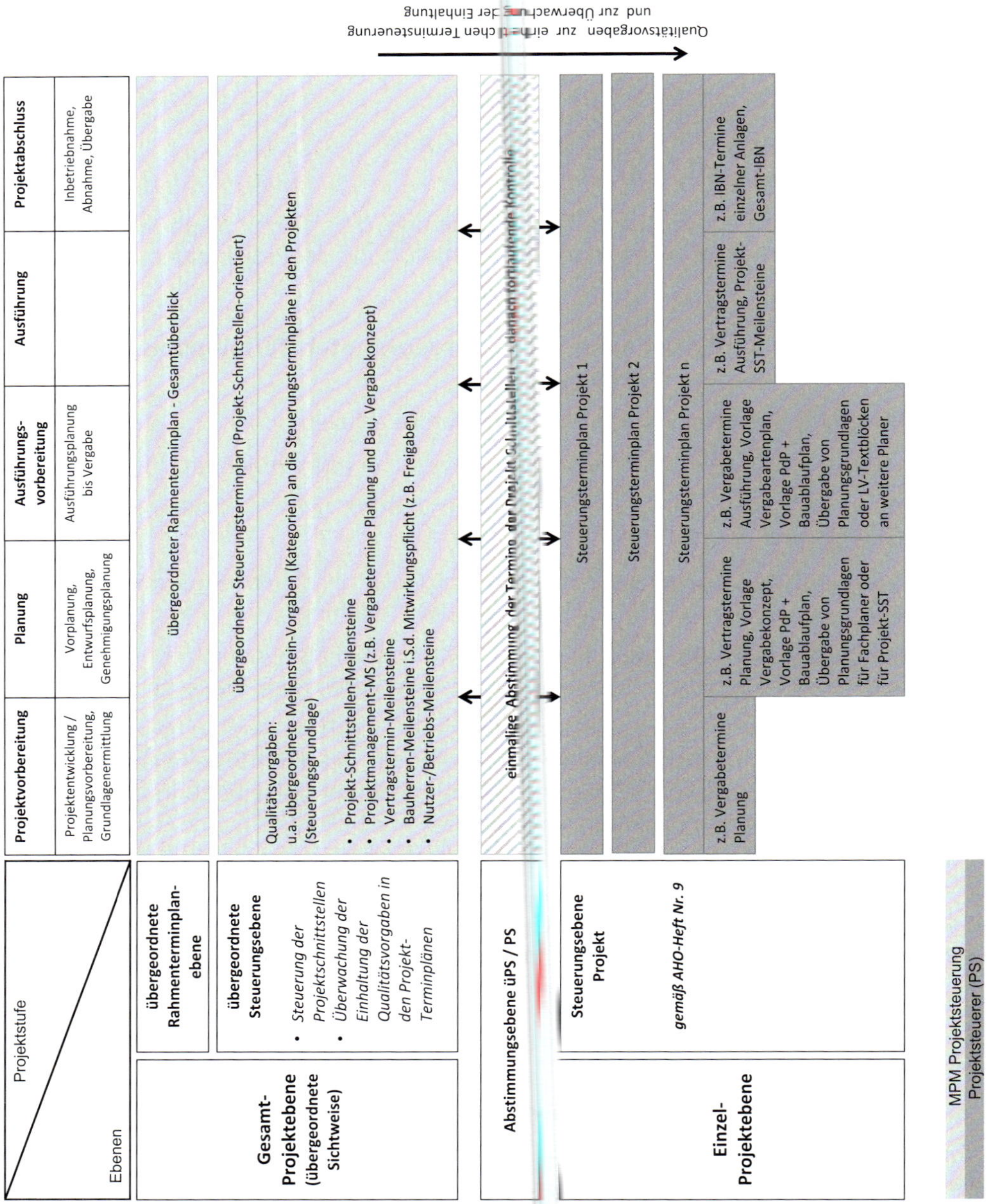

Bild 3: Zusammenhänge zwischen MPM-Terminsteuerung und Projekt-Terminsteuerung

4.5.1.4.5 Analysieren und Bewerten der erforderlichen Gesamtkapazitäten

Die in den Projekten ermittelten voraussichtlich erforderlichen Kapazitäten/Ressourcen in der Planung und Ausführung (Überschlagsrechnungen für den erforderlichen Personaleinsatz, ggf. auch für den Geräteeinsatz in der Ausführung) werden von der MPM-Projektsteuerung zentral in einer Datenbank erfasst und ausgewertet. Der MPM-Projektsteuerer analysiert insbesondere Spitzen und fordert bei erkennbaren Überbelastungen die Nachweise für die zur Verfügung stehenden Kapazitäten bei den Projektleitern ab.

Bei parallel laufenden Projekten ist die Beurteilung der verfügbaren Ressourcen (z.B. beim Einkauf), insbesondere bei Terminverschiebungen, unabdingbar

4.5.1.4.6 Analysieren und Bewerten der übergeordneten Logistikplanung

In Abhängigkeit von den spezifischen Standort- und Rahmenbedingungen sind die Logistikziele der Einzelprojekte anzufordern und übergeordnete Logistikziele zu entwickeln. Ziel ist es, insbesondere die in den jeweiligen Bauphasen anfallenden Material-, Transport- und Verkehrsflüsse zu optimieren und die erforderlichen Genehmigungen zu erreichen.

4.5.1.5 Handlungsbereich E – Verträge und Versicherungen

4.5.1.5.1 Überprüfen der Vergabe- und Vertragsstruktur der Einzelprojekte zur Bildung einheitlicher Vorgaben

Das MPM überprüft zunächst, ob alle zu erbringenden Leistungen – sowohl Planungs- als auch Ausführungsleistungen – in den Vergabe- und Vertragsstrukturen erfasst sind. Danach müssen die bestehenden Vergabe- und Vertragsstrukturen, die ggf. projektspezifisch festgelegt wurden, auf Sinnhaftigkeit im Hinblick auf das Programm überprüft werden. Für das Programm muss ein Vergabekonzept erkennbar sein. Bei einem Einzelvergabe-Konzept hat der AG z.B. aufgrund des erhöhten eigenen Koordinationsaufwands einen entsprechenden Apparat an Koordinationsstellen aufzubauen. Sollte der MPM-Projektsteuerer einen Konflikt zwischen Aufbauorganisation und Vergabestruktur feststellen, müssen Anpassungen abgestimmt werden.

Weiterhin ist das MPM die Stelle, die projektübergreifende Vergaben von Planungs- und Bauleistungen erfasst und damit ggf. erstmalig transparent macht. Die Beauftragung ein- und desselben Planers in mehreren Projekten, die nicht übergeordnet gesteuert wurden, kann für den AG nachteilig sein, da die ohne Zweifel vorhandenen Synergieeffekte beim Planer vom AG nicht bewusst, z.B. bereits bei der Beauftragungssumme, genutzt werden.

Die festgestellten Konflikte oder auch Lücken zwischen den Vergabestrukturen verschiedener Projekte müssen aufbereitet und mit den Projektleitern, dem Programmleiter und ggf. dem Einkauf abgestimmt werden. Als Ergebnis müssen die Anpassungen festgelegt werden, die bei den jeweiligen Vergabe- und Vertragsstrukturen vorgenommen werden müssen.

4.5.1.5.2 Erstellen und Abstimmen der MPM-Vergabe- und -Vertragsstruktur

Auf Grundlage der vorangegangenen Festlegungen wird vom MPM entweder ganzheitlich eine Vergabe- und Vertragsstruktur erstellt und abgestimmt oder das MPM koordiniert die Anpassungen in den einzelnen Vergabe- und Vertragsstrukturen und stimmt diese ab. Die Vorgehensweise hängt letztlich von der AG-Organisation ab.

- *Überprüfen der Grundlagen zur Vertragserstellung und -überwachung beim AG bzw. projektspezifisch in den Einzelprojekten*

Der MPM-Projektleiter ist für die Festlegung und Einführung einheitlicher Standards und Abläufe zum Vertragsmanagement verantwortlich. Für die Anwendung der Standards und Abläufe während der Projektabwicklung ist die Projektleitung verantwortlich.

Die MPM-Projektsteuerung muss somit im ersten Schritt die bestehenden Grundlagen beim AG prüfen. Diese können je nach AG im Umfang und Inhalt sehr unterschiedlich sein. Große Konzerne haben i.d.R. eine Einkaufsabteilung, die u.a. die Vergabe von Planungs- und Bauleistungen verantwortet. Bei diesen liegen zumeist umfangreiche Vergabe- und Vertragsvorgaben z.B. in Form von Vergabehandbüchern oder Vertragsmustern vor. Diese gilt es seitens des MPMs zu identifizieren und ihre Anwendbarkeit auf die anstehenden Projekte zu überprüfen.

Die Prüfung von Grundlagen zur Vertragserstellung umfasst folgende Punkte:

- Abläufe zur Beauftragung von Planungs- und Bauleistungen
- Vorhandene Regelfristen
- Vertragsmuster bzw. bestehende Verträge hinsichtlich ungünstiger allgemeiner Vertragsbedingungen, widersprüchlicher und unvollständiger Inhalte etc.
- Vorgegebene Zuschlags- und Eignungskriterien
- Vorgaben bzgl. Bekanntmachungen von Planungs- und Bauleistungen
- Muster-Leistungsverzeichnis mit abgestimmten Vorbemerkungen, Anlagen, Struktur etc. für alle AN
- Vorgaben bzgl. Vergabeverfahren (z.B. grundsätzliche Anwendbarkeit von Bekanntmachungsverfahren oder offenem Verfahren)
- Leitfäden für Planer zur Erstellung von LVs (z.B. Vorgaben zur Systemkompatibilität zum AG, an AG zu übergebende Datenformate)
- Inhaltliche und formale Vorgaben zur Auswertung von Angeboten bzw. zur Vorbereitung und Durchführung von Bietergesprächen
- Prüfkonzept von Ausschreibungsunterlagen
- Vergabekonzept (siehe Ziff. 4.5.1.5.1)
- Abgleich der geplanten Vergabe- und Vertragsstruktur mit den bestehenden Vorgaben
- Abgleich der geplanten Planungs- und Objektüberwachungs-Konzepte mit den bestehenden Vorgaben (Rechte und Pflichten AG und AN, ggf. Vollmachterteilung notwendig)

Die Prüfung von Grundlagen zur Vertragsüberwachung umfasst folgende Punkte:

- Abläufe für die Erfassung, Bearbeitung und das Monitoring von Nachtragsangeboten von Planungs- und Bauleistungen
- Vorhandene Regelfristen

- Konzept zum Nachtragsmanagement (insbesondere im Hinblick auf die Aufrechterhaltung der Planer-Haftung: Erstellung von Nachtrags-LVs durch den Planer, Bepreisung durch die Firmen)
- Vertragsmuster bzw. bestehende Verträge hinsichtlich widersprüchlicher und unvollständiger Inhalte bzgl. des Nachtragsmanagement-Konzepts (z.B. Leistungen der Planer bei der Nachtragserstellung und -prüfung)
- Inhaltliche und formale Vorgaben zur Auswertung von Nachtragsangeboten bzw. zur Vorbereitung und Durchführung von Bietergesprächen aus Sicht der MPM-Projektleitung und -steuerung.

Nach der Erfassung der beim AG grundsätzlich bestehenden, aber auch ggf. projektspezifisch unterschiedlichen Grundlagen ist es notwendig, die Ergebnisse der Prüfung mit dem MPM-Projektleiter, ggf. den Projektleitern, abzustimmen. Dieser Schritt erfordert eine strukturierte Vorgehensweise, um zeitnah die unterschiedlichen Ziele der Projektleiter, des Einkaufs und des MPM-Projektleiters zusammenzubringen und zu vernünftigen Ergebnissen zu gelangen.

- *Erstellen und Abstimmen der Grundlagen zur Vertragserstellung und -überwachung*

Im zweiten Schritt müssen die Ergebnisse der vorstehenden Überprüfung in organisatorische Vorgaben umgesetzt werden. Die Festlegungen zur Vergabe von Planungs- und Bauleistungen (z.B. Workflows zur Vergabe, Muster-Formblätter, Leitfäden) sollten in einem Kontext dargestellt werden. Hierbei müssen auch die organisatorischen Vorgaben zum Nachtragsmanagement erfasst werden.

Als erfahrungsgemäß zeitaufwändiger Schritt darf die finale Abstimmung der erarbeiteten organisatorischen Vorgaben nicht unterschätzt werden. Hierbei ist auch die Einführung der organisatorischen Vorgaben in das Projekt beinhaltet, was je nach Projektgröße und AG-Organisation sehr umfangreich werden kann.

Die Vertragsmuster Planung und Bau müssen nach Feststellung des Bedarfs angepasst bzw. erstellt werden. Abhängig von der Organisation des AG erstellt die MPM-Projektsteuerung diese Unterlagen oder die Erstellung wird durch die MPM-Projektsteuerung koordiniert.

4.5.1.5.3 Mitwirken bei der Erstellung eines übergeordneten Versicherungskonzepts

Für das Gesamtprojekt ist rechtzeitig ein Versicherungskonzept von einem Versicherungsexperten zu erstellen mit der Zielsetzung, die bestehenden Risiken auf ein bewusst erkennbares Potenzial für alle Beteiligten zu reduzieren. Das Konzept ist auf die Aufbauorganisation des Gesamtprojekts und die haftungsrelevanten Größenordnungen je Organisationseinheit auszurichten. Es soll vor dem Start der Einzelprojekte erstellt und in die Rahmenbedingungen der Projekte einbezogen werden.

In diesem Zusammenhang hat der Bauherr/Auftraggeber hinsichtlich der vom Grundstück oder von Bauwerken ausgehenden Gefahren für Versicherungsschutz zu sorgen.

Die möglichen Versicherungskonzeptionen können unterschiedlich aufgebaut sein. In diesem Zusammenhang gibt es allerdings noch weitere Kombinationsmöglichkeiten, auch mit anderen Versicherungskonzepten.

Die Aufgaben der MPM-Projektsteuerung liegen in folgenden Einzelschritten:

- Veranlassen des Aufbaus des Versicherungskonzepts durch Einbinden aller beim Auftraggeber zuständigen Stellen sowie Veranlassen der Einschaltung eines geeigneten Versicherungsfachmanns. Der Aufbau des Konzepts selbst ist Aufgabe der MPM-Projektsteuerung.
- Zusammenstellen der Daten für das Versicherungskonzept (Anzahl und Art der Projekte und Planungsbeteiligten, Kostengrößen für Planungsaufträge/Größenordnung der Ausführungspakete, Einschätzung des Risikopotenzials der jeweiligen Projektbereiche in Zusammenarbeit mit dem Auftraggeber und Versicherungsfachmann).

4.5.2 Projektstufe 2: Programm steuern (Planung, Ausführungsvorbereitung, Ausführung)

4.5.2.1 Handlungsbereich A – Organisation, Information, Koordination und Dokumentation (übrige Handlungsbereiche einbeziehend)

4.5.2.1.1 Fortschreiben und Abstimmen der organisatorischen Grundlagen zur übergreifenden Steuerung des Programms

Hier ist zu untersuchen und zur Entscheidung vorzuschlagen, ob die organisatorischen Vorgaben für die Einzelprojekte oder das Programm angepasst werden müssen.

4.5.2.1.2 Fortschreiben und Abstimmen der Dokumentation der projektübergreifend getroffenen Entscheidungen

Fortführung der Leistungen gemäß Ziff. 4.5.1.1.5.

4.5.2.1.3 Fortschreiben und Abstimmen des MPM-Berichtswesens und regelmäßiges Informieren und Abstimmen mit dem Auftraggeber

Dies beinhaltet einen kontinuierlichen Abgleich der zu den Besprechungen einzuladenden und zu informierenden Personen sowie die übergeordneten schriftlichen „Kurz"-Berichte des MPM. Hier haben sich Berichte mit Ampelfunktionen zu den Kosten und Terminen mit kurzen Sachstandsinformationen sowie das Aufzeigen von Risiken bewährt. Insbesondere wenn im Lenkungsgremium Detailinformationen zur Entscheidungsfindung präsentiert werden müssen, obliegt es dem MPM im Vorfeld, diese mit Sonderfachleuten und der jeweiligen Projektleitung abzustimmen.

Die eingeführten Besprechungsroutinen sind kontinuierlich dahingehend zu analysieren und zu bewerten, inwiefern diese dem Programmfortschritt entsprechen. Dies hängt davon ab, ob strategische Entscheidungen zur Programmausrichtung und -ausgestaltung anstehen und die Qualitätssicherung gewährleistet ist.

4.5.2.1.4 Umsetzen des Entscheidungsmanagements für übergeordnete Grundsatzentscheidungen

Auf der Grundlage der untersuchten und zur Entscheidung vorgeschlagenen Änderungen steht hier der Abwägungsprozess im Vordergrund, ob

a) das/die jeweilige/n Projekt/e im Hinblick auf die Grundsatzentscheidungen abgestimmt werden müssen,

b) der Programmrahmen angepasst werden muss,

c) das Projekt nicht mehr in das Programm passt.

Die Grundsatzentscheidungen hierzu sind einerseits über das Berichtswesen, andererseits über Entscheidungsvorlagen und Erläuterungen im Lenkungsgremium herbeizuführen.

4.5.2.1.5 Analysieren und Bewerten der Umsetzung des standardmäßig eingeführten Änderungsmanagements

Fortführung der Leistungen gemäß Ziff. 4.5.1.1.6.

4.5.2.1.6 Mitwirken beim übergeordneten Risikomanagement

Diese Leistung umfasst die fortlaufende Erfassung der identifizierten Risiken, der Herbeiführung und Prüfung der anzusetzenden Schadenshöhe und Eintrittswahrscheinlichkeit sowie das Führen des übergeordneten Risikomanagementsystems.

Bei Abweichungen sind Maßnahmen zur Gegensteuerung aufzuzeigen.

4.5.2.1.7 Analysieren und Bewerten der Umsetzung der übergeordnet eingeführten Grundlagen der Planung der Planung

Die kontinuierliche Umsetzungsprüfung erfolgt anhand der für das übergeordnete Projektmanagement relevanten Dokumente. Diese umfassen unter anderem Abschluss und Abnahme von HOAI-Leistungsphasen, Abrufe bei stufenweisen Planungsverträgen etc.

Sofern Abweichungen auftreten, sind adäquate Anpassungsmaßnahmen zunächst auf Einzelprojektebene vorzuschlagen. Wenn diese nicht umsetzbar sein sollten, ist eine Ausgliederung des Einzelprojekts oder aber eine Anpassung des Programms darzulegen.

4.5.2.2 Handlungsbereich B – Qualitäten und Quantitäten

4.5.2.2.1 Analysieren und Bewerten der Umsetzung der übergeordnet eingeführten Qualitäts- und Quantitätsstandards

Zu vorher vereinbarten Meilensteinen findet die Prüfung der auf Programmebene vorgegebenen Qualitäts- und Quantitätsstandards statt. Im Sinne von Quality Gates folgt die Freigabe des nächsten Planungsschritts erst, wenn die entsprechenden Programmvorgaben umgesetzt und eingehalten worden sind oder eine Abweichung begründet dargelegt und von den Programmverantwortlichen akzeptiert worden ist.

4.5.2.2.2 Durchführen von Koordinationsbesprechungen zur Qualitätssicherung und Kommunikation der übergeordneten Fragestellungen und Entscheidungen

Die Koordinationsbesprechungen auf übergeordneter Ebene nehmen die zusammengefassten Sachstandsberichte der Einzelmaßnahmen entgegen. Übergeordnete Fragestellungen weisen einen grundsätzlichen Charakter auf. Sie beeinflussen die Programmvorgaben, da es sich um strategische Ausrichtungen oder Änderungen bzw. Anpassung zu den vereinbarten Verfahren handelt. Häufig werden hierdurch Präzedenzfälle geschaffen.

4.5.2.2.3 Analyse und Bewerten der systematischen Identifizierung von Schnittstellen zwischen den Projekten und Dokumentation der Ergebnisse

Die programmbegleitende Dokumentation der Schnittstellen umfasst die Schnittstellen zwischen den unterschiedlichen Einzelprojekten sowie Programmbeteiligten. Hierbei sollen insbesondere Änderungen und Anpassungen einschließlich der im Vorfeld abgelaufenen Abwägungen transparent und nachvollziehbar festgehalten werden.

4.5.2.2.4 Ergänzen und Fortschreiben der einheitlichen Qualitäts-/Quantitäts-/Planungsstandards

Das Gestaltungshandbuch ist fortzuschreiben. Neue Erkenntnisse können z.B. vorliegen durch ein neu initiiertes Projekt in Verbindung mit einem Wettbewerbsverfahren, neuen Anforderungen aus Technischen Richtlinien oder dem Planungsrecht.

4.5.2.3 Handlungsbereich C – Kosten und Finanzierung

4.5.2.3.1 Analysieren und Bewerten der projektspezifischen Kostenverfolgung und -steuerung

Die Kostenverfolgung der Einzelprojekte wird in den festgelegten Berichtsphasen (quartalsweise) in ihrer Entwicklung überprüft und mit der MPM-Kostenverfolgung verglichen. Abweichungen werden saldiert und auf mögliche Ausgleichsmöglichkeiten untersucht. Hierdurch sind Budgetverschiebungen zwischen den Einzelprojekten möglich. Nicht ausgleichbare Kosten müssen mit den jeweiligen Projektleitern analysiert und dem AG in aufbereiteter Form als Entscheidungsvorlage unterbreitet werden. Veränderungen im Einzelbudget sind zu kommunizieren und zu dokumentieren.

Kosten von einzelprojektübergreifenden Maßnahmen sind in gleicher Art und Weise zu behandeln. Maßgebend ist immer der MPM-Kostenrahmen. Einflüsse aus übergreifenden Kosten müssen mit den jeweiligen Kostenverantwortlichen der Einzelprojekte abgestimmt werden, falls diese in die Kostensteuerung der Einzelprojekte eingreift.

4.5.2.3.2 Fortschreiben des übergeordneten Kostenrahmens

Durch die Initiierung zusätzlicher Projekte oder eine unerwartete Kostenindexentwicklung (u.a.) kann eine nicht planbare Erhöhung des MPM-Kostenrahmens notwendig werden. Zeichnet sich in den MPM-Kostenprognosen eine Überschreitung des MPM-Kostenrahmens ab, ist analog Ziff. 4.5.1.3.2 vorzugehen. Der AG ist frühzeitig über mögliche Kostenüberschreitungen sowie die ermittelte Kostenhöhe und -ursache zu unterrichten.

Die in Ziff. 4.5.1.3.2 festgelegten Verfahren bei drohenden Kostenerhöhungen können zu Anpassungsaktivitäten führen. Mögliche Reduzierungen in Qualitäten und Quantitäten sind ebenso in Erwägung zu ziehen wie das Entfallen einzelner Projekte. Sollten diese Maßnahmen nicht möglich sein, so muss der AG über eine Nachfinanzierung entscheiden.

4.5.2.3.3 Fortschreiben der übergeordneten Mittelabflussplanung und -steuerung

Die projektspezifischen Mittelabflusspläne sind entsprechend dem Projektverlauf durch die Projektleiter fortzuschreiben und dem MPM vorzulegen. Der MPM-Mittelabflussplan ist entsprechend zu aktualisieren und dem AG zum festgelegten Berichtszeitpunkt vorzulegen.

Ergeben sich bei der Aktualisierung des MPM-Mittelabflussplans Erkenntnisse, die möglicherweise die Finanzierung oder die Generierung von Fördermitteln beeinflussen, sind diese unverzüglich dem AG zu berichten und es sind Vorschläge für Anpassungsmaßnahmen zu unterbreiten.

4.5.2.4 Handlungsbereich D – Termine, Kapazitäten und Logistik

4.5.2.4.1 Analysieren und Bewerten der projektspezifischen Terminplanung und -steuerung

Bei der Fortschreibung des übergeordneten Terminplans sind die programmrelevanten terminlichen Randbedingungen zu berücksichtigen. Hier sind insbesondere die Sitzungsturnusse der Vorstands-, Lenkungsausschuss- und Programmsitzungen zu berücksichtigen, die in den Terminkontrollmodus der übergeordneten Termine integriert werden müssen, inkl. der vorlaufenden AG-seitigen Genehmigungsläufe.

Inhaltlich müssen die Projektschnittstellen kontrolliert und gesteuert werden, insbesondere bei Verzögerungen. Diese sind von der übergeordneten Terminsteuerung in Abstimmung mit den betroffenen Projekten auf übergeordnete Auswirkungen zu untersuchen.

Weiterhin erfolgt in dieser Phase die Überwachung der Einhaltung der Qualitätsvorgaben an die Projektterminpläne (z.B. Festlegung von Meilensteinen, siehe Ziff. 4.5.1.4.2, als Grundlage der Steuerung).

Baulogistische Aspekte sind in der übergeordneten Terminplanung auf Grundlage des übergeordneten Baulogistik-Konzepts zu erfassen. Hier können Synergien, aber auch Einschränkungen (z.B. Wegfall von Baustraßen) berücksichtigt werden.

Bei Verzögerungen der vorgegebenen Termine müssen die festgelegten Eskalations-Mechanismen unter Ziff. 4.5.1.4.2 greifen, die während der Aufbauphase der übergeordneten Terminsteuerung erstellt und abgestimmt wurden.

4.5.2.4.2 Fortschreiben des übergeordneten Terminplans

Auf Grundlage der Erkenntnisse aus Ziff. 4.5.2.4.1 ist der übergeordnete Terminplan entsprechend zu aktualisieren und dem AG mit den erforderlichen Anpassungsmaßnahmen und Handlungsempfehlungen zum festgelegten Berichtszeitpunkt vorzulegen.

4.5.2.4.3 Analysieren und Bewerten der erforderlichen Gesamtkapazitäten

Die Ermittlungen gemäß Ziff. 4.5.1.4.5 sind im weiteren Projektverlauf fortzuschreiben und Anpassungsvorschläge bei Erfordernis zu unterbreiten.

4.5.2.4.4 Analysieren und Bewerten der übergeordneten Logistikplanung

Die Erkenntnisse aus dem weiteren Projektverlauf sind in der übergeordneten Logistikplanung zu berücksichtigen. Der MPM-Projektsteuerer analysiert und bewertet die überarbeitete Logistikplanung und schlägt, sofern erforderlich, Anpassungsmaßnahmen vor.

4.5.2.5 Handlungsbereich E – Verträge und Versicherungen

4.5.2.5.1 Analysieren und Bewerten der MPM-Vergabe- und -Vertragsstruktur

Hierzu zählen:

- Prüfung, ob Interessenskonflikte bei Mehrfachbeauftragung eines Planungsbüros für mehrere Projekte vorliegen;
- Prüfung, ob projektübergreifend Ausführungsleistungen programmweit vergeben werden können und/oder sollen.

4.5.2.5.2 Mitwirken bei der Erstellung zusätzlicher Vertragsunterlagen (z.B. Muster)

Fortführung der Leistungen gemäß Ziff. 4.5.1.5.2.

4.5.2.5.3 Fortschreiben der MPM-Vergabe- und Vertragsstruktur

Die Elemente der MPM-Vergabe- und Vertragsstruktur gemäß Ziff. 4.5.1.5.2 sind entsprechend dem Projektverlauf fortzuschreiben.

4.5.2.5.4 Mitwirkung bei der Umsetzung eines übergeordneten Versicherungskonzepts

Die Aufgaben des MPM-Projektsteuerers liegen in der Veranlassung der Vorgabe von organisatorischen Hinweisen beim Schadenseintritt (Meldepflichten, Veranlassung der Dokumentation etc.); die organisatorische Abwicklung und Koordination der Schadensabwicklung ist eine ergänzende Leistung.

4.5.3 Projektstufe 3: Projekt abschließen

4.5.3.1 Handlungsbereich A – Organisation, Information, Koordination und Dokumentation (übrige Handlungsbereiche einbeziehend)

4.5.3.1.1 Abschließen des Programm-Berichtswesens der übergeordneten programmbezogenen Kommunikationsstruktur – regelmäßiges Informieren und Abstimmen mit dem Auftraggeber

Die Kommunikationsstruktur einschließlich Berichtswesen ist mit dem Ende der Programmlaufzeit eindeutig von möglichen Folgeprogrammen abzugrenzen. Sofern Elemente des auslaufenden Programms weiter Verwendung finden sollen, ist dies nachvollziehbar zu begründen. Ferner ist ein eindeutiger Übergangszeitpunkt zu definieren.

4.5.3.1.2 Abschließen des übergeordneten programmbezogenen Entscheidungs-, Änderungs- und Risikomanagements

Analog zu Ziff. 4.5.3.1.1 sind Entscheidungs-, Änderungs- und Risikomanagement klar nachvollziehbar abzuschließen. Für das Entscheidungs- und Änderungsmanagement schließt dies eine detaillierte Prüfung der Strukturen im Hinblick auf ein mögliches Folgeprogramm ein. Fortführungen aus dem vorherigen Programm sind nachvollziehbar und objektiv belastbar zu belegen.

Hinsichtlich des Risikomanagements sind alle eingetretenen Risikopositionen mit der Kostenfeststellung zu bewerten und im Hinblick auf Kostenhöhe und Eintrittswahrscheinlichkeit aufzubereiten. Bei einer Verwendung im Folgeprogramm ist eine umfassende Neubewertung der Risiken notwendig.

4.5.3.1.3 Abschließen des programmbezogenen Projektkommunikationssystems

Mit Abschluss des Programms sind alle Daten zu archivieren und dem Auftraggeber zu übermitteln. Sofern ein Folgeprojekt vorgesehen ist, wird die Ordnerstruktur kritisch hinterfragt und ggf. angepasst. Wird das PKMS unverändert weitergenutzt, ist der Stichtag der Beendigung des ersten Programms eindeutig zu deklarieren.

4.5.3.2 Handlungsbereich B – Qualitäten und Quantitäten

4.5.3.2.1 Überprüfen der Dokumentation der umgesetzten Qualitäts- und Quantitätsstandards (Review)

Die Dokumentation der umgesetzten Qualitäts- und Quantitätsstandards sollte neben den gesammelten Anpassungen und Fortschreibungen während der Programmlaufzeit auch eine Bewertung („lessons learned") beinhalten. Dies schließt die unterschiedlichen Verfahren ebenso mit ein.

4.5.3.3 Handlungsbereich C – Kosten und Finanzierung

4.5.3.3.1 Abschließen der programmbezogenen Kostenkontrolle und -steuerung

Die Kostenfeststellung des MPM ist abschließend zu erstellen und abzustimmen.

4.5.3.3.2 Erstellung von Kosten-Kennwerten

Hierzu gehören die Erfassung/Ableitung von Ist-Kostenkennwerten für die Einzel- und Gesamtmaßnahmen und der Vergleich mit den Soll-Kostenkennwerten. Wesentliche Abweichungen sind zu begründen.

4.5.3.3.3 Abschließen der übergeordneten Mittelabflussplanung

Sofern eine übergeordnete Mittelabflussplanung durchgeführt wurde, ist diese abzuschließen.

Die Aufgabe des MPM-Projektsteuerers ist es, den Vergleich der Kostendaten gemäß Kostenfeststellung, Kostenberechnung oder Kostenanschlag zu analysieren, wesentliche Abweichungen zu erläutern und zu begründen.

4.5.3.4 Handlungsbereich D – Termine, Kapazitäten und Logistik

4.5.3.4.1 Abschließen der programmbezogenen Terminsteuerung

Der übergeordnete Terminplan ist mit entsprechenden Soll-Ist-Vergleichen und einem Kurzbericht abzuschließen.

4.5.3.4.2 Erstellung von Termin- und Logistik-Kennwerten

Hierzu gehören die Erfassung/Ableitung von Ist-Termin- und Logistikkennwerten für die Einzel- und Gesamtmaßnahmen und der Vergleich mit den Soll-Kennwerten. Wesentliche Abweichungen sind zu begründen.

4.5.3.5 Handlungsbereich E – Verträge und Versicherungen

4.5.3.5.1 Abschluss der MPM-Vergabe- und -Vertragsstruktur (Review)

Das Vertragshandbuch gemäß Ziff. 4.5.1.5.2 ist abschließend im Hinblick auf Erkenntniszuwächse zu überarbeiten und für weitere MPM-Aufträge zu archivieren.

4.5.3.5.2 Abschließen des Versicherungskonzepts

Das Versicherungskonzept gem. Ziff. 4.5.1.5.3 ist abschließend im Hinblick auf Erkenntniszuwächse auszuwerten und die Ergebnisse für weitere MPM-Aufträge sind zu archivieren.

4.6 Honorierung

Der Aufwand für den MPM-Projektsteuerer, insbesondere bei der Überprüfung der vorhandenen Grundlagen in den Einzelprojekten und dem Erstellen einheitlicher Standards in den einzelnen Handlungsbereichen in der Programmstufe 1, kann erheblich sein. Abhängig ist das im Wesentlichen von der individuellen Organisationsstruktur des Auftraggebers, d.h. inwiefern Multiprojektmanagement-Strukturen bereits vorliegen und die MPM-Projektsteuerung hierauf aufbauen kann.

Darüber hinaus wird der Aufwand bei der MPM-Projektsteuerung stark vom Programm/Portfolio sowie von dem Inhalt, der Anzahl und der Komplexität der Projekte beeinflusst.

Die Honorierung erfolgt daher nach Zeitaufwand: siehe dazu die Honorarempfehlung der AHO-Fachkommission „Projektsteuerung/Projektmanagement" (Heft Nr. 9, 4. Aufl. 2014, dort § 9). Den Vertragsparteien steht es frei, Pauschalhonorarvereinbarungen zu treffen. Dabei wird empfohlen, den Personaleinsatzplan vor Programm-/Portfoliobeginn von der MPM-Projektsteuerung gemeinsam mit dem Auftraggeber festzulegen.

5 Risikomanagement

Dr.-Ing. U. Baumgärtner

5.1 Definition

Im allgemeinen deutschen Sprachgebrauch wird der Begriff „Risiko" mit der Möglichkeit negativer Konsequenzen eines bestimmten Vorgehens oder Ereignisses verbunden. Nach der Norm werden die negativen wie die positiven Auswirkungen von Unsicherheiten auf Ziele als Risiken bezeichnet, d.h., ein Risiko kann sowohl Chance als auch Gefahr darstellen (DIN ISO 31000).

Das nationale Vorwort der Norm (DIN ISO 31000) weist darauf hin, dass diese neutrale Definition des Risikos (Abweichung in positiver und/oder negativer Hinsicht) in der Anwendung zu hinterfragen ist, wenn es um menschliche Sicherheit, Gesundheitsschutz und Umweltschutz geht, weil auf diesen Gebieten nur Risiken mit negativen Auswirkungen existieren. Bei Projekten können die Unsicherheiten aber auch vorteilhaft sein. Das Projekt-Risikomanagement zielt nicht nur darauf, Probleme zu vermeiden oder auf sie zu reagieren, sondern ebenso darauf, günstige Gelegenheiten zu erkennen und zu ergreifen (DIN EN 62198).

Die normierte Definition des Begriffs „**Risikomanagement**" als koordinierte Aktivitäten zur Lenkung und Steuerung einer Organisation in Bezug auf Risiken (DIN ISO 31000) ist so offen gehalten, dass sie für eine Versicherung ebenso wie für die Bauwirtschaft gültig ist. Für das Leistungsbild in der Bauwirtschaft lässt sich konkreter formulieren:

> „Wird der Projekterfolg systematisch gefördert, indem man versucht, Risiken zu erkennen und deren Eintrittswahrscheinlichkeiten oder Auswirkungen zu beeinflussen, spricht man von Risikomanagement." (DVP 2014, S. 53)

Der Ablauf des Risikomanagements ist in der nachfolgenden Prozessgrafik dargestellt (Bild 1). Sie macht deutlich, dass Risikomanagement als ein sich ständig wiederholender Prozess zu verstehen ist und dieser durch eine fortwährende Abstimmung (Kommunikation und Konsultation) begleitet wird.

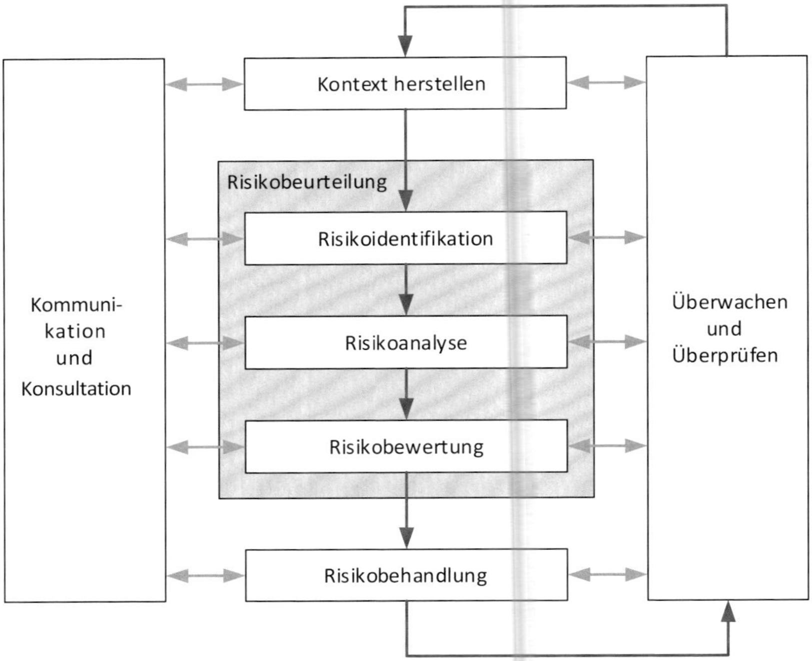

Bild 1: Risikomanagement nach DIN ISO 31000 bzw. DIN EN 31010

5.2 Anwendungsbereich

Nach der allgemeinen Projektmanagement-Norm wird die Gruppe der Projektmanagement-Prozesse in Prozess-Untergruppen gegliedert. Dabei stellt das Risiko (Risikomanagement) eine dieser Prozess-Untergruppen dar (DIN 69001-2). Die Norm sieht einige Prozesse als unverzichtbar an und definiert diese als Mindeststandard. Für das Risiko sind das:

- D.8.3 Machbarkeit bewerten
- P.8.1 Risiken analysieren
- P.8.2 Gegenmaßnahmen zu Risiken planen
- S.8.1 Risiken steuern

Demzufolge gehört Risikomanagement zum Pflichtprogramm für alle Projekttypen, unabhängig davon, ob es sich um Hochbauten, Ingenieurbauwerke, Verkehrsanlagen oder Anlagenbauprojekte handelt.

Im Leistungsbild „Projektmanagementleistungen in der Bau- und Immobilienwirtschaft" (§ 205, AHO-Heft Nr. 9, 3. Auflage 2009) ist das „Mitwirken bei der Einschätzung der technischen Risiken" seit 2009 verankert, seit der 4. Auflage 2014 auf das „Mitwirken beim Risikomanagement" erweitert und durch die Besonderen Leistungen „Konzipieren, Vorbereiten und Abstimmen" bzw. „Umsetzen von Risikomanagementsystemen mit besonderen Anforderungen" ergänzt (§ 2, AHO-Heft Nr. 9, 4. Auflage 2014).

In ihrem Endbericht fordert die Reformkommission Bau von Großprojekten von allen Projektbeteiligten einen Kulturwandel, den sie auf zehn Empfehlungen konzentriert. Eine dieser Empfehlungen lautet: „Risikomanagement und Erfassung von Risiken im Haushalt" (BMVI 2015, S. 8). So ist zu erwarten, dass „Risikomanagement" als Besondere Leistung künftig stärker nachgefragt und besser etabliert wird.

In Projekten sind wir gewohnt, den Ablauf in Phasen zu strukturieren, die Gesamtaufgabe in Arbeitspakete zu zerlegen und die Arbeitspakete auf die Phasen zu verteilen. So versucht auch die Norm (DIN 69001-2), die einzelnen Risiko-Prozesse den Phasen zuzuordnen. Weil Risikomanagement jedoch ein zyklischer Prozess ist, wiederholen sich in *S.8.1 Risiken steuern* auch die Leistungen der Prozesse *P.8.1 Risiken analysieren* und *P.8.2 Gegenmaßnahmen zu Risiken planen*. Für die Qualität des Risikomanagements ist insbesondere das Verständnis wichtig, dass es ein früh einsetzender, kontinuierlich zu pflegender, zyklischer Prozess sein sollte (BMVI 2015, S. 33).

Der Anwendungsbereich im Projektmanagement bzw. in der Projektsteuerung von Bauprojekten lässt sich folgendermaßen zusammenfassen:

Projekt-Risikomanagement ist unabhängig vom Projekttyp als Mindeststandard im Projektmanagement anzusehen, auch wenn es sich derzeit in der deutschen Bauwirtschaft noch nicht flächendeckend etabliert hat. Das Risikomanagement ist als zyklischer Prozess zu verstehen, der das Projekt über die gesamte Laufzeit begleitet.

5.3 Schnittstellen zu anderen Leistungen

5.3.1 Unternehmensrisikomanagement

Durch das Gesetz zur Kontrolle und Transparenz im Unternehmensbereich (KonTraG) vom 27.4.1998 (BGBl. I S. 786) wurden größere Kapitalgesellschaften verpflichtet, ein Unternehmens-Risikomanagement einzuführen, um Entwicklungen, die den Fortbestand des Unternehmens gefährden können, frühzeitig zu erkennen. Und spätestens seit den Ratings, zu denen die Banken durch die Eigenkapitalvorschriften (Basel II) verpflichtet worden sind, spielt das Unternehmens-Risikomanagement eine wesentliche Rolle. Im Unternehmens-Risikomanagement werden projektübergreifende und unternehmensweite Risiken sowie unternehmensgefährdende Einzelrisiken betrachtet.

Das hier gegenständliche Projekt-Risikomanagement bezieht sich allein auf die spezifischen Risiken von Bauprojekten, die sich direkt aus der Projekterstellung und ggf. der Nutzung ergeben. Es ist trotzdem hilfreich, wenn das Projekt-Risikomanagement auf das Unternehmens-Risikomanagement abgestimmt wird.

Projektrisiken können so groß sein, dass sie unternehmensgefährdend werden können. Dann müssen diese als große Einzelrisiken in das Unternehmens-Risikomanagement übernommen werden.

5.3.2 Planer, ausführende Firmen und Sonderfachleute

Risikomanagement kann nicht die Aufgabe eines Einzelnen sein, denn etwaige Chancen und Gefahren ergeben sich aus den unterschiedlichen Sphären und können von den jeweiligen Fachexperten am besten erkannt und eingeschätzt werden (DVP 2014, S. 55).

Alle Projektbeteiligten müssen einbezogen werden, damit keine wesentlichen Risiken unerkannt bleiben (BMVI 2015, S. 35).

Das Projekt-Risikomanagement muss also auch die Schnittstellen zu Planern und ausführenden Firmen bedienen. Aber weder HOAI noch VOB/B oder VOB/C kennen die Mitwirkung beim Risikomanagement.

In die DIN 276 ist 2006 der Begriff „Kostenrisiken" aufgenommen worden. Mit dem Kostenrisiko werden Unwägbarkeiten und Unsicherheiten bei Kostenermittlungen und Kostenprognosen berücksichtigt. Unter Ziff. 3.3.9 der DIN 276-1:2008-12 empfiehlt die Norm, dass in Kostenermittlungen vorhersehbare Kostenrisiken benannt werden. Die meisten Bauherren fordern die Auflistung der vorhersehbaren Kostenrisiken weder qualitativ noch quantitativ ein, so dass auch die Planer den Aufwand dafür unterlassen. Ein erfahrener Projektsteuerer wird darauf achten, diesen Punkt bereits bei Vertragsabschluss zu konkretisieren, um spätere Diskussionen zu vermeiden.

Nach den Anweisungen zur Kostenermittlung und zur Veranschlagung von Straßenbaumaßnahmen (AKVS 2014) muss das Kostenrisiko für die Gesamtmaßnahme während der Baudurchführung ermittelt werden. Aber wie bereits oben dargestellt (Ziff. 5.2), soll ein Risikomanagement alle Phasen berücksichtigen.

Besonders erwähnenswert ist die Mitwirkung der Sonderfachleute beim Risikomanagement. In Gutachten (Baugrund, Hydrologie, Geologie, Rechtsgutachten usw.) muss häufig von punktuellen Erhebungen oder Erkenntnissen auf generelle Aussagen extrapoliert oder verallgemeinert werden, die dann in der weiteren Planung oder beim Bau als fixe Tatsachen angenommen werden. Für die Beurteilung der Projektrisiken ist eine Diskussion mit den Sonderfachleuten auf jeden Fall anzuraten.

Um die ganze Bandbreite der Risiken zu erkennen und weiterzuverfolgen, müssen alle Projektbeteiligten eingebunden werden. Die Schnittstellen zu Planern, ausführenden Firmen und Sonderfachleuten müssen durch ergänzende Regelungen vertraglich konkretisiert bzw. vereinbart werden.

5.3.3 Grundleistung der Projektsteuerung nach AHO 2014

Das Leistungsbild der Projektsteuerung nach AHO-Heft Nr. 9 (4. Auflage 2014) gliedert die Leistungen nach den Projektstufen 1 bis 5 und nach den Handlungsbereichen A bis E. Das Risikomanagement wird dort dem Handlungsbereich A (Organisation, Information, Koordination und Dokumentation) zugeordnet. Die Grundleistungen der Stufen 1 (Projektvorbereitung) bis 4 (Ausführung) beschränken sich auf das „Mitwirken beim Risikomanagement" und in Stufe 5 (Projektabschluss) auf das „Abschließen des … Risikomanagements".

Die Verantwortung, das Risikomanagement umzusetzen, liegt beim Bauherrn. Der Projektsteuerer berät den Bauherrn bei der Identifikation von Risiken und wirkt bei der laufenden Risikobewertung und dem Vorschlagen von Maßnahmen mit. Im Prozess nach Bild 1 decken die Grundleistungen nur die Risikobeurteilung und die Risikobehandlung für die fünf Projektstufen der Projektsteuerung ab.

Als Grundleistung wirkt der Projektsteuerer als ein Fachexperte unter vielen mit, indem er die Gefahren und Chancen aus seinem Bereich zum Risikomanagement des Auftraggebers beisteuert und Maßnahmen vorschlägt. Seine Mitwirkung ist ähnlich der Leistung der Planer, der ausführenden Firmen oder der Sonderfachleute.

5.3.4 Leistungen des Auftraggebers

Nicht delegierbar bleiben beim Auftraggeber die Entscheidungen zur generellen Risikostrategie sowie die Entscheidung über die jeweils umzusetzenden Maßnahmen bei der Risikobehandlung.

5.4 Leistungsbild

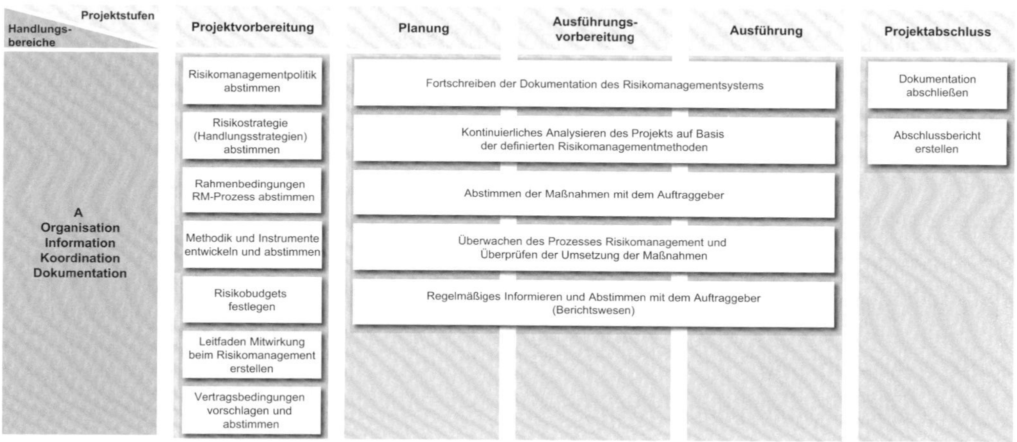

Bild 2: Strukturübersicht Leistungsbild Risikomanagement

Stufe 1: Projektvorbereitung

Konzipieren, Vorbereiten und Abstimmen des Risikomanagementsystems

1. Abstimmen der Risikomanagementpolitik mit dem Auftraggeber
2. Abstimmen der Risikostrategie mit dem Auftraggeber, d.h. der allgemeinen Handlungsstrategien bei erkannten Risiken
3. Vorschlagen und Abstimmen der Verantwortlichkeiten, Aufgaben, Kommunikation und Dokumentation im Projekt-Risikomanagement-Prozess
4. Entwickeln und Abstimmen der Methodik und der Instrumente für das Projekt-Risikomanagement
5. Analysieren der Risikostruktur und Ableitung von Kenngrößen zur Festlegung von Risikobudgets
6. Erstellen eines Leitfadens für alle Projektbeteiligten zur Mitwirkung beim Risikomanagement, insbesondere mit einem Hinweis auf beide Bedeutungen von Risiko als „Gefahr" und als „Chance" und der Aufgabe, auch beim Erkennen von Chancen mitzuwirken

7. Vorschlagen und Abstimmen von Vertragsbedingungen zur Mitwirkung der zu beauftragenden Planer, ausführenden Firmen und Sonderfachleute beim Risikomanagement

Stufe 2: Planung

Umsetzen des Risikomanagementsystems

1. Fortschreiben der Dokumentation des Risikomanagementsystems
2. Kontinuierliches Analysieren des Projekts auf Basis der definierten Risikomanagementmethoden auf Veränderungen in den Risikofeldern, der Risikoausprägung, der Risikobewertung bzw. Klassifizierung, der Quantifizierung, den möglichen Folgewirkungen und konkreten Maßnahmen zur Gegensteuerung unter Mitwirkung der Beteiligten
3. Abstimmen der Maßnahmen mit dem Auftraggeber
4. Überwachen des Prozesses Risikomanagement und Überprüfen der Umsetzung der Maßnahmen
5. Regelmäßiges Informieren und Abstimmen mit dem Auftraggeber (Berichtswesen)

Stufe 3: Ausführungsvorbereitung

Umsetzen des Risikomanagements

Teilleistungen wie in Stufe 2

Stufe 4: Ausführung

Umsetzen des Risikomanagements

Teilleistungen wie in Stufe 2

Stufe 5: Projektabschluss

Abschließen des Risikomanagementsystems

1. Abschließen der Dokumentation
2. Erstellen eines Abschlussberichts

5.5 Kommentar

In Anknüpfung an die in AHO-Heft Nr. 9 unter § 2 im Handlungsbereich A (AHO 2014) beschriebenen Besonderen Leistungen werden diese hier genauer spezifiziert. Das Projekt-Risikomanagement wurde in die Projektstufen 1 bis 5 eingeteilt. Die Initialisierung findet in Stufe 1 statt. Der zyklische Prozess wiederholt sich permanent während der Stufen 2 bis 4. Schließlich wird in Stufe 5 das Risikomanagement abgeschlossen.

5.5.1 Stufe 1: Projektvorbereitung

5.5.1.1 Abstimmen der Risikomanagementpolitik mit dem Auftraggeber

Die Risikomanagementpolitik legt fest, welche Absichten der Auftraggeber mit dem Risikomanagement verfolgt.

- Für das Projekt ist abzustimmen, welche Projekt- bzw. Unternehmensziele mit dem Risikomanagement verknüpft werden sollen. Üblicherweise wird mindestens der Risikoeinfluss auf das Kostenziel verfolgt, indem die Kostenauswirkungen beim Eintreten des Risikos beurteilt werden. Für Projekte liegt es nahe, darüber hinaus die Auswirkungen auf Termine und Leistungen (Qualitäten bzw. Funktionalitäten) zu betrachten. Auch weitere Dimensionen der Auswirkungen können gefragt sein, wie z.B. Arbeitssicherheit oder Reputation des Bauherrn.
- Es ist zu klären, ob ein Unternehmens-Risikomanagement betrieben wird und wie Einzelrisiken in das Unternehmens-Risikomanagement übernommen werden sollen (vgl. Ziff. 5.3.1).
- Die eigene Auftraggeber-Organisation muss ebenso wie die externen Fachleute (vgl. Ziff. 5.3.2) eingebunden werden. Der Projektsteuerer hat deshalb im eigenen Interesse darauf zu achten, dass die Selbstverpflichtung des Bauherrn und seiner Beteiligten in die Risikomanagementpolitik eingeht.
- Die Risikomanagementpolitik beschreibt weiter, wie das Risikomanagement geplant, umgesetzt, bewertet und verbessert werden soll.

5.5.1.2 Abstimmen der Risikostrategie mit dem Auftraggeber, d.h. der allgemeinen Handlungsstrategien bei erkannten Risiken

Die Risikostrategie legt die allgemeine Handlungsstrategie fest, wie erkannte Risiken weiter behandelt werden. Falls keine Risikostrategie vorliegt, kann der Projektsteuerer einen Vorschlag unterbreiten.

- Als Handlungsoptionen können z.B. identifiziert werden:
  - Risiko akzeptieren, keine Maßnahme
  - Maßnahmen prüfen und ggf. umsetzen
  - Risiko nicht akzeptabel, Maßnahmen zwingend erforderlich
- Die Handlungsstrategie legt fest, wann welche Handlungsoption angewendet wird. Üblicherweise wird diese einerseits an das Schadens-/Nutzenausmaß beim Eintreten und andererseits an die Eintrittswahrscheinlichkeit geknüpft. Es ist deshalb sinnvoll, das Ausmaß und die Wahrscheinlichkeit in Klassen einzuteilen und die Risiken in einer Risikomatrix darzustellen. Die nachfolgende Grafik zeigt die Risikoklassifizie-

rung nach Schadens-/Nutzenausmaß und nach Eintrittswahrscheinlichkeit sowie eine farblich zugeordnete Handlungsstrategie (Bild 3), wie sie beim Gotthard Basistunnel festgelegt wurde. In der Risikobehandlung bestimmt die Handlungsstrategie, ob für das Risiko Maßnahmen ergriffen werden müssen oder sollen.

- Im Schritt Risikobehandlung (siehe Bild 1) werden mögliche Maßnahmen gesucht, um Ausmaß oder Wahrscheinlichkeit zu beeinflussen. Die Entscheidung hängt vom Aufwand der Maßnahme und dem verbleibenden Restrisiko ab. In der Risikostrategie soll auch die Priorität festgelegt werden, wie Risiken behandelt werden: Gefahr eliminieren, minimieren, vermindern, übertragen, versichern oder akzeptieren; Chancen wirken lassen oder aktiv nutzen.

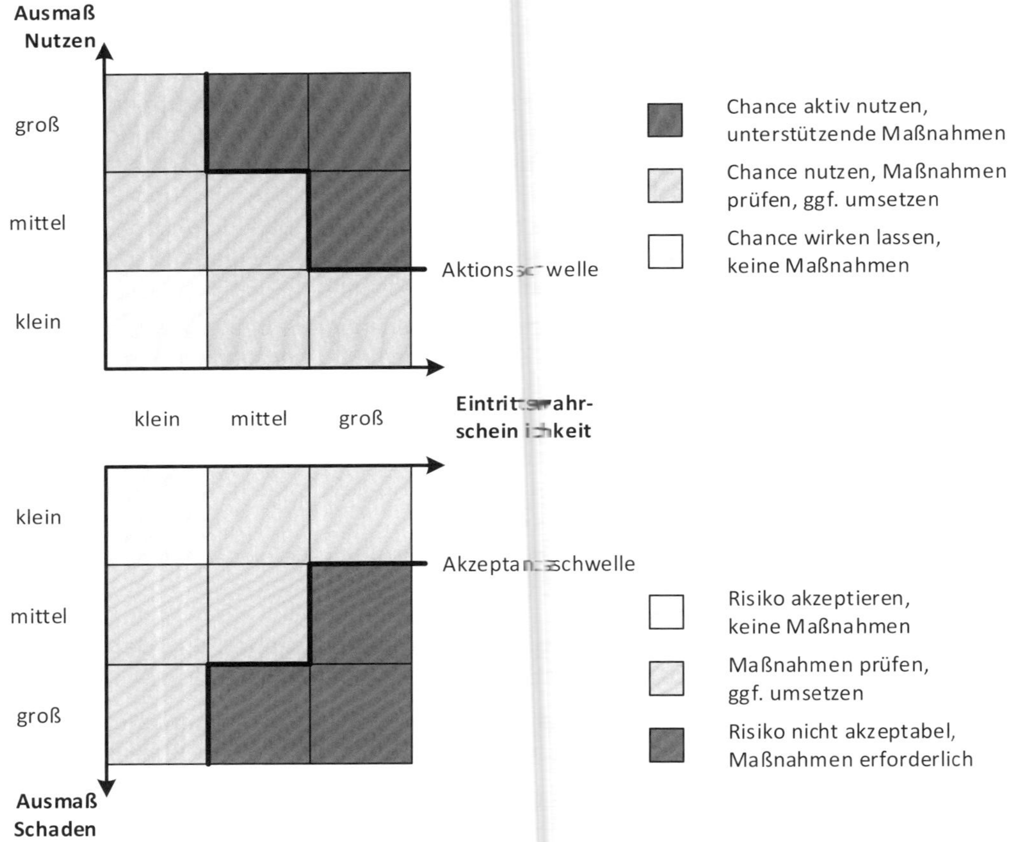

Bild 3: Risikomatrix mit Handlungsstrategie

5.5.1.3 Vorschlagen und Abstimmen der Verantwortlichkeiten, Aufgaben, Kommunikation und Dokumentation im Projekt-Risikomanagement-Prozess

Den Mitgliedern der Projektorganisation werden Verantwortlichkeiten, Aufgaben und Entscheidungskompetenzen im Risikomanagement-Prozess zugewiesen, z.B.:

- Wer legt das akzeptable Restrisiko fest?

- Wer entscheidet über die Umsetzung von Maßnahmen?
- Wer identifiziert und bewertet die Risiken eines Teilprojekts und plant Maßnahmen?

Die Teilnehmerkreise für die Konsultationen und Kommunikation sowie die Häufigkeit der Besprechungen, die Dokumentation des Prozesses, der Entscheidungen sowie das Berichtswesen zum Risikomanagement sind festzulegen.

5.5.1.4 Entwickeln und Abstimmen der Methodik und der Instrumente für das Projekt-Risikomanagement

Es gibt verschiedene Verfahren zur Risikobeurteilung. In den Anhängen zur DIN 31010 werden diese erläutert und verglichen. Für Bauprojekte sind üblicherweise die einfachen Verfahren, wie z.B. strukturierte Befragung, Brainstorming oder Prüflisten, ausreichend. Schon die Überlegungen zu möglichen Chancen und Gefahren schärfen das Bewusstsein der Projektbeteiligten und fördern so den Projekterfolg. Doch dem Wissen muss auch ein Handeln folgen (DVP 2014, S. 56): Seine Wirkung entfaltet Risikomanagement erst dann, wenn Maßnahmen entschieden werden und ihre Umsetzung verfolgt wird.

Damit alle Ergebnisse verschiedener Verfahren zusammenpassen, müssen die Risiken nach einer einheitlichen Systematik zusammengeführt werden. Deshalb sind projektspezifisch zu bestimmen:

- Begrifflichkeiten
- Bewertungsschema
- Einteilung nach Risikogruppen und ihre Codierung
- Aggregationsmethode

Regelmäßig müssen viele Beteiligte eingebunden werden, um die Bandbreite der Risiken zu erkennen, zu analysieren, zu bewerten und entsprechende Maßnahmen abzuleiten (vgl. Ziff. 5.3). Diese Prozess-Schritte erfordern aufwändige Kommunikation und Konsultation (vgl. Bild 1). Insbesondere das Zusammenführen von Ergebnissen verschiedener Beteiligter (Konsolidieren der Risiken und Maßnahmen) und das Überprüfen der Nahtstellen (doppelt genannte, aber unterschiedlich bezeichnete Risiken) erzeugen einen Koordinationsaufwand, der sich nur mit einer einheitlichen Datenstruktur in den Griff bekommen lässt. Häufig wird versucht, alle Risiken und Maßnahmen mit einem Tabellenkalkulationsprogramm zu verfolgen. Für größere Projekte empfiehlt sich diese Methode nicht,

- weil für ein Risiko mehrere Maßnahmen denkbar sind (1:n-Beziehung),
- weil viele Beteiligte auch viele Benutzer einer Tabelle bedeuten oder eine Tabelle je Beteiligtem erforderlich ist,
- weil das Zusammenführen der Tabellen vieler Beteiligter aufwändig und fehleranfällig ist und
- weil sich ein Risikoverlauf (Historie, Vergleich von Berichtsperioden) über mehrere Tabellen kaum darstellen lässt.

Insofern soll sich der Projektsteuerer mit dem Bauherrn auf ein datenbankgestütztes Risikomanagement verständigen, mit dem Ergebnisse der Risikoidentifikation, der Risikoanalyse, der Risikobewertung verwaltet sowie die Maßnahmen und ihre Umsetzung nachverfolgt werden können.

5.5.1.5 Analysieren der Risikostruktur und Ableitung von Kenngrößen zur Festlegung von Risikobudgets

In jedem Projekt ist davon auszugehen, dass verschiedenste Risiken eintreten. Weil erfahrungsgemäß die eintretenden Gefahren größer als die realisierten Chancen sind, soll jeder Auftraggeber „Budgets" für Risiken vorsehen. Dies betrifft jede Dimension des Risikomanagementsystems, z.B. ein Kostenbudget für Kostenrisiken, aber auch einen Zeitpuffer für Terminrisiken.

5.5.1.6 Erstellen eines Leitfadens für alle Projektbeteiligten zur Mitwirkung beim Risikomanagement, insbesondere mit einem Hinweis auf beide Bedeutungen von Risiko als „Gefahr" und als „Chance" und der Aufgabe, auch beim Erkennen von Chancen mitzuwirken

Viele Projektbeteiligte werden zum ersten Mal mit dem Risikomanagement konfrontiert. Ihnen muss auf leicht verständliche Art erläutert werden, wie sie in den Prozess eingebunden sind und systematisch am Risikomanagement mitwirken sollen. Das umgangssprachliche Verständnis des Begriffs „Risiko" kennt häufig nur die Seite der Gefahr. Es ist daher besonders wichtig, auf die andere Seite, die der Chance, hinzuweisen, damit das Mitwirken beim Risikomanagement in beide Richtungen verstanden wird. Zum Mitwirken gehört es auch, Kosten- oder Zeiteinsparungen durch andere Verfahren zu erkennen und darauf hinzuweisen. In der Stufe 1 Projektvorbereitung stehen nur wenige Beteiligte fest, so dass die Einweisung erst schriftlich vorbereitet werden kann.

5.5.1.7 Vorschlagen und Abstimmen von Vertragsbedingungen zur Mitwirkung der zu beauftragenden Planer, ausführenden Firmen und Sonderfachleute beim Risikomanagement

Planer, ausführende Firmen und Sonderfachleute sollen in das Risikomanagement eingebunden werden. Hierfür sind ergänzende vertragliche Regelungen erforderlich (vgl. Ziff. 5.3.2). Mit der Verantwortung für die Umsetzung des Risikomanagements, die mit diesem Leistungsbild übertragen werden soll, muss der Projektsteuerer dafür Sorge tragen, dass die Beauftragten zur Mitwirkung vertraglich verpflichtet werden.

5.5.2 Stufe 2: Planung

5.5.2.1 Fortschreiben der Dokumentation des Risikomanagementsystems

Die in Projektstufe 1 entwickelten und dokumentierten Regelungen sind den laufenden Projektbedürfnissen anzupassen und fortzuschreiben.

5.5.2.2 Kontinuierliches Analysieren des Projekts auf Basis der definierten Risikomanagementmethoden auf Veränderungen in den Risikofeldern, der Risikoausprägung, der Risikobewertung bzw. Klassifizierung, der Quantifizierung, den möglichen Folgewirkungen und konkreten Maßnahmen zur Gegensteuerung unter Mitwirkung der Beteiligten

Die Projektsteuerung soll mit Prüflisten und bereits bekannten Risikoszenarien einen Grundstock schaffen, um mit diesem die Risikobeurteilung und Risikobehandlung im Team weiterzuführen.

Die Risikobeurteilung umfasst folgende Schritte:

- **Risikoidentifikation:** Die Risikoidentifikation ist der Prozess des Suchens, Erkennens und Aufzeichnens von Risiken, in den alle Projektbeteiligten eingebunden sein sollen, damit keine Risiken unerkannt bleiben (BMVI 2015, S. 35). Bei der Risikoidentifikation werden mögliche Einwirkungen (Ereignisse, Situationen, Umstände) auf das Projekt untersucht.
- **Risikoanalyse:** Mit der Risikoanalyse werden die möglichen Auswirkungen (potentielle Folgen) jedes Risikos nach seiner Größe und Eintrittswahrscheinlichkeit abgeschätzt.
- **Risikobewertung:** Bei der Risikobewertung werden die relevanten Risiken herausgefiltert, d.h., die Risikobewertung führt zur Entscheidung, ob ein Risiko vernachlässigt werden soll oder in der Risikobehandlung weitergeführt wird. Eine abgestimmte Risikostrategie bzw. eine Risikomatrix mit Handlungsstrategie (vgl. Ziff. 5.5.1.2 und Bild 3) erleichtert es, die Notwendigkeit und die Priorität festzulegen.

Bei der Risikobehandlung werden mögliche Maßnahmen gesucht, mit denen die Auswirkungen und/oder die Eintrittswahrscheinlichkeit beeinflusst werden können. Wird eine Maßnahme umgesetzt, verbleibt üblicherweise ein Restrisiko. So führen Nutzen-Kosten-Abwägungen zu einer Empfehlung, welche Maßnahmen mit welcher Priorität umgesetzt werden sollen.

Aufgabe der Projektsteuerung ist es, Risiko-Workshops zu organisieren und zu leiten sowie die Beteiligten und die Nahtstellen zwischen ihnen zu koordinieren: Es obliegt der Projektsteuerung, die Risikobeurteilungen und Maßnahmenvorschläge zu konsolidieren. Wesentliche Voraussetzung dafür ist eine abgestimmte Methodik, eine einheitliche Datenstruktur und ein datenbankgestütztes Risikomanagementsystem (vgl. Ziff. 5.5.1.4).

Als Ergebnis entsteht ein Bericht mit einer Darstellung der Gesamtrisikosituation und einer Empfehlung zu den Maßnahmen. Die Leistung ist kontinuierlich zu wiederholen und der Bericht ist fortzuschreiben.

5.5.2.3 Abstimmen der Maßnahmen mit dem Auftraggeber

Mit Hilfe des Berichts (vgl. Ziff. 5.5.2.2) beurteilt der Auftraggeber seine Risikosituation. Die Projektsteuerung holt die Zustimmung zur Umsetzung eines Maßnahmenkatalogs ein (vgl. Ziff. 5.3.4).

5.5.2.4 Überwachen des Prozesses Risikomanagement und Überprüfen der Umsetzung der Maßnahmen

Die Projektsteuerung ist für die Umsetzung des Risikomanagementsystems verantwortlich und hat den Prozess bei den Beteiligten entsprechend zu überwachen. Die Umsetzung der Maßnahmen muss überprüft werden (Maßnahmen-Controlling), denn sonst werden diese allzu leicht vergessen oder vernachlässigt, weil sie häufig nicht direkt für die Planungs- oder Bauleistung erforderlich sind.

5.5.2.5 Regelmäßiges Informieren und Abstimmen mit dem Auftraggeber (Berichtswesen)

Die Projektsteuerung berichtet regelmäßig über den aktuellen Stand des Risikomanagements. Die Risikosituation ändert sich ständig im Laufe des Projekts: Neue Risiken werden erkannt, vorbeugende Maßnahmen ergriffen, vorhandene Risiken neu bewertet oder bisherige Risiken überwunden. Der Bericht kann auch als eigener Abschnitt in das allgemeine Berichtswesen der Projektsteuerung integriert werden.

5.5.3 Stufe 3: Ausführungsvorbereitung

Siehe Ziff. 5.5.2

5.5.4 Stufe 4: Ausführung

Siehe Ziff. 5.5.2

5.5.5 Stufe 5: Projektabschluss

5.5.5.1 Abschließen der Dokumentation

Die in der Projektstufe 1 entwickelten und dokumentierten Regelungen sind entsprechend dem letzten Stand der Fortschreibung zusammenzustellen.

Die Ergebnisse des Prozesses Risikomanagement sind während der Projektlaufzeit fortlaufend dokumentiert worden. Jetzt werden alle behandelten Risiken und Maßnahmen zusammengestellt.

5.5.5.2 Erstellen eines Abschlussberichts

Der Dokumentation (vgl. Ziff. 5.5.5.1) kann nur entnommen werden, wie das Risikomanagement umgesetzt wurde. Darüber hinaus sollen die gewonnenen Erfahrungen und Erkenntnisse in einem Abschlussbericht zusammengefasst werden, damit diese in künftige Projekte einfließen können.

Einzelne Projektrisiken können sich bis in Betriebsphase erstrecken, z.B. das Risiko eines Anstiegs des Grundwassers über den Bemessungspegel. Hier könnte als Maßnahme eine Drainage zur Begrenzung des Grundwasserspegels bzw. des Auftriebs eingebaut worden sein. Diese Risiken müssen mit den geplanten oder getroffenen Maßnahmen zur Information des Auftraggebers zusammengestellt und dem Auftraggeber für die Betriebsphase übergeben werden.

5.6 Honorierung

Im Allgemeinen setzen Auftraggeber und Auftragnehmer voraus, dass sich das Honorar am Aufwand orientiert. Daher empfiehlt sich eine Honorierung nach Zeitaufwand. Risikomanagement ist keine einmalige Leistung, sondern ein periodisch sich wiederholender Prozess. Deshalb beeinflusst die Projektlaufzeit ganz entscheidend den Aufwand.

6 Projektcontrolling – für Anteilseigner/Investoren und deren Aufsichtsgremien

Prof. Dr.-Ing. N. Preuß / Dr.-Ing. R. Schofer

Die Projektmanagementleistungen gemäß AHO-Heft Nr. 9 beinhalten Controlling-Leistungen auf Projektebene in den verschiedenen Handlungsbereichen. Bei mittelgroßen Projekten, bei denen die Komplexität und die Investorenstruktur überschaubar sind, reicht diese Aufgabenwahrnehmung im Sinne einer Controlling-Funktion grundsätzlich aus.

Bei großen Projekten mit mehreren Entscheidungsebenen kann es sinnvoll sein, ein übergeordnetes, unabhängiges Controlling zu beauftragen, welches Anteilseigner/Gesellschafter und/oder Aufsichtsgremien im Rahmen ihres Controllings unterstützt und diesen gegenüber auch auskunftspflichtig ist.

6.1 Definition

Die hier beschriebenen Projektcontrolling-Leistungen beinhalten die verantwortliche Beratung eines Projektträgers, z.B. im Rahmen von Lenkungsausschüssen oder Aufsichtsgremien. Diese Funktion grenzt sich ab von der Projektleitungsfunktion des Bauherrn sowie von der des Projektsteuerers. Der Einsatz dieser Leistungen basiert auf den folgenden Grundsätzen, die von der 1. Wissenschaftlichen Vereinigung Projektmanagement (2016)[1] definiert wurden:

> Projektcontrolling hat eine über die bloße Informationsfunktion hinausgehende Aufgabe. Projektcontrolling muss den Projekterfolg absichern. Bei großen und komplexen Projekten hat ein aktives Projektcontrolling zur Absicherung des Projekterfolgs jedoch nur eine begrenzte Wirkkraft. Auch ein noch so enges Controlling kann komplexe Projekte, die falsch aufgesetzt sind oder bei denen Prozesse nicht sachgerecht bearbeitet werden, in der Regel nicht retten. Die Gründe hierfür sind die begrenzte Transparenz der Projektabläufe und die zumeist nur mit zeitlicher Verzögerung zur Verfügung stehenden Daten aus dem Projekt. Ein effektives Projektcontrolling, welches Einfluss auf den Projekterfolg haben oder ihn absichern soll, muss deshalb folgende Anforderungen erfüllen:
>
> 1) Ein Projektcontroller muss fachlich abgesichertes Projektmanagementwissen und Erfahrungen nachgewiesen haben. Planerische Kompetenz und gesunder Menschenverstand allein reichen nicht aus, um der Aufgabe gerecht zu werden. Er muss in der Lage sein, die Prozesse in allen Handlungsbereichen und Phasen des Projekts umfassend zu analysieren, bewerten und bei negativen Abweichungen Gegenmaßnahmen vorzuschlagen.
> 2) Der Projektcontroller muss persönliches „Format" als Ansprechpartner besitzen, sowohl auf der obersten Projektebene als auch auf der operativen Ebene der Projektsteuerung sowie in den Ebenen Planung und Überwachung. Trotz gebotener Distanz zu den operativ verantwortlichen Einheiten der Organisation sind konstruktive Vorschläge zum Gelingen des Projekts aufzuzeigen. Er sollte die Möglichkeit erhalten, bei kritischen Vorgängen persönlich in geeigneten Gremien vorzutragen.

1 BauR-news, Projektcontrolling aus Sicht des Auftraggebers – Transparenz mit Verstand, Jahrestagung der 1. Wissenschaftlichen Vereinigung Projektmanagement, Mai 2015, Werner Verlag (10/2015).

3) Die Leistungen des Projektcontrollers müssen sich auf die wesentlichen Aspekte und Prioritäten des Projekts konzentrieren. Nicht die akribische Überwachung von Details im Sinne einer doppelten Prüfung von Projektbeteiligten ist wichtig, sondern sorgfältig ausgewählte Stichproben zu einzelnen Leistungen.

   Das Leistungsbild sollte mithin auf die relevanten Einflussparameter zur Erreichung der Projektziele ausgerichtet werden.

4) Ein wesentliches Ergebnis der Projektcontrollingleistungen muss die Früherkennung von entstehenden Problemen sein. Dies betrifft insbesondere den Sachverhalt, dass fehlerhafte Prozesse in der Projektabwicklung implementiert sind. Dies kann alle Bereiche des Planens und Bauens betreffen, so z.B. die Schnittstellen zwischen Planungsbeteiligten, die Aufgabendefinition zwischen Projektleitung und Projektsteuerung, die Prozesse der Planprüfung und Freigabe, die Entwicklung der Vergabestrategie, die Durchführung der Qualitätssicherung mit Ausweis von Ergebnissen in Planung und Ausführung etc. Der Projektcontroller muss fachlich und persönlich in der Lage sein, Fehlentwicklungen rechtzeitig vor ihrem Entstehen zu identifizieren, zu kommunizieren, um über die Entscheidungsgremien das Projekt positiv zu beeinflussen.

5) Das Know-how des Projektcontrollers muss sich – wie auch dasjenige der beauftragten Projektsteuerer – ebenso auf zentrale Fragen der Technischen Ausrüstung erstrecken.

6) Projektcontrolling inflationär eingesetzt wirkt ablaufhemmend. Der Leistungsumfang des Controllings ist deshalb zu begrenzen. Der Leistungsumfang sollte im Regelfall bis 20 % des Projektmanagement-Leistungsumfangs nicht übersteigen.

7) Um auszuschließen, dass eine eingeschaltete Controlling-Einheit lediglich als „Beruhigungspille" beauftragt wird und die Projektziele unsicher zu erreichen sind, sollte der eingeschaltete Projektcontroller verpflichtet werden, zeitnah einen Bericht vorzulegen, in dem er eindeutig einzuschätzen und darzulegen hat, ob die Projektziele realistisch sind und welche konkret erforderlichen Maßnahmen und Korrekturen vorgeschlagen werden. Nichts ist unsinniger als das Weiterschleppen einer Controllingeinheit bei von vornherein nicht erreichbaren Projektzielen.

8) Die Ergebnisse des Controllings müssen auf die Empfänger der obersten Projekthierarchieebene (Lenkungsausschuss) und den Projektleiter ausgerichtet sein. Die Ergebnisse der operativen Planungs- und Objektüberwachungseinheiten einschließlich Projektsteuerung sind in geeigneter Weise zu verdichten und entscheidungsfähig aufzubereiten.

9) Das Projektcontrolling muss von Beginn an nach einheitlichen Standards und unter Wahrung abgestimmter Formate berichten. Die Berichte dürfen nicht nachträglich geschönt werden. Eine Ampelberichterstattung ist von vornherein mit klaren und unveränderlichen Definitionen zu versehen. Dem Berichtswesen muss auch zu entnehmen sein, wie sich die entscheidenden Projektdaten verändert haben und tendenziell verändern werden und ob dies durch das Projektcontrolling erfasst worden ist.

Bild 1: Anforderungen an das Projektcontrolling und den Projektcontroller

Damit unterscheidet sich dieses Leistungsbild deutlich von der bisher in AHO-Heft Nr. 19 enthaltenen Fassung in seiner Konzentration auf die projektzielentscheidenden Aspekte.

Darin liegt auch ein wesentlicher Unterschied zum Leistungsbild „Begleitende Kontrolle" (Institut für Baubetrieb + Bauwirtschaft TU Graz, Leistungsmodell/Vergütungsmodell Begleitende Kontrolle (BK)) in Österreich, welches in der Tiefe und damit Aufwand erheblich über den hier dargestellten Leistungsansatz hinausgeht.

6.2 Anwendungsbereich

Die Beauftragung dieser Leistungen erfolgt bei komplexeren, größeren Projekten zur Absicherung von Entscheidungen der Anteilseigner (Gremien) und Aufsichtsgremien, z.B. zum Schutz der Interessen von Investoren. Die Leistungen grenzen sich von sog. Projekt- und Baumonitoring-Leistungen ab, die vornehmlich auf die Wahrung der finanziellen Interessen der Banken ausgerichtet sind und einen Schwerpunkt auf eine Leistungsfortschritts- und Mittelabflusskontrolle legen. Dies schließt allerdings nicht aus, dass auch Finanzgeber ein umfassenderes Projektcontrolling beauftragen wollen und dementsprechend mit dem vorliegenden Leistungsbild ihre Interessen auch umfassender wahren können.

6.3 Schnittstellen zu anderen Leistungen

Die Projektmanagementleistungen gemäß AHO-Heft Nr. 9 (4. Auflage 2014) beschreiben in § 2 die Aufgaben der Projektsteuerung und in § 3 die Aufgaben der auftraggeberseitigen Projektleitung.

Diese Leistungen beinhalten diverse Schnittstellen, deren klare Definition für den Projekterfolg unabdingbar ist. Einen Lösungsansatz dazu hat die AHO-Fachkommission 2014 im Anhang A zu AHO-Heft Nr. 9 herausgegeben.

In dem Lenkungsausschuss als oberstem Entscheidungsgremium sind neben dem Investor auch eventuelle Vertreter der Anteilseigner eingebunden.

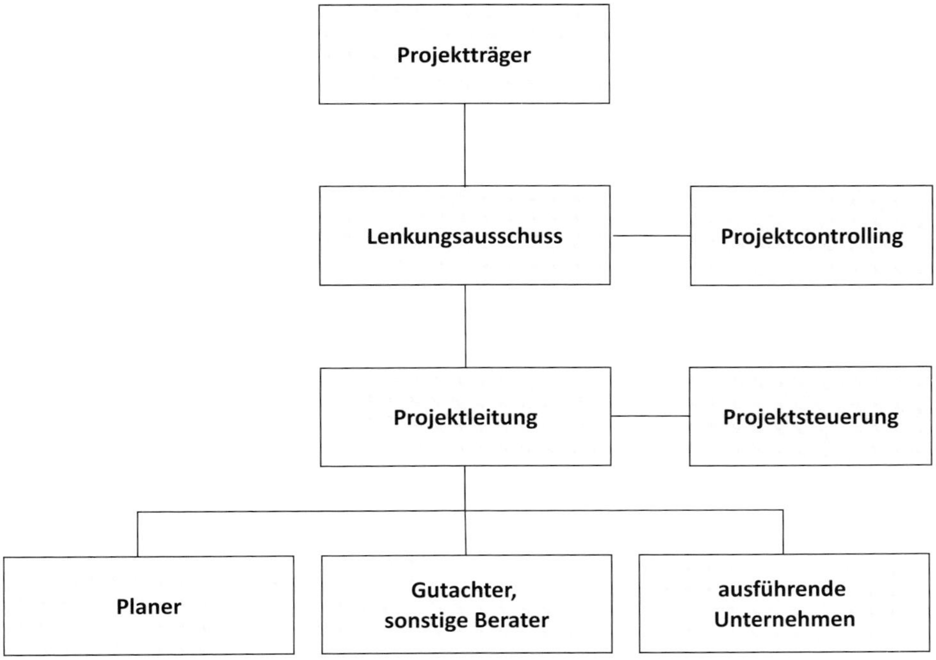

Bild 2: Projektorganisation mit Projektcontrolling sowie Lenkungsausschuss

Bild 3: Handlungsbereiche Projektcontrolling für Investoren

6.4 Leistungsbild

Die im nachfolgenden Leistungsbild verwendeten Begrifflichkeiten für die Aufgaben orientieren sich an den Definitionen des AHO-Heftes Nr. 9, § 2 (4). Dies gilt insbesondere für die Tiefe der Leistungen beim Analysieren und Bewerten von Ergebnissen der Projektbeteiligten.

1. Projektvorbereitung

A Organisation, Information, Koordination und Dokumentation

1 Analysieren und Bewerten der Aufbau- und Ablauforganisation auf Schlüssigkeit und Funktionsfähigkeit im Projektgeschehen. Aufzeigen von bestehenden Lücken

2 Analysieren und Bewerten der Vorgaben zum Berichtswesen, Änderungs- und Entscheidungsmanagement

3 Analysieren und Bewerten der Konzeption des Risikomanagements in der Zuordnung von Verantwortung, Struktur im Gesamtprojekt sowie Integration in das Berichtswesen

4 Erstellen eines Gesamtberichts als Bestandsaufnahme zu den Projektzielen und den Inhalten der Handlungsbereiche A bis E (Qualitäten, Termine, Kosten, Vertrags- und Organisationsstrukturen) mit Auflistung erforderlicher konkreter Korrekturmaßnahmen sowie Vorschlagen einer hinsichtlich Inhalt und Umfang geeigneten Form der regelmäßigen Controlling-Berichte

B Qualitäten und Quantitäten

1 Analysieren und Bewerten der Bedarfsplanung sowie des erreichten Planungsstandes

C Kosten und Finanzierung

1 Analysieren und Bewerten des Kostenrahmens für Investitions- und Nutzungskosten sowie des Budgets für Risikovorsorge

2 Analysieren und Bewerten des Kostenmanagementsystems im Gesamtprojekt

D Termine, Kapazitäten und Logistik

1 Analysieren und Bewerten des Terminrahmens

2 Analysieren und Bewerten des Terminmanagements im Gesamtprojekt und der Funktionsfähigkeit im Zusammenwirken der unterschiedlichen Projektbeteiligten

E Verträge und Versicherungen

1 Analysieren und Bewerten der Vergabe- und Vertragsstruktur für das Gesamtprojekt, Aufzeigen von Lücken und bestehenden Problembereichen

2. Planung

A Organisation, Information, Koordination und Dokumentation

1 Analysieren und Bewerten der Funktionsfähigkeit der Aufbau- und Ablauforganisation

2 Erfassen und Dokumentieren ausstehender Entscheidungen und projektzielgefährdender Änderungen

3 Analysieren und Bewerten der Ergebnisse des Risikomanagements

4 Erstellen regelmäßiger Statusberichte des Projektcontrollings als Grundlage für Gremiensitzungen

B Qualitäten und Quantitäten

1 Analysieren und Bewerten des erreichten Planungsstandes einschl. Genehmigungsverfahren

C Kosten und Finanzierung

1 Analysieren und Bewerten der Erreichbarkeit der Kostenziele (Planungs-, Realisierungs- und Nutzungskosten)

2 Analysieren und Bewerten der Funktionsfähigkeit der projektspezifischen Kostenverfolgung sowie der Kostensteuerung

D Termine, Kapazitäten und Logistik

1 Analysieren und Bewerten der Erreichung der Terminziele

2 Analysieren und Bewerten der Terminsteuerung in den verschiedenen Projektebenen

3 Analysieren und Bewerten des Inbetriebnahmekonzepts

E Verträge und Versicherungen

1 Analysieren und Bewerten des Vertragsmanagements in Planung und Ausführung sowie des partnerschaftlichen Ansatzes zwischen den Parteien

2 Analysieren und Bewerten des Versicherungskonzepts für alle Beteiligten

3. Ausführungsvorbereitung

A Organisation, Information, Koordination und Dokumentation

1 Analysieren und Bewerten der Funktionsfähigkeit der Aufbau- und Ablauforganisation einschl. der organisatorischen Vorgaben und verbindlichen Regelungen für die Ausschreibungen und Vergaben

2 Auflisten und Bewerten ausstehender Entscheidungen und projektzielgefährdender Änderungen

3 Analysieren und Bewerten der Ergebnisse des Risikomanagements

4 Erstellen regelmäßiger Statusberichte des Projektcontrollings als Grundlage für Gremiensitzungen

B Qualitäten und Quantitäten

1 Analysieren und Bewerten des erreichten Planungs- und Genehmigungsstandes

C Kosten und Finanzierung

1 Analysieren und Bewerten der Erreichung der Kostenziele

2 Analysieren und Bewerten der Funktionsfähigkeit der projektspezifischen Kostenverfolgung sowie der Kostensteuerung

D Termine, Kapazitäten und Logistik

1 Analysieren und Bewerten der Erreichung der Terminziele

2 Analysieren und Bewerten der Terminsteuerung in den verschiedenen Projektebenen

3 Analysieren und Bewerten der Inbetriebnahmevorbereitungen

E Verträge und Versicherungen

1 Analysieren und Bewerten des Vertragsmanagements in Planung und Ausführung sowie des partnerschaftlichen Ansatzes zwischen den Parteien

2 Analysieren und Bewerten der Umsetzung des Versicherungskonzepts für alle Beteiligten

4. Ausführung

A Organisation, Information, Koordination und Dokumentation

1 Analysieren und Bewerten der Funktionsfähigkeit der Aufbau- und Ablauforganisation einschl. der Vergabeprozesse

2 Auflisten und Bewerten ausstehender Entscheidungen und projektzielgefährdender Änderungen

3 Analysieren und Bewerten der Ergebnisse des Risikomanagements

4 Erstellen regelmäßiger Statusberichte des Projektcontrollings als Grundlage für Gremiensitzungen

B Qualitäten und Quantitäten

1 Analysieren und Bewerten der Gesamtorganisation des Projekts in seinen Führungsfunktionen, der Organisation der Baustelle sowie der erreichten Außenwirkung. Ergebnisbericht erfolgt im Statusbericht (siehe A 4)

2 Analysieren und Bewerten des erreichten Planungsstandes

C Kosten und Finanzierung

1 Analysieren und Bewerten der Erreichung der Kostenziele

2 Analysieren und Bewerten der Funktionsfähigkeit der projektspezifischen Kostenverfolgung sowie der Kostensteuerung

D Termine, Kapazitäten und Logistik

1 Analysieren und Bewerten der Erreichung der Terminziele

2 Analysieren und Bewerten der Terminsteuerung in den verschiedenen Projektebenen

3 Analysieren und Bewerten der Inbetriebnahme-Umsetzung

E Verträge und Versicherungen

1 Analysieren und Bewerten des Vertragsmanagements in Planung und Ausführung und des partnerschaftlichen Ansatzes zwischen den Parteien sowie der Verfahrensweise bei Nachträgen und speziell Bauzeitnachträgen

2 Analysieren und Bewerten des vorgesehenen Abnahmeprocedere (Mängelerfassung, Mängelbeseitigung, Fristen für die Mangelhaftung usw.)

5. Projektabschluss

A Organisation, Information, Koordination und Dokumentation

1 Analysieren und Bewerten der Umsetzung des Inbetriebnahmekonzepts

2 Erfassen und Dokumentieren ausstehender Entscheidungen und Änderungserfordernisse

3 Analysieren und Bewerten der Ergebnisse des Risikomanagements

4 Erstellen eines zusammenfassenden Abschlussberichts zum Projektcontrolling mit den Ergebnissen zu den Handlungsbereichen A bis E in allen Projektstufen

B Qualitäten und Quantitäten

1 Analysieren und Bewerten des Mängelmanagements

2 Analysieren und Bewerten des etwa noch bestehenden Handlungsbedarfs in Bezug auf Baugenehmigungsfragen, wie z.B. der Einholung von Tekturen

C Kosten und Finanzierung

1 Analysieren und Bewerten der Erreichung des Kostenzieles (Gesamtkosten)

D Termine, Kapazitäten und Logistik

1 Analysieren und Bewerten der Erreichung des Terminzieles (Fertigstellung, Abnahme, Übergabe)

E Verträge und Versicherungen

1 Analysieren und Bewerten der Abnahme der Gesamtleistung in Planung und Ausführung

6.5 Kommentar

6.5.1 Projektvorbereitung

A Organisation, Information, Koordination und Dokumentation

6.5.1.A1 Analysieren und Bewerten der Aufbau- und Ablauforganisation auf Schlüssigkeit und Funktionsfähigkeit im Projektgeschehen. Aufzeigen von bestehenden Lücken

Der Projektcontroller, nachfolgend als AN bezeichnet, hat die Aufbau- und Ablauforganisation auf Schlüssigkeit zu überprüfen. Dies gilt neben dem Erfordernis einer klaren Verantwortungszuweisung in den Funktionen des Bauherrn auch für die Bewertung der Wirksamkeit der eingeschalteten Projektsteuerung und den operativen Akteuren.

Bei der Existenz von mehreren Entscheidungsebenen innerhalb des Investors und ggf. einem Aufsichtsgremium werden die unterschiedlichen Informationsinteressen und evtl. gegebenen Einflüsse auf operativ wichtige Vorgänge, wie z.B. Entscheidungen, Änderungserfordernisse, Beauftragungen etc., auf Durchführbarkeit zu bewerten sein.

6.5.1.A2 Analysieren und Bewerten der Vorgaben zum Berichtswesen, Änderungs- und Entscheidungsmanagement

In einem Projekt bestehen in aller Regel unterschiedliche Berichtsebenen. Sowohl Planer als auch Objektüberwachung und Projektsteuerer haben Berichtspflichten, die beim auftraggeberseitigen Projektleiter zusammenlaufen. Dieser bereitet aus den übermittelten Grundlagen einen Bericht für die Geschäftsführung des Investors auf. Falls dieser durch ein Aufsichtsgremium projektbezogen kontrolliert wird, entsteht ein Bericht der investorenseitigen GF für das Aufsichtsgremium. Damit besteht evtl. die Gefahr, dass kein klares Bild über die entscheidenden Projektabläufe entsteht.

Aus diesem Grund sollte ein Berichtsstandard definiert werden, der die verschiedenen Ebenen sowohl unterhalb als auch oberhalb des bauherrnseitigen Projektleiters entsprechend dem Informationsbedarf ausreichend versorgt, um Entscheidungen realistisch treffen zu können.

Je nach Mandat des AN erstellt dieser einen eigenen Bericht zum Projekt und bezieht die Funktion aller Entscheidungsebenen in seine Berichterstattung ein. Dazu gehört auch eine kritische Betrachtung aller Projektbeteiligten, einschließlich des Bauherrn in allen Ebenen und des evtl. bestehenden Aufsichtsgremiums.

6.5.1.A3 Analysieren und Bewerten der Konzeption des Risikomanagements in der Zuordnung von Verantwortung, Struktur im Gesamtprojekt sowie Integration in das Berichtswesen

Der AG wird ein eigenes Risikomanagementsystem konzipiert und eingeführt haben. Von wesentlicher Bedeutung ist die konkrete und wirksame Anwendung des Systems im laufenden Projekt. Der AN wird sich durch Stichproben davon überzeugen, ob die wesentlichen Risiken erfasst und realistisch bewertet wurden. Dazu gehören insbesondere auch die Veränderungen von einzelnen Risiken im Projektverlauf.

6.5.1.A4 Erstellen eines Gesamtberichts als Bestandsaufnahme zu den Projektzielen und den Inhalten der Handlungsbereiche A bis E (Qualitäten, Termine, Kosten, Vertrags- und Organisationsstrukturen) mit Auflistung erforderlicher konkreter Korrekturmaßnahmen sowie Vorschlagen einer hinsichtlich Inhalt und Umfang geeigneten Form der regelmäßigen Controlling-Berichte

Je nach Projektlaufzeit wird der AN etwa zwei bis drei Monate nach seiner Beauftragung einen Bericht über seine Bestandsaufnahme in allen Projektfeldern vorlegen. Der Bericht sollte Hinweise zu erkannten Lücken oder Problempunkten in der Aufbau- und Ablauforganisation beinhalten und Korrekturmaßnahmen vorschlagen. Der AN wird diese Erkenntnisse über Einzelgespräche mit den wesentlichen Projektstakeholdern erarbeiten. Zu diesem Zweck wird er punktuell an den wesentlichen Gesprächen der verabschiedeten Kommunikationsstruktur teilnehmen und somit die Belastbarkeit seiner Bestandsaufnahme hinterlegen können. Der Investor hat dem Controller den Zugang zu diesen Gesprächen zu ermöglichen. Des Weiteren sollten Lücken in der Bedarfsplanung erkannt und bewertet werden. In dem Bericht sollten auch alle weiteren Leistungen dieser Projektstufe zu den Handlungsbereichen Qualitäten, Kosten, Termine sowie Verträge und Versicherungen enthalten sein.

Entscheidend dabei ist die Bewertung des AN bezüglich Erreichbarkeit der aktuell vorgegebenen Projektziele. Erforderliche Korrekturmaßnahmen müssen konkret benannt werden und – falls erneut erforderlich – später auch Eingang in die regelmäßigen Controllingberichte des AN finden.

B Qualitäten und Quantitäten

6.5.1.B1 Analysieren und Bewerten der Bedarfsplanung sowie des erreichten Planungsstandes

Je nach Zeitpunkt seiner Einschaltung hat der AN den erreichten Planungsstand im Hinblick auf die Vorgaben der Bedarfsplanung zu überprüfen. Als Grundlage dafür sollten die Ergebnisse der Projektsteuerung mit den erstellten Prüfberichten vorliegen. Der AN sollte allerdings selbst geeignete Stichproben im Hinblick auf die Belastbarkeit der Berichte der Projektsteuerung durchführen

C Kosten und Finanzierung

6.5.1.C1 Analysieren und Bewerten des Kostenrahmens für Investitions- und Nutzungskosten sowie des Budgets für Risikovorsorge

Dem Projektsteuerer obliegt eine Mitwirkung bei der Erstellung des Investitionsrahmens durch den Investor. Der AN hat die bestehenden Grundlagen auf Plausibilität zu überprüfen. Dies gilt insbesondere auch für die Bewertung des Budgets für die Risikovorsorge bzw. für Unvorhergesehenes.

6.5.1.C2 Analysieren und Bewerten des Kostenmanagementsystems im Gesamtprojekt

Dem Projektsteuerer obliegt der Vorschlag eines Kostenmanagementsystems für das Gesamtprojekt. Darin erfasst sind sowohl die Kostenkontrollergebnisse einer Objektüberwachung als auch die Kostenentwicklung des evtl. vorhandenen Nutzer- bzw. Mieterbudgets. Das Kostenmanagement hat die Aufgabe, sowohl die Ausgangsbudgetierung, Veränderungen der Budgetierung durch Zusatzwünsche des Investors bzw. Nutzers, Änderungen durch Vergabeergebnisse, Rechnungsstände, Indexentwicklungen als auch konkrete Prognosen über Veränderungen des Ausgangsbudgets aktuell zu erfassen und in geeigneten Verdichtungen stichtagsbezogen auszuweisen. Dazu sind auch die Schnittstellen zur investorenseitigen Buchhaltung eindeutig abzustimmen. Die Ergebnisse der Kostenkontrolle finden in die Berichterstattung der verschiedenen Projektebenen Eingang. Der AN hat die Schlüssigkeit des Systems durch geeignete Stichproben zu überprüfen.

D Termine, Kapazitäten und Logistik

6.5.1.D1 Analysieren und Bewerten des Terminrahmens

Der Projektsteuerer erstellt auf Basis der investorenseitigen Vorgaben einen Terminrahmen mit Erläuterungsbericht. Aufgabe des AN ist es, diesen Terminrahmen auf Schlüssigkeit zu überprüfen und einen Abgleich mit den erfassten und bewerteten Risiken durchzuführen.

Wesentlich ist dabei die Bewertung des AN auf generelle Machbarkeit in der Erreichung der Terminziele bzw. die Formulierung von konkreten, aus seiner Sicht erforderlichen Korrekturmaßnahmen.

6.5.1.D2 Analysieren und Bewerten des Terminmanagements im Gesamtprojekt und der Funktionsfähigkeit im Zusammenwirken der unterschiedlichen Projektbeteiligten

Der AN hat die Aufgabe, das Zusammenwirken des beteiligten Projektsteuerers, des Objektplaners und der weiteren Projektbeteiligten (z.B. Inbetriebnahmemanager, Nutzerprojektmanager) auf Funktionsfähigkeit im Zusammenwirken beim Terminmanagement zu überprüfen. Dazu gehört die Überprüfung der Aktualität der verschiedenen Ebenen der Terminplanung, z.B. der Steuerungsterminpläne in Bezug auf die Meilensteine des Rahmenterminplans sowie belastbare Ergebnisse der Terminkontrolle. Der AN hat dabei die Wirksamkeit der Terminkontrollen in Bezug auf die wesentlichen Meilensteine des Rahmenterminplans festzustellen und die Ergebnisse in seinem Controllingbericht aufzuzeigen.

E Verträge und Versicherungen

6.5.1.E1 Analysieren und Bewerten der Vergabe- und Vertragsstruktur für das Gesamtprojekt, Aufzeigen von Lücken und bestehenden Problembereichen

Der Projektsteuerer hat eine Vergabe- und Vertragsstruktur für Planung und Ausführung vorzuschlagen und mit dem Investor abzustimmen. Bewertungskriterien für die Vorteilhaftigkeit von Einzelplanern bzw. Einzelfirmen im Gegensatz zu Konstellationen mit Kumulativleistungsträgern finden hier ebenso Berücksichtigung wie die Eignung des Projekts in seiner Struktur für die jeweilige Unternehmenseinsatzform.

Der AN bewertet die gewählte Konstellation, zeigt Lücken auf und gibt konstruktive Hinweise auf seinerseits erkannte Problembereiche. Dies gilt insbesondere für Indikatoren mit der Gefahr der Entstehung von Projektstörungen oder Gefährdungen der Projektziele.

6.5.2 Planung

A Organisation, Information, Koordination und Dokumentation

6.5.2.A1 Analysieren und Bewerten der Funktionsfähigkeit der Aufbau- und Ablauforganisation

Der AN hat die Aufgabe, die Aufbau- und Ablauforganisation des Projekts hinsichtlich Störungen zu analysieren, die in ihrer Auswirkung zu wesentlichen Konflikten führen können. Dazu gehört insbesondere die Beurteilung der Funktionsfähigkeit des Projekts in der Kommunikation der verschiedenen Projektebenen. Zu beurteilen sind die Eignung bzw. die Fähigkeiten der Organisation, Entscheidungen rechtzeitig herbeiführen zu können einschließlich der Bewertung und Durchführung erforderlicher Änderungen im Hinblick auf evtl. projektzielgefährdende Sachverhalte. Der AN hat in diesem Zusammenhang bestehende Problempunkte in seiner Berichterstattung zu erfassen und Lösungsansätze aufzuzeigen.

6.5.2.A2 Erfassen und Dokumentieren ausstehender Entscheidungen und projektzielgefährdender Änderungen

Der AN hat auf der Grundlage des Entscheidungsmanagements des Projektsteuerers bzw. des auftraggeberseitigen Projektleiters ausstehende Entscheidungen im nächsten Berichtszeitraum und projektzielgefährdende Änderungen zu erfassen, in ihren Auswirkungen zu bewerten und in seine Berichterstattung einzubeziehen.

6.5.2.A3 Analysieren und Bewerten der Ergebnisse des Risikomanagements

Der Investor wird ein eigenes Risikomanagementsystem abgestimmt und eingeführt haben. Von wesentlicher Bedeutung ist die konkrete und wirksame Anwendung des Systems im laufenden Projekt. Der AN hat sich durch Stichproben davon zu überzeugen, ob die wesentlichen Risiken erfasst und realistisch bewertet worden sind. Dazu gehören insbesondere auch die Veränderungen von einzelnen Risiken im Projektverlauf.

6.5.2.A4 Erstellen regelmäßiger Statusberichte des Projektcontrollings als Grundlage für Gremiensitzungen

Eine wesentliche Aufgabe des AN ist es, als Grundlage für die Gremiensitzungen einen eigenständigen Statusbericht vorzulegen, der auf Basis der in der Projektstufe Projektvorbereitung abgestimmten Form und Struktur belastbare Aussagen beinhaltet. Des Weiteren hat er den Status der erforderlichen Korrekturmaßnahmen anzugeben, die in der Bestandsaufnahme des Gesamtberichts enthalten waren.

B Qualitäten und Quantitäten

6.5.2.B1 Analysieren und Bewerten des erreichten Planungsstandes einschl. Genehmigungsverfahren

Der AN sollte auf Basis der Berichterstattung des Projektsteuerers den erreichten Planungsstand einschließlich Genehmigungsverfahren analysieren und bewerten. Dazu gehören insbesondere erkannte Koordinationsdefizite in der Planung, Problembereiche in der Planung der Technischen Ausrüstung und ungelöste Planungsbereiche. In aller Regel wird zum Ende der Entwurfsplanung zu bewerten sein, inwiefern das Planungskonzept als Grundlage für die Ausführungsplanung bzw. die Vergabe an einen Kumulativleistungsträger die für die Ausführung die erforderliche Qualität aufweist. Hierbei geht es weniger um eine eigenständige und tiefstrukturierte Überprüfung der Planung durch den Projektcontroller, als vielmehr um eine priorisierte Bestandsaufnahme in wesentlichen Problembereichen der Planung, die Störungspotential im Hinblick auf die weitere Projektdurchführung beinhalten könnten.

Diese Erkenntnisse ergeben sich häufig auch aus den erforderlichen Freigabeprozessen des Auftraggebers bezüglich der vorgelegten Planungsergebnisse, die zuvor vom Projektsteuerer auf Konformität mit den Projektzielen überprüft worden sein sollten.

C Kosten und Finanzierung

6.5.2.C1 Analysieren und Bewerten der Erreichbarkeit der Kostenziele (Planungs-, Realisierungs- und Nutzungskosten)

Der Projektcontroller hat die erstellten Kostenermittlungen und die Prüfungsergebnisse des Projektsteuerers im Hinblick auf die Auskömmlichkeit und Erreichbarkeit der Kostenziele zu bewerten.

6.5.2.C2 Analysieren und Bewerten der Funktionsfähigkeit der projektspezifischen Kostenverfolgung sowie der Kostensteuerung

Die in der Projektstufe Projektvorbereitung abgestimmte projektspezifische Kostenverfolgung ist in den weiteren Projektstufen vom AN auf Funktionsfähigkeit stichprobenartig zu überprüfen. Dazu gehört in der Projektstufe Planung die Überführung der Kostenplanung in konkrete Ausführungsgewerke auf Basis der sukzessiven entwickelten Vergabestruktur. In dieser Phase sollte insbesondere ein funktionsfähiger Mechanismus im Kostenmanagementsystem eingerichtet sein, der Veränderungen in den planerischen Grundlagen durch Kostenfortschreibungen ermöglicht sowie auch Kostenumschichtungen durch später entschiedene Änderungen der Vergabepakete abbildet.

Der AN sollte durch geeignete Stichproben die Schlüssigkeit der projektspezifischen Kostenverfolgung durch die Projektbeteiligten überprüfen.

Bei jedem Projekt entstehen durch unbeabsichtigte Kostenabweichungen Einflüsse auf das ursprünglich definierte Kostenziel. Der AN sollte deshalb ebenso analysieren, inwiefern die Projektorganisation in der Lage ist, konkrete Kostensteuerungsmaßnahmen auszulösen und zwischen den Projektbeteiligten umzusetzen.

D Termine, Kapazitäten und Logistik

6.5.2.D1 Analysieren und Bewerten der Erreichung der Terminziele

Der AN hat in der Projektvorbereitungsphase den Terminrahmen auf Schlüssigkeit überprüft und ggf. erforderliche Korrekturmaßnahmen vorgeschlagen. Jedes Projekt wird in den darauffolgenden Projektstufen durch unterschiedlichste Störungen beeinflusst. Die auftraggeberseitige Projektleitung, der Projektsteuerer und weitere Projektbeteiligte sollten in der Lage sein, diese Störungen rechtzeitig zu erkennen und Korrekturmaßnahmen auszulösen, um die ursprünglich definierten Terminziele zu erreichen. Der AN hat deshalb das Zusammenwirken der verschiedenen Beteiligten im Hinblick auf die definierten Terminziele zu analysieren und zu bewerten. Des Weiteren hat er in jeder Projektstufe eine Aussage im Hinblick auf die Erreichbarkeit der ursprünglichen Terminziele zu treffen.

6.5.2.D2 Analysieren und Bewerten der Terminsteuerung in den verschiedenen Projektebenen

Wie Ziff. 6.5.1.D2

6.5.2.D3 Analysieren und Bewerten des Inbetriebnahmekonzepts

In der Projektstufe 2 Planung wird durch den Projektsteuerer die Abnahme/Inbetriebnahme/Übergabe des Projekts an den Nutzer bzw. Betreiber näher konkretisiert. Je nach Projekttypologie wird ggf. auch ein Inbetriebnahmespezialist das Projekt in diesen Leistungen unterstützen.

Der AN hat dabei die Aufgabe, die Aktivitäten der Beteiligten und deren Ergebnisse zu bewerten. Insbesondere sollte er die Funktionsfähigkeit der Schnittstellen zwischen den investorseitig Beteiligten, der Projektsteuerung, der Planung, der Objektüberwachung etc., auf Schlüssigkeit analysieren und eventuelle Korrekturmaßnahmen aufzeigen.

E Verträge und Versicherungen

6.5.2.E1 Analysieren und Bewerten des Vertragsmanagements in Planung und Ausführung sowie des partnerschaftlichen Ansatzes zwischen den Parteien

Sowohl in der Projektstufe Planung als auch der Projektstufe Ausführungsvorbereitung wird das gewählte Konzept für die Vergabestruktur weiter verfeinert und anschließend umgesetzt.

Der AN hat die Umsetzung des Vertragsmanagements auf Schlüssigkeit zu analysieren und zu bewerten. Er sollte außerdem untersuchen, inwiefern die gewählte Vertragskonstellation Konfliktsituationen mit projektzielgefährdendem Charakter beinhaltet.

6.5.2.E2 Analysieren und Bewerten des Versicherungskonzepts für alle Beteiligten

Der AG wird mit seinen internen Stellen unter Mitwirkung des Projektsteuerers Versicherungskonzepte für alle Beteiligten entworfen haben.

Der AN hat diese Konzepte aus seiner Sicht auf Schlüssigkeit und Lücken zu analysieren und zu bewerten.

6.5.3 Ausführungsvorbereitung

Wie Ziff. 6.5.2

6.5.4 Ausführung

Wie Ziff. 6.5.2

6.5.5 Projektabschluss

A Organisation, Information, Koordination und Dokumentation

6.5.5.A1 Analysieren und Bewerten der Umsetzung des Inbetriebnahmekonzepts

Der AN hat in den vorangehenden Projektstufen die Aufbau- und Ablauforganisation des Projekts auf Störungen analysiert, die in ihrer Auswirkung zu wesentlichen Konflikten führen können. Dazu gehörte insbesondere die Überprüfung der Wirksamkeit der wesentlichen Beteiligten des Projekts in der Kommunikation der verschiedenen Projektebenen der Steuerungsfähigkeit bei eintretenden Störungen bis hin zur Konzeption und Umsetzung des Inbetriebnahmekonzepts. Bewertet wurden dabei die Fähigkeiten der Organisation, Entscheidungen rechtzeitig zu treffen und erforderliche Änderungen zu beurteilen.

Der AN hat in der Stufe Projektabschluss insbesondere die organisatorischen Maßnahmen und Entscheidungen zur Umsetzung bzw. Durchführung der Inbetriebnahme zu analysieren und zu beurteilen. In diesem Zusammenhang bestehende Problempunkte hat der AN in seiner Berichterstattung kurzfristig zu erfassen und Hinweise auf Gegensteuerungsmaßnahmen aufzuzeigen.

6.5.5.A2 Erfassen und Dokumentieren ausstehender Entscheidungen und Änderungserfordernisse

Der AN hat auf der Grundlage des Entscheidungsmanagements des Projektsteuerers bzw. des auftraggeberseitigen Projektleiters in der Stufe 5 Projektabschluss noch ausstehende Entscheidungen oder projektzielgefährdende Änderungen zu erfassen, zu bewerten und dies kurzfristig zu berichten.

6.5.5.A3 Analysieren und Bewerten der Ergebnisse des Risikomanagements

Von wesentlicher Bedeutung ist die konkrete und wirksame Anwendung des vom Investor eingeführten Risikomanagementsystems über alle Projektstufen bis zum Projektabschluss. Der AN hatte sich projektbegleitend durch Stichproben davon zu überzeugen, ob die wesentlichen Risiken vollständig erfasst und realistisch bewertet worden sind. Dazu gehörten insbesondere auch die Veränderungen von einzelnen Risiken im Projektverlauf. Die Ergebnisse und Feststellungen des AN hierzu sind zusammenfassend in den Abschlussbericht zu übernehmen.

6.5.5.A4 Erstellen eines zusammenfassenden Abschlussberichts zum Projektcontrolling mit den Ergebnissen zu den Handlungsbereichen A bis E in allen Projektstufen

Zum Projektabschluss ist es Aufgabe des AN, für die Gremiensitzungen einen eigenständigen abschließenden Statusbericht in der Form und Struktur zu erstellen, wie sie zu Beginn in der Projektstufe Projektvorbereitung abgestimmt wurden. Dieser Bericht muss über die wesentlichen Projektereignisse in komprimierter und chronologischer Weise Auskunft geben und belastbare Aussagen beinhalten, aus denen sich auch Vorgaben und Erfahrungswerte für zukünftige Projekte ableiten lassen.

B Qualitäten und Quantitäten

6.5.5.B1 Analysieren und Bewerten des Mängelmanagements

Zu den wesentlichen Inhalten des Projektabschlussberichts des AN gehört auch eine Analyse und Beurteilung von Art und Umfang der bei Abnahme erfassten Ausführungsmängel hinsichtlich ihrer Ursachen und Beseitigungsmöglichkeiten. Es ist vom AN eine Gesamtaussage von erforderlichen Maßnahmen zur Erreichung der vorgegebenen Qualitätsziele gefordert.

6.5.5.B2 Analysieren und Bewerten des etwa noch bestehenden Handlungsbedarfs in Bezug auf Baugenehmigungsfragen

Der AN wird über den Projektsteuerer und in Abstimmung mit AG und Planern überprüfen, inwieweit aus der bestehenden Baugenehmigung heraus noch Handlungsbedarf besteht, der einer uneingeschränkten Nutzung und Betrieb des Gebäudes bzw. Objekts entgegensteht.

C Kosten und Finanzierung

6.5.5.C1 Analysieren und Bewerten der Erreichung des Kostenzieles (Gesamtkosten)

Der AN hat das vom Projektsteuerer und Investor abgestimmte Budget in der Phase der Projektvorbereitung bewertet. Zum Projektabschluss sind zusammenfassend die Gründe für Abweichungen vom Kostenziel aufzuzeigen.

D Termine, Kapazitäten und Logistik

6.5.5.D1 Analysieren und Bewerten der Erreichung des Terminzieles (Fertigstellung, Abnahme, Übergabe)

Der AN hat in der Projektvorbereitungsphase den Terminrahmen auf Schlüssigkeit überprüft und ggf. erforderliche Korrekturmaßnahmen ausgelöst. Jedes Projekt wird in den darauffolgenden Projektstufen durch unterschiedlichste Störungen beeinflusst. Die bauherrnseitige Projektleitung der Projektsteuerer und weitere Projektbeteiligte sollten in der Lage gewesen sein, diese Störungen jeweils rechtzeitig zu erkennen und Korrekturmaßnahmen auszulösen, um die ursprünglich definierten Terminziele zu erreichen.

Der AN hat daher zum Projektabschluss das Zusammenwirken der verschiedenen Beteiligten im Hinblick auf die definierten Terminziele im Abschlussbericht nochmals insgesamt zu analysieren und zu bewerten, auch um Rückschlüsse aus der Schnittstellenorganisation und den Terminplanungsprozessen für zukünftige Projekte ableiten zu können.

E Verträge und Versicherungen

6.5.5.E1 Analysieren und Bewerten der Abnahme der Gesamtleistung in Planung und Ausführung

Der AN hat mit dem Abschlussbericht die Umsetzung des Vertragsmanagements nochmals im Nachhinein insgesamt zu analysieren und zu bewerten.

6.6 Honorierung

Die Honorierung erfolgt nach Zeitaufwand; siehe dazu die Honorarempfehlung der AHO-Fachkommission „Projektsteuerung/Projektmanagement" (Heft Nr. 9, 4. Aufl. 2014, dort § 9). Den Vertragsparteien steht es frei, Pauschalhonorarvereinbarungen zu treffen oder ergänzend zu den zeit- oder pauschalbezogenen Honorierungen Erfolgskomponenten festzulegen.

Das Projektcontrolling in der beschriebenen Form bedarf als Leistungsvoraussetzung eines erfahrenen Dienstleisters eines Verantwortlichen mit geeignetem fachlichen und persönlichen Erfahrungspotential, so dass empfohlen wird, entweder eine Aufwandsvergütung oder eine darauf basierende Honorarpauschale in Abhängigkeit der Qualifikation des Projektcontrollers zu vereinbaren.

7 Value Engineering

RA Prof. Dr. jur. K. Eschenbruch[1] / Dipl.-Ing. Arch. R. Grolle-Hüging

7.1 Definition

Value Engineering (VE) ist eine Methode zur Optimierung von Planungs- und Herstellungsprozessen bei der Realisierung von Bau- und Immobilienprojekten. Value-Engineering-Prozesse können unterschiedliche Gegenstände haben. Im Bereich der Bau- und Immobilienprojektrealisierung stehen insbesondere die Untersuchung von Planungsergebnissen auf Optimierungspotentiale, die Suche nach planerischen Lösungsalternativen und die Umsetzung derartiger Lösungsalternativen im Planungsprozess im Vordergrund.

Value-Engineering-Prozesse können von unterschiedlichen Beteiligten erbracht werden. Entsprechend der ersten Besonderen Leistung der Leistungsphase 3 der Anlage 10 zu § 34 Abs. 4, § 35 Abs. 7 HOAI „Analyse der Alternativen/Varianten und deren Wertung mit Kostenuntersuchung (Optimierung)“ kann es sich um Leistungen des mit der Planung beauftragten Architekten oder eines anderweitigen Architekten handeln. Andererseits kann auch ein Projektsteuerungsunternehmen Value-Engineering-Leistungen erbringen. Dementsprechend sieht das Leistungsbild Projektsteuerung der AHO-Fachkommission (Heft Nr. 9, Projektmanagementleistungen in der Bau- und Immobilienwirtschaft, 4. Aufl. 2014) in der Leistungsphase Planung (unter Kap. C – Kosten und Finanzierung) folgende Besondere Leistung vor:

> „Durchführen eines Value Engineering mit Überprüfen der Planung auf Wirtschaftlichkeit, Vergabefähigkeit, Nachhaltigkeit, Energieverbrauch, Materialeignung, Logistik, Workflow.“

Nach Beauftragung eines Bauunternehmens mit oder ohne Planungsaufgabe können auch von diesem Value-Engineering-Leistungen in Bezug auf den Planungsprozess erbracht werden. Im Rahmen der Ausführung geht es dabei vornehmlich um Optimierungsvorschläge oder Nebenangebote von Bauunternehmen.

Die vorliegenden Ausführungen befassen sich mit Leistungen des Projektmanagements. Der Value-Engineer steuert den auf die Suche nach optimalen Lösungsalternativen gerichteten Analyseprozess. Seine Leistungen erschöpfen sich nicht in den Grundleistungen nach dem Leistungsbild der Projektsteuerung der AHO-Fachkommission, insbesondere beschränkt er sich nicht auf die Plausibilisierung von Planungsergebnissen, sondern untersucht und bewertet die Leistungen des Planungsteams im Hinblick auf Optimierungsmöglichkeiten betreffend Wirtschaftlichkeit, Vergabefähigkeit, Nachhaltigkeit, Energieverbrauch, Materialien, Logistik und Workflow.

1 Unter Mitarbeit von RA Dr. J. Bodden, Kapellmann und Partner, Rechtsanwälte, Düsseldorf.

7.2 Anwendungsbereich

Für die in diesem Leistungsbild geregelten Leistungen geht es ausschließlich um Leistungen eines Projektsteuerungsunternehmens, welches Value-Engineering-Prozesse im eigenen Namen ausführt. Die Planungsaufgaben der auftraggeberseits beauftragten Architekten und Ingenieure nach den HOAI-Leistungsbildern bleiben hiervon grundsätzlich unberührt. Teilprozesse des nachfolgenden Leistungsbildes können auch von anderen Projektbeteiligten erbracht werden. Insoweit können die nachfolgenden Ausführungen als Orientierungsmodell gelten.

Auftraggeber können unterschiedliche Anforderungen an einen Value-Engineering-Prozess stellen. Der Auftraggeber legt zudem vertragsrechtlich fest, in welchem Umfang und in welcher Form er entsprechende Untersuchungen der Planung mittels zusätzlicher Evaluierung durch einen Value-Engineer für zweckmäßig oder erforderlich hält. Der Auftraggeber legt auch fest, wie die Zusammenarbeit mit dem beauftragten Planungsteam aussieht. Dabei spielen auch die Komplexität der Planungsaufgaben und die Zielvorgaben des konkreten Projekts eine entscheidende Rolle.

Value Engineering kann eine punktuelle/stichtagsbezogene Untersuchung der Planungsergebnisse zum Gegenstand haben. Im Falle einer solchen, lediglich stichprobenhaften Leistungserbringung kann sich diese auf die Leistungsergebnisse des Planungsteams gemäß der seit der HOAI-Reform 2013 als Grundlegung vorgesehenen Abschlussleistung für die Planungsleistungsstufen „Zusammenfassen, Erläutern und Dokumentieren" beziehen. Ein derartiges punktuelles/stichtagsbezogenes Vorgehensmodell hat indessen den Nachteil, dass die Planungsphasen zeitlich nicht trennscharf abgearbeitet werden und dass zwischen einzelnen Planungsphasen i.d.R. keine Zeit für ein dann erst einsetzendes Value Engineering besteht. Soweit allerdings die erforderlichen Rahmenbedingungen gegeben sind, ist auch das punktuelle Value Engineering eine Alternative. Die im nachfolgenden Prozessmodell des Value Engineering zugrunde gelegte Variante ist jedoch ein von vornherein oder in einer frühen Phase (spätestens im Rahmen der Vorplanung) aufgesetzter paralleler Value-Engineering-Prozess. Diese Prozessvariante vermeidet die Nachteile der bloß punktuellen Betrachtung, die auch wegen der Unkenntnis der Planungshistorie vielfach nur eingeschränkte Optimierungsvorschläge erzeugen kann. Außerdem ermöglicht das parallele Value Engineering einen kontinuierlichen, zeitlich optimierten Planungsprozess, in den von vornherein externe Expertenvorschläge eingebunden werden.

Die in dem nachfolgenden Leistungsbild verwendeten Begrifflichkeiten folgen der Terminologie aus § 2 (4) des AHO-Heftes Nr. 9. Ergänzend wird klargestellt:

„Vorschlagen und Abstimmen" bedeutet:

> Eigenverantwortliche Erarbeitung eines Arbeitsergebnisses, ggf. unter Verwendung von Leistungen weiterer Projektbeteiligter, sowie Vorlage dieser Arbeitsergebnisse unter Herbeiführung der Zustimmung des Auftraggebers.

„Zusammenfassen und Dokumentieren" bedeutet:

> Zusammenstellen der wesentlichen Arbeitsergebnisse einer Leistungsstufe/Leistungsphase zur Übergabe an den Auftraggeber.

„Sichten" bedeutet:

Eine erste Durchsicht von Unterlagen zur Grobstrukturierung eines Überprüfungs- und Entscheidungsprozesses.

„Beraten" bedeutet:

Die Erörterung entscheidungsrelevanter Fragen mit dem Auftraggeber unter Hinweis auf mögliche Lösungsszenarien.

Die geschuldete Beratungsintensität richtet sich nach den Projektanforderungen und der Beratungsbedürftigkeit des Auftraggebers.

Anlassbezogenes Beraten beinhaltet eine Beratungstätigkeit, die nicht kontinuierlich erbracht wird, sondern nur bei objektiv erkennbarem Beratungsbedarf, etwa bei der Überprüfung von Sachverhalten entstandener Entscheidungsbedarf.

7.3 Schnittstellen zu anderen Leistungen

Leistungen des Value Engineerings im Rahmen von Projektmanagementleistungen werden in Stabsfunktion erbracht, sofern die Vertragsparteien nicht etwas anderes vereinbaren. Die Übertragung von Vertretungsmacht an den Value Engineer bedarf einer besonderen Vereinbarung. In Abgrenzung zu den Projektsteuerungs- und Projektmanagementleistungen des Leistungsbildes Projektsteuerung der AHO-Fachkommission (Heft Nr. 9, Projektmanagementleistungen in der Bau- und Immobilienwirtschaft) steuert der Value Engineer nicht lediglich die Leistungen der an der Planung fachlich Beteiligten unter Plausibilisierung der Ergebnisse. Vielmehr obliegen dem Value Engineer auch die planerische Bewertung einzelner im Planungsteam erzeugter Ergebnisse und die Entwicklung von planerischen Alternativen und Lösungsansätzen. Ergebnis der Tätigkeit des Value Engineers ist die Erarbeitung von Prüfungsergebnissen in der Form von Lösungsvorschlägen für den Auftraggeber, die noch einer planerischen Umsetzung bedürfen. Lösungsalternativen sind Vorschläge zur Untersuchung durch die beauftragten Planungsbeteiligten. Eine eigenverantwortliche Planung im Sinne eines abgeschlossenen Planungsergebnisses nach den Leistungsphasen der HOAI ist nicht Gegenstand des Value Engineerings.

Die vom Auftraggeber geforderte Kompetenz und die Abgrenzung von den Aufgaben der an der Planung fachlich beteiligten Architekten und Ingenieuren sind in der Beauftragung des Value Engineers festzulegen. Soweit nicht etwas anderes vereinbart ist, kann der Auftraggeber davon ausgehen, dass der Value Engineer mit dem Sorgfaltsmaßstab eines erfahrenen Projektsteuerers und einem Planungs-Know-how, welches die ihm übertragene Aufgabenstellung erfordert, agiert. Der Value Engineer ersetzt nicht die Leistungen der an der Planung fachlich Beteiligten. Seine Optimierungsansätze, die im Einzelfall auch grafisch dargestellt werden können, müssen vom Planerteam des Auftraggebers verantwortlich bewertet, ausgearbeitet und umgesetzt werden.

Dementsprechend sind für die Abgrenzung der Value-Engineering-Leistung von den Leistungen der an der Planung fachlich Beteiligten die in den Leistungskatalogen der HOAI benannten Besonderen Leistungen nicht heranzuziehen. Die österreichische ÖNorm B 2118, die sich vornehmlich auf bauausführende Unternehmen und deren beschleunigende und wertsteigernde Optimierungsvorschläge bezieht, ist ebenfalls nicht einschlägig. Dasselbe gilt für die in internationalen Vertragsmustern enthaltenen Beschreibungen für Value-Engineering-Leistungen, etwa der International Federation of Consulting Engineers (FIDIC), der European International Contractors (EIC), der Engineering Advancement Association of Japan (EnAA), der Commission of Commercial Law and Practice, der ICC sowie des American Institute of Architects (AIA), die ausführende Unternehmen betreffen.

Methodische Grundlagen des Value Engineerings können den Normen VDI 2800 bis 2806 entnommen werden.

7.4 Leistungsbild

Das nachfolgende Leistungsbild beinhaltet Vorschläge für Leistungen des Value Engineerings. Diese Leistungen gelten nur insoweit als geschuldet, als die Vertragsparteien in abgeschlossenen Verträgen auf sie verweisen.

Sofern nicht etwas anderes vereinbart ist, erbringt der Auftragnehmer die Leistungen in beratender Funktion (Stabsfunktion). Mit der Beauftragung der Value-Engineering-Leistungen werden keine Grundleistungen oder Besondere Leistungen nach dem Leistungsbild Projektsteuerung der AHO-Fachkommission (Heft Nr. 9, Projektmanagementleistungen in der Bau- und Immobilienwirtschaft) übertragen.

Im Hinblick auf die Beratungsleistungen und die Erarbeitung von Optimierungsvorschlägen schuldet der Auftragnehmer die übliche Sorgfalt eines Projektsteuerers und für die auf Planungsoptimierung gerichteten Leistungen diejenige eines Objektplaners/TA-Planers. Weitere fachliche Kompetenzen werden nicht erwartet, es sei denn, die Vertragsparteien legen etwas anderes fest.

Sofern die Vertragsparteien nicht etwas anderes festlegen, gelten die Projektstufen 1 und 2 des nachfolgenden Leistungsbildes (Projektvorbereitung und Planung) als beauftragt. Leistungen der weitergehenden Projektstufen 3 und 4 (Ausführungsvorbereitung und Ausführung) werden grundsätzlich nicht von Beginn an beauftragt. Derartige Leistungen bedürfen einer besonderen Vereinbarung nach den Ergebnissen der zuvor abgeschlossenen Projektstufen.

Der Auftraggeber hat die Mitwirkung der an der Planung fachlich Beteiligten sowie der etwaigen Ausführungsbeteiligten entsprechend dem abgestimmten Value-Engineering-Prozess vertraglich sicherzustellen. Dazu gehört auch die Verpflichtung zur Mitwirkung bei der Durchführung von Workshops sowie die verantwortliche Überprüfung und Einarbeitung von Optimierungsvorschlägen durch die an der Planung fachlich Beteiligten.

Rechtsberatungsleistungen im Sinne des Rechtsdienstleistungsgesetzes (RDG) sind nicht Gegenstand dieser Leistungs- und Honorarempfehlung.

7.4.1 Projektvorbereitung

1. Aufstellen, Abstimmen und Priorisieren der VE-Ziele (Optimierung von Investitions-, Betriebs- bzw. Lebenszykluskosten, Terminen, Qualitäten) sowie Klären der VE-Zielbeziehungen
2. Aufstellen und Abstimmen des VE-Prozesses und der zu überprüfenden Planungsergebnisse
3. Aufstellen und Abstimmen der Anforderungen an die Planungsergebnisse der Projektbeteiligten
4. Prüfen der Bedarfsplanung auf Übereinstimmung mit den VE-Zielen und deren Priorisierung
5. Zusammenfassen und Dokumentieren der Ergebnisse in einem VE-Projektleitfaden

7.4.2 Planung

7.4.2.1 Leistungsphase 2 HOAI

1. Erste Sichtung der Planungskonzepte der Objekt- und Fachplaner (vor Koordinierung im Vorplanungsprozess) zur Vorbereitung des Workshops
2. Vorbereitung und Durchführung des ersten Planer-Workshops, Analyse und Diskussion in Betracht kommender Planungsalternativen und Zusammenfassen der Ergebnisse
3. Überprüfen der Ergebnisse der Vorplanung im Hinblick auf
   - Berücksichtigung der Workshop-Ergebnisse und Planungsalternativen
   - Erreichung der VE-Ziele unter Berücksichtigung der VE-Zielbeziehungen
   - Aufstellen und Abstimmen von weiteren alternativen Lösungsansätzen
4. Zusammenfassen und Dokumentieren der Ergebnisse in einem VE-Prüfbericht zum Phasenabschluss der Vorplanung
5. Prüfen der Ergebnisumsetzung des VE-Prüfberichts in die endgültige Vorplanung

7.4.2.2 Leistungsphase 3 HOAI

1. Vorbereitung und Durchführung eines Planer-Workshops, Analyse und Diskussion der Entwurfskonzepte und Zusammenfassen der Ergebnisse
2. Überprüfen der koordinierten Entwurfsplanung (vor Vorlage der abschließenden Kostenberechnung) auf
   - Umsetzung der Ergebnisse aus LPH 2 HOAI
   - Erreichung der VE-Ziele unter Berücksichtigung der VE-Zielbeziehungen
3. Vorbereitung und Durchführung eines Planer-Workshops zur Abstimmung und Synchronisation der Prüfergebnisse mit den Projektbeteiligten
4. Zusammenfassen und Dokumentieren der Ergebnisse in einem VE-Prüfbericht zum Phasenabschluss der Entwurfsplanung
5. Prüfen der Ergebnisumsetzung des VE-Prüfberichts in die endgültige Entwurfsplanung

7.4.3 Ausführungsvorbereitung

1. Beraten des AG zu ausgewählten, projektrelevanten Planungsinhalten der Ausführungsplanung, der Vorbereitung und der Mitwirkung bei der Vergabe in Abhängigkeit zur Aufbauorganisation und Unternehmereinsatzform (Einzelplaner, Generalplaner, Einzelfirmen, Generalunternehmer etc.)
2. Zusammenfassen, dokumentieren und ergänzen der Ergebnisse im VE-Projektleitfaden
3. Überprüfen der ausgewählten Planungsinhalte aus der Ausführungsplanung, den Leistungsverzeichnissen (alternativ: Leistungsbeschreibung mit Leistungsprogramm) und Vergabevorschlägen inkl. Wertung von Nebenangeboten nach Maßgabe des Projektleitfadens
4. Umsetzung des VE-Überprüfungsprogramms, Empfehlen von Optimierungsmöglichkeiten im Hinblick auf die VE-Ziele, erforderlichenfalls unter Vorbereitung und Durchführung weiterer Planer-Workshops mit den Projektbeteiligten
5. Zusammenfassen, dokumentieren und fortschreiben der Ergebnisse in einem VE-Prüfbericht zum (Phasen-)Abschluss der ausgewählten Planungsinhalte

7.4.4 Ausführung

1. Anlassbezogenes Beraten des AG zur Einhaltung der VE-Ziele, insbesondere im Hinblick auf Projektänderungen

Prozessschritte	Projektstufe 1	Projektstufe 2	Projektstufe 2	Projektstufe 3	Projektstufe 4
Leistungsphase nach HOAI	LPH 1	LPH 2	LPH 3	LPH 5–7	LPH 8
Schritt 1	VE-Ziele abstimmen	Konzepte sichten	Planer-Workshop durchführen	VE-Prüfinhalte festlegen	Beraten zur Einhaltung der VE-Ziele
Schritt 2	VE-Prozess abstimmen	Planer-Workshop durchführen	Entwurfsplanung überprüfen	VE-Projektleitfaden ergänzen	
Schritt 3	Bedarfsplanung prüfen	Vorplanung überprüfen	Ergebnisse synchronisieren	Planungsergebnisse überprüfen	
Schritt 4	Im VE-Projektleitfaden dokumentieren	Im VE-Prüfbericht dokumentieren	Im VE-Prüfbericht dokumentieren	Ergebnisumsetzung überprüfen	
Schritt 5		Ergebnisumsetzung prüfen	Ergebnisumsetzung prüfen	Im VE-Prüfbericht dokumentieren	

Bild 1: Prozessschritte des Value Engineering

7.5 Kommentar

Die Leistungen des VE sind von den Grundleistungen des AHO-Heftes Nr. 9 „Projektmanagementleistungen in der Bau- und Immobilienwirtschaft" (Stand Mai 2014) abzugrenzen, sofern Projektsteuerungsleistungen und VE-Leistungen bei dem gleichen Auftragnehmer beauftragt werden sollen. Insbesondere die Leistungen der Grundleistung B 2 „Überprüfen der Ergebnisdokumentation der Planungsbeteiligten zu den einzelnen Leistungsphasen der Planung" in der Projektstufe 2 bleiben entweder unberührt oder werden durch die Leistungen des VE erweitert/ergänzt.

7.5.1 Projektvorbereitung

Beim Aufstellen, Abstimmen und Priorisieren der VE-Ziele geht es um eine inhaltliche Standortbestimmung, welche der möglichen VE-Ziele betroffen sind und in welcher Beziehung sie zueinander stehen. Dabei sind zunächst Investitionskosten von Nutzungs- bzw. Lebenszykluskosten zu unterscheiden. Ebenso kann aber die Optimierung von Qualitäten oder Terminen Ziel sein. Durch die Klärung der VE-Zielbeziehungen soll zum einen priorisiert werden, in welcher Rangigkeit die VE-Ziele zueinander stehen, und zum anderen, ob sie sich unterstützen, neutral zueinander stehen oder sogar antinomisch sind. Die Verbesserung von Qualitäten soll z.B. nur dann zum Tragen kommen, wenn damit keine Erhöhung der Investitionskosten einhergeht, was eine Verbesserung der Nutzungskosten aber nicht ausschließt.

Nach Klärung der VE-Ziele und VE-Zielbeziehungen kann der VE-Prozess aufgestellt und abgestimmt werden. Dazu wird eine Aufbauorganisation erarbeitet, in der die Beteiligten sowohl auf der Auftraggeberseite als auch auf der Auftragnehmerseite für die Durchführung des VE-Prozesses festgelegt werden. Hierzu empfiehlt es sich, den Kreis der Beteiligten nicht zu groß zu gestalten, um entscheidungsfähig zu bleiben. In der Ablauforganisation wird ein VE-Steuerungsterminplan aufgestellt, in dem Prozesse auf die Terminplanung des Gesamtprojekts abgestimmt und die für die Entscheidungen notwendigen Meilensteinentscheidungen verortet werden. Diese Abläufe sind insbesondere für die Phasenabschlüsse der Planungsbeteiligten von entscheidender Bedeutung, da ohne die Freigabe der VE-Ergebnisse durch den Auftraggeber keine Freigabe der gesamten Leistungsphase erfolgen kann. Daher ist im VE-Prozess rechtzeitig festzulegen, welche Planungsergebnisse zur Optimierung auf Basis der VE-Ziele überprüft werden sollen.

Um Wiederholungsleistungen oder Nachforderungen im Planungsprozess zu vermeiden, sollten frühzeitig die Anforderungen an die Planungsergebnisse der Projektbeteiligten aufgestellt und abgestimmt werden. Dies kann entscheidenden Einfluss auf die Vergabestruktur haben, weil ggf. frühzeitig Sonderingenieure hinzugezogen werden müssen oder die Leistungsbilder der Planungsbeteiligten bereits bei Durchführung der Vergabeverfahren um Besondere Leistungen ergänzt werden müssen. Hier sei beispielhaft die Durchführung von bauphysikalischen Simulationen oder die Erstellung von vertieften Kostenermittlungen nach Gewerken in der Leistungsphase 2 nach HOAI genannt.

Abschließend ist vor Durchführung des VE-Prozesses die Bedarfsplanung auf Übereinstimmung mit den VE-Zielen und deren Priorisierung abzustimmen. Bereits im Projektkontext (ggf. auf Basis der Checkliste 1 im Anhang A der DIN 18205) und bei den Projektzielen (ggf. auf Basis der Checkliste 2 im Anhang A der DIN 18205) wurden innerhalb der Bedarfsplanung Finanzrahmen, Zeitrahmen, strategische Ziele, wesentliche Beteiligte sowie funktionale, technische, soziokulturelle, gestalterische, ökonomische, zeitliche und ökologische Ziele festgelegt, die in einen konkreten Bedarf mit qualitativen und quantitativen Anforderungen überführt wurden (ggf. auf Basis der Checkliste 3 im Anhang A der DIN 18205). Hier sollten keine Widersprüche zu den VE-Zielen entstehen, damit die Planungsbeteiligten einheitliche Grundlagen für den Planungsprozess haben und Wiederholungsleistungen vermieden werden.

Die Ergebnisse sind in einem VE-Projektleitfaden als abgestimmtes Pflichtenheft für die weiteren an der Planung fachlich Beteiligten zusammenzufassen und zu dokumentieren, der ggf. über die Projektlaufzeit fortgeschrieben wird.

7.5.2 Planung

7.5.2.1 Leistungsphase 2 HOAI

Wie in Kapitel 7.2 bereits erläutert, ist eine stichtagbezogene Prüfung am Ende einer Leistungsphase wenig zielführend, da der VE-Prozess im Anschluss zu einer Verzögerung für den Beginn der weiteren Planungsphasen führen würde. Des Weiteren können Wiederholungsleistungen oder das Untersuchen von nicht zum Ziel führenden Varianten vermieden werden. Daher sollte der Value Engineer eine erste Sichtung der Planungskonzepte der Objekt- und Fachplaner bereits vor der Koordinierung im Vorplanungsprozess durchführen, um Unverträglichkeiten mit den VE-Zielen zu vermeiden. Auf dieser Basis wird der erste Planer-Workshop vorbereitet und durchgeführt. Hierbei stellt der VE seine Vorplanungsanalyse vor und stimmt mit den Planungsbeteiligten ab, welche der im Rahmen der Leistungsphase 2 HOAI geschuldeten Varianten in Betracht kommen und in welchem Detaillierungsgrad diese zu planen sind. Dabei erbringt der VE keine eigenen Planungsleistungen, benötigt aber je nach Festlegung im VE-Projektleitfaden ausreichend fachliche Expertise, um eine vertiefte Überprüfung überhaupt durchführen zu können, mögliche Fehler zu finden und insbesondere bei den Schnittstellen zwischen den verschiedenen Planungsdisziplinen Abstimmungsprobleme aufzuzeigen. Hier seien beispielhaft die Vorgaben der Bauphysik zur Erfüllung der EnEV und des damit einhergehenden sommerlichen Wärmeschutzes im Zusammenhang mit den dafür zur Erreichung notwendigen technischen Anlagen in der TA-Planung genannt. Daher ist es sinnvoll, ggf. bis zur Abgabe der Vorplanungen weitere stichprobenhafte Kontrollen der Planungsleistungen durchzuführen, um den Planungsprozess im Sinne der VE-Zielerreichung abzusichern.

Nach Abgabe überprüft der VE die Ergebnisse der Vorplanung im Hinblick auf Berücksichtigung der Workshop-Ergebnisse und darin festgelegten Varianten sowie die Erreichung der VE-Ziele unter Berücksichtigung der VE-Zielbeziehungen. Voraussetzung dafür ist, dass die Planungsergebnisse gemäß Festlegung im VE-Leitfaden erarbeitet wurden. Fehlende Unterlagen oder mangelnde Bearbeitungstiefe führen unweigerlich zu Nachforderungen und Verzögerungen im weiteren Planungsablauf. Daher sollten sich VE, Projektsteuerung und Projektleitung rechtzeitig darüber abstimmen, wie ein möglichst reibungsloser Ablauf erreicht werden kann.

Bei der Überprüfung kann sich die Notwendigkeit von weiteren alternativen Lösungsansätzen ergeben, die ggf. im Sinne von Varianten nach verschiedenen Anforderungen erarbeitet und abgestimmt werden müssen. Da es sich hierbei i.d.R. um Besondere Leistungen gemäß HOAI handelt, sind diese durch die Planungsbeteiligten entsprechend anzubieten und durch den Auftraggeber zu beauftragen, soweit nicht bereits vorausschauend in der Projektvorbereitung geschehen. Es empfiehlt sich, die Prüfergebnisse vor Erstellung des Prüfberichts zwischen VE und Planungsbeteiligten auf fachlicher Augenhöhe abzustimmen, um dem Auftraggeber ein möglichst synchronisiertes Ergebnis präsentieren zu können.

Alle Ergebnisse werden in einem VE-Prüfbericht zum Phasenabschluss der Vorplanung zusammengefasst und dokumentiert. Auf dieser Basis trifft der Auftraggeber die Entscheidung, ob er die Leistungsphase freigibt und damit den Planungsprozess der nachfolgenden Leistungsphase startet oder ob die Nachforderungen des VE zu umfangreich sind und durch die Planungsbeteiligten nachgearbeitet werden muss, bis die VE-Ziele der abgestimmten Planungstiefe entsprechend erreicht wurden.

Auf dieser Basis trifft der Auftraggeber die Entscheidung, ob er eine Leistungsphase unter Berücksichtigung der Ergebnisse des VE-Prüfberichts freigibt oder zunächst eine Nachbearbeitung der Planungsergebnisse der an der Planung fachlich Beteiligten durchgeführt werden muss, um die VE-Ziele vor Abschluss der jeweiligen Leistungsphase zu erreichen. In diesem Sinne prüft der VE die Ergebnisumsetzung in die endgültige Vorplanung. Dabei ist der VE-Prüfbericht entsprechend fortzuschreiben.

7.5.2.2 Leistungsphase 3 HOAI

Der VE-Prozess wird in der Leistungsphase 3 HOAI in wesentlichen Teilen analog zur Leistungsphase 2 HOAI durchgeführt. Der wesentliche Unterschied besteht allerdings darin, dass die Grundleistungen der Leistungsphase 3 HOAI keine Varianten und Alternativen zur Untersuchung vorsehen. Entsprechende Aufgabenstellungen wären Besondere Leistungen. Der VE hat dementsprechend darauf zu achten, dass der Prozess der Varianten- und Alternativenbearbeitung in der Leistungsphase 2 HOAI vollständig erbracht und abgearbeitet wurde. Die vom Auftraggeber für die Leistungsphase 3 HOAI freigegebene Vorplanung wird Grundlage für die weitere vertiefte Bearbeitung durch das Planungsteam. Auf eine erste Sichtung der Entwurfskonzepte durch den VE vor der Koordination kann daher verzichtet werden. Nach Vorbereitung und Durchführung des nächsten Planer-Workshops mit Analyse und Diskussion der Entwurfskonzepte überprüft der VE die koordinierte Entwurfsplanung. Hierbei ist zu beachten, dass die Planungsbeteiligten mit der abschließenden Kostenberechnung noch nicht begonnen haben sollten, um Wiederholungsleistungen in der Kalkulation zu vermeiden.

Liegt der Schwerpunkt der VE-Prüfung in der Leistungsphase 2 HOAI in der Berücksichtigung und Durcharbeitung von Varianten und Planungsalternativen, so ist bei der VE-Prüfung in der Leistungsphase 3 HOAI neben der fortlaufenden Erreichung der VE-Ziele unter Berücksichtigung der VE-Zielbeziehungen insbesondere die Umsetzung der Ergebnisse aus dem vorliegenden Prüfbericht und der ausreichende Detaillierungsgrad der Planung zu überprüfen. Beispielhaft seien hier die Auslegung der Anlagen durch die TA-Planer (z.B. Heizlast- und Kühllastberechnung, Schemata) sowie das genehmigungsfähige und mit allen Planungsbeteiligten koordinierte und in der Planung berücksichtigte Brandschutzkonzept erwähnt. Auch hier benötigt der VE ausreichend fachliche Expertise, um eine vertiefte Überprüfung überhaupt durchführen zu können. Einer besonderen Bedeutung kommt der Objektbeschreibung zu, in der über alle Planungsbereiche – von der städtebaulichen Zielsetzung über die wesentlichen Gestaltungsanforderungen und das Farb- und Materialkonzept bis zur Technischen Anlagenbeschreibung – eine für den Auftraggeber und den VE verständliche Erläuterung in Ergänzung zu den Planungen geschaffen wird, die für die Überprüfung durch den VE zwingend erforderlich ist. Hierin können sinnvollerweise direkte Bezüge zum VE-Projektleitfaden hergestellt werden. Dazu sind durch den VE zum Projektbeginn entsprechende Vorgaben zu machen.

Die an die Prüfung anschließende Vorbereitung und Durchführung eines Planer-Workshops zur Abstimmung und Synchronisation der Prüfergebnisse mit den Projektbeteiligten, das Zusammenfassen und dokumentieren der Ergebnisse in einem VE-Prüfbericht zum Phasenabschluss der Entwurfsplanung und das Prüfen der Ergebnisumsetzung des VE-Prüfberichts in die endgültige Entwurfsplanung erfolgen sinngemäß wie in der Leistungsphase 2 HOAI.

Mit Abschluss der Projektstufe „Planung" sind auch die wesentlichen Prozesse des VE im Sinne der Optimierung eines Projekts abgeschlossen. Die vorliegende Planung sollte im Sinne der im VE-Leitfaden festgelegten Ziele auch die bestmögliche Planung darstellen und keine Spielräume für alternative Verbesserungsmöglichkeiten mehr offen lassen, es sei denn, sie wurden im VE-Leitfaden ausdrücklich ausgeschlossen.

In den nachfolgenden Projektstufen geht es somit weniger um eine permanente Planungsoptimierung als um Ergebnissicherung im Sinne einer „Second Opinion".

7.5.3 Ausführungsvorbereitung

Zunächst berät der VE den Auftraggeber zur Festlegung des VE-Überprüfungsprogramms für ausgewählte, projektrelevante Planungsinhalte der Ausführungsplanung, der Vorbereitung und der Mitwirkung bei der Vergabe in Abhängigkeit zur Aufbauorganisation und Unternehmereinsatzform (z.B. Einzelplaner, Generalplaner, Einzelfirmen, Generalunternehmer). Dabei wird es i.d.R. nur noch um komplexe Planungsthemen gehen, die umfangreiche Schnittstellen zwischen den Planungsbeteiligten und den ausführenden Firmen beinhalten. Beispielhaft seien hier Rauchschutzdruckanlagen, eine Brandfallmatrix oder nutzungsspezifische Anlagen wie Leitstellen von Feuerwachen o.Ä. benannt.

Das mit dem Auftraggeber abgestimmte VE-Überprüfungsprogramm wird zusammengefasst und als Ergänzung im VE-Projektleitfaden dokumentiert. Auf dieser Basis werden die ausgewählten Planungsinhalte aus der Ausführungsplanung, den Leistungsverzeichnissen (alternativ: Leistungsbeschreibung mit Leistungsprogramm) und Vergabevorschlägen inkl. der Wertung von Nebenangeboten überprüft. Dabei ist wesentlich, dass bei der Umsetzung des VE-Überprüfungsprogramms i.d.R. mehrere Planungsdisziplinen betroffen sind und hierfür eine Schnittstellenliste mit Angabe der Beteiligten, Zuständigkeit und Aktivität (erarbeiten, mitwirken, prüfen) geführt werden sollte, sofern diese nicht schon aus den vorlaufenden Projektstufen vorliegt und fortgeschrieben werden kann.

In Einzelfällen kann es durch Änderungen in der Bedarfsplanung, Nebenangebote oder Vorschläge ausführender Firmen zu weiteren Optimierungsmöglichkeiten im Hinblick auf die VE-Ziele kommen, die erforderlichenfalls unter Vorbereitung und Durchführung weiterer Planer-Workshops mit den Projektbeteiligten bearbeitet werden müssen. Der dafür erforderliche VE-Prozess wird analog zur Projektstufe „Planung" durchgeführt.

Die Ergebnisse werden in einem VE-Prüfbericht zum (Phasen-)Abschluss der ausgewählten Planungsinhalte zusammengefasst, dokumentiert und fortgeschrieben.

7.5.4 Ausführung

In der Ausführungsphase kann es anlassbezogen notwendig werden, den Auftraggeber im Hinblick auf die Einhaltung der VE-Ziele zu beraten, insbesondere im Hinblick auf Projektänderungen bzw. Änderungen der Bedarfsplanung. Dabei können Nachträge, die Qualität der Ausführung auf der Baustelle bis zur Abnahme der Bauleistung Gegenstand der Überprüfung durch den VE in Bezug auf die Einhaltung des VE-Leitfadens sein.

7.6 Honorierung

Die Honorierung erfolgt nach Zeitaufwand; siehe dazu die Honorarempfehlung der AHO-Fachkommission „Projektsteuerung/Projektmanagement" (Heft Nr. 9, 4. Aufl. 2014, dort § 9). Den Vertragsparteien steht es frei, Pauschalhonorarvereinbarungen zu treffen oder ergänzend zu den zeit- oder pauschalbezogenen Honorierungen Erfolgskomponenten festzulegen.

Das Value Engineering ist, obwohl es teilweise auch planerische Leistungen beinhaltet, nicht Gegenstand des Preisrechts der HOAI. Speziell die Objektplanungsleistungen wie auch die Fachplanungsleistungen der Technischen Ausrüstung sind auf eine gesamtheitliche Planung eines Bauprojekts bezogen. Dementsprechend sieht die erste Spiegelstrichleistung der LPH 3 der Anlage 10 zu § 34 Abs. 4, § 35 Abs. 7 HOAI die Analyse der Alternativen/Varianten und deren Wertung mit Kostenuntersuchung (Optimierung) als Besondere Leistung vor. Besondere Leistungen unterliegen dem staatlichen Preisrecht nicht, so dass grundsätzlich eine Vergütungspflicht nach dem staatlichen Preisrecht der HOAI nicht besteht. Etwaige Erfolgshonorare sollten in Anlehnung an § 7 Abs. 6 HOAI auf 20 % des vereinbarten Honorars begrenzt werden.

Die Vertragsparteien sind also frei in Bezug auf die Festlegung der Honorare.

Da der Aufwand für ein Value Engineering sehr von den definierten Value-Engineering-Zielen und den projektspezifischen Anforderungen abhängt (Art der vertraglichen Einbindung des Value Engineers sowie Leistungsfähigkeit und Leistungsbereitschaft des eingeschalteten Planungsteams), kann der Aufwand nur projektspezifisch abgeschätzt werden. Vor diesem Hintergrund bietet es sich an, Zeithonorare nach Tagessätzen zu vereinbaren und dabei auf das eingesetzte Personal mit Fachzuständigkeiten für einzelne Planungsbereiche abzustellen. Im Falle von Pauschalvereinbarungen ist auf ein ausreichend konkretes Leistungsbild im Hinblick auf einzelne Prozesse zu achten.

Im Falle von Erfolgsvereinbarungen sind genaue Bemessungsgrundlagen festzulegen. Die Vertragstypologie eines Value-Engineering-Vertrages entspricht werkvertraglichen Grundsätzen, da der Value Engineer auf die Erreichung definierter Value-Engineering-Ziele hinarbeitet. Im Vertrag mit dem Auftraggeber kann geregelt werden, dass die Arbeitsergebnisse des Value Engineers soweit geschützt werden, dass der Auftraggeber sich verpflichtet, von diesen nur Gebrauch zu machen, wenn der Value Engineer auch nach den vertraglichen Absprachen vergütet wird.

8 Inbetriebnahmemanagement

Prof. Dr.-Ing. N. Preuß

8.1 Definition

Die Aufgaben des Projektmanagers im Handlungsbereich „Termine, Kapazitäten und Logistik" liegen in einer gesamthaften Konzeptionierung der Abläufe und Integration der Projektbeteiligten mit dem Ziel, einen bestimmten Inbetriebnahmetermin bei voller Funktionalität des Projekts zu erreichen. Dies beinhaltet sowohl organisatorische Voraussetzungen als auch durchdachte Ablaufstrukturen sowie systematische Terminkontrollen zu verschiedenen Zeitpunkten im Projektverlauf.

Die Erbringung dieser Leistung ist eine Grundleistung der Projektsteuerung. Je nach Komplexität, Ausstattung und Art des Projekts bzw. dessen Nutzung ergibt sich eine darüber hinausgehende Aufgabenstellung, die als Besondere Leistung zu beauftragen wäre.

8.2 Anwendungsbereich

Die Notwendigkeit einer Besonderen Leistung im Sinne dieses Leistungsbildes ergibt sich z.B. bei hochkomplexen und hochtechnisierten Fabrikationsgebäuden der stationären Industrie, z.B. einem Flughafen oder einem großen Klinikum – um nur einige Projektbeispiele zu nennen. Insbesondere gilt dies für Projekte mit mehreren Teilprojekten bzw. übergreifenden bzw. technischen Systemen, die in ihren Abhängigkeiten und der Gesamtfunktionalität bereits in der Planung im Hinblick auf inbetriebnahmerelevante Voraussetzungen und Randbedingungen konzipiert werden müssen. Gleiches gilt für Projekte, die während des laufenden Betriebs baulich stark verändert werden und mit der Nutzung stark vernetzt sind, wie z.B. Messeprojekte, Teilprojekte in Flughäfen, komplexe Infrastrukturprojekte oder Fabrikanlagen, die sich in eine bestehende Gesamtfunktionalität lückenlos integrieren müssen.

Das nachfolgende Leistungsbild ergänzt die Grundleistungen der Projektsteuerung gemäß AHO-Heft Nr. 9.

8.3 Schnittstellen zu anderen Leistungen

Das folgende Leistungsbild weist Schnittstellen zu folgenden Regelwerken auf:

- AHO-Heft Nr. 9: Projektmanagementleistungen
- AHO-Heft Nr. 16: Facility Management Consulting
- AHO-Heft Nr. 19: Nutzerprojektmanagement [Kap. 11]
- AHO-Heft Nr. 19: Technisches Inbetriebnahmemanagement [Kap. 9]
- AHO-Heft Nr. 19: Risikomanagement [Kap. 5]
- AHO-Heft Nr. 19: Multiprojektmanagement [Kap. 4]
- HOAI § 34 Abs. 3 Nr. 8: Objektüberwachung

Die Leistungen können einzeln oder auch gesamthaft an ein Unternehmen beauftragt werden. Im Auftragsfalle sind die Schnittstellen der Leistungen differenziert voneinander abzugrenzen.

Bei Projekten mit durchschnittlichem Anforderungsprofil hat der Projektsteuerer bei Beauftragung der Grundleistungen gemeinsam mit der beauftragten Objektüberwachung sowie der technischen Fachbauleitung und den nutzerseitigen Ansprechpartnern das Projekt zur erfolgreichen Inbetriebnahme zu führen.

Bei überdurchschnittlichen Anforderungen an die Projektsteuerung und dem Erfordernis eines sehr differenzierten und detaillierten Inbetriebnahmemanagements erfordert dies die Beauftragung einer Besonderen Leistung.

Je nach Ausstattungs- und Technisierungsgrad sowie Komplexität des Projekts und auch in Abhängigkeit der vorliegenden Unternehmenseinsatzform (Einzelfirmen, Generalunternehmer oder Generalübernehmer) ergibt sich evtl. darüber hinaus die Notwendigkeit, ein „Technisches Inbetriebnahmemanagement" als Besondere Leistung zu ergänzen. Diese Leistungen beinhalten die Aufgabe, die Vielzahl an technischen Anlagen in der Inbetriebnahme nicht auf Einzelgewerke zu beschränken, sondern als Ganzes in einem in sich geschlossenen, technischen Anlagensystem übergreifend zu betrachten und zu optimieren (siehe Kapitel 9). Die Leistungen enthalten in Anlehnung an die Richtlinie des VDI 6039 (Inbetriebnahmemanagement für Gebäude, Methoden und Vorgehensweisen für gebäudetechnische Anlagen) spezifizierte Leistungen im Hinblick auf die Technische Ausrüstung mit bestehenden Schnittstellen zum Bau sowie im Übergang zum Facility Management. Diese Leistungsergänzungen sind nicht in dem nachfolgend dargestellten Leistungsbild enthalten.

Im Falle der Beauftragung der Leistungen des Technischen Inbetriebnahmemanagements ist eine sorgfältige Abgrenzung zu den beauftragten Leistungen in der Planung und der Projektsteuerung vorzunehmen, damit unbeabsichtigte Doppelbeauftragungen vermieden werden.

8.4 Leistungsbild

Das nachfolgend dargestellte Leistungsbild enthält die Schritte eines komplexen Inbetriebnahmemanagements für Großprojekte, mit dem Ziel, parallel zum Planungs- und Errichtungsprozess alle erforderlichen Maßnahmen zu konzipieren und durchzuführen, um die Betriebsfähigkeit des Projekts zum Inbetriebnahmetermin sicherzustellen.

Die Phasen dieses Leistungsbildes unterscheiden sich von denen der Projektsteuerung.

Der Start der Inbetriebnahmevorbereitungen ist mit der Typologie des Projekts verknüpft.

Er liegt im Zeitraum der Planung, in dem sich bei Projekten mit einer Vielzahl an Teilprojekten auch die Abhängigkeiten in technischer, funktionaler und inbetriebnahmerelevanter Hinsicht konkretisieren.

In dieser ersten Phase wird die **Inbetriebnahmeorganisation vorbereitet**.

Anschließend erfolgt die konkrete **Inbetriebnahmeplanung** mit Ableitung von Einzelinbetriebnahmeplänen auf Basis der Rahmenterminplanung und Vernetzung zu einem Generalinbetriebnahmeterminplan als übergeordnetem Steuerungselement.

Die Inbetriebnahmeplanung ist Grundlage für die **Koordination der Inbetriebnahmevorbereitung** zwischen allen Beteiligten.

Die operative Inbetriebnahme erfordert die **Schulung und den Probebetrieb** als Grundvoraussetzung, die leistungstechnisch in einer eigenen Stufe zusammengefasst ist.

Ebenso erfolgt dies für die **Umzugsplanung**, die bei Bedarf in einer eigenen Stufe mit Aufgaben erfasst ist.

In der Projektstufe **operative Inbetriebnahme/Umzug** werden die Ergebnisse aller vorhergehenden Prozesse umgesetzt.

In aller Regel wird es sinnvoll sein, die in der Inbetriebnahme entstandenen Erkenntnisse bei der Betriebsaufnahme mit einem Nachlauf zu berücksichtigen und den Technischen Inbetriebnahmemanager mit zu definierenden Leistungen in der Organisation noch einen Zeitraum mitzuführen.

Diese Projektstufen unterscheiden sich bewusst vom Technischen Inbetriebnahmemanagement, welches sich an die Phasen der Projektstufen der Projektsteuerung bzw. die Planungsphasen anlehnt (vgl. Bild 1).

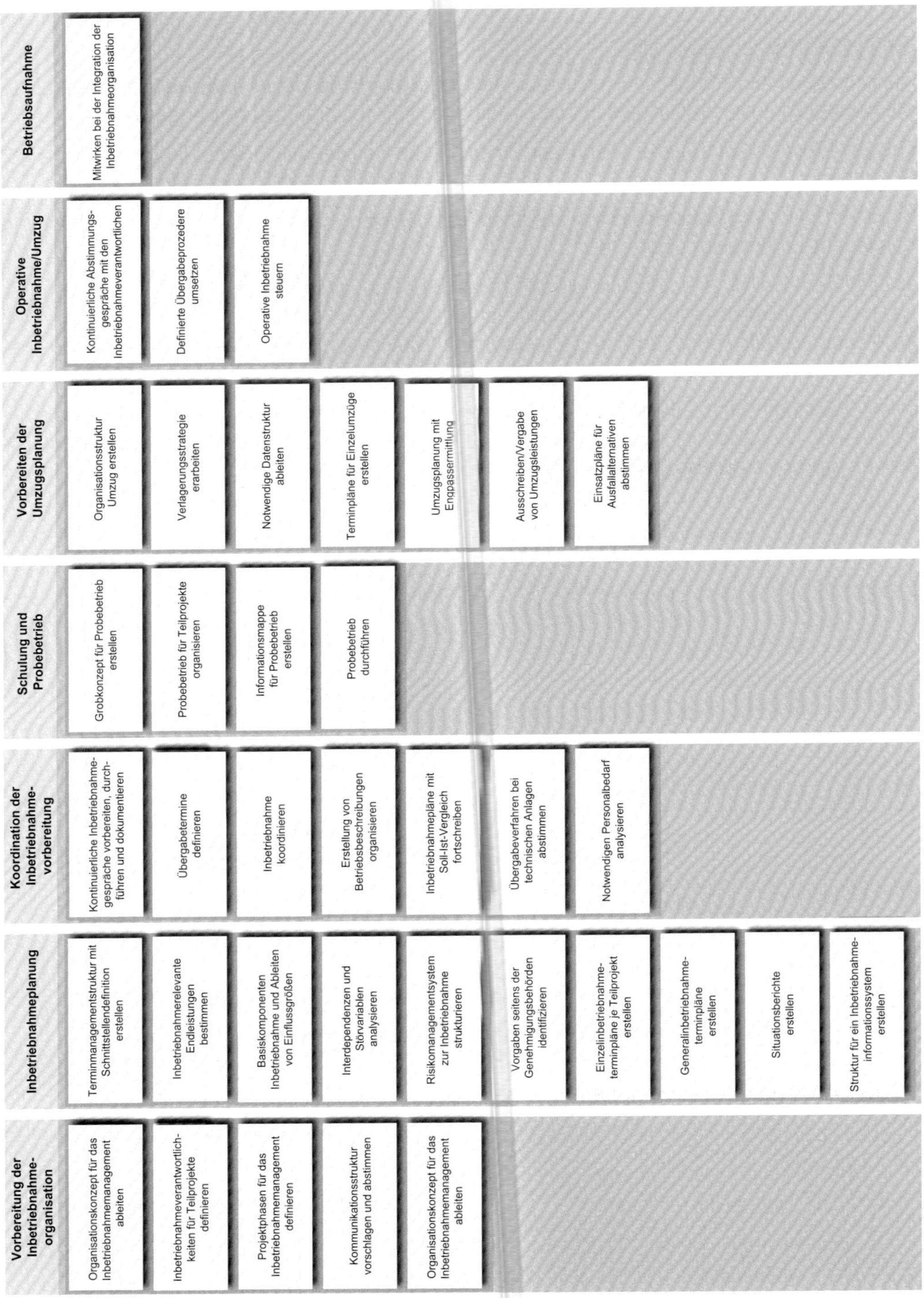

Bild 1: Handlungsbereiche Inbetriebnahmemanagement

8.4.1 Vorbereitung der Inbetriebnahmeorganisation

1. Ableiten eines Organisationskonzepts für das Inbetriebnahmemanagement mit Definition der Schnittstellen zu einzelnen Funktionen beim Bauherrn, Projektmanager, Planer, ausführenden Firmen, Betreiber sowie Nutzer, Behörden sowie sonstigen Projektbeteiligten
2. Definition von Inbetriebnahmeverantwortlichkeiten für Teilprojekte, übergreifende bauliche Anlagen und technische Systeme in Abstimmung mit Bauherrn, Abgrenzung von Verantwortlichkeiten sowie Beschreibung von Aufgabenstrukturen
3. Erstellen eines Konzepts für die Projektphasen des Inbetriebnahmemanagements mit Definition der angestrebten Ergebnisse je Teilphase und beinhalteten Prozessen
4. Vorschlagen und Abstimmen einer Kommunikationsstruktur für den Gesamtablauf der Inbetriebnahme sowie Ableitung von Vorgaben für das Berichtswesen, Entscheidungs- und Änderungsmanagement

8.4.2 Inbetriebnahmeplanung

1. Erstellen einer Terminmanagementstruktur mit Definition der Schnittstellen zwischen Rahmenterminplanung der Projektsteuerung, Einzelinbetriebnahmeplänen der Einzelobjekte, Generalinbetriebnahmeplan, abhängigen Maßnahmen sowie Ableitung der Mechanismen zur Erreichung eines wirksamen Termincontrollings
2. Bestimmen der inbetriebnahmerelevanten Endleistungen zur Betriebsfähigkeit mit Priorisierung
3. Bestimmen der Basiskomponenten der Inbetriebnahme mit Ableitung der Einflussgrößen und Integration in einer nach verschiedenen Parametern auswertbaren Datenstruktur
4. Analysieren der Interdependenzen und Störvariablen zur Einschätzung von Indikatoren zur Nichterfüllung von Voraussetzungen zur Inbetriebnahme
5. Strukturieren eines Risikomanagementsystems zur Inbetriebnahme mit Ableiten von Szenarien zur Identifizierung von Gefährdungspotentialen
6. Identifizieren von inbetriebnahmerelevanten Vorgaben seitens der Genehmigungsbehörden
7. Erstellen von Einzelinbetriebnahmeterminplänen je Teilprojekt/übergreifenden baulichen Anlagen und technischen Systemen und Ableiten relevanter Randbedingungen
8. Erstellen eines Generalinbetriebnahmeplans über alle Teilfunktionen mit Darstellung der Abhängigkeiten/Randbedingungen
9. Definieren von Mindestvoraussetzungen der Inbetriebnahme (baulich/funktional) je Teilprojekt/übergreifenden Systemen
10. Erstellen von Situationsberichten zum Status des Inbetriebnahmemanagements
11. Analysieren der Planungsabläufe je Teilprojekt/übergreifenden Systemen auf Verträglichkeit mit den erforderlichen Vorläufen für die Realisierung der Funktionalitäten für die Inbetriebnahme
12. Erstellen eines Strukturablaufs für den Soll-Ist-Vergleich der Inbetriebnahmeplanung

13. Erstellen einer Struktur für ein Inbetriebnahmeinformationssystems mit Integration aller relevanten Informationen zur Steuerung der Inbetriebnahmeprozesse

8.4.3 Koordination der Inbetriebnahmevorbereitung

1. Fortschreiben der Organisation im Hinblick auf weitere Projektbeteiligte und Detailprozesse
2. Vorbereiten, Durchführen und Dokumentieren von kontinuierlichen Inbetriebnahmegesprächen mit allen relevanten Projektbeteiligten in Abstimmung mit dem Projektmanagement
3. Definieren von Übergabeterminen von Gebäuden, technischen Systemen mit Firmen und Behördenabnahmen an den Nutzer/Betreiber mit differenzierter Schnittstellendefinition
4. Koordinieren der Inbetriebnahme zwischen Projektmanagement, Ausführung, Betrieb, Nutzer mit Erfassung bestehender Probleme und Ableiten notwendiger Handlungsschritte zur Lösungsfindung
5. Organisieren der Erstellung von Betriebsbeschreibungen bzw. Arbeitsanweisungen zur Erstellung von Betriebshandbüchern sowie endleistungsorientierten Arbeitsanweisungen als Grundlage für Schulungen in den Teilprojekten sowie technischen Systemen
6. Fortschreiben aller Inbetriebnahmepläne mit Soll-Ist-Vergleich und Aufzeigen erforderlicher Steuerungsmaßnahmen
7. Abstimmen der Übergabeverfahren bei technischen Anlagen nach Abnahme/Teilnahmen/Übergabe nach vorläufiger Übernahme etc.
8. Analysieren des notwendigen Personalbedarfes auf Seiten des Nutzers/Betreibers in den Phasen der Inbetriebnahme sowie Ableiten der erforderlichen Personalkapazitäten über die Zeitachse

8.4.4 Schulung und Probebetrieb

1. Erstellen eines Grobkonzepts für den Probebetrieb mit Definition von Kernbereichen der Projektfunktionalität, Prozessen zur bilateralen Erprobung von Betriebsabläufen in Teilprojekten und Systemen, Erproben des Gesamtprojekts im Verbund der Teilsysteme
2. Organisieren des Probebetriebs für die Teilprojekte unter Berücksichtigung erforderlicher Personalkapazitäten, Transport- und Verkehrswegen, Kommunikationsbeziehungen, erforderliche Informationssysteme mit relevanten Anforderungen an die Datenbereitstellung
3. Erstellen einer Informationsmappe für den Probebetrieb als Grundlage zur Einführung aller erforderlichen Projektbeteiligten
4. Durchführen des Probebetriebs

8.4.5 Vorbereiten der Umzugsplanung

1. Erstellen einer Organisationsstruktur mit Festlegen der Verantwortlichkeiten
2. Erarbeiten der Verlagerungsstrategie und Ableiten eines differenzierten Phasenkonzepts
3. Ableiten der notwendigen Datenstruktur mit anschließendem Erfassen der erforderlichen Informationen
4. Erstellen von phasenbezogenen Terminplänen für Einzelumzüge
5. Umzugsplanung mit Engpassermittlung und Analysieren von Transportwegen
6. Ausschreiben, Mitwirken bei der Vergabe von Umzugsleistungen
7. Ausarbeiten von Einsatzplänen/Abstimmen von Ausfallalternativen in Zusammenarbeit mit den beauftragten Spediteuren

8.4.6 Operative Inbetriebnahme/Umzug

1. Kontinuierliche Abstimmungsgespräche mit den Inbetriebnahmeverantwortlichen, Projektmanagement, Objektüberwachungen, Nutzer, Betreiber und ausführenden Firmen, einschließlich Dokumentation und Ableiten von erforderlichen Steuerungsmaßnahmen
2. Umsetzen der definierten Übergabeprozedere für alle erforderlichen Teilprojekte/Systeme
3. Steuerung der operativen Inbetriebnahme, des Umzugs sowie der Einzelprozesse in der Betriebsaufnahme des Gesamtprojekts

8.4.7 Betriebsaufnahme

Mitwirken bei der Integration der Inbetriebnahmeorganisation in die Struktur der zukünftigen Betriebsorganisation

8.5 Kommentar

8.5.1 Vorbereitung der Inbetriebnahmeorganisation

8.5.1.1 Ableiten eines Organisationskonzepts für das Inbetriebnahmemanagement mit Definition der Schnittstellen zu einzelnen Funktionen beim Bauherrn, Projektmanager, Planer, ausführenden Firmen, Betreiber sowie Nutzer, Behörden sowie sonstigen Projektbeteiligten

Auf der Grundlage eines idealisierten Ablaufs der Planung, Realisierung und Inbetriebnahme eines Projekts leiten sich verschiedene Verantwortungsbereiche für die Entscheidungsebenen des Bauherrn, der Planung, der Ausführung und dem Nutzer ab. Ausgehend von den Prozessen in der Koordination der Planung und der Überwachung der Ausführung ergibt sich für die Inbetriebnahme eines Projekts die Notwendigkeit in der Definition von inbetriebnahmerelevanten Prozessen, damit das Projekt dem Betreiber bzw. Nutzer funktionsgerecht übergeben werden kann (Bild 2).

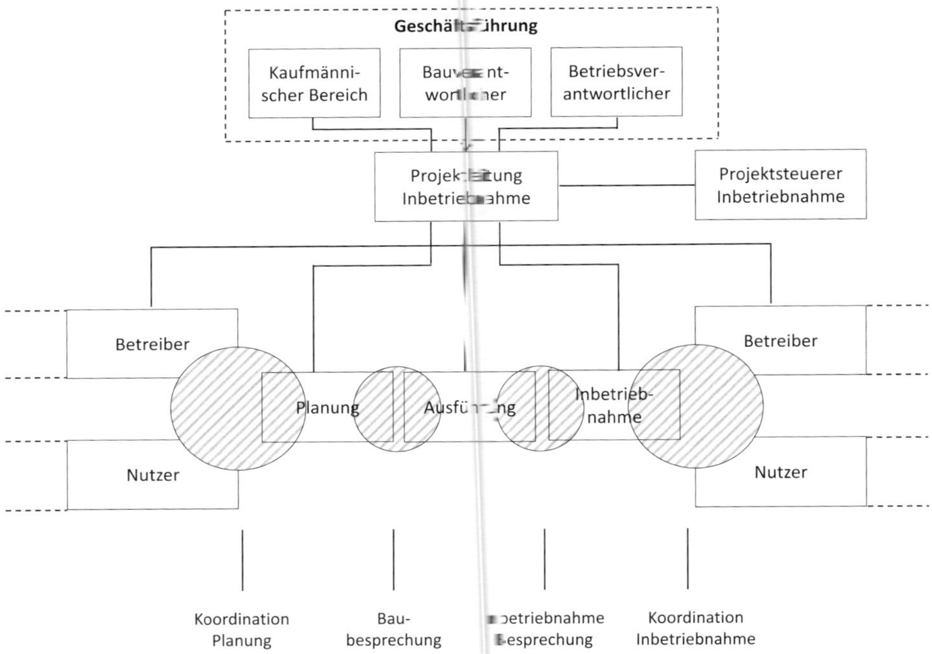

Bild 2: Struktur der Planung, Realisierung, Inbetriebnahme

Auf diesen Grundlagen sind klare Schnittstellen zwischen den Beteiligten festzulegen und geeignete Organigramme zu erstellen.

8.5.1.2 Definition von Inbetriebnahmeverantwortlichkeiten für Teilprojekte, übergreifende bauliche Anlagen und technische Systeme in Abstimmung mit Bauherrn, Abgrenzung von Verantwortlichkeiten sowie Beschreibung von Aufgabenstrukturen

Für jedes Teilprojekt sowie übergreifende bauliche Anlagen und Systeme sollten Inbetriebnahmeverantwortliche (IBV) festgelegt werden, die die volle Verantwortung für die Inbetriebnahme von Einzelbereichen übertragen bekommen. Der IBV führt das Inbetriebnahmemanagement unter der Verantwortlichkeit des übergeordneten Inbetriebnahmemanagers. Er identifiziert notwendige Maßnahmen zur Implementierung und stellt deren Umsetzung sicher. Des Weiteren untersucht er Störvariable mit möglichen Auswirkungen auf seinen Einzelbereich. Aus den Erkenntnissen erarbeitet er Lösungsvorschläge für Problemfälle und berichtet regelmäßig in Inbetriebnahme-Jour-Fixes. In die Inbetriebnahme selbst sind in aller Regel noch weitere Institutionen eingebunden, wie z.B. ein Lenkungsausschuss, ein Koordinationsteam und diverse Berater, die ebenfalls ergebnisorientiert geführt werden müssen.

8.5.1.3 Erstellen eines Konzepts für die Projektphasen des Inbetriebnahmemanagements mit Definition der angestrebten Ergebnisse je Teilphase und beinhalteten Prozessen

Die erfolgreiche Inbetriebnahme eines Großprojekts benötigt ein klares Prozessmodell, auf dem die weiteren Leistungen aufbauen. Die Basiskomponenten der Inbetriebnahme in Form von Gebäuden, Anlagen und Systemen werden bei der Inbetriebnahme in Abhängigkeit verschiedener Parameter beeinflusst, z.B. vom erforderlichen Personalbedarf, Schnittstellen zwischen Funktionsprozessen und der Voraussetzung von notwendigen Spezialkenntnissen etc. Des Weiteren entstehen in dem Inbetriebnahmeprozess zwangsläufig Störgrößen, die in dem Transformationsprozess durch geeignete Kompensationsmaßnahmen ausgeglichen werden müssen. Nur so wird es möglich sein, die Endleistungen zu einer einwandfreien Betriebsfähigkeit, z.B. für das Betreiben von Anlagen oder Informationssystemen, zu erreichen (Bild 3).

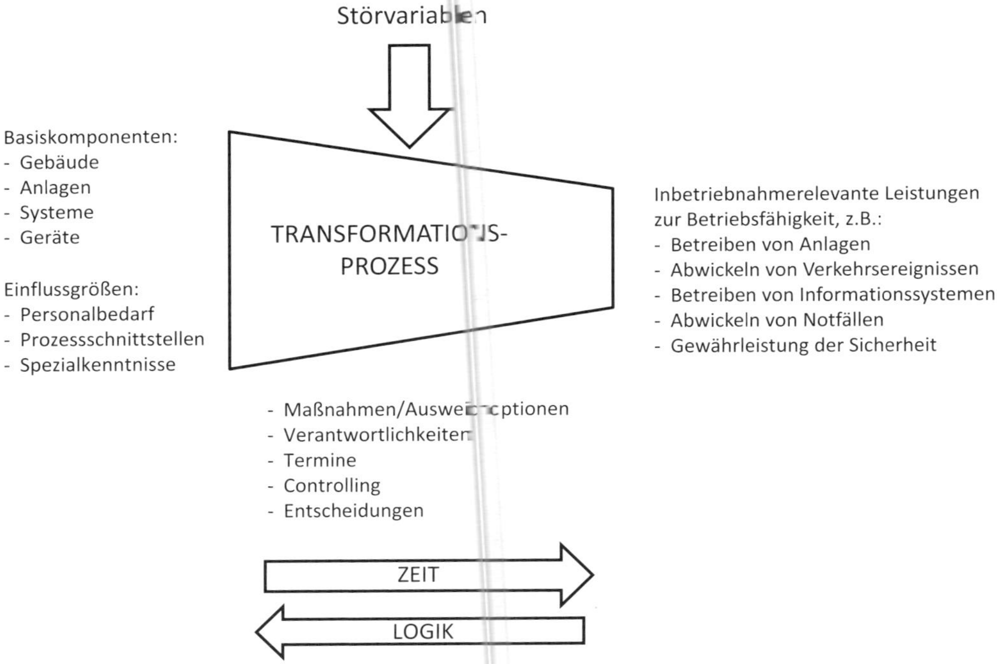

Bild 3: Inbetriebnahmemanagementprozess

8.5.1.4 Vorschlagen und Abstimmen einer Kommunikationsstruktur für den Gesamtablauf der Inbetriebnahme sowie Ableiten von Vorgaben für das Berichtswesen, Entscheidungs- und Änderungsmanagement

Das in Betrieb zu nehmende Projekt wird durch den Projektmanager mit seinen Leistungen bereits über die Organisationsfestlegungen auch in den Kommunikationsstrukturen implementiert sein. Die Koordination der Inbetriebnahme benötigt eine eigene, ergänzende Kommunikationsstruktur, die sich phasenorientiert verändert. Einzubinden mit dem Ziel der Inbetriebnahme sind neben den Inbetriebnahmeverantwortlichen verschiedene Stellen des Nutzers, der Projektmanager, die Objektüberwachungen mit Fachbauleitungen sowie partiell ausführende Firmen und zum Beginn der operativen Inbetriebnahme eingeschaltete Logistikunternehmen, Spediteure bis hin zur Öffentlichkeitsabteilung des Investors.

Diese Kommunikationsstruktur wird vom Inbetriebnahmemanager mit den Beteiligten rechtzeitig abzustimmen sein. Des Weiteren betrifft dies die Anforderungen an die Statusberichte zur Inbetriebnahme, die ergänzend zu den Statusberichten der Baufertigstellung anzufertigen sind. Je nach Projekttypologie und Größenordnung wird es ein spezielles Änderungs- und Entscheidungsmanagement in den Inbetriebnahmeprozessen geben müssen.

8.5.2 Inbetriebnahmeplanung

8.5.2.1 Erstellen einer Terminmanagementstruktur mit Definition der Schnittstellen zwischen Rahmenterminplanung der Projektsteuerung, Einzelinbetriebnahmeplänen der Einzelobjekte, Generalinbetriebnahmeplan, abhängigen Maßnahmen sowie Ableitung der Mechanismen zur Erreichung eines wirksamen Termincontrollings

Ausgangspunkt der Inbetriebnahmeüberlegung ist der gültige Rahmenterminplan des Projektmanagements, der als Vorgabe des Bauherrn allen Beteiligten verbindlich vorgegeben ist. In diesem Rahmenterminplan wird in aller Regel ein Zeitfenster für die operative Inbetriebnahme/Betriebsverlagerung/Umzug vorgesehen sein.

Bei sehr großen Projekten, wie z.B. der Inbetriebnahme eines Flughafens, beginnt die Planung der Inbetriebnahme bereits Jahre vor dem eigentlichen Nutzungsbeginn. Dies gilt insbesondere für Projekte, die Multiprojektmanagementcharakter haben und aus einer Vielzahl von Einzelprojekten bestehen, die sowohl als Einzelprojekt in Betrieb genommen werden müssen als auch den Nachweis einer funktionsfähigen Gesamtanlage führen müssen. Deshalb erstreckt sich das Inbetriebnahmemanagement bei diesen Projekten über einen sehr langen Zeitraum in verschiedenen Teilphasen bis zur Aufnahme des Betriebs. Daher müssen die verbindlichen Rahmenterminvorgaben des Projektmanagements über Einzelinbetriebnahmepläne je Teilprojekt/System in einen Generalinbetriebnahmeplan integriert werden, der eine zusätzliche Vernetzung mit übergeordneten Abhängigkeiten enthalten muss. In Bild 4 sind die Gesamtzusammenhänge zwischen diesen verschiedenen Komponenten des Terminmanagements dargestellt.

Im Rahmen der Koordination der Inbetriebnahmevorbereitung werden zu einem späteren Zeitpunkt als „Vorsorgemaßnahme“ noch sogenannte „Vorwarntermine“ definiert, die für die Inbetriebnahme des Einzelprojekts bzw. der Gesamtanlage entscheidend sind. Diese Fixierung ermöglicht bei kritischen Entwicklungen das rechtzeitige Einleiten von Steuerungsmaßnahmen, z.B. in der Durchsetzung von vorgezogenen Terminen.

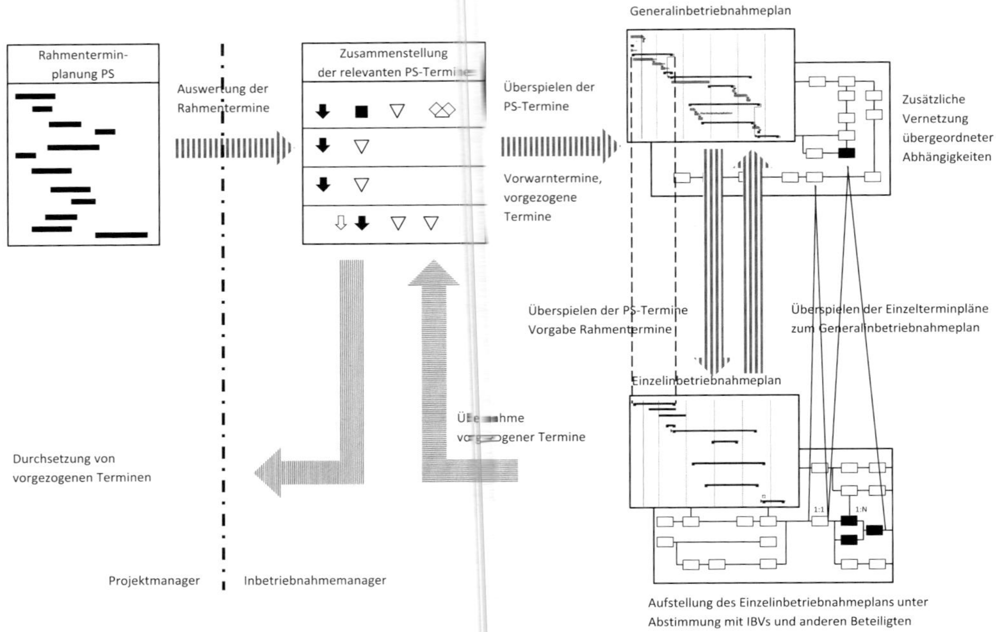

Bild 4: Verknüpfung Terminpläne Bau-Einzelinbetriebnahmepläne und Generalinbetriebnahmeplan

8.5.2.2 Bestimmen der inbetriebnahmerelevanten Leistungen zur Betriebsfähigkeit mit Priorisierung

Das in Ziff. 8.5.1.3 angesprochene Stufenkonzept der Inbetriebnahme wird in Abhängigkeit der spezifischen Randbedingungen des Projekts verschiedene Phasen beinhalten, wie beispielhaft in Bild 5 dargestellt. Diese einzelnen Phasen beinhalten verschiedene Leistungen im Sinne der Vorbereitung der Inbetriebnahme.

Im ersten Schritt müssen die inbetriebnahmerelevanten Leistungen (Endleistungen) bestimmt werden, die zur Erreichung der Betriebsfähigkeit zwingend erforderlich sind. Dies wird sowohl je Einzelprojekt als auch für übergreifende Systeme sowie das Gesamtprojekt zu analysieren sein.

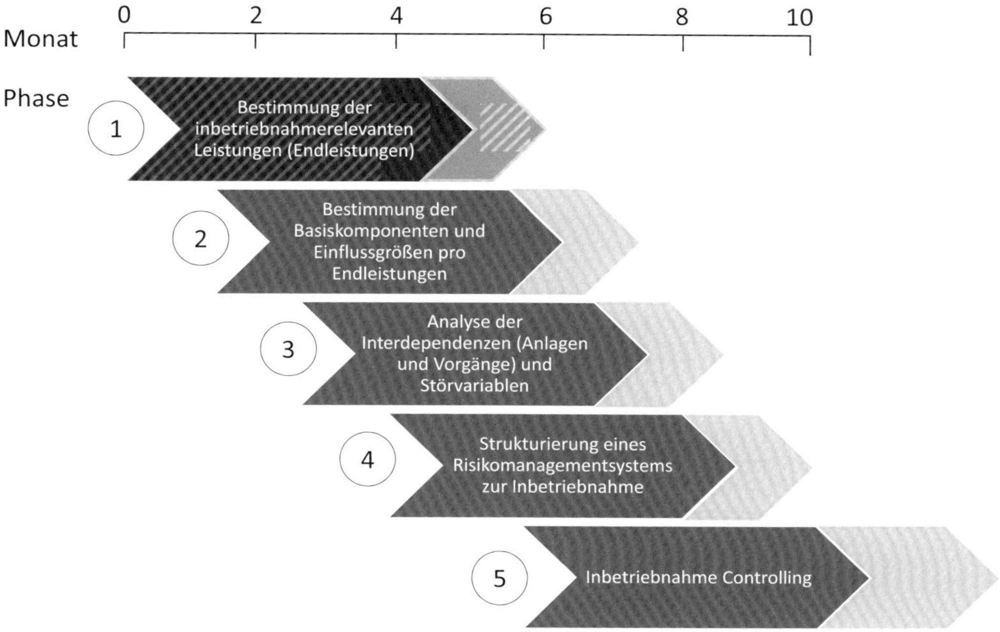

Bild 5: Projektphasen des Inbetriebnahmemanagements

8.5.2.3 Bestimmen der Basiskomponenten der Inbetriebnahme mit Ableitung der Einflussgrößen und Integration in einer nach verschiedenen Parametern auswertbaren Datenstruktur

In einem weiteren Schritt werden die Basiskomponenten in Form von Gebäuden, Anlagen, EDV-Systemen oder erforderlichen Geräten zu definieren sein, wie beispielhaft in Bild 6 dargestellt. Die Informationen werden in einer geeigneten Datenstruktur zu führen sein.

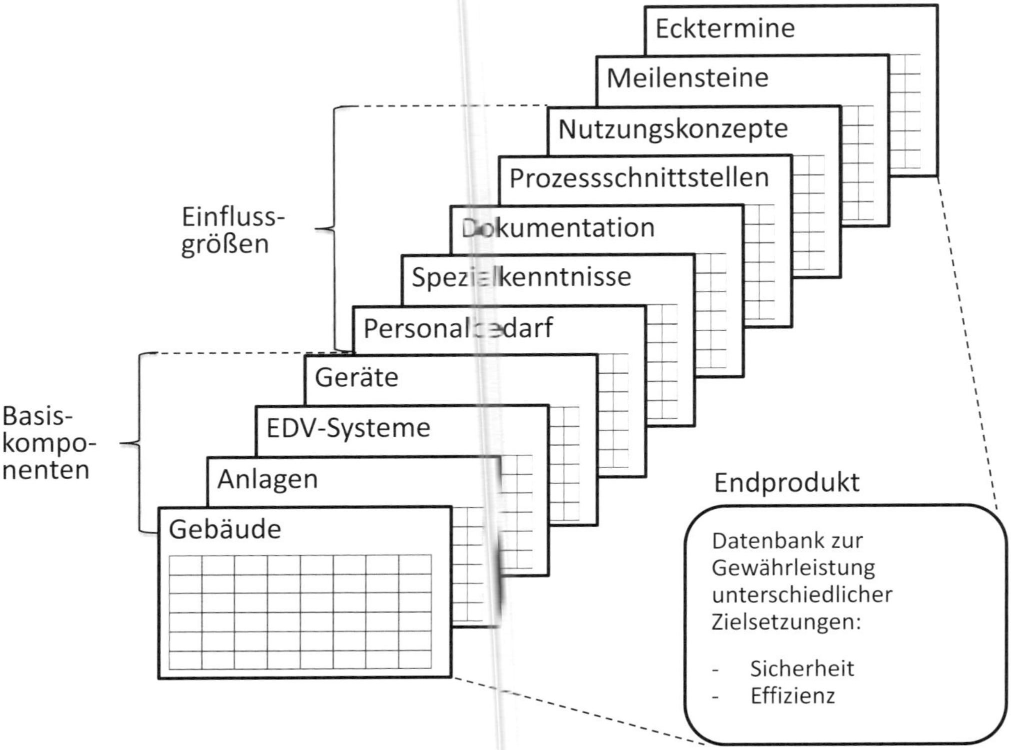

Bild 6: Analyse von Einflussgrößen der Basiskomponenten

8.5.2.4 Analysieren der Interdependenzen und Störvariablen zur Einschätzung von Indikatoren zur Nichterfüllung von Voraussetzungen zur Inbetriebnahme

In einem Folgeschritt werden die zur Inbetriebnahme relevanten Endleistungen priorisiert und im Hinblick auf die Abschätzung und Nichterfüllung der Voraussetzung eingeschätzt. In Abhängigkeit einer festzulegenden Skalierung zur Einschätzung des Risikos wird dann zu entscheiden sein, ob zur Erreichung der relevanten Endleistung Beschleunigungs- oder Alternativmaßnahmen erforderlich sind. Der Gesamtzusammenhang ist in Bild 7 dargestellt.

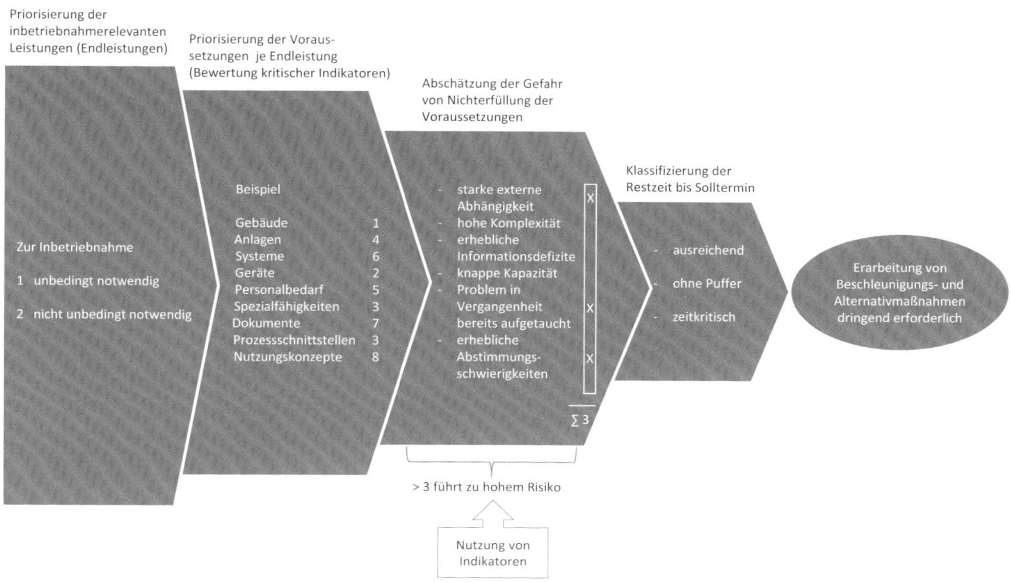

Bild 7: Priorisierung der Endleistungen mit Klassifizierung des Risikos

8.5.2.5 Strukturieren eines Risikomanagementsystems zur Inbetriebnahme mit Ableiten von Szenarien zur Identifizierung von Gefährdungspotentialen

Im Ergebnis dieser Betrachtung erfolgt eine Risikopriorisierung, die in der Summe der betrachteten Einzelprojekte und des Gesamtprojekts eine Aussage über den Status der Inbetriebnahme und das bestehende Risiko möglich machen wird (Bild 8).

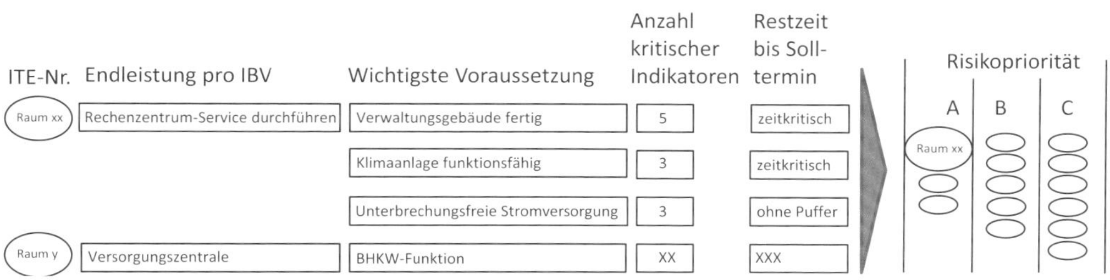

Bild 8: Priorisierung von Inbetriebnahmerisiken

8.5.2.6 Identifizieren von inbetriebnahmerelevanten Vorgaben seitens der Genehmigungsbehörden

Das Management in der Koordination und Abstimmung mit den Behörden ist eine wesentliche Voraussetzung, um die Inbetriebnahme störungsfrei zu erreichen. Dabei geht es insbesondere darum, dass parallel zum Inbetriebnahmeprozess und im Kontakt mit den Behörden zunehmend ein gewisses Vertrauensverhältnis aufgebaut werden muss, weil nur dieses ermöglicht, kleinere Unverträglichkeiten im Fertigstellungsgrad der Anlagen nicht zu einem K.O.-Kriterium für die gesamte Inbetriebnahme werden zu lassen.

Insofern wird der Inbetriebnahmemanager in Abstimmung mit dem Projektmanager, den jeweils zuständigen Objektüberwachungen und Fachbauleitungen die notwendigen Veranlassungen und Vorbereitungen in dieser Richtung prüfen, dokumentieren und in einem geeigneten Maßnahmenkatalog abarbeiten, der die notwendigen Abstimmungsprozesse mit den relevanten Ansprechpartnern der Behörden beinhaltet.

8.5.2.7 Erstellen von Einzelinbetriebnahmeterminplänen je Teilprojekt/ übergreifenden baulichen Anlagen und technischen Systemen und Ableiten relevanter Randbedingungen

Für jedes einzelne Teilprojekt wird ein sogenannter Einzelinbetriebnahmeplan erstellt, der im Hinblick auf die definierten inbetriebnahmerelevanten Endleistungen, Subleistungen Grundlage der Soll-Ist-Vergleiche ist. Der Gesamtzusammenhang ist in Bild 9 dargestellt.

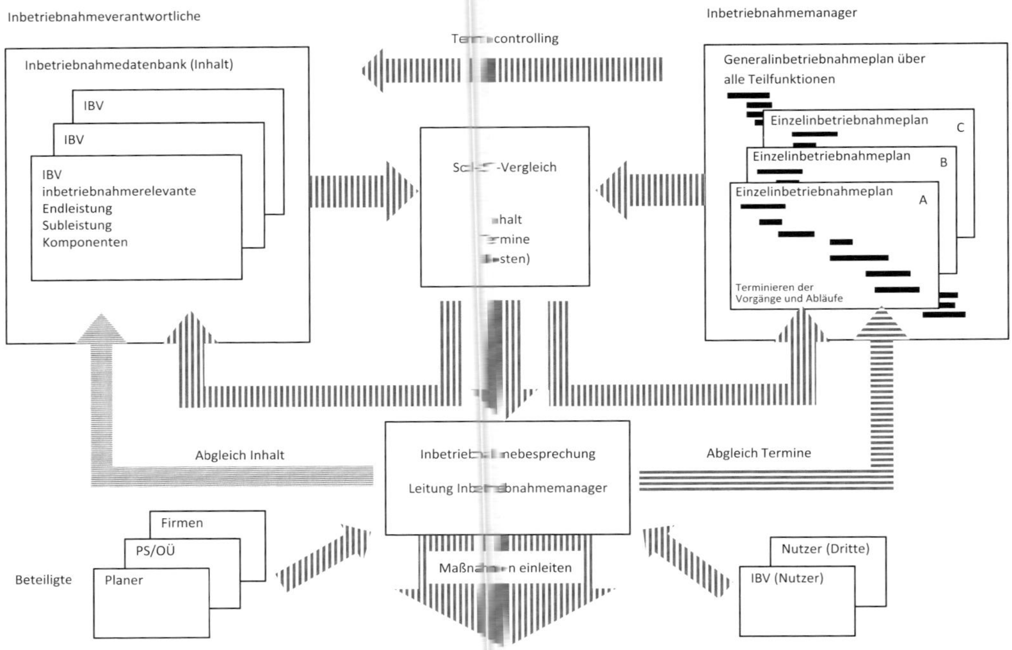

Bild 9: Inbetriebnahmeorganisation

8.5.2.8 Erstellen eines Generalinbetriebnahmeplans über alle Teilfunktionen mit Darstellung der Abhängigkeiten/Randbedingungen

Die Einzelinbetriebnahmeterminpläne werden in einem Generalinbetriebnahmeterminplan über alle Teilfunktionen integriert und des Weiteren werden abhängige Maßnahmen identifiziert. Der Generalinbetriebnahmeterminplan ist auch Grundlage für das Termincontrolling mit den relevanten Inbetriebnahmeverantwortlichen (siehe Bild 9).

8.5.2.9 Definieren von Mindestvoraussetzungen der Inbetriebnahme (baulich/funktional) je Teilprojekt/übergreifenden Systemen

Entscheidend für eine erfolgreiche Inbetriebnahme ist die klare Grunddefinition in der Qualität der inbetriebnahmerelevanten Leistung (Endleistung) und der Übergabe an den Nutzer.

Beispiel: Übergabe einer Tankanlage für die Inbetriebnahme

Die Frage nach der Übergabe kann unterschiedlich gestellt werden.

1. Ist die Tankanlage fertig?

oder

2. Kann der Verbraucher mit Kraftstoff versorgt werden?

Positive Antwort auf die letztgenannte Fragestellung ist für die Inbetriebnahme entscheidend.

In Bild 10 ist ein Prinzipbeispiel für die Definition der Übergabeterminierung dargestellt.

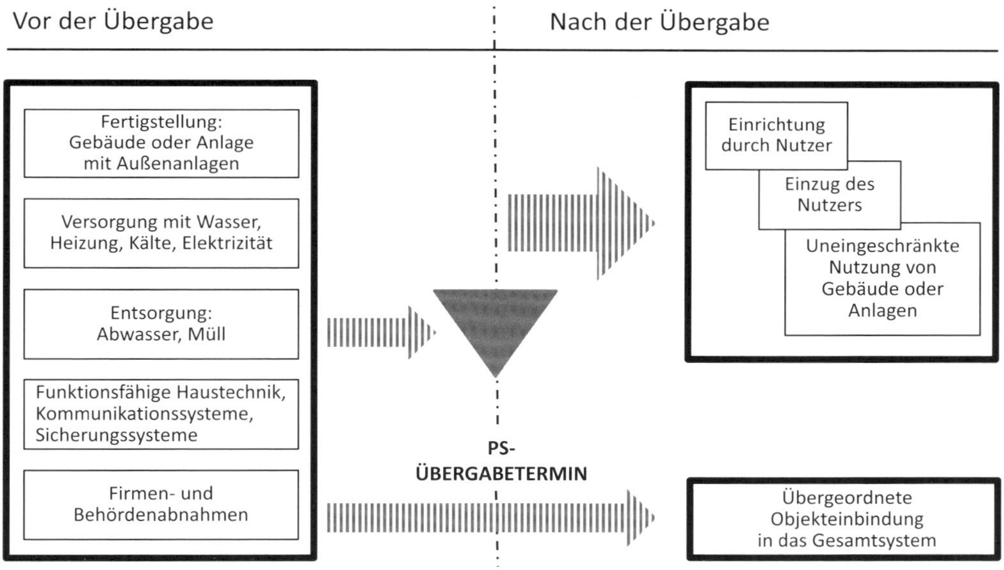

Bild 10: Grunddefinition von Übergabeterminen

8.5.2.10 Erstellen von Situationsberichten zum Status des Inbetriebnahmemanagements

Analog zur Berichterstattung des Projektmanagers über Planung und Bau wird für das Inbetriebnahmemanagement kontinuierlich ein Situationsbericht zu den Aktivitäten der Inbetriebnahme erstellt. Je nach Projekt werden sich Zeitpunkt und Umfang der Berichterstattung unterschiedlich gestalten.

8.5.2.11 Analysieren der Planungsabläufe je Teilprojekt/übergreifenden Systemen auf Verträglichkeit mit den erforderlichen Vorläufen für die Realisierung der Funktionalitäten für die Inbetriebnahme

Die Erreichung einer einwandfreien Inbetriebnahme wird nur dann gelingen, wenn die Ausführungstermine, auf denen die Einzelinbetriebnahmepläne und letztlich der Gesamtinbetriebnahmeterminplan basiert, eingehalten werden. Dies ist je nach Zeitpunkt der erstellten Inbetriebnahmeterminplanung sehr häufig nicht gegeben. Deshalb müssen zur frühzeitigen Stabilisierung der Übernahmetermine sogenannte „Vorwarntermine" eingeführt werden, die ein frühzeitiges Eingreifen ermöglichen. Häufig werden mangelnder Planungsvorlauf durch Programmdefizite, Nutzungs-/Qualitätsänderungen in der Bauphase, Planungsmängel, ungenügende Unternehmerleistungen oder auch nicht ausreichende Koordinierung und Terminsteuerung durch die zuständigen Bauleitungen den Terminverzug auslösen, dem rechtzeitig entgegengewirkt werden muss.

8.5.2.12 Erstellen eines Strukturablaufs für den Soll-Ist-Vergleich der Inbetriebnahmeplanung

Das Eintreten von Abweichungen zwischen Vorgaben des Rahmenterminplans Bau einerseits und die daraus ausgelöste Veränderung in den Einzelbetriebnahmeterminplänen andererseits ist systemimmanent für die Inbetriebnahmephase. Deshalb muss ein kontinuierlicher Strukturablauf für den Soll-Ist-Vergleich erstellt und abgestimmt werden. Ein Beispiel ist in Bild 11 dargestellt.

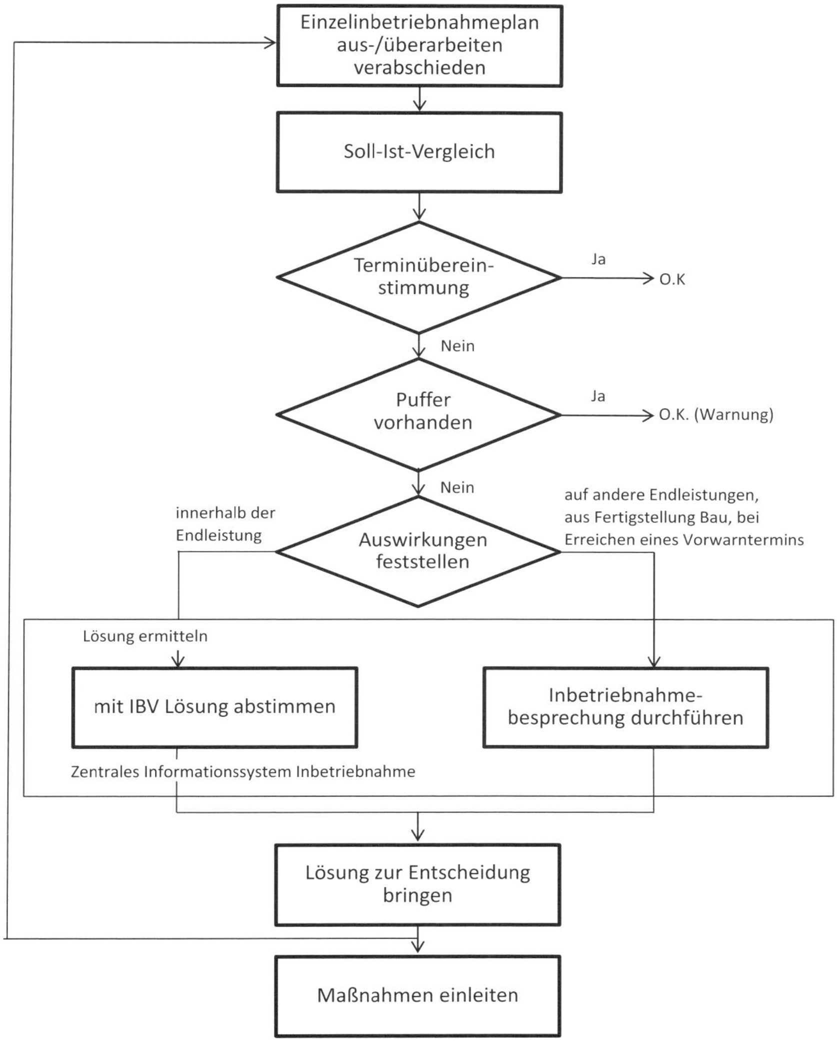

Bild 11: Vorgehensweise Soll-Ist-Vergleich von Abweichungen in den Inbetriebnahmeplänen

8.5.2.13 Erstellen einer Struktur für ein Inbetriebnahmeinformationssystem mit Integration aller relevanten Informationen zur Steuerung der Inbetriebnahmeprozesse

Die im Rahmen des Inbetriebnahmemanagements ermittelten Daten zur Inbetriebnahme sollten in eine geeignete Datenstruktur integriert werden, die nach verschiedenen Kriterien auswertbar ist.

8.5.3 Koordination der Inbetriebnahmevorbereitung

8.5.3.1 Fortschreiben der Organisation im Hinblick auf weitere Projektbeteiligte und Detailprozesse

Die bestehenden Organisationsfestlegungen sind im Hinblick auf die weiter hinzugestoßenen Projektbeteiligten und verfeinerten Detailprozesse zu ergänzen.

8.5.3.2 Vorbereiten, Durchführen und Dokumentieren von kontinuierlichen Inbetriebnahmegesprächen mit allen relevanten Projektbeteiligten in Abstimmung mit dem Projektmanagement

Wesentlich für den erfolgreichen Abschluss des Inbetriebnahmeprojekts sind die kontinuierlichen Inbetriebnahmebesprechungen unter Leitung des verantwortlichen Inbetriebnahmemanagers.

Teilnehmer sind neben den Nutzern die Inbetriebnahmeverantwortlichen, die betroffenen Bauleitungen sowie der Projektmanager, Planer und nach Bedarf auch ausführende Firmen. In diesen Besprechungen wird der aktuelle Status der in Betrieb zu nehmenden Bereiche mit dem Ziel durchgesprochen, alle erforderlichen Leistungen konkret zu erfassen, die für eine Inbetriebnahme erforderlich sind. Grundlage dafür ist neben den Einzelinbetriebnahmeplänen die jeweilige Feststellung zur Systemverfügbarkeit gemäß beispielhafter Darstellung in Bild 12.

Laufende Nummer: ...
Termin: ...
Inbetriebnahmeverantwortlicher (IBV): ...
Bereich: Terminal Raum xx
bezugsfertig für Installation IK-Systeme

Systemübersicht	**benötigte Systeme zum Übernahmetermin**
Monitor-Anzeigesystem MAS	X
Flugabfertigungssteuerung FAS	
Telekommunikationsanlage	X
Sprechanlagen	X
Fernsehüberwachung FSÜ	X
Öffentliches Auskunftssystem	
Dynamische Außenanzeige	
ELA-Anlage	
Bündelfunksystem	X
Alarmfunk	X
Flugfunk	
Personensuchanlage	
TV-System	
Ausweisgebundene Abrechnungssysteme	
Zugangskontrollen ZKS	
Bildschirmtext-/Videotextsystem	
Verkehrsmess- und Leitsystem	
Einzelsysteme BFS	
Alarmsystem	X
Einsatz-Informationssystem EIS	
Brandmeldesystem BMA	
Wächtersicherung	
Überfall-Einbruchmeldeanlage ÜEA	
Meldesystem Sicherheitskontrollen MFS	
Türsicherungssystem	
Parksystem	
Lärmmesssystem	
Lufthygienische Überwachung	
Meldesystem Verteilergang MVA	
Zentrale Uhrenanlage	X
Taxirufsystem	
Spezialarbeitstische	X
Erfassungssystem Betankung	
FM-Kabelnetz	X
Lokale Netze LAN	X

Bild 12: Systemübersicht zur Einschätzung der Inbetriebnahme

8.5.3.3 Definieren von Übergabeterminen von Gebäuden, technischen Systemen mit Firmen und Behördenabnahmen an den Nutzer/Betreiber mit differenzierter Schnittstellendefinition

Jedes Einzelprojekt wird im Hinblick auf die zu erreichende Endleistung in seinen inbetriebnahmerelevanten Komponenten auf die Verfügbarkeit der benötigten Systeme und baulichen Anlagen überprüft. Die in Bild 12 dargestellte Systematik muss auf alle Funktionalitäten des Projekts übertragen werden.

8.5.3.4 Koordinieren der Inbetriebnahme zwischen Projektmanagement, Ausführung, Betrieb, Nutzer mit Erfassung bestehender Probleme und Ableiten notwendiger Handlungsschritte zur Lösungsfindung

In dieser Phase der Inbetriebnahme verlagert sich die Zielrichtung des Inbetriebnahmemanagements immer tiefer in die spezifischen Probleme der Einzelprojekte und deren gegebenen Abhängigkeiten zu anderen Einzelprojekten und übergreifenden technischen Systemen.

8.5.3.5 Organisieren der Erstellung von Betriebsbeschreibungen bzw. Arbeitsanweisungen zur Erstellung von Betriebshandbüchern sowie endleistungsorientierten Arbeitsanweisungen als Grundlage für Schulungen in den Teilprojekten sowie technischen Systemen

Wesentliches Element für Schulung und Probebetrieb sind die zugrundeliegenden Betriebsbeschreibungen bzw. Arbeitsanweisungen. Eventuell bestehende Betriebsbeschreibungen aus Bestandsobjekten müssen ergänzt und aktualisiert werden, d.h. auf die Belange der neuen Projekte abgestimmt sein. Die Betriebsbeschreibungen und endleistungsorientierten Arbeitsanweisungen werden Bestandteil der zu einem späteren Zeitpunkt zu erstellenden Betriebshandbücher.

8.5.3.6 Fortschreiben aller Inbetriebnahmepläne mit Soll-Ist-Vergleich und Aufzeigen erforderlicher Steuerungsmaßnahmen

Bedingt durch den längeren Zeitraum zwischen operativer Inbetriebnahme und Planungsbeginn der Inbetriebnahme in Form von Einzelinbetriebnahmeplänen und dem Generalinbetriebnahmeplan entstehen durch Präzisierungen verschiedenster Themenstellungen und auch eingetretenen Störungen Veränderungen in den Inbetriebnahmeplänen. Dies begründet sich nicht zuletzt durch die ständigen Soll-Ist-Vergleiche zwischen bestehenden Vorgaben und aktuellem Terminstatus. Die dadurch bedingten Veränderungen in den Terminplänen müssen deshalb zu bestimmten Stichtagen fortgeschrieben werden, damit diese für die Inbetriebnahme die nötige Relevanz haben.

8.5.3.7 Abstimmen der Übergabeverfahren bei technischen Anlagen nach Abnahme/Teilnahmen/Übergabe nach vorläufiger Übernahme etc.

Der Zeitraum von der bautechnischen Fertigstellung eines Bauwerkes, einer Technischen Ausrüstung oder von übergreifenden technischen Systemen bis zur eigentlichen Betriebsaufnahme beinhaltet eine Vielzahl an Einzelprozessen zwischen den Beteiligten. Dies betrifft die Leistungskontrollen bezüglich der zu erbringenden Leistung, den Probebetrieb bzw. den Funktionsnachweis der ausführenden Firma und die rechtsgeschäftliche Abnahme durch den Bauherrn. In Einzelfällen kann eine vorgezogene Übernahme vor der rechtsgeschäftlichen Abnahme nötig sein. Die in diesem Zusammenhang erforderlich werdenden Festlegungen müssen eindeutig definiert werden. Dies gilt insbesondere auch vor dem Hintergrund, dass nach Abnahme von Leistungen durch den Bauherrn die Gefahrtragung verändert wird und auch gewisse Betreiberverantwortlichkeiten durch den Nutzer entstehen. Die in diesem Zusammenhang zu definierenden Einzelfragen sind auch unter Hinzuziehung einer Rechtsberatung zu klären. Der Inbetriebnahmemanager integriert in diese Festlegungsvielfalt die Erfordernisse der operativen Inbetriebnahmeabläufe.

8.5.3.8 Analysieren des notwendigen Personalbedarfes auf Seiten des Nutzers/Betreibers in den Phasen der Inbetriebnahme sowie Ableiten der erforderlichen Personalkapazitäten über die Zeitachse

Die Präsenz des Bauherrn, Nutzers/Betreibers ist in der Übergangsphase von der baulichen Fertigstellung bis zur Betriebsaufnahme in einer Vielzahl von Prozessen unabdingbar. Deshalb ist es notwendig, aus den festgestellten Mitwirkungshandlungen den personellen Bedarf der Beteiligten abzuleiten und diesen in der Inbetriebnahmephase sicherzustellen. Dabei muss insbesondere darauf geachtet werden, dass bei der Inbetriebnahme von Großprojekten mit einer Vielzahl von Beteiligten die erforderlichen Kapazitäten i.d.R. größer sein sollten als rechnerisch ermittelt, weil es für alle Beteiligten darum geht, sich in einer neuen betrieblichen Umgebung zu orientieren. Insbesondere sind auch rechtzeitig die Einflüsse von Ferienzeiten und sonstigen Gegebenheiten zu berücksichtigen. Bereits in der Vorbereitung der Inbetriebnahmeorganisation werden überschlägige Personalbedarfsplanungen durchgeführt, die in dieser Phase auf Basis realistischer Annahmen überarbeitet werden.

8.5.4 Schulung und Probebetrieb

8.5.4.1 Erstellen eines Grobkonzepts für den Probebetrieb mit Definition von Kernbereichen der Projektfunktionalität, Prozessen zur bilateralen Erprobung von Betriebsabläufen in Teilprojekten und Systemen, Erproben des Gesamtprojekts im Verbund der Teilsysteme

Die Konzeption des Probebetriebs wird zu Beginn der Inbetriebnahmeaktivitäten, also auch Jahre vor der eigentlichen Aufnahme des Betriebs, konzeptioniert. Dabei geht es um die Festlegung der Inhalte und Vorgehensweisen für die operative Inbetriebnahme im Verbund, d.h. um die Verknüpfung funktionierender Teilsysteme einschließlich des geschulten Personals zu einem Gesamtsystem. In diese Einzelbetrachtungen werden alle notwendigen Beteiligten des Betreibers, des Nutzers, unter der Leitung des Inbetriebnahmemanagers sowie der Inbetriebnahmeverantwortlichen einzubinden sein.

Ziel der ersten Aktivität ist die Erarbeitung eines Grobkonzepts mit Aussagen zum erforderlichen Umfang des Probebetriebs, zur Strukturierung, zu den Schnittstellen mit Dritten sowie zur Terminierung.

Zu diesem Zweck müssen auch die Kernbereiche eines solchen Probebetriebs definiert werden. Am Beispiel eines Flughafens könnten diese sein:

- Bundesflugsicherung (BFS) und Vorfeldkontrolle
- Organisation und Durchführung Flugbetrieb, Start- und Landebahn, Rollwege, Vorfelder
- Botendienste

- Gepäckdienste
- Sicherheitswesen
- Technischer Betrieb (Winterdienst)
- Terminaldienst
- etc.

Ergebnis dieser Strukturierung wird die Unterteilung des Probebetriebs in verschiedene Phasen sein: z.B.

- Bilaterale Erprobung von Betriebsabläufen und Systemen
- Erprobung von Gesamtabläufen im Verbund
- Probeflugbetrieb

Des Weiteren werden im Sinne eines realistischen Probebetriebs Ausnahmesituationen und Störfälle zu simulieren sein, um Gegenmaßnahmen überprüfen zu können. Außerdem wird man die Betriebsaufnahme mit einem Minimum an aktuellem Flugbetrieb konkret erproben. Ein solcher Flugbetrieb sollte einige Wochen vor der Betriebsaufnahme in Abstimmung mit den zuständigen Behörden durchgeführt und anschließend ausgewertet werden.

Für andere Projekttypologien gilt dies analog.

8.5.4.2 Organisieren des Probebetriebs für die Teilprojekte unter Berücksichtigung erforderlicher Personalkapazitäten, Transport- und Verkehrswegen, Kommunikationsbeziehungen, erforderliche Informationssysteme mit relevanten Anforderungen an die Datenbereitstellung

Für alle wesentlichen Teilprojekte wird gewissermaßen ein Drehbuch (Ablaufplan für den Probebetrieb) erstellt. Dies gilt für den bilateralen Probebetrieb, den Verbundbetrieb sowie den Probebetrieb des Gesamtprojekts und auch für die Identifikation von notwendigen Ausfallstrategien. Unter anderem liegen die Ziele des Probebetriebs in folgenden Aspekten:

- Einweisung des Personals in die neuartigen Arbeitsplätze
- Eingewöhnung in die neue topografische Umgebung
- Bedienung der neuartigen Geräte
- Bewältigung von Systemausfällen
- Sensibilisierung des „Zeitempfindens" für die neuen Wegstrecken
- Kompensation von Schulungsdefiziten durch Intensivschulungen
- Kompensation des Trainingsdefizits durch Simulation von Realbelastungen
- Steigerung des Schwierigkeitsgrads
- Bewältigung von simulierten Störgrößen
- Überprüfung der Schnittstellen zu verschiedensten Betriebsfunktionalitäten
- Eingrenzung des erforderlichen Personalgerüstes, auch bedingt durch Schichtplanung
- Überprüfung von Kommunikationsbeziehungen und involvierten Systemen
- Erforderliche Datenbereitstellungen
- etc.

Die aufgeführten Aspekte belegen die Komplexität in der Simulierung eines Probebetriebs in einem Teilbereich einer hochkomplexen Verkehrsanlage, die anschließend auch im Verbundbetrieb den Nachweis einer störungsfreien Gesamtfunktion beweisen muss.

8.5.4.3 Erstellen einer Informationsmappe für den Probebetrieb als Grundlage zur Einführung aller erforderlicher Projektbeteiligten

Eine erfolgreiche Inbetriebnahme und Betriebsverlagerung bedarf einer umfassenden Information aller Beteiligten. Dies sollte durch die Strukturierung einer geeigneten Informationsmappe erfolgen. Ziel dieser Information ist die Vermittlung von Einstiegsinformationen in das neue Projekt und die relevanten Prozesse. Es kann als Hilfsmittel zur Verbesserung der Unternehmenskommunikation zwischen dem Projektbetreiber, den Geschäftspartnern und den betroffenen Mitarbeitern beitragen. Die detaillierten Inhalte und die erforderlichen Ausarbeitungen sollten rechtzeitig abgestimmt und verteilt werden.

8.5.4.4 Durchführen des Probebetriebs

Jedes in Betrieb zu nehmende Projekt benötigt einen individuellen Ansatz in der Konzeption des Probebetriebs. Als Beispiel einige Stichpunkte der Konzeption des Probebetriebs eines Verkehrsflughafens:

- Publikumstage
- Probeflugbetrieb
- Probebetrieb in Einzelsystemen
- Rollverkehrssimulationen
- Frachtprobebetrieb
- Übergangsphase vom Probebetrieb zum Realbetrieb
- evtl. Flugbetrieb zur Eröffnungsfeier
- Betriebsaufnahme

Alle Einzelaktivitäten werden in einem umfassenden Aktivitätenplan erfasst, in dem die Beteiligten verbindlich eingebunden sind.

8.5.5 Vorbereiten der Umzugsplanung

Die Verlagerung der operativen Abläufe von einem Bestandsobjekt in ein Neubauprojekt bedarf rechtzeitiger Planung. Der Umzug ist dabei ein Prozess mit einer Vielzahl von einander abhängigen Teilprozessen im Rahmen der Inbetriebnahmeaktivitäten. In Bild 13 ist dieser Ablauf schematisch dargestellt. Jahre vor der eigentlichen Inbetriebnahme wird die Rahmenplanung erstellt und die Verlagerungsstrategie ausgearbeitet. Anschließend erfolgt die Umzugsplanung mit logistischen Vorüberlegungen und Vorbereitungen zum Umzug selbst. In aller Regel wird dann auch ein Nachlauf stattfinden, in dem der alte Standort je nach bestehenden Zielen für eine Nachnutzung vorbereitet wird.

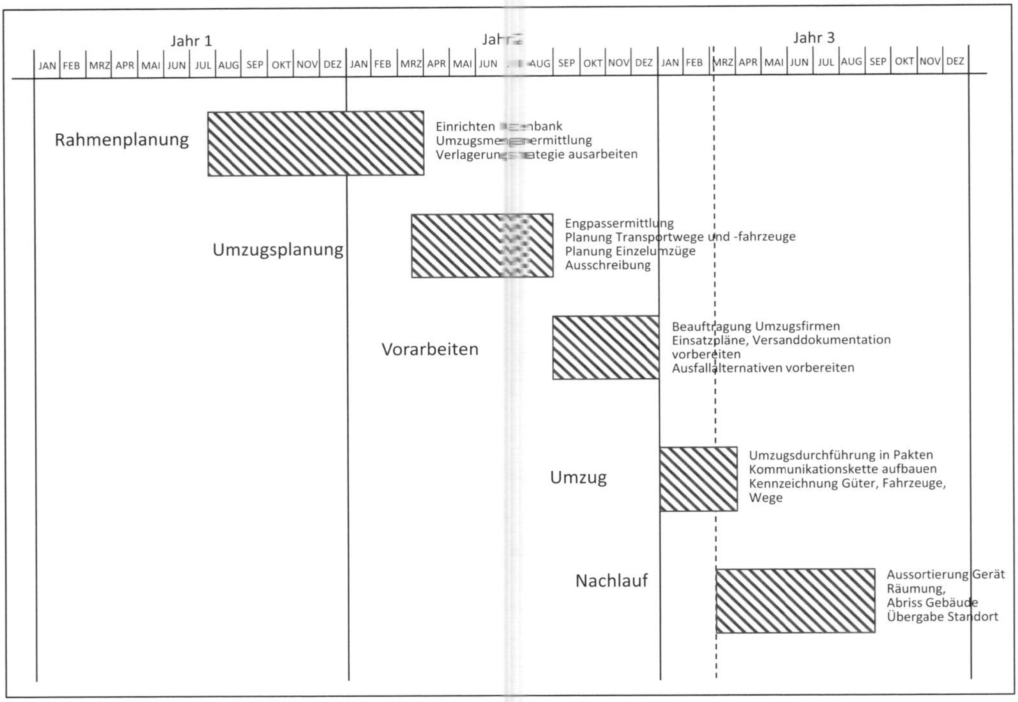

Bild 13: Grobkonzept Umzug

8.5.5.1 Erstellen einer Organisationsstruktur mit Festlegen der Verantwortlichkeiten

Je nach Komplexität des Projekts und der Größenordnung ist die Planung eines Umzugs ein eigenständiges Teilprojekt im Rahmen der Inbetriebnahme. In Bild 14 ist der schematische Ablauf einer Umzugsorganisation für einen Verkehrsflughafen dargestellt.

Es müssen rechtzeitig Bestandsvergleiche zwischen bestehendem Equipment und neu anzuschaffendem Ausrüstungsbedarf erfolgen und die Beschaffungsaktivitäten eingeleitet werden. Des Weiteren ist rechtzeitig zu planen, wann vorhandenes Gerät für den Umzug vorbereitet werden kann und im Altprojekt nicht mehr erforderlich ist.

Die Gesamtorganisation muss auf den Umzug vorbereitet, logistische Überlegungen müssen durchgeführt und auch Transportwege festgelegt werden, die mit den zuständigen Behörden abgestimmt werden müssen. Aus diesem Grunde muss für den Umzug ähnlich wie bei der Gesamtinbetriebnahme eine Organisationsstruktur entstehen, die alle wesentlichen Beteiligten verantwortlich einbindet.

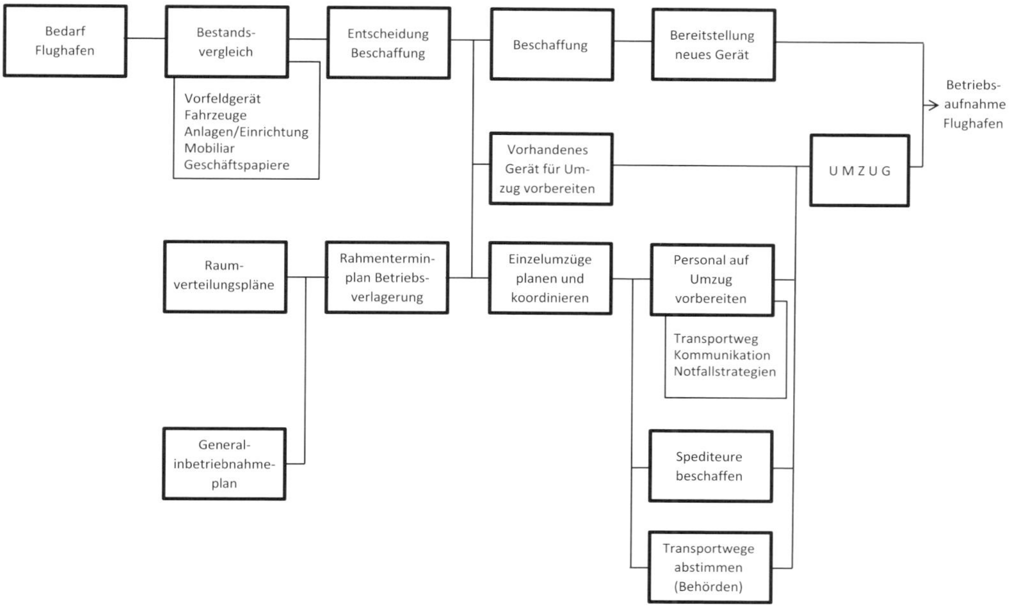

Bild 14: Grobablauf Umzug

8.5.5.2 Erarbeiten der Verlagerungsstrategie und Ableiten eines differenzierten Phasenkonzepts

Je nach Bedeutung, Größenordnung und funktionellen Randbedingungen ist ein Parallelbetrieb von Altprojekt und Neuprojekt nur für eine kurze Zeitspanne möglich und wirtschaftlich vertretbar. Insofern liegt es nahe, den Umzug eines Großprojekts in mehrere Phasen zu zergliedern, die beispielhaft in Bild 15 dargestellt sind.

In einer ersten Phase des Umzugs werden in Vorumzügen Gerät bzw. Ausrüstung verlagert, in einer zweiten Phase der operationalen Inbetriebnahme erfolgt dann die Teilinbetriebnahme weiterer Teilprojekte und in einer kurzen Phase, ggf. auch über Nacht, erfolgen die Betriebsaufnahme des Projekts und anschließend ein entsprechender Nachlauf im Altprojekt.

Die schematisch dargestellten Strukturen müssen in einer Vielzahl von einzelnen Projekten/Systemen auf ihre Randbedingungen und wechselseitigen Einflüsse überprüft und einer Lösung zugeführt werden.

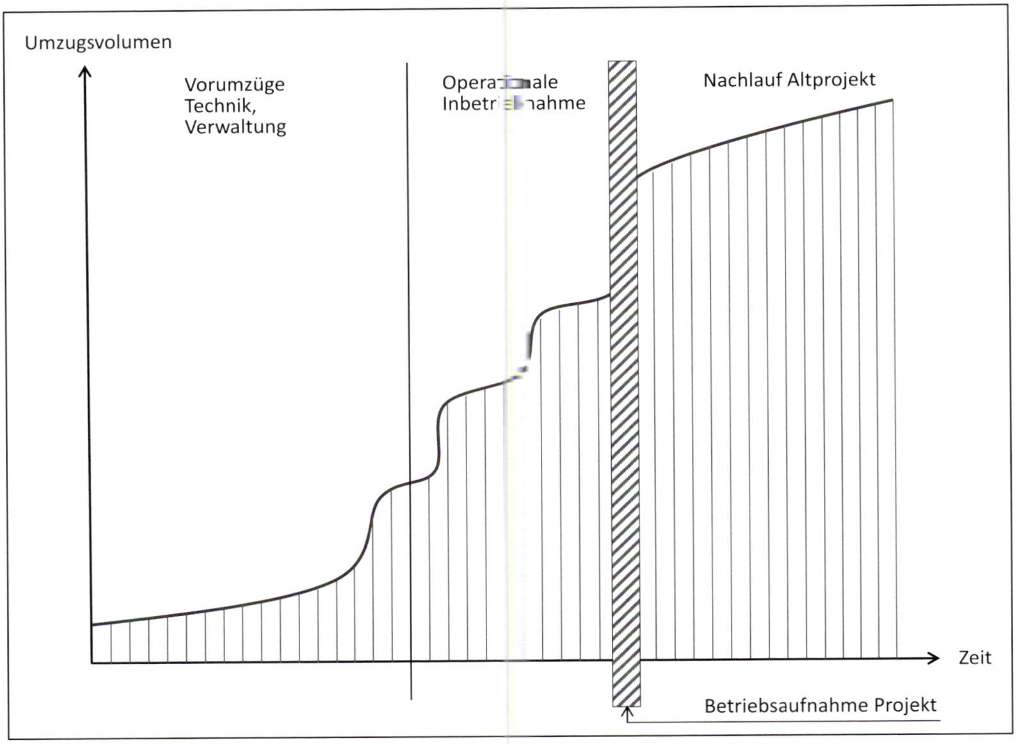

Bild 15: Phasen Umzug

8.5.5.3 Ableiten der notwendigen Datenstruktur mit anschließendem Erfassen der erforderlichen Informationen

Die für den Umzug relevanten Umzugsgüter müssen in geeigneter Form rechtzeitig erfasst werden. Die Grobmengenermittlung hat das Ziel, einen Überblick über das bei der Betriebsverlagerung zu bewegende Volumen zu erhalten, um daraus Strategien für die Abwicklung dieser Aufgabe ableiten zu können.

Die Ermittlung soll dabei nicht nur eine globale Volumenabschätzung ermöglichen, sondern auch den zeitlichen Verlauf des Umzugs sowie die Belastung einzelner Gebäude aufzeigen. Die systematisch vorzugebenden Mengenermittlungen sollten in einer Datenbank erfasst werden, die verschiedene Auswertungsmöglichkeiten für die Umzugsplanung zulässt. In aller Regel wird sich das Ergebnis bestätigen, dass ein wesentlicher Teil des Umzugs in unmittelbarer Nähe des Tages der Betriebsaufnahme durchzuführen ist. Nach der Grobmengenermittlung werden die Daten detailliert auf einzelne Gebäude bzw. Teilprojekte ausgewertet und beurteilt. Daran anschließend sollte analysiert werden, wie eine Entzerrung der Umzugswünsche im Hinblick auf identifizierbare Spitzenbelastungen möglich ist.

In dem Zusammenhang wird eine strategische Eingrenzung des Umzugstermins erfolgen müssen. Es gilt unter Berücksichtigung von Ferienzeiten und operativen Gesichtspunkten des Betreibers, das günstigste Zeitfenster zu bestimmen.

Wenn der Umzugstermin festgelegt ist, wird auf dieser Basis eine detailliertere Ermittlung des Umzugsgutes durchgeführt, an die dann die Feinplanung der gesamten Betriebsverlagerung anschließt.

8.5.5.4 Erstellen von phasenbezogenen Terminplänen für Einzelumzüge

Auf Grundlage der bestehenden Vorerhebungen werden anschließend phasenbezogene Terminpläne für die Einzelumzüge erstellt und miteinander abgeglichen.

8.5.5.5 Umzugsplanung mit Engpassermittlung und Analysieren von Transportwegen

Bei Großprojekten wird nicht nur ein Spediteur, sondern es werden mehrere Umzugsfirmen beauftragt, die miteinander koordiniert werden müssen. Es muss deswegen eine Engpassanalyse erfolgen, die Zuwegungen vom öffentlichen Bereich in den projektbezogenen Bereich einschließlich in den Fluren, Treppenhäusern und Lastenaufzüge der Einzelbauwerke berücksichtigt. In diesem Zusammenhang muss auch beachtet werden, inwiefern Kreuzungspunkte durch verschiedene Spediteure im Projektbereich gegeben sind und wie diese störungsfrei abgewickelt werden können.

8.5.5.6 Ausschreiben, Mitwirken bei der Vergabe von Umzugsleistungen

Die Umzugsleistungen werden entsprechend der vorliegenden Randbedingungen auszuschreiben und zu vergeben sein. Der Inbetriebnahmemanager ist im Hinblick auf die inbetriebnahmerelevanten Einzelheiten in die Vergabeabläufe hinreichend einzubinden.

8.5.5.7 Ausarbeiten von Einsatzplänen/Abstimmen von Ausfallalternativen in Zusammenarbeit mit den beauftragten Spediteuren

Nach Vergabe an die Spediteure sind rechtzeitig die Schnittstellen im Umzugsprojekt und die operativen Einsatzpläne durchzusprechen und im Hinblick auf die operativen Umzugspläne verbindlich zu vereinbaren. In diesem Zusammenhang sollten auch Ausfallalternativen bzw. Störfallszenarien in der operativen Umzugsabwicklung durchdacht werden.

In Bild 16 sind beispielhaft Einzelprozesse des Umzugsgrobablaufplans dargestellt.

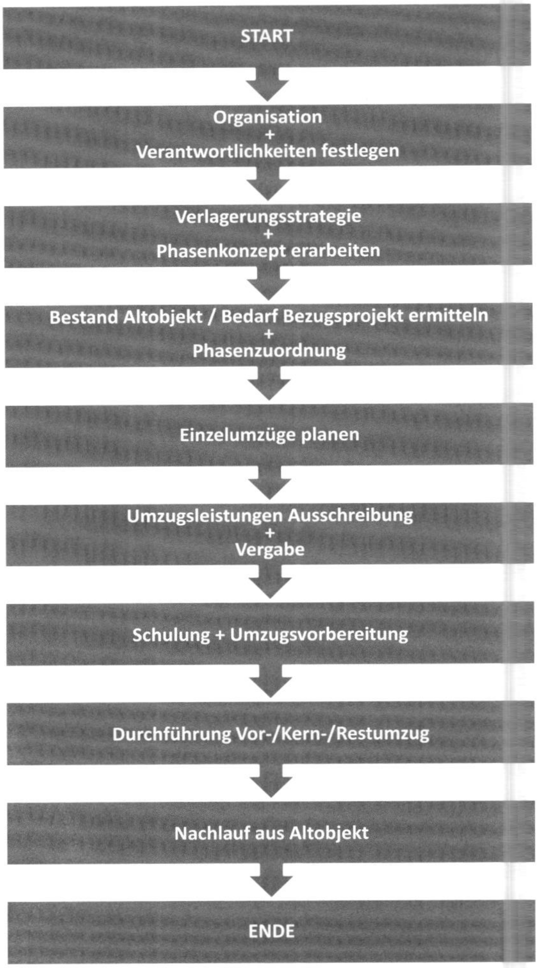

Bild 16: Grobablauf Umzug

8.5.6 Operative Inbetriebnahme/Umzug

Die operative Inbetriebnahme und der Umzug erfolgen über einen festzulegenden Zeitraum und gliedern sich in verschiedene Prozessschritte für einzelne Teilprojekte und Systeme.

In dieser Phase höchster Konzentration muss eine zielgerichtete Kommunikation zwischen den Beteiligten erfolgen. Die operative Inbetriebnahme wird auch nur dann gelingen, wenn bis zu diesem Zeitpunkt innerhalb des nun Jahre zusammenarbeitenden Inbetriebnahmeteams eine Atmosphäre entstanden ist, in der alle Beteiligten an einem Strang ziehen.

8.6 Honorierung

Die Honorierung erfolgt nach Zeitaufwand; siehe dazu die Honorarempfehlung der AHO-Fachkommission „Projektsteuerung/Projektmanagement" (Heft Nr. 9, 4. Aufl. 2014, dort § 9). Den Vertragsparteien steht es frei, Pauschalhonorarvereinbarungen zu treffen oder ergänzend zu den zeit- oder pauschalbezogenen Honorierungen Erfolgskomponenten festzulegen.

Das Inbetriebnahmemanagement ist stark von den Schnittstellen zwischen den investorseitig Verantwortlichen und den inbetriebnahmerelevanten Beteiligten in Planung, Ausführung und Betrieb bzw. Nutzer abhängig. Aus diesem Grund bietet sich eine personal- bzw. aufwandsorientierte Honorierung an. Honorartabellen können die spezifischen Besonderheiten nicht abbilden und sind als Grundlage nicht geeignet.

9 Technisches Inbetriebnahmemanagement in Anlehnung an VDI 6039

Dipl.-Ing. (FH) W. Hoffmann, BD, EUR ING / Dipl.-Ing. (FH) C. Böttinger, M. Eng. / Dipl.-Ing. (FH) K. Eiden / Dipl.-Ing. (FH) J. Hennefeld / Dipl.-Ing. (FH) S. Hölzlein

9.1 Definition

Zu den Grundleistungen des Projektmanagers gehört es, den Auftraggeber rechtzeitig auf die inhaltlichen und terminlichen Voraussetzungen hinzuweisen, die erforderlich sind, damit das Bauwerk nach Fertigstellung, erfolgreichem Abschluss der Funktionsprüfungen und Mängelbeseitigungen vom Auftraggeber an den Nutzer übergeben werden kann.

Dies beinhaltet sowohl organisatorische Maßnahmen als auch geeignete Ablaufstrukturen, die zum Ziel haben, die vollständige funktionale Fertigstellung der technischen Anlagen zum bestimmten Inbetriebnahmetermin zu gewährleisten. Die Erbringung dieser Leistungen ist eine Grundleistung der Projektsteuerung.

Je nach Anteil und Komplexität an Technischer Ausrüstung ergibt sich eine darüber hinausgehende Aufgabenstellung, die als Besondere Leistung zu beauftragen wäre und in diesem Leistungsbild beschrieben wird.

9.2 Anwendungsbereich

Die Notwendigkeit einer Besonderen Leistung im Sinne dieses Leistungsbildes ergibt sich z.B. bei sehr komplexen und hochtechnisierten Gebäuden oder Ingenieurbauwerken oder bei der Integration von übergreifenden technischen Systemen, die bereits bei der Konzeption auf inbetriebnahmerelevante Belange geplant und koordiniert werden müssen.

Nach VDI 6039 bedingt der zunehmend hohe Anteil der Technischen Gebäudeausrüstung (TGA) im Hochbau eine systemübergreifende Inbetriebnahmeplanung. Diese muss als Ganzes, als ein geschlossenes technisches Anlagensystem verstanden werden und sich nicht auf Einzelgewerke beschränken. Der Wunsch nach Betriebseffizienz und hoher Individualität der Nutzung führt zu steigender Komplexität der Projekte. Die zielorientierte, systematische Inbetriebnahme der TGA muss im gesamten Planungs- und Ausführungsprozess detailliert berücksichtigt werden. Detaillierte Inbetriebnahmeplanung im Bereich der Technischen Gebäudeausrüstung ist eine Besondere Leistung mit dem Ziel, alle inbetriebnahmerelevanten Vorgänge im Einzelnen zu erfassen und frühzeitig zu planen.

Die Leistungen des Technischen Inbetriebnahmemanagements beschränken sich auf die Technische Gebäudeausrüstung in den Kostengruppen 400 und 500 nach DIN 276-1. Verknüpfungen zu anderen am Bau beteiligten Gewerken (Kostengruppen 200 und 300) sind im Einzelfall separat zu vereinbaren. Die Leistungen des Technischen Inbetriebnahmemanagements sind von Leistungen der Planungsbeteiligten zu unterscheiden, wie sie z.B. in der HOAI beschrieben sind. An den Auftragnehmer sollen derartige Planungs- und Überwachungsleistungen nicht übertragen werden, da dies zu Zielkonflikten in der Aufgabenstellung führen kann.

Diesem Leistungsbild liegt zugrunde, dass Architekten- und Ingenieurleistungen auf der Grundlage der Leistungsbilder der HOAI beauftragt werden und für Leistungen der ausführenden Firmen die VOB (Teile A–C) zur Anwendung kommt.

Dieses Leistungsbild ergänzt die Grundleistungen der Projektsteuerung gemäß AHO-Heft Nr. 9.

9.3 Schnittstellen zu anderen Leistungen

Das folgende Leistungsbild weist Schnittstellen zu folgenden Regelwerken auf:

- AHO-Heft Nr. 9: Projektmanagementleistungen in der Bau- und Immobilienwirtschaft
- AHO-Heft Nr. 19: Nutzerprojektmanagement [Kap. 11]
- AHO-Heft Nr. 19: Inbetriebnahmemanagement [Kap. 8]
- AHO-Heft Nr. 19: Value Engineering [Kap. 7]

Die Leistungen können einzeln oder auch gesamthaft an ein Unternehmen beauftragt werden. Im Auftragsfalle sind die Schnittstellen der Leistungen differenziert voneinander abzugrenzen.

Die Leistungen ergänzen das Leistungsbild des Inbetriebnahmemanagements (siehe Kap. 8). Eine sorgfältige Abgrenzung ist zu den beauftragten Leistungen in der Planung und der Projektsteuerung vorzunehmen, damit unbeabsichtigte Doppelbeauftragungen vermieden werden.

9.4 Leistungsbild

Das Leistungsbild orientiert sich an der Struktur des AHO-Heftes Nr. 9 (4. Aufl. 2014). Die Handlungsbereiche A bis E werden dabei analog zu Heft Nr. 9 behandelt. Nicht relevante Abschnitte werden mit „entfällt" gekennzeichnet.

Unterschiede zu Heft Nr. 9 bestehen hinsichtlich der für das Technische Inbetriebnahmemanagement relevanten Projektstufen und der damit verbundenen Zuordnung von Leistungen. Die grundlegende Konzeption, Abgrenzung und Terminierung inbetriebnahmerelevanter Themen sowie die Entwicklung und Abstimmung der für das Inbetriebnahmemanagement erforderlichen organisatorischen Grundlagen werden im Rahmen der Grundleistungen des Projektmanagers in der Projektstufe 1 (Projektvorbereitung) erbracht. Diese Projektstufe ist dementsprechend nicht im vorliegenden Leistungsbild enthalten. Die Leistungen des Technischen Inbetriebnahmemanagers beginnen gemäß der zeitlichen Gliederung des Heftes Nr. 9 daher in der Projektstufe 2 (Planung). Da die Leistungen des Technischen Inbetriebnahmemanagers zeitlich betrachtet über die Leistungsstufe 5 (Projektabschluss) gemäß Heft Nr. 9 hinausgehen, wurde im vorliegenden Leistungsbild die Projektstufe „Nachlaufende Leistungen" eingeführt (Bild 1).

(1) Sofern die Vertragsparteien keine anderweitigen Festlegungen treffen, gilt das nachfolgend beschriebene Leistungsbild der technischen Inbetriebnahme nach unserem Vorschlag als vereinbart.

(2) Sofern die Vertragsparteien nicht etwas anderes vereinbaren, umfasst die Beauftragung sämtliche Projektstufen und Handlungsbereiche.

(3) Den Vertragsparteien steht es frei, die für Standardprojekte definierten Leistungen an die konkreten Projektumstände anzupassen, zu konkretisieren und ggf. um ergänzende Leistungen zu erweitern, die im Leistungsbild nicht abschließend beschrieben sind.

(4) Diesem Leistungsbild liegen die Definitionen des AHO-Heftes Nr. 9, § 2 (4) zugrunde.

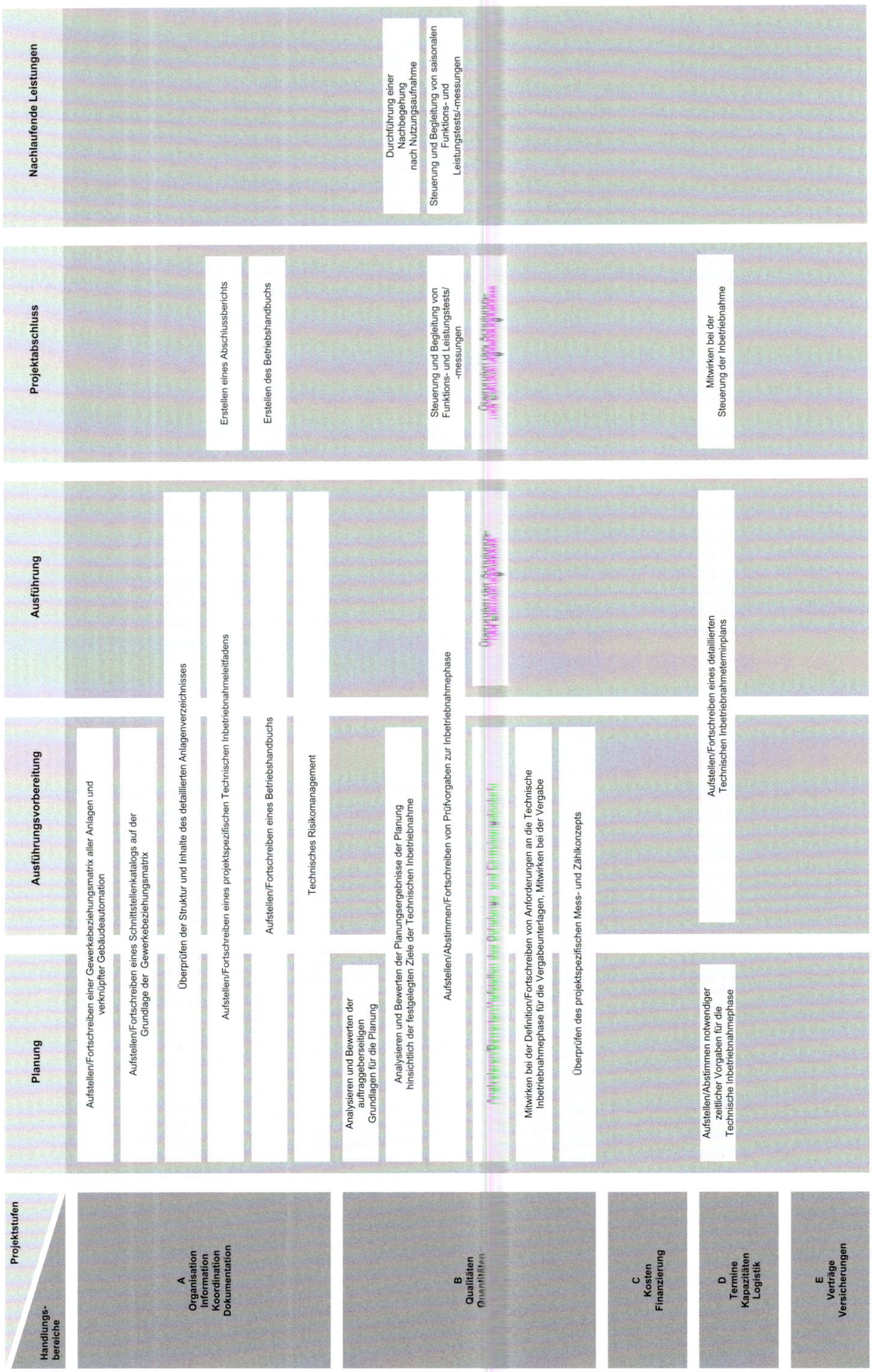

Bild 1: Prozessmodell der Leistungen des Technischen Inbetriebnahmemanagements

9.4.1 Projektstufe 2: Planung

A Organisation, Information, Koordination und Dokumentation (übrige Handlungsbereiche einbeziehend)

1 Aufstellen einer Gewerkebeziehungsmatrix aller Anlagen und verknüpfter Gebäudeautomation

2 Aufstellen eines Schnittstellenkatalogs auf der Grundlage der Gewerkebeziehungsmatrix

3 Überprüfen der Struktur und Inhalte des detaillierten Anlagenverzeichnisses

4 Aufstellen eines projektspezifischen Technischen Inbetriebnahmeleitfadens

5 Aufstellen eines Betriebshandbuchs

6 Technische Risikobeurteilung

B Qualitäten und Quantitäten

1 Analysieren und Bewerten der auftraggeberseitigen Grundlagen für die Planung im Hinblick auf die Technische Inbetriebnahme

2 Analysieren und Bewerten der Planungsergebnisse der Planung hinsichtlich der festgelegten Ziele der Technischen Inbetriebnahme

3 Aufstellen und Abstimmen von Prüfvorgaben zur Technischen Inbetriebnahmephase

4 Analysieren und Bewerten des Schulungs- und Einweisungsbedarfs

5 Mitwirken bei der Definition von Anforderungen an die Technische Inbetriebnahmephase für die Vergabeunterlagen

6 Überprüfen des projektspezifischen Mess- und Zählkonzepts

C Kosten und Finanzierung

Entfällt

D Termine, Kapazitäten und Logistik

1 Aufstellen und Anpassen notwendiger zeitlicher Vorgaben für die Technische Inbetriebnahmephase

E Verträge und Versicherungen

Entfällt

9.4.2 Projektstufe 3: Ausführungsvorbereitung

A Organisation, Information, Koordination und Dokumentation (übrige Handlungsbereiche einbeziehend)

1 Fortschreiben der Gewerkebeziehungsmatrix aller Anlagen und verknüpfter Gebäudeautomation

2 Fortschreiben des Schnittstellenkatalogs auf der Grundlage der Gewerkebeziehungsmatrix

3 Überprüfen der Struktur und Inhalte des detaillierten Anlagenverzeichnisses

4 Fortschreiben des projektspezifischen Technischen Inbetriebnahmeleitfadens

5 Fortschreiben des Betriebshandbuchs

6 Fortschreiben der technischen Risikobeurteilung

B Qualitäten und Quantitäten

1 Analysieren und Bewerten der Planungsergebnisse der Planung hinsichtlich der festgelegten Ziele der Technischen Inbetriebnahme

2 Fortschreiben der Prüfvorgaben zur Technischen Inbetriebnahmephase

3 Aufstellen des Schulungs- und Einweisungsbedarfs

4 Fortschreiben von Anforderungen an die Technische Inbetriebnahmephase für die Vergabeunterlagen, Mitwirken bei der Vergabe

5 Überprüfen der Fortschreibung des projektspezifischen Mess- und Zählkonzepts

C Kosten und Finanzierung

Entfällt

D Termine, Kapazitäten und Logistik

1 Aufstellen eines detaillierten Technischen Inbetriebnahmeterminplans

E Verträge und Versicherungen

Entfällt

9.4.3 Projektstufe 4: Ausführung

A Organisation, Information, Koordination und Dokumentation (übrige Handlungsbereiche einbeziehend)

1 Überprüfen der Struktur und Inhalte des detaillierten Anlagenverzeichnisses

2 Fortschreiben des projektspezifischen Technischen Inbetriebnahmeleitfadens

3 Fortschreiben des Betriebshandbuchs

4 Fortschreiben der technischen Risikobeurteilung

B Qualitäten und Quantitäten

1 Fortschreiben der Prüfvorgaben zur Technischen Inbetriebnahmephase

2 Überprüfen der Schulungs- und Einweisungsinhalte

C Kosten und Finanzierung

Entfällt

D Termine, Kapazitäten und Logistik

1 Fortschreiben des detaillierten Technischen Inbetriebnahmeterminplans

E Verträge und Versicherungen

Entfällt

9.4.4 Projektstufe 5: Projektabschluss

A Organisation, Information, Koordination und Dokumentation (übrige Handlungsbereiche einbeziehend)

1 Erstellen eines Abschlussberichts zur Technischen Inbetriebnahme

2 Erstellen des Betriebshandbuchs

B Qualitäten und Quantitäten

1 Steuerung und Begleitung von Funktions- und Leistungstests und Leistungsmessungen

2 Überprüfen des Schulungs- und Einweisungsmanagements

C Kosten und Finanzierung

Entfällt

D Termine, Kapazitäten und Logistik

1 Mitwirken bei der Steuerung der Inbetriebnahme

E Verträge und Versicherungen

Entfällt

9.4.5 Nachlaufende Leistungen in der Nutzungsphase

A Organisation, Information, Koordination und Dokumentation (übrige Handlungsbereiche einbeziehend)

Entfällt

B Qualitäten und Quantitäten

1 Durchführung einer Nachbegehung 10–12 Monate nach Nutzungsaufnahme

2 Steuerung und Begleitung von saisonalen Funktions- und Leistungstests und Leistungsmessungen

C Kosten und Finanzierung

Entfällt

D Termine, Kapazitäten und Logistik

Entfällt

E Verträge und Versicherungen

Entfällt

9.5 Kommentar

9.5.1 Projektstufe 2: Planung

9.5.1.1 Handlungsbereich A: Organisation, Information, Koordination und Dokumentation (übrige Handlungsbereiche einbeziehend)

9.5.1.1.1 Aufstellen einer Gewerkebeziehungsmatrix aller Anlagen und verknüpfter Gebäudeautomation

Zum ordnungsgemäßen Betreiben einer Immobilie sind bereits in der Planung Abhängigkeiten und Schnittstellen aller Anlagen einschließlich der Gebäudeautomation zu betrachten. Dem Projektsteuerer obliegt in der Projektvorbereitung und der Planung die Aufgabe einer hinreichenden Schnittstellendefinition zwischen den Planungsbeteiligten und Bauherrn. Der durch den Technischen Inbetriebnahmemanager erstellte Schnittstellenkatalog beinhaltet über die Schnittstellenbetrachtung der Projektsteuerung hinausgehende Detaillierungen.

Der Inbetriebnahmemanager stellt in der Planungsphase eine Gewerkebeziehungsmatrix auf, die mögliche Abhängigkeiten speziell im Hinblick auf die Inbetriebnahmephase aufzeigen soll. In der Planung soll diese Matrix dazu dienen, vorhandene Berührungspunkte zu anderen Gewerken aufzuzeigen und die Koordination der Objekt- und Fachplaner zu erleichtern und Reibungspunkte frühzeitig zu vermeiden. Ziel der Gewerkebeziehungsmatrix ist es, einen reibungslosen Übergang in die Nutzungsphase zu ermöglichen und frühzeitig mögliche Anforderungen zu erkennen und den Projektbeteiligten aufzuzeigen.

Eine Hilfestellung kann hier im Besonderen die GEFMA 200 und/oder die DIN 32736 sein.

Da das zu erstellende Dokument lediglich mögliche Beziehungen aufzeigen soll, ist eine differenzierte Betrachtung durch die Fachplanung oder andere Projektbeteiligte (z.B. FM-Berater) durchzuführen und ggf. in Form weiterer Ausarbeitungen zu detaillieren.

Mögliche Schnittstellen in diesem Zusammenhang können sein:

- Medienanschlüsse
- Anlagenkennzeichnung, Anlagenschlüssel (Kodierungssystem)
- Aufschaltung und Priorisierung von GLT-Datenpunkten
- Nutzeranforderungen
- Flächenbedarf
- Anforderungen bei der Nutzung von IT-/CAFM-Systemen
- Ver- und Entsorgung
- Reinigung
- Wartungsräume und Zugänglichkeiten

Durch die Betrachtung von Schnittstellen und Wechselwirkungen sollen Synergiepotentiale identifiziert und strategisch genutzt werden können.

9.5.1.1.2 Aufstellen eines Schnittstellenkatalogs auf der Grundlage der Gewerkebeziehungsmatrix

Gebäude enthalten i.d.R. eine Vielzahl von verschiedenartigen komplexen technischen Anlagen, die einzeln oder gewerkeübergreifend betrachtet werden müssen.

Bei der Betrachtung dieser Anlagen ist das Zusammenspiel der gewerkeübergreifenden Abhängigkeiten, Meldungen und Funktionen ein wesentlicher Faktor für die Gesamtfunktionalität.

Im Rahmen von Koordinationsrunden zwischen dem Technischen Inbetriebnahmemanager und der Objekt- und Fachplanung innerhalb der Planung und der Ausführungsvorbereitung erfolgt eine systemübergreifende Betrachtung von Anlagen und Funktionen, damit die Gesamtfunktionalität bei Projektabschluss gewährleistet werden kann. Um ein hohes Maß an Funktionalität zu erfüllen sowie behördliche Auflagen einzuhalten, bedarf es einer eindeutigen Festlegung der Interaktionen der unterschiedlichen Gewerke untereinander.

Zur Klärung und Darstellung der zahlreichen Gewerke-Schnittstellen werden durch den Technischen Inbetriebnahmemanager eine Gewerkebeziehungsmatrix, ein Schnittstellenkatalog, wie z.B. in der VDI 6039 aufgeführt, und über die Grundleistung der Fachplanung hinausgehende Funktionsbeschreibungen in der Planungs- und Ausführungsvorbereitungsphase aufgestellt.

Während die Gewerkebeziehungsmatrix die Schnittstellen zwischen den unterschiedlichen Gewerken aufzeigt, regelt der Schnittstellenkatalog im Detail die Zuständigkeiten.

Der Schnittstellenkatalog kann je nach Anforderung um weitere Parameter, wie z.B. den Zeitpunkt der Leistungserbringung oder die Qualität der Leistung, erweitert werden. Sowohl die Gewerkebeziehungsmatrix als auch der Schnittstellenkatalog werden im weiteren Projektverlauf durch den Technischen Inbetriebnahmemanager fortgeschrieben.

9.5.1.1.3 Überprüfen der Struktur und Inhalte des detaillierten Anlagenverzeichnisses

Während der Planungsphase überprüft der Technische Inbetriebnahmemanager die von den Objekt- und Fachplanern nach HOAI in der LPH 3 (Entwurfsplanung) zu erstellenden Anlagenauflistungen auf Vollständigkeit. Der Technische Inbetriebnahmemanager bewertet und kommentiert dabei die durch die Objekt- und Fachplanung vorgelegten Unterlagen. Die Zusammenfassung der Kommentierungen erfolgt in einem Bericht, in dem auch die Vorgaben der Struktur und der Inhalte des Anlagenverzeichnisses aufgeführt werden. Dementsprechend ist das detaillierte Anlagenverzeichnis durch die Objekt- und Fachplanung anzufertigen.

Neben der übersichtlichen Auflistung dient das Anlagenverzeichnis u.a. auch als Grundlage für weitere Prozessschritte innerhalb des Handlungsbereichs B des Technischen Inbetriebnahmemanagements. Hierzu zählen z.B. die Gewerkebeziehungsmatrix, anlagenspezifische Checklisten, Checklisten für Funktionsüberprüfungen oder auch für die Ermittlung des Einweisungs- und Schulungsbedarfs. Das Anlagenverzeichnis wird außerdem Bestandteil der Bestandsdokumentation und des Betriebshandbuchs.

Folgende Inhalte sollten in dem detaillierten Anlagenverzeichnis enthalten sein:

- Bezeichnung/Kennzeichnung der technischen Anlagen und der dazugehörigen Anlagenkomponenten
- Leistungsdaten der technischen Anlagen
- Abmessungen und Gewichte der Anlagen
- Anlagenkennzeichnungsschlüssel
- Nutzeradressen in GLT und MSR/DDC
- Anzahl der Datenpunkte
- Benennung zugehöriger MSR Schaltschränke
- Benennung zugehöriger Schaltschränke zur Spannungsversorgung
- Angaben zu Herstellern und Typ

Die Objekt- und Fachplanung schreibt das detaillierte Anlagenverzeichnis entsprechend dem Planungsfortschritt und Kenntnisstand über die technischen Anlagen in den Phasen der Ausführungsvorbereitung und der Bauausführung fort. Die regelmäßige Überprüfung des detaillierten Anlagenverzeichnisses erfolgt durch den Technischen Inbetriebnahmemanager.

9.5.1.1.4 Aufstellen eines projektspezifischen Technischen Inbetriebnahmeleitfadens

Der Technische Inbetriebnahmeleitfaden ist das zentrale Dokument im Gesamt-Inbetriebnahmeprozess.

Ziel dieses Dokuments ist es, allen Projektbeteiligten einen detaillierten Überblick über den im Projekt geplanten Inbetriebnahmeprozess zu geben, die betrachteten Anlagen und Systeme zu definieren und die für eine geregelte gewerkeübergreifende Technische Inbetriebnahme notwendigen Ziele und Festlegungen zu treffen.

Neben allgemeinen Projektdaten enthält der Leitfaden vor allem Angaben zu den im Projekt zu verfolgenden technischen Inbetriebnahmezielen (z.B. welche Anlagen dem Prozess unterworfen sind, Meetings, Termine) und Vorgaben, wie diese im Projekt erreicht werden sollen. Zum Inhalt gehört ebenfalls die Definition von Rollen und Verantwortlichkeiten der Projektbeteiligten. Hierbei gilt es festzulegen, welche Rollen Bauherr, Projektsteuerung, Technischer Inbetriebnahmemanager, Sachverständige, Fachplaner, ausführende Firmen und sonstige Projektbeteiligte in den einzelnen Projektphasen (Planung, Ausführung, Betrieb und im Besonderen innerhalb der Technischen Inbetriebnahmephase) einnehmen und welche Verantwortungen damit verbunden sind. Wer führt z.B. Planprüfungen durch, gibt Unterlagen frei, führt Funktionstests durch, welche Kommunikationswege sind wie einzuhalten usw.

Weiterhin soll der Leitfaden Vorgaben zu den einzelnen Prozessschritten der Technischen Inbetriebnahmephase und eine Beschreibung der jeweiligen Inhalte enthalten. Hierzu stimmt sich der Technische Inbetriebnahmemanager mit Bauherr, Projektsteuerung und im Besonderen mit der Fachplanung ab, um ein gemeinsames Verständnis der einzelnen Schritte zu erhalten.

Nachfolgende Fragestellungen sind im Leitfaden durch den Technischen Inbetriebnahmemanager zu beantworten:

- Welche Projektvorgaben gibt es an die verschiedenen Anlagen und Systeme (Auslegungsparameter, Energieeffizienz usw.)?
- Welche Inbetriebnahme-Projektbesprechungen wird es zu welchem Zeitpunkt und mit welchem Teilnehmerkreis geben?
- Gibt es spezifische Anforderungen an Messpunkte zur Durchführung von Funktions- und Leistungstests?
- Wie werden die Funktions- und Leistungstests durchgeführt (zeitlich, inhaltlich, welche Anlagen in welchem Umfang betreffend)?
- Wie ist die Technische Inbetriebnahmephase strukturiert? Welche zeitliche Rahmenbedingung gibt es gegebenenfalls?
- Welche Prozessschritte gibt es und welche Abhängigkeiten einzelner Prozesse zueinander sind zu berücksichtigen (Durchführung von Funktions- und Leistungstests nach erfolgreichem Probebetrieb)?
- Gibt es spezielle Anforderungen an die Nutzereinweisungen (Ablauf, Inhalt)?
- Wie erfolgt die Dokumentation einzelner Schritte (Besprechungen, Nutzereinweisung etc.)?

Die Definition der einzelnen Prozessschritte kann dabei in textlicher Form oder in Form von Flussdiagrammen erfolgen.

Weiterhin berücksichtigt der Technische Inbetriebnahmeleitfaden alle gewerkeübergreifenden Abhängigkeiten. Er fasst Gewerkebeziehungsmatrix/Steuerungsmatrix, Terminplan, Projektbeteiligtenliste, Schnittstellenkatalog usw., d.h. alle für die geregelte technische Inbetriebnahme erforderlichen Unterlagen, zusammen.

9.5.1.1.5 Aufstellen eines Betriebshandbuchs

Die Planungs- und Inbetriebnahmephase sollte dahingehend strukturiert werden, dass später ein reibungsloser Gebäudebetrieb durchgeführt werden kann. Dazu ist es erforderlich, dass dem späteren Betriebspersonal alle notwendigen Hilfsmittel an die Hand gegeben werden. Nachfolgende Leistung ist ein auf die Technik bezogenes Leistungsbild. Darüber hinausgehende Informationen über nicht rein technische Prozessabläufe (z.B. Fluggastabwicklung auf Flughäfen) sind nicht Bestandteil im Sinne des Technischen Inbetriebnahmemanagements.

Ein Betriebshandbuch hat zum Ziel, ein zentrales und verbindendes Dokument zu sein, das im Besonderen auf Inhalte der Bestandsdokumentation referenziert. Darüber hinaus dient es dem Betreiber als Handbuch der Liegenschaft, im Besonderen der Technischen Gebäudeausrüstung und sichert damit einen unproblematischen und schnellen Informationsfluss bei der Lösung etwaig auftretender Problem- oder Fragestellungen.

In dieser Projektstufe hat der Technische Inbetriebnahmemanager zunächst die Grundstruktur für das Betriebshandbuch zu erstellen. Hierzu gehört beispielsweise die Darstellung der Prozessabläufe bei Eintritt bestimmter Ereignisse wie Störungen, Wartungen, Anlagenausfällen, aber auch die Festlegung von Einstellwerten der Anlagen, die Benennung von Möglichkeiten zur Betriebsoptimierung, Sicherheitshinweise und das Aufführen von Wartungsintervallen. Das Betriebshandbuch ist gewerkeübergreifend aufzustellen und soll Abhängigkeiten von Anlagen, Gebäude und Betrieb berücksichtigen und darauf hinweisen.

Im Zuge der Entwicklung und Fortschreibung des Betriebshandbuchs stimmt sich der Technische Inbetriebnahmemanager mit den Projektbeteiligten, insbesondere mit dem zukünftigen Betreiber, ab, um ggf. erforderliche zusätzliche und besondere Projektanforderungen zu berücksichtigen.

Folgende beispielhafte Struktur kann das Betriebshandbuch aufweisen:

- Allgemeine Projektdaten (z.B. Geltungsbereich, Standorte, Personal)
- Anlagenbeschreibungen (z.B. Beschreibung, Übersicht, Besonderheiten, Notfallstrategie, Störungsbeseitigung)
- Anlagenbetrieb (z.B. Betriebsabläufe, Einstellwerte, Kontrollen, Wartung)
- Arbeiten durch Dritte (z.B. herstellerspezifische Arbeiten, Kontrollen, Verträge)
- Arbeits- und Gesundheitsschutz (z.B. Schutzausrüstung, Erste Hilfe)
- Anlagen zum Betriebshandbuch (z.B. Pläne, Schemata)
- Aufbau und Verweise auf die Bestandsdokumentation

Struktur und Inhalt können je nach Komplexität des Projekts variieren und werden projektspezifisch durch den Technischen Inbetriebnahmemanager entwickelt.

9.5.1.1.6 Technische Risikobeurteilung

In Ergänzung zur Grundleistung des Projektmanagements erfolgt die technische Risikobeurteilung auf Anlagenebene. Hierzu definiert der Technische Inbetriebnahmemanager die Relevanz jeder einzelnen Anlage und die Bedeutung, die sie für die Funktionsfähigkeit des gesamten Gebäudes darstellt. Ob und in welchem Umfang gewerkeübergreifende Abhängigkeiten bestehen, wird aus der Gewerkebeziehungsmatrix bzw. aus dem Schnittstellenkatalog ersichtlich. Der Technische Inbetriebnahmemanager definiert auf dieser Grundlage die Vorgaben zur Herstellung der vollen Funktions- und Nutzungsfähigkeit der technischen Anlagen. Während der Planungsprozesse und der Bauausführung werden abnahmerelevante Inhalte analysiert, abgestimmt und vorgegeben. Dies umfasst alle Anlagenteile, die für die Abnahme von Bedeutung sind und deren Nichtfunktionieren und/oder ein Totalausfall für die Funktionsfähigkeit des gesamten Gebäudes zu erheblichen Konsequenzen führen könnten. Mögliche Auswirkungen auf den Baufortschritt und den späteren Übergabetermin sind aufzuzeigen und zu dokumentieren.

Typische Ursachen für Risiken sind insbesondere für die Inbetriebnahme:

- Terminrisiko (z.B. Unwägbarkeiten in Verfahren und Technik, allzu optimistische Inbetriebnahmeplanung, Inbetriebnahmedokumentation mangelhaft, gewerkeübergreifende Abhängigkeiten, nicht beeinflussbare Zeitschienen)
- Kostenrisiko (z.B. zusätzliche Kosten für Beschleunigungsmaßnahmen, erhöhter Energie- bzw. Hilfsstoffverbrauch, Mehrkosten durch Terminverzögerungen, Mehrkosten durch Mängel an Anlagen und Dokumentation, Verzögerung der Abnahme)
- Qualitätsrisiko (z.B. Verfahren und/oder Technik neu)

- Technikrisiko (z.B. risikobehaftete Schnittstellengestaltung der Planungsbeteiligten, enormer Termin- und Kostendruck, fehlende Erfahrung bei den Beteiligten)
- Sorgfaltspflichtrisiko (z.B. unzureichende Beachtung von Vorschriften und/oder vertraglichen Vereinbarungen, technisches und/oder menschliches Versagen)

Die Entscheidung über die Bewertung von Risiken und Auslösen von etwaigen Kompensationsmaßnahmen trägt allein der Auftraggeber.

9.5.1.2 Handlungsbereich B: Qualitäten und Quantitäten

9.5.1.2.1 Analysieren und Bewerten der auftraggeberseitigen Grundlagen für die Planung im Hinblick auf die Technische Inbetriebnahme

Bereits in der Projektvorbereitungsphase sind Projektziele durch den Bauherrn zu definieren und zu dokumentieren. Sie bilden dabei eine notwendige Grundlage zur Durchführung eines erfolgreichen Technischen Inbetriebnahmemanagements, da hier die Grundlagen der weiteren Planung durch Objekt- und Fachplaner definiert sind.

Inhalte der Dokumentation sind neben den Anforderungen an die Funktion des Gebäudes (übergeordnete Ziele) die Anforderungen an die Gebäudenutzung, die auch für die Technische Inbetriebnahme relevant sind (objektbezogene Ziele).

Die projektzielrelevanten Informationen müssen dem verantwortlichen Projektleiter bzw. Projektsteuerer dabei bereits in der Projektvorbereitung zur Verfügung gestellt werden, der diese Unterlagen prüft, optimiert und diese dann in geeigneter Form fortschreibungsmäßig aufbereitet (siehe AHO-Heft Nr. 9).

Die weitere Präzisierung und Überprüfung der Projektziele im Bereich der Technischen Inbetriebnahme (objektbezogene Ziele) sind durch den Technischen Inbetriebnahmemanager vorzunehmen.

Idealerweise enthalten die dem Technischen Inbetriebnahmemanager vorgelegten Unterlagen bereits Angaben zu folgenden objektbezogenen Zielen:

- Beschreibung der geplanten Nutzung für sämtliche Bereiche im Gebäude
- Festlegung der geplanten Nutzungszeiten
- Festlegungen der Anforderungen/Vorkehrungen außerhalb der Nutzungszeit
- Aufstellung eines Raumprogramms mit QbA (Qualitative Bedarfsanforderung)
- Festlegung der Anforderungen an einzelne Räume (z.B. Beleuchtung, Raumtemperatur, Feuchte, Akustik, Luftqualität, mechanische oder natürliche Be- und Entlüftung, Infiltration)
- Anforderung an die Regelbarkeit einzelner Räume (z.B. Raumklimatisierung, Raumbeleuchtung, Sonnenschutz, Blendschutz)
- Anforderung an die Regelbarkeit einzelner Anlagen
- Anforderungen an den geplanten Automatisierungsgrad
- Vorgaben (zwingend vorgegebene Produkte und Betriebsmittel, z.B. Beleuchtungssystem, Armaturen)
- Festlegung der Anforderungen an die technische Ausstattung und Systeme (z.B. Qualität, Sicherheit, Zuverlässigkeit der Anlagen, Energieeffizienz der Anlagen)
- Anforderungen an die Flexibilität und Wartung der Anlagen und Systeme

- Geplanter Betreiber des Gebäudes
- Anforderungen an das zukünftige Betreiberpersonal (z.B. Einweisungen, Schulungen)
- Beschreibung des Betriebsablaufs, spezieller Betriebssicherheiten und Dokumentation der Verantwortlichkeiten

Die beschriebenen Anforderungen und Projektziele werden im Hinblick auf die erwartete Nutzung und Betrieb, bezogen auf alle technisch inbetriebnahmerelevanten Bauteile und Anlagen, auf Nachvollziehbarkeit, Vollständigkeit und Umsetzbarkeit durch den Technischen Inbetriebnahmemanager überprüft, bewertet und kommentiert.

Die Zusammenfassung der Kommentierungen erfolgt in einem Bericht, der in einer Kommentarbesprechung gemeinsam mit dem Bauherrn, dem Projektsteuerer und der Fachplanung besprochen wird. Sofern notwendig, werden die Projektanforderungen und Projektziele im Anschluss durch die Fachplanung korrigiert bzw. ergänzt. Dieses geprüfte Dokument stellt die Basis für eine erfolgreiche Planung und enthält objektive, messbare Kriterien für die technische Inbetriebnahmephase.

9.5.1.2.2 Analysieren und Bewerten der Planungsergebnisse der Planung hinsichtlich der festgelegten Ziele der Technischen Inbetriebnahme

Ziel ist es, durch wiederkehrende Überprüfungen (Reviews) die Qualität der Fachplanung im Bereich der Technischen Gebäudeausrüstung zu sichern und betriebsrelevante Kriterien so früh wie möglich im Projekt zu etablieren. Die Grundleistungen des Projektmanagements bleiben durch die Ergänzung im vorliegenden Heft unberührt. Die Betrachtung des Technischen Inbetriebnahmemanagers im Rahmen dieses Leistungsbildes hat nicht zum Ziel, die grundsätzlichen Leistungen der Planungsbeteiligten (z.B. im Hinblick auf die HOAI) zu analysieren und zu bewerten, sondern legt den Fokus auf die Berücksichtigung inbetriebnahmerelevanter Themen in den Planungsunterlagen.

Die Leistung soll somit sichern:

- die Planungsqualität
- die Wirtschaftlichkeit
- den späteren Gebäudebetrieb
- die Energieeffizienz der Anlagensysteme

Das Leistungsbild des Technischen Inbetriebnahmemanagers setzt sich wie folgt zusammen:

- Analysieren und Bewerten der Objekt- und Fachplanung zum Zeitpunkt der abgeschlossenen Leistungsphase 3 HOAI (Entwurf) sowie der Leistungsphase 5 HOAI (Ausführungsplanung) mit der Erstellung eines entsprechenden Review-Berichts
- Teilnahme an Review-Besprechungen zur Vorstellung und Erläuterung der Kommentierung
- Prüfung der Bearbeitung der Review-Kommentare durch die Fachplaner

Die durch den Technischen Inbetriebnahmemanager durchzuführenden Reviews sollten konkret auf folgende Punkte eingehen:

- Sind offensichtliche Planungsfehler vorhanden? (z.B. fehlen wichtige Systemkomponenten, die zur Funktion der Anlagen und für die Inbetriebnahme notwendig sind?)
- Sind zur Inbetriebnahme ggf. Provisorien erforderlich?
- Sind Einbringöffnungen vorhanden und ausreichend dimensioniert?
- Wurden entsprechende alternative Lösungsmöglichkeiten untersucht bzw. bestehen aus Sicht des Technischen Inbetriebnahmemanagers solche?
- Wurden betriebsrelevante Kriterien bei der Planung berücksichtigt (Revisionsfähigkeit von Anlagen oder Reduktion von Wartungsaufwand, Entleerungsmöglichkeiten, hydraulischer Abgleich)?
- Sind die Anforderungen der Projektzieldefinition, der Baubeschreibung, des Inbetriebnahmeleitfadens und ggf. des Mess- und Zählkonzepts umgesetzt?

Diese Leistungen ersetzen nicht die Grundleistung der Objekt- und Fachplanung. Aus diesem Grund werden keine Berechnungen durchgeführt oder Dimensionierungen vorgenommen. Die Leistung des Technischen Inbetriebnahmemanagers besteht aus einer reinen Überprüfungsleistung.

9.5.1.2.3 Aufstellen und Abstimmen von Prüfvorgaben zur Technischen Inbetriebnahmephase

Ziel der aufzustellenden Checklisten und Prüfvorgaben ist es, die für eine gewerkeübergreifende Inbetriebnahme notwendigen Standards und das Procedere vorzugeben und dadurch effektive Prozessabläufe, die notwendige Qualität sowie eine einheitliche Dokumentation zu erzeugen.

Aus diesem Grund stellt der Technische Inbetriebnahmemanager entsprechende Vorlagen und Checklisten auf und stimmt diese mit den Planungsbeteiligten unter Berücksichtigung des Planungsstands und der vorliegenden Informationen ab. Hierbei ist im Besonderen ein Abgleich mit dem von Objekt- und Fachplanern zu verantwortenden Abnahmeprozess durchzuführen; projekt- bzw. anlagenspezifische Besonderheiten sind einfließen zu lassen. Die Grundleistungen von Objekt- und Fachplanung gemäß HOAI in der Leistungsphase 8 werden dadurch nicht verändert. Der Technische Inbetriebnahmemanager stellt nur aus Sicht einer geordneten technischen Inbetriebnahme und im Hinblick auf den späteren Anlagenbetrieb sicher, dass die in der technischen Inbetriebnahmephase durchgeführten Überprüfungen vollständig sind.

Die Dokumente sollten für folgende Leistungen ausgerichtet sein:

- Anlageninstallation
- Probebetrieb
- Leistungs- und Funktionsprüfungen
- Einweisung, Schulung

Es besteht die Möglichkeit, je nach Projektanforderung entsprechende Vorgänge in einem Dokument zusammenzufassen, soweit dies dem Ablauf und dem Ergebnis dienlich ist.

Bei der Erstellung dieser Vorlagen und Checklisten gelten folgende Grundsätze:

- formale Dokumentation von Beteiligten und Terminen und Fristen
- eindeutige Zuordnung zu projektspezifischen Anlagen und Einrichtungen
- Individualisierung auf Einzelgewerke und Anlagen
- Anpassung projektspezifischer Gewerkeschnittstellen (siehe hierzu auch Gewerkebeziehungsmatrix)
- Überschneidungsfreiheit mit der Dokumentation der Fachplaner
- VOB- und Richtlinienkonformität
- Hinweise zu ergänzender Dokumentation von Gutachtern und Sachverständigen

Da die erstellten Dokumente ggf. Einfluss auf Kosten und Termine der Inbetriebnahmephase haben können, ist es erforderlich, dass die Unterlagen bereits während der Planungsphase erstellt und abgestimmt werden.

9.5.1.2.4 Analysieren und Bewerten des Schulungs- und Einweisungsbedarfs

Die zunehmende Komplexität der technischen Anlagen sowie die Anforderungen an die Sicherheit, die Funktionalität und die Energieeffizienz erfordern eine umfassende Schulung und Einweisung des Bedienungspersonals.

Am Ende der Ausführungsphase, vor der Abnahmeprüfung nach VOB, ist das Bedienungs- und Wartungspersonal für die technischen Anlagen gemäß VOB/C einmalig durch den Auftragnehmer einzuweisen.

Bereits im Vorfeld, während der Planungs- und Ausführungsvorbereitungsphase, analysiert der Technische Inbetriebnahmemanager den Schulungs- und Einweisungsbedarf des Bedienungspersonals. Dabei bewertet er, ob die einmalige gewerkeweise Einweisung nach VOB durch die ausführenden Firmen ausreichend ist.

Anforderungen an weiteren Einweisungs- und Schulungsbedarf können sich insbesondere aufgrund der Anlagenkomplexität oder weiterer besonderer Projektanforderungen ergeben.

Der Technische Inbetriebnahmemanager empfiehlt dem Auftraggeber den zusätzlich ermittelten Einweisungs- und Schulungsbedarf und stimmt diesen mit ihm ab.

9.5.1.2.5 Mitwirken bei der Definition von Anforderungen an die Technische Inbetriebnahmephase für die Vergabeunterlagen

Zahlreiche Anforderungen an eine geregelte Technische Inbetriebnahme gehen über die definierten Regelleistungen der VOB hinaus. Aus diesem Grund sind in den Vergabeunterlagen etwaige Zusatzanforderungen an die technische Inbetriebnahmephase, in Abstimmung mit dem Projektmanagement, durch den Technischen Inbetriebnahmemanager aufzustellen und diese mit den Planungsbeteiligten abzustimmen.

Innerhalb der Leistungsbeschreibungen sollte im Besonderen mindestens auf folgende Themen eingegangen werden:

- Beschreibung zur Vorgehensweise und zum Ablauf des Technischen Inbetriebnahmeprozesses während der Bau- und Nutzungsphase
- Beschreibung der Beteiligten sowie deren Verantwortlichkeiten

- Beschreibung der Leistungen der ausführenden Gewerke
- Benennung der durch die Technische Inbetriebnahme notwendigen Termine
- Inbetriebnahme-Leitfaden
- Ablauf, Form, Umfang und Anforderungen an Funktions- und Leistungstests
- Aussage über beizustellende Messgeräte
- Ablauf und Anforderungen an Abnahmen und Übergaben
- Ablauf und Anforderungen an Schulungen und Einweisungen
- Ablauf und Anforderungen an Gewährleistungsbegehungen
- Ablauf und Anforderungen an zweistufigen Dokumentationsprozess

Des Weiteren stimmt sich der Technische Inbetriebnahmemanager mit Planungsbeteiligten ab und stellt sicher, dass die erforderlichen Mitwirkungspflichten der ausführenden Unternehmer und sonstigen Baubeteiligten in den Ausschreibungsunterlagen dargestellt sind.

9.5.1.2.6 Überprüfen des projektspezifischen Mess- und Zählkonzepts

Um Energieverbräuche in Immobilien reduzieren bzw. im Gebäudebetrieb beurteilen zu können, ist eine möglichst exakte Kenntnis über den Ist-Zustand von Verbräuchen notwendig. Die durch den Energieversorger zur Abrechnung erforderlichen Messgeräte sind daher nur bedingt für diesen Zweck geeignet, weil keine weitere Spezifizierung einzelner Verbraucher möglich ist. Weiterhin ist z.B. die Implementierung eines Energiemanagements mit Voraussetzungen im Hinblick auf eine möglichst exakte Bestimmung und Analyse von Energieverbräuchen und damit notwendigen Mess- und Zählpunkten verbunden. Neben den Anforderungen, die sich aus der späteren Nutzung und Gebäudeoptimierung ergeben, können sich ebenfalls Anforderungen an Mess- und Zählpunkte im Rahmen der Inbetriebnahmephase, z.B. für die Durchführung von Leistungsmessungen oder die Beurteilung der energetischen Qualität, ergeben.

Die Anforderungen werden durch den Technischen Inbetriebnahmemanager in Abstimmung mit dem Auftraggeber im Hinblick auf allgemeine Projektziele abgestimmt und mit projektspezifischen Anforderungen aus der technischen Inbetriebnahmephase und der späteren Nutzung ergänzt. Diese fließen in das durch die Fachplanung im Rahmen der HOAI zu erstellende Mess- und Zählkonzept ein und werden durch den Technischen Inbetriebnahmemanager überprüft.

Das Mess- und Zählkonzept sollte mindestens nachfolgende Inhalte aufweisen:

- provisorische Mess- und Zählpunkte für die Inbetriebnahmephase
- dauerhafte Mess- und Zählpunkte für
  - Abrechnung von Mietern/Nutzern gemäß EnMS
  - Energiemonitoring und -management
- erforderliche Intervalle, Umfang und Detaillierungsgrad von Messwerten und Verbrauchsdaten
- Berücksichtigung von Anforderungen aus Nachhaltigkeitszertifizierungen
- Anforderungen an das Energiemonitoring

Die Integration der Anforderungen aus dem Mess- und Zählkonzept liegt im Verantwortungsbereich der Objekt- und Fachplanung.

9.5.1.3 Handlungsbereich C: Kosten und Finanzierung

Entfällt

9.5.1.4 Handlungsbereich D: Termine, Kapazitäten und Logistik

9.5.1.4.1 Aufstellen und Abstimmen notwendiger zeitlicher Vorgaben für die Technische Inbetriebnahmephase

Wesentliche Voraussetzung einer erfolgreichen systematischen und gewerkeübergreifenden technischen Inbetriebnahme ist eine angemessene und ausreichende zeitliche Berücksichtigung innerhalb der Terminplanung. Entsprechende Vorgänge und ihre Abhängigkeiten sind hierzu in den Projektstufen der Planung, Ausführungsvorbereitung, Ausführung und Projektabschluss zu berücksichtigen. Insbesondere die gewerkeweise und gewerkeübergreifende technische Inbetriebnahmephase selbst hat hierbei Auswirkungen auf die Terminplanung.

Beeinflusst wird diese hierbei von einer Vielzahl von Faktoren, die es zu berücksichtigen gilt. Beispielhaft genannt seien die Anzahl und Art der zu betrachtenden Anlagen, die Komplexität der Anlagen und ihrer Schnittstellen, projektspezifische Besonderheiten sowie die Art der gewählten Unternehmenseinsatzform (Einzelplaner/Generalplaner, Einzelvergaben/Generalunternehmervergabe). Eine rechtzeitige Abstimmung der zeitlichen Rahmenbedingungen mit den Projektbeteiligten für die Planung und Durchführung der systematischen technischen Inbetriebnahme ist aus diesem Grund erforderlich.

Grundlage der Terminplanung bildet hierbei der übergeordnete Terminrahmen. Die Erstellung und Fortschreibung des Rahmenterminplans zählt hierbei zu den Grundleistungen des Projektsteuerers.

Aufgabe des Technischen Inbetriebnahmemanagers ist es sicherzustellen, dass die zeitlichen Rahmenbedingungen zur Durchführung einer systematischen und gewerkeübergreifenden technischen Inbetriebnahme grundsätzlich und ausreichend innerhalb des Terminrahmens berücksichtigt sind. Gegebenenfalls erforderliche Anpassungsmaßnahmen oder Optimierungsmöglichkeiten stimmt er mit dem Projektmanagement und den Projekt- und Fachplanern ab.

Aufbauend auf dem Rahmenterminplan und den von den Fachplanern gemäß HOAI zu erstellenden Terminplänen hat die Projektsteuerung zur Steuerung der öffentlich-rechtlichen und privatrechtlichen Abnahmen, der Übergabe und der Inbetriebnahme eine Grobablaufplanung zu entwickeln und in den Steuerungsterminplänen abzubilden. Hierbei unterstützt der Technische Inbetriebnahmemanager das Projektmanagement durch die Erstellung einer detaillierten Steuerungsterminplanung für die technische Inbetriebnahme, indem er die projektspezifischen planungs- und ausführungsrelevanten Vorgänge und Meilensteine der Technischen Inbetriebnahme für die einzelnen Projektstufen identifiziert, kommuniziert und mit den Planungsbeteiligten abstimmt.

Während der Planungsphase zählen hierzu beispielsweise die Analyse und Bewertung der Planungsergebnisse (Review), Leistungen in Verbindung mit der Erstellung der Vergabeunterlagen, Abstimmungen hinsichtlich des Schulungs- und Einweisungsbedarfs sowie erforderliche Leistungen der Objekt- und Fachplaner zur Planung der technischen Inbetriebnahmephase.

9.5.1.5 Handlungsbereich E: Verträge und Versicherungen

Entfällt

9.5.2 Projektstufe 3: Ausführungsvorbereitung

9.5.2.1 Handlungsbereich A: Organisation, Information, Koordination und Dokumentation (übrige Handlungsbereiche einbeziehend)

9.5.2.1.1 Fortschreiben der Gewerkebeziehungsmatrix aller Anlagen und verknüpfter Gebäudeautomation

Siehe Ziff. 9.5.1.1.1

9.5.2.1.2 Fortschreiben des Schnittstellenkatalogs auf der Grundlage der Gewerkebeziehungsmatrix

Die in der Planungsphase entwickelte Gewerkebeziehungsmatrix und der detaillierte Schnittstellenkatalog werden entsprechend dem zunehmenden Detailierungsgrad vom Technischen Inbetriebnahmemanager in Zusammenwirken mit den Projektbeteiligten fortgeschrieben. Mit dem Abschluss der Ausführungsvorbereitung erfolgt die Übergabe in die Dokumentation.

9.5.2.1.3 Überprüfen der Struktur und Inhalte des detaillierten Anlagenverzeichnisses

Das in Ziff. 9.5.1.1.3 entwickelte Anlagenverzeichnis wird in der Ausführungsvorbereitungsphase fortgeschrieben. Hierzu überprüft der Technische Inbetriebnahmemanager das in der Planungsphase entwickelte Anlagenverzeichnis entsprechend dem zunehmenden Detailierungsgrad auf Vollständigkeit und auf Einhaltung der Struktur.

9.5.2.1.4 Fortschreiben des projektspezifischen Technischen Inbetriebnahmeleitfadens

Der Technische Inbetriebnahmemanager schreibt den in der Planungsphase entwickelten und abgestimmten Technischen Inbetriebnahmeleitfaden in Zusammenwirken mit den Projektbeteiligten entsprechend dem zunehmenden Detaillierungsgrad und Kenntnisstand fort.

9.5.2.1.5 Fortschreiben des Betriebshandbuchs

Siehe Ziff. 9.5.1.1.5

9.5.2.1.6 Fortschreiben der technischen Risikobeurteilung

Siehe Ziff. 9.5.1.1.6

9.5.2.2 Handlungsbereich B: Qualitäten und Quantitäten

9.5.2.2.1 Analysieren und Bewerten der Planungsergebnisse der Planung hinsichtlich der festgelegten Ziele der Technischen Inbetriebnahme

In der Phase der Ausführungsvorbereitung analysiert und bewertet der Technische Inbetriebnahmemanager die von den Fachplanern erstellten technisch inbetriebnahmerelevanten Positionen und Titel in den Ausschreibungsunterlagen (Leistungsverzeichnisse).

Zudem analysiert und bewertet er auch die Inhalte der vorgesehenen Werkverträge mit den späteren ausführenden Unternehmen hinsichtlich der Konformität mit den im Projekt festgelegten Vorgaben und den in der Planungsphase benannten Kriterien.

9.5.2.2.2 Fortschreiben der Prüfvorgaben zur Technischen Inbetriebnahmephase

Insbesondere bei der Angebotsabfrage können die Vorgaben gravierende Auswirkungen auf die Preisgestaltung haben und sollten somit auch den bietenden Unternehmen zur Kenntnis gebracht werden. Darüber hinaus gilt es, die Unterlagen kontinuierlich entsprechend dem Projektfortschritt und den tiefergehenden Erkenntnissen und Detaillierungen der Planung und Ausschreibung fortzuschreiben.

9.5.2.2.3 Aufstellen des Schulungs- und Einweisungsbedarfs

Auf der Grundlage seiner Analyse und Bewertung in der Planungsphase stellt der Technische Inbetriebnahmemanager während der Projektvorbereitungsphase den zusätzlich erforderlichen und bei Bedarf fortgeschriebenen Schulungs- und Einweisungsbedarf auf. Die Beschreibungen der Anforderungen werden als Leistungspositionen erstellt und den Fachplanern zur Integration in die Leistungsverzeichnisse der jeweiligen Gewerke übergeben.

9.5.2.2.4 Fortschreiben von Anforderungen an die Technische Inbetriebnahmephase für die Vergabeunterlagen, Mitwirken bei der Vergabe

Die unter Ziff. 9.5.1.2.5 aufgestellten und abgestimmten technischen Inbetriebnahmeanforderungen werden in der Ausführungsvorbereitung entsprechend dem zunehmenden Detaillierungsgrad im Zusammenwirken mit den Projektbeteiligten fortgeschrieben.

Die Leistung des Technischen Inbetriebnahmemanagers erstreckt sich hierbei auch auf die Mitwirkung bei der Vergabe, insbesondere bei technischen Rückfragen zu den aufgestellten Anforderungen.

9.5.2.2.5 Überprüfen der Fortschreibung des projektspezifischen Mess- und Zählkonzepts

Im Hinblick auf den zunehmenden Detaillierungsgrad der Planung wird das durch die Fachplaner aufgestellte Mess- und Zählkonzept in der Ausführungsvorbereitung durch den Technischen Inbetriebnahmemanager überprüft, abgestimmt und durch die Planer fortgeschrieben. Die Fortschreibung erfolgt unter Berücksichtigung der sich zwischenzeitlich ggf. veränderten Rahmenbedingungen oder Planungserfordernissen.

9.5.2.3 Handlungsbereich C: Kosten und Finanzierung

Entfällt

9.5.2.4 Handlungsbereich D: Termine, Kapazitäten und Logistik

9.5.2.4.1 Aufstellen eines detaillierten Technischen Inbetriebnahmeterminplans

Bei einer Fortschreibung oder Anpassung der Terminplanung stellt der Technische Inbetriebnahmemanager sicher, dass die erforderlichen zeitlichen Rahmenbedingungen zur Durchführung der systematischen Inbetriebnahme in den Terminplänen des Projektmanagements und der Objekt- und Fachplaner berücksichtigt bleiben.

Zudem unterstützt er das Projektmanagement bei der Fortschreibung und Detaillierung des Steuerungsterminplans, indem er die planungs- und ausführungsrelevanten Vorgänge und Meilensteine der systematischen technischen Inbetriebnahme sowie deren technische und genehmigungsrechtliche Voraussetzungen entsprechend dem fortschreitenden Detailierungsgrad der Planung kommuniziert.

Zu den wesentlichen Leistungen des Technischen Inbetriebnahmemanagers in der Phase der Ausführungsvorbereitung gehören das Aufstellen und Abstimmen des detaillierten technischen Inbetriebnahmeterminplans. Hierbei ist die Mitwirkung aller Beteiligten unter Berücksichtigung ihrer vertraglichen Leistungspflichten notwendig.

Ziel des detaillierten technischen Inbetriebnahmeterminplans ist die Darstellung der Abläufe der systematischen Inbetriebnahme unter Berücksichtigung der vorhandenen Abhängigkeiten.

Dies erfordert zum einen die Darstellung der inbetriebnahmerelevanten Abläufe je Anlage/Bauteil/Baugruppe und zum anderen die Darstellung der Abhängigkeiten und Voraussetzungen zur Durchführung der gewerke- und funktionsübergreifenden technischen Inbetriebnahme der Anlagen untereinander. Hierzu ermittelt der Technische Inbetriebnahmemanager die anlagenspezifischen Inbetriebnahmestufen und ihre jeweiligen Dauern. Jede Inbetriebnahmestufe sollte hierbei eine mess- und überprüfbare Einheit bilden, deren erfolgreicher Abschluss durch eine entsprechende Dokumentation belegt werden kann. Denkbare Inbetriebnahmestufen stellen beispielsweise die Fertigstellung der Anlage, die Vollständigkeitsüberprüfung, die Erstinbetriebnahme, die Einregulierung, der Probebetrieb und die Durchführung der anlagenübergreifenden Funktionsüberprüfungen und Leistungsmessungen dar.

Auch Abhängigkeiten und Aspekte in Verbindung mit den Leistungen der Sachverständigen und Prüfsachverständigen sowie genehmigungsrechtliche Voraussetzungen sind neben den erforderlichen abnahme- und betriebsrelevanten Dokumentationen und den rechtzeitig abzustimmenden und zu koordinierenden Terminen für die Einweisung der Nutzer bzw. des Betriebspersonals bei der Erstellung des Terminplans zu berücksichtigen.

Die Abhängigkeiten zwischen einzelnen Vorgängen, insbesondere auch der anlagen- und funktionsübergreifenden, sind dabei als verknüpfte Vorgänge unter Ausweisung des kritischen Wegs in Netzplantechnik darzustellen.

Darüber hinaus stellt er sicher, dass die bei der detaillierten technischen Inbetriebnahmeplanung identifizierten Vorgänge, Dauern und Anforderungen an die systematische technische Inbetriebnahme in Abhängigkeit der projektspezifischen Ausführungsabwicklung (Einzelvergaben/Generalunternehmervergabe) in den Leistungsverzeichnissen und Vergabeunterlagen der Objekt- und Fachplaner enthalten sind. Hierzu sind rechtzeitige Abstimmungen mit den betroffenen Planungsbeteiligten erforderlich.

9.5.2.5 Handlungsbereich E: Verträge und Versicherungen

Entfällt

9.5.3 Projektstufe 4: Ausführung

9.5.3.1 Handlungsbereich A: Organisation, Information, Koordination und Dokumentation (übrige Handlungsbereiche einbeziehend)

9.5.3.1.1 Überprüfen der Struktur und Inhalte des detaillierten Anlagenverzeichnisses

Siehe Ziff. 9.5.2.1.3

9.5.3.1.2 Fortschreiben des projektspezifischen Technischen Inbetriebnahmeleitfadens

Der Technische Inbetriebnahmemanager steuert die Projektbeteiligten während der Ausführung dahingehend, dass die im technischen Inbetriebnahmeleitfaden entwickelten und festgelegten Anforderungen von den Projektbeteiligten eingehalten werden.

Ergibt sich während der Ausführung die Notwendigkeit, definierte Prozesse des Leitfadens zu verändern oder Verantwortlichkeiten neu zu definieren, schreibt der Technische Inbetriebnahmemanager den technischen Inbetriebnahmeleitfaden in Abstimmung mit dem Projektmanagement fort.

9.5.3.1.3 Fortschreiben des Betriebshandbuchs

Siehe Ziff. 9.5.1.1.5

9.5.3.1.4 Fortschreiben der technischen Risikobeurteilung

Siehe Ziff. 9.5.1.1.6

9.5.3.2 Handlungsbereich B: Qualitäten und Quantitäten

9.5.3.2.1 Fortschreiben der Prüfvorgaben zur Technischen Inbetriebnahmephase

In dieser Phase sind die Checklisten und Vorlagen mit den ausführenden Unternehmen abzustimmen. Projektspezifische bzw. anlagenspezifische Besonderheiten, die sich aufgrund der eingesetzten Anlagentechnik ergeben könnten, sind zu berücksichtigen und die im Vorfeld erstellten Protokolle und Checklisten entsprechend durch den Technischen Inbetriebnahmemanager fortzuschreiben.

9.5.3.2.2 Überprüfen der Schulungs- und Einweisungsinhalte

In der frühen Ausführungsphase sind dem Technischen Inbetriebnahmemanager durch die ausführenden Firmen der geplante zeitliche Ablauf und die geplanten Einweisungsinhalte mitzuteilen. Der Technische Inbetriebnahmemanager prüft die ihm übermittelten

Angaben und gleicht diese mit den in den Leistungspositionen beschriebenen Anforderungen ab.

Auf der Grundlage seines detaillierten technischen Inbetriebnahmeterminplans (siehe Ziff. 9.5.3.4.1) unterstützt der Technische Inbetriebnahmemanager in enger Zusammenarbeit mit der Objektüberwachung das Projektmanagement bei der Organisation und Koordination der Schulungen und Einweisungen. Protokollvorlagen mit Benennung der jeweiligen Anforderungen an die Einweisungen und Schulungen werden vom Technischen Inbetriebnahmemanager erstellt.

9.5.3.3 Handlungsbereich C: Kosten und Finanzierung

Entfällt

9.5.3.4 Handlungsbereich D: Termine, Kapazitäten und Logistik

9.5.3.4.1 Fortschreiben eines detaillierten Technischen Inbetriebnahmeterminplans

Während der Bauausführung überprüft der Technische Inbetriebnahmemanager die von den Objekt- und Fachplanern nach HOAI zu erstellende Bauablaufplanung und die von den ausführenden Firmen nach Vertrag zu liefernden Detailablaufpläne auf Berücksichtigung der abgestimmten und vertraglich vereinbarten inbetriebnahmerelevanten Rahmenbedingungen. Gegebenenfalls erforderliche Anpassungsmaßnahmen stimmt er mit den Projektbeteiligten ab.

Des Weiteren aktualisiert er bei sich ändernden Rahmenbedingungen den detaillierten technischen Inbetriebnahmeterminplan und unterstützt das Projektmanagement bei der Fortschreibung der Steuerungsterminplanung, die in dieser Phase um die Abnahme, Übergabe und Inbetriebnahme erweitert wird. Er identifiziert ggf. vorhandene inbetriebnahmerelevante Optimierungsmaßnahmen und stimmt erforderliche Korrekturmaßnahmen zur Erreichung der Terminziele mit den Projektbeteiligten ab.

Durch regelmäßige Feststellung des Fertigstellungsgrads der inbetriebnahmerelevanten Anlagen unterstützt er das Projektmanagement bei der Bewertung des Ausführungsfortschritts.

9.5.3.5 Handlungsbereich E: Verträge und Versicherungen

Entfällt

9.5.4 Projektstufe 5: Projektabschluss

9.5.4.1 Handlungsbereich A: Organisation, Information, Koordination und Dokumentation (übrige Handlungsbereiche einbeziehend)

9.5.4.1.1 Erstellen eines Abschlussberichts zur Technischen Inbetriebnahme

Zum Abschluss der technischen Inbetriebnahmephase, nachdem Funktions- und Leistungstests, Probebetrieb und Abnahmen durchgeführt wurden, stellt der Technische Inbetriebnahmemanager einen Projektabschlussbericht für den Auftraggeber zusammen. Dieser Bericht soll vor allem einen Überblick über die Schwerpunkte der technischen Inbetriebnahmephase geben und dem Auftraggeber oder späteren Eigentümer Klarheit über noch offene Punkte und ggf. noch vorhandene Restmängel verschaffen. Dieser Abschlussbericht kann außerdem als Leistungsnachweis für Nachhaltigkeitszertifizierungen dienen und geht dort zum Beispiel in Form des Commissioning Reports bei LEED Zertifizierungen oder als Abschlussbericht der geordneten Inbetriebnahme bei einer DGNB Zertifizierung in den Projektabschluss der Zertifizierung ein.

Der Projektabschlussbericht soll einen reibungslosen Übergang von der Errichtung in die Nutzung ermöglichen, Schnittstellenprobleme beim Tätigkeits- und Wissensübergang von Planung und Errichtung in den Betrieb vermeiden und als Wissensdokument fungieren. Dazu wird mit Projektabschluss bzw. Abnahme der Gewerke zur Beurteilung von Qualität und Leistungsfähigkeit des Objekts der Projektabschlussbericht erarbeitet.

Der Bericht stellt dabei keine lose Aneinanderreihung von Dokumenten dar, sondern enthält eine schriftliche Zusammenfassung der durchgeführten Tätigkeiten, Ergebnisse, Schlussfolgerungen und Empfehlungen des technischen Inbetriebnahmeprozesses für alle Anlagen. Außerdem soll er eine kurze Zusammenfassung der technischen Inbetriebnahmeleistungen während der Planungsphase, der durchgeführten Überprüfungsprozesse mit deren Ergebnissen und eine Auflistung von ggf. vorhandenen Restmängeln nach durchgeführter Abnahme enthalten.

Da das Technische Inbetriebnahmemanagement als Bindeglied zwischen Planung, Ausführung und Betrieb dient, hat der Projektabschlussbericht eine unterstützende Funktion für den Technischen Inbetriebnahmemanager und Betreiber/Facility Management innerhalb des ersten Betriebsjahres bzw. des Restmängelmanagements.

Nachfolgende Inhalte sind im Bericht aufzunehmen:

- Zusammenfassung des Projekts
- Projektbeteiligte und Funktionen
- Umfang des Technischen Inbetriebnahmemanagements, detaillierte Beschreibung der Tätigkeiten
- Zusammenfassung durchgeführter Prüfungen in der Planungsphase
- durchgeführte Tests und Überprüfungsmethoden und deren Ergebnisse
- Ergebnisse der technischen Inbetriebnahmephase, Schlussfolgerungen und Empfehlungen für alle Anlagen
- Auflistung offener Punkte bzw. Mängel

Als Anlage dem Projektabschlussbericht beizulegen sind außerdem:

- Projektdokumente (Zieldefinition, Erläuterungsberichte TGA etc.)
- Inbetriebnahmeleitfaden
- Ergebnisse bzw. Protokolle durchgeführter Prüfungen (Planung, Ausführung)
- Ergebnisse der Funktions- und Leistungstests
- Formulare und Protokolle der technischen Inbetriebnahmephase
- Auswertung von Trendaufzeichnungen (sofern durchgeführt)

9.5.4.1.2 Erstellen des Betriebshandbuchs

Diese Leistung knüpft unmittelbar an die Leistung gemäß Ziff. 9.5.3.1.3 in der Projektstufe 4 an und beinhaltet das Erstellen des fertigen technischen Betriebshandbuchs auf Grundlage der in den vorherigen Projektstufen entwickelten Grundstruktur.

Nachdem im Rahmen der Bauausführung die eingesetzte Anlagentechnik inklusive herstellerspezifischer Angaben feststeht, kann der Technische Inbetriebnahmemanager das im Vorfeld entworfene Betriebshandbuch mit Inhalten füllen. Grundlage der Informationen bilden dabei die Unterlagen der Montage- und Werkstattplanung der ausführenden Unternehmen, die Dokumente der technischen Inbetriebnahmephase sowie sonstige Unterlagen der Bestandsdokumentation.

Der Technische Inbetriebnahmemanager sichtet die durch den Anlagenerrichter vorgelegte Bestandsdokumentation und filtert alle für den Betrieb notwendigen Informationen heraus und übernimmt diese in das technische Betriebshandbuch. Unter Umständen ist es erforderlich, die im Vorfeld entworfene Grundstruktur des Betriebshandbuchs auf Basis der vorliegenden Unterlagen anzupassen oder zu erweitern.

9.5.4.2 Handlungsbereich B: Qualitäten und Quantitäten

9.5.4.2.1 Steuerung und Begleitung von Funktions- und Leistungstests und Leistungsmessungen

Diese Leistung knüpft unmittelbar an die Leistung gemäß Ziff. 9.5.3.2.1 in der Projektstufe 4 an und beinhaltet die Steuerung und Begleitung von Funktions- und Leistungstests und Leistungsmessungen auf Grundlage der in den vorherigen Projektstufen entwickelten Checklisten und Prüfvorgaben.

Im Gegensatz zu der in der HOAI 2013 genannten Verpflichtung des Fachplaners zur Mitwirkung bei Funktions-und Leistungstests beinhaltet die hier dargestellte Leistung eine aktive Steuerung und Begleitung der Funktions- und Leistungstests. Diese werden mit den an der jeweiligen Anlage beteiligten Auftragnehmern, der Objekt-/Fachplanung und ggf. weiteren erforderlichen Beteiligten gewerkeübergreifend durchgeführt.

Ziel ist die Sicherstellung der durch die Planung vorgegebenen Funktionen, Sicherheitsketten und einzelnen Prozessabläufe der Anlagen im Gebäude unter Berücksichtigung des Zusammenspiels der einzelnen Anlagen. Aus diesem Grund sind die Tests und Messungen auf Einzelfunktionsebene durchzuführen und alle Steuerungen und Regelkreise auf Basis der Funktions- oder Anlagenbeschreibung und der ermittelten oder vorgegebenen Anlagenparameter hin zu überprüfen. Dabei ist ein besonderes Augenmerk auf sicherheitsrelevante Vorgaben und Betriebsweisen, gerade in Abhängigkeit mit anderen Anlagen und Systemen, zu legen.

Die Tests sind erst zum Zeitpunkt eines automatischen Anlagenbetriebs unter verschiedenen Betriebsbedingungen, wie z.B. Volllast, Teillast, Bauteilausfall, Reaktion auf Stromausfall und Netzwiederkehr, unterschiedliche Umweltbedingungen etc. durchzuführen. Hierzu sind ggf. Manipulationen von Soll- und Ist-Werten durchzuführen oder anderweitige simulierte Betriebsbedingungen an der Anlage (ggf. über eine vorhandene Gebäudeleittechnik) herzustellen und die Reaktionen und Betriebsabfolgen der einzelnen Systeme daraufhin zu überprüfen.

Einschlägige Richtlinien, wie z.B. DIN EN 12599 „Prüf- und Messverfahren für die Übergabe eingebauter raumluft-technischer Anlagen", DIN EN 14336 „Installation und Abnahme von Wasserheizungsanlagen", VDI 3819 oder VDI 6017, sind zur Durchführung der Funktions-, Leistungstests und Leistungsmessungen heranzuziehen.

Da diese Leistung einen tiefgehenden Einblick in die Regelung und Anlagentechnik ermöglicht, sollte in dieser Phase, je nach Komplexität der Anlage, das spätere Betriebspersonal mit einbezogen werden.

Folgende Schritte sind im Rahmen dieser Leistung – zweckmäßig vor der Abnahme – in vollem Umfang durchzuführen:

Anlageninstallation:

- Überprüfung auf Übereinstimmung mit technischen Regeln
- Überprüfung von Zugänglichkeiten für Betrieb und Wartung
- Überprüfung von Sauberkeit
- Überprüfung von Schnittstellen mit anderen Gewerken
- Überprüfung des hydraulischen Abgleichs

Funktionsprüfungen:

- Prüfung der Betriebsfähigkeit aller Bauteile der Anlage
- Prüfung von Abhängigkeiten und Zusammenspiel der einzelnen Bauteile (z.B. Brandfallsteuerung)
- Prüfung der betriebsrelevanten Funktionen (z.B. WRG-Vorrangschaltung, Sonnenschutzsteuerung)

Leistungsmessungen:

- Durchführen der Messungen (z.B. Stromaufnahme, Volumenstrom, Strömungsgeschwindigkeiten)

Die durchgeführten Arbeiten, Anlagenreaktionen, Messergebnisse und gefundenen Mängel sind zu protokollieren und in einem Bericht zum Erreichen der Abnahme zusammenzufassen.

9.5.4.2.2 Überprüfen des Schulungs- und Einweisungsmanagements

Der Technische Inbetriebnahmemanager nimmt an den Schulungs- und Einweisungsterminen teil. Er überprüft dabei die dem Bedienungspersonal vermittelten Schulungs- und Einweisungsinhalte und gleicht diese mit den in den Leistungspositionen beschriebenen Anforderungen ab.

Sofern die in den Leistungspositionen beschriebenen Anforderungen nicht vollständig vermittelt worden sind, teilt der Technische Inbetriebnahmemanager den Fachbeteiligten mit, dass Schulungs- und Einweisungsinhalte wiederholt bzw. ergänzt werden müssen. Des Weiteren überprüft er die eingereichten Schulungs- und Einweisungsprotokolle auf Vollständigkeit und dokumentiert die Ergebnisse im Projektabschlussbericht.

9.5.4.3 Handlungsbereich C: Kosten und Finanzierung

Entfällt

9.5.4.4 Handlungsbereich D: Termine, Kapazitäten und Logistik

9.5.4.4.1 Mitwirken bei der Steuerung der Inbetriebnahme

Auf der Grundlage seiner fortgeschriebenen detaillierten technischen Inbetriebnahmeplanung unterstützt der Technische Inbetriebnahmemanager in enger Zusammenarbeit mit der Objektüberwachung das Projektmanagement in der zielorientierten Steuerung der inbetriebnahmerelevanten Vorgänge.

Hierzu gehört neben regelmäßigen Soll-Ist-Abgleichen zur Feststellung von Abweichungen und der Ermittlung der daraus resultierenden Konsequenzen auch die Unterstützung des Projektmanagements und der Objektüberwachung bei der Koordination und Steuerung der inbetriebnahmeabhängigen Vorgänge in deren Verantwortungsbereich.

Dies betrifft insbesondere die terminlichen Abhängigkeiten der Abnahmen durch Behörden und Sachverständige, die Einweisungen und Schulungen der Nutzer und des Betriebspersonals, die Vollständigkeit der erforderlichen abnahmerelevanten und betriebsrelevanten Dokumentationen, die Beseitigung von Mängeln sowie die Feststellung der Abnahmereife.

9.5.4.5 Handlungsbereich E: Verträge und Versicherungen

Entfällt

9.5.5 Nachlaufende Leistungen in der Nutzungsphase

9.5.5.1 Handlungsbereich A: Organisation, Information, Koordination und Dokumentation (übrige Handlungsbereiche einbeziehend)

Entfällt

9.5.5.2 Handlungsbereich B: Qualitäten und Quantitäten

9.5.5.2.1 Durchführung einer Nachbegehung 10–12 Monate nach Nutzungsaufnahme

Ziel ist es, durch eine Nachbegehung den energieeffizienten Betrieb der technischen Anlagen zu sichern. Diese Nachbegehung sollte nach einem Betriebsjahr erfolgen, um eine komplette Heiz- und Kühlperiode abzudecken und den Gebäudebetrieb bewerten zu können. Der Technische Inbetriebnahmemanager fungiert dabei als Bindeglied zwischen Planung/Errichtung und Betrieb. Hierbei ist ein wesentlicher Bestandteil seiner Aufgabe, den vorgefundenen Anlagenbetrieb mit dem ursprünglich geplanten Anlagenbetrieb zu vergleichen und etwaige Differenzen gemeinsam mit dem Betreiberpersonal zu interpretieren sowie eine Bewertung der Restmängelabarbeitung aus der Abnahme und Nutzerübergabe vorzunehmen.

Der Technische Inbetriebnahmemanager führt dabei jedoch keine durchgängige Betreuung des Objekts innerhalb des ersten Betriebsjahres durch. Der/die vom Technischen Inbetriebnahmemanager gewählte/n Termin/e zur Nachbegehung sind in Absprache mit den Beteiligten rechtzeitig zu koordinieren.

Nachfolgende Leistungen werden durch den Technischen Inbetriebnahmemanager durchgeführt:

- Vor-Ort-Begehung der Anlagen und Prüfung der Betriebsparameter
- Durchführung eines Gespräches mit dem Betreiber zur Klarstellung von Nutzungsanpassungen und Aufnahme ggf. vorhandener Mängel an Anlagen oder im Anlagenbetrieb
- Hinweise auf Schnittstellen zu Grundleistungen der Leistungsphase 9 HOAI
- Dokumentation und Auflistung von ggf. noch vorhandenen Restmängeln
- Zusammenstellung der Ergebnisse der Begehung mit Empfehlungen zur Beseitigung evtl. aufgetretener Probleme bzw. Verbesserungsvorschlägen in einem Bericht
- Übermittlung des Berichts an den Auftraggeber

9.5.5.2.2 Steuerung und Begleitung von saisonalen Funktions- und Leistungstests und Leistungsmessungen

Diese Leistung knüpft an die in Ziff. 9.5.4.2.1 beschriebenen Leistungen der Funktions- und Leistungstests an. Da die Möglichkeiten der Funktions- und Leistungsüberprüfungen im Rahmen der projektspezifischen Inbetriebnahmephase oft begrenzt sind (z.B. Test einer Heizungsanlage im Sommer bzw. einer Kälteanlage im Winter), kann es erforderlich sein, dass nachlaufende, saisonale Überprüfungen bzw. Tests durchgeführt werden müssen. Gerade bei komplexeren Anlagen ist diese Vorgehensweise zu empfehlen, da Funktionsmängel oft erst unter Volllastbetrieb erkennbar bzw. nachweisbar sind.

Hierzu führt der Technische Inbetriebnahmemanager in Abstimmung mit dem Fachunternehmer für Gebäudeautomation und dem Betreiberpersonal eine Nachbegehung der technischen Anlagen und der Mess-, Steuer- und Regelungstechnik durch. Diese Nachbegehung soll zu der Jahreszeit durchgeführt werden, die der ursprünglichen Inbetriebnahmephase entgegensteht. Erfolgte die eigentliche Inbetriebnahme beispielsweise im Winter, sind die saisonalen Funktions- und Leistungstests und Leistungsmessungen durch den Technischen Inbetriebnahmemanager für den Sommer zu koordinieren und einzusteuern.

Ziel ist die Sicherstellung der durch die Planung vorgegebenen Funktionen, Sicherheitsketten und einzelnen Prozessabläufe der Anlagen im Gebäude unter Berücksichtigung des Zusammenspiels der einzelnen Anlagen. Aus diesem Grund sind die Tests und Messungen auf Einzelfunktionsebene durchzuführen und alle Steuerungen und Regelkreise auf Basis der Funktions- oder Anlagenbeschreibung und der ermittelten oder vorgegebenen Anlagenparameter hin zu überprüfen. Dabei ist ein besonderes Augenmerk auf sicherheitsrelevante Vorgaben und Betriebsweisen, gerade in Abhängigkeit mit anderen Anlagen und Systemen, zu legen.

Im Rahmen der saisonalen Tests sind jene Betriebsbedingungen zu überprüfen, die innerhalb der Inbetriebnahmephase aufgrund von Witterungsbedingungen nicht überprüft und getestet werden konnten. Hierzu sind ggf. Manipulationen von Soll- und Ist-Werten durchzuführen oder anderweitig simulierte Betriebsbedingungen an der Anlage (ggf. über eine vorhandene Gebäudeleittechnik) herzustellen und die Reaktionen und Betriebsabfolgen der einzelnen Systeme daraufhin zu überprüfen.

Einschlägige Richtlinien, wie z.B. DIN EN 12599 „Prüf- und Messverfahren für die Übergabe eingebauter raumluft-technischer Anlagen", DIN EN 14336 „Installation und Abnahme von Wasserheizungsanlagen", VDI 3819 oder VDI 6017, sind zur Durchführung der Funktions-, Leistungstests und Leistungsmessungen heranzuziehen.

Folgende Schritte sind im Rahmen dieser Leistung in vollem Umfang durchzuführen:

Anlageninstallation:

- Überprüfung des hydraulischen Abgleichs über Leistungsmessungen

Funktionsprüfungen:

- Prüfung der Betriebsfähigkeit aller Bauteile der Anlage
- Prüfung von Abhängigkeiten und Zusammenspiel der einzelnen Bauteile (z.B. Brandfallsteuerung)
- Prüfung der betriebsrelevanten Funktionen (z.B. Wärmerückgewinnung-Vorrangschaltung, Sonnenschutzsteuerung)

Leistungsmessungen:

- Durchführen der Messungen (z.B. Stromaufnahme, Volumenstrom, Strömungsgeschwindigkeiten)

Die durchgeführten Arbeiten, Anlagenreaktionen, Messergebnisse und gefundenen Mängel sind zu protokollieren und in einem Bericht zusammenzufassen.

9.5.5.3 Handlungsbereich C: Kosten und Finanzierung

Entfällt

9.5.5.4 Handlungsbereich D: Termine, Kapazitäten und Logistik

Entfällt

9.5.5.5 Handlungsbereich E: Verträge und Versicherungen

Entfällt

9.6 Honorierung

Die Honorierung erfolgt nach Zeitaufwand; siehe dazu die Honorarempfehlung der AHO-Fachkommission „Projektsteuerung/Projektmanagement" (Heft Nr. 9, 4. Aufl. 2014, dort § 9). Den Vertragsparteien steht es frei, Pauschalhonorarvereinbarungen zu treffen oder ergänzend zu den zeit- oder pauschalbezogenen Honorierungen Erfolgskomponenten festzulegen.

Das Technische Inbetriebnahmemanagement ist nicht Gegenstand der HOAI. Planungsleistungen der Technischen Ausrüstung sind in diesem Leistungsbild nicht vorgesehen. Dieses Leistungsbild ist als Besondere Leistung zum Leistungsbild Projektmanagement nach AHO-Heft Nr. 9 konzipiert. Besondere Leistungen unterliegen dem staatlichen Preisrecht nicht, so dass grundsätzlich eine Vergütungspflicht nach dem staatlichen Preisrecht der HOAI nicht besteht. Etwaige Erfolgshonorare sollten in Anlehnung an § 7 Abs. 6 HOAI auf 20 % des vereinbarten Honorars begrenzt werden.

Die Vertragsparteien sind also frei in Bezug auf die Festlegung der Honorare.

Da der Aufwand für ein Technisches Inbetriebnahmemanagement sehr von den definierten Inbetriebnahmezielen und den projektspezifischen Anforderungen abhängt (Leistungsfähigkeit und Leistungsbereitschaft des eingeschalteten Planungsteams und der ausführenden Unternehmen), kann der Aufwand nur projektspezifisch abgeschätzt werden. Vor diesem Hintergrund bietet es sich an, Zeithonorare nach Tagessätzen zu vereinbaren und dabei auf das eingesetzte Personal mit Fachzuständigkeiten für einzelne Planungsbereiche abzustellen. Im Falle von Pauschalvereinbarungen ist auf ein ausreichend konkretes Leistungsbild im Hinblick auf einzelne Prozesse zu achten.

Im Falle von Erfolgsvereinbarungen sind genaue Bemessungsgrundlagen festzulegen. Die Vertragstypologie eines Vertrages zum Technischen Inbetriebnahmemanagement entspricht werkvertraglichen Grundsätzen, da der Technische Inbetriebnahmemanager auf die Erreichung definierter Inbetriebnahmeziele hinarbeitet.

10 Projektmanagement bei Infrastrukturvorhaben

Dipl.-Ing. M.Sc. REM+CPM Ch. Brunstein

10.1 Allgemeines

Bei der Beschaffung von Projektmanagementleistungen in der Bau- und Immobilienwirtschaft wird insbesondere auf das am Markt etablierte AHO-Heft Nr. 9 zurückgegriffen.

Das Heft Nr. 9 enthält neben einem detailliert nach Projektstufen ausgearbeiteten Leistungsbild außerdem Honoraransätze und einen Kommentarteil. Die ursprüngliche Fassung wurde in den letzten Jahren bis einschließlich zur derzeit gültigen 4. Auflage (2014) immer wieder aktualisiert und erweitert. Der Fokus lag dabei am Anfang stark auf Hochbauprojekten, hat sich jedoch in der Vergangenheit im Sinne einer allgemeingültigen Handlungsanweisung weiterentwickelt. Die Schärfung und Präzisierung der Leistungen, die insbesondere im Infrastrukturbereich relevant sind, sind eine der Hauptaufgaben des Arbeitskreises „Projektmanagement bei Infrastrukturvorhaben" des DVP mit folgenden Mitgliedern:

Ahlers, Andreas, Dipl.-Ing.	Ingenieurbüro Dipl.-Ing. H. Vössing GmbH, Frankfurt am Main
Baumgärtner, Ulrich, Dr.-Ing.	Dr. Baumgärtner GmbH, Steinebach am Wörthsee
Brand, Jochen, Dipl.-Ing.	Schüßler-Plan Ingenieurgesellschaft, Frankfurt
Brunstein, Christian, Dipl.-Ing. M.Sc. REM+CPM	DU Diederichs Projektmanagement AG & Co. KG, Wuppertal
Fiedler, André, Dipl.-Ing.	Schüßler-Plan Ingenieurgesellschaft, Düsseldorf
Halcour, German, Dipl.-Ing.	Lahmeyer Rhein-Main GmbH, Bad Vilbel
Höcker, Thomas, Prof. Dr.-Ing.	Höcker Project Managers GmbH, Bochum
Klöpper, Stefan, Dipl.-Ing.	Höcker Project Managers GmbH, Duisburg
Puritz, Ingolf, Dipl.-Ing.	URS Deutschland GmbH, Irxleben
Offergeld, Berit, Dr.-Ing.	Schüßler Plan Ingenieurgesellschaft GmbH, Düsseldorf
Reinsch, Helmut, Dipl.-Ing./Dipl.-Wirtsch.-Ing.	Reinsch Erfolgstraining, Duisburg
Schwabach, Holger, Dipl.-Geol.	Ingenieur Management Consult GmbH, Koblenz
van der Velde, Christian, Dipl.-Ing./Dipl.-Wirtsch.-Ing.	Consult Team Bremen GmbH, Bremen

In diesem Zusammenhang hat der Arbeitskreis im Jahr 2014 das DVP-Heft „Projektmanagement bei Infrastrukturvorhaben, Untersuchungen zum Leistungsbild, zur Honorierung und zur Beauftragung von Projektmanagementleistungen im Infrastruktursektor" herausgebracht, das beim DVP-Verlag erworben werden kann. In der Ausarbeitung hat sich der Arbeitskreis auf die Darstellung von infrastrukturrelevanten Teilleistungen konzentriert, die zum damaligen Zeitpunkt im AHO-Heft Nr. 9, 3. Auflage 2009, nicht ausreichend dargestellt waren.

Es wurden folgende 10 Kernthesen bearbeitet:

- Vorgeschaltete Konzeptphase
- Koordination
- Genehmigung
- Übergeordnete Projektleitung und -steuerung
- Kommunikation und Projektmarketing
- Inbetriebnahmemanagement
- Risikomanagement
- Vergabe-, Vertrags- und Nachtragsmanagement
- Bauen unter Betrieb
- Spezifische Prozesse beim Auftraggeber

Die Ausarbeitung des Arbeitskreises ist in der Fachwelt auf großes Interesse gestoßen und führte dazu, dass auch die AHO-Fachkommission „Projektmanagement/Projektsteuerung" die Relevanz einiger Thesen mit einer Erweiterung des Leistungsbildes in Heft Nr. 9, 4. Auflage 2014, gewürdigt hat.

In der nachfolgenden Grafik ist eine Kennzeichnung der bei Infrastrukturprojekten relevanten Teilleistungen, bezogen auf AHO-Heft Nr. 9, Handlungsbereich A, dargestellt (Bild 1).

Die anderen Handlungsbereiche werden hier nicht gesondert dargestellt, da die erforderlichen Leistungen, beispielsweise das Kosten-, Termin- oder Vertragsmanagement, bei allen Projekttypen erforderlich werden. Gleichwohl sind die Besonderheiten im Infrastrukturbereich, wie z.B. die langen Laufzeiten bei diesen Leistungen, bei der Kalkulation vom Projektsteuerer zu berücksichtigen und vom AG zu beauftragen.

Konzeptphase			Projektstufe 1 – Projektvorbereitung			Projektstufe 2 – Planung			Projektstufe 3 – Ausführungsvorbereitung			Projektstufe 4 – Ausführung			Projektstufe 5 – Projektabschluss		
			Handlungsbereich A – Organisation, Information, Koordination und Dokumentation														
			Insbesondere betroffen von Kernthesen „2) Koordination", „9) Bauen im Bestand" und „10) Spezifische Prozesse des Auftraggebers"														
1	Bedarfs-analyse	1	1	Entwickeln, Abstimmen und Dokumentieren der projektspezifischen Organisationsvorgaben mit Projektstrukturplanung	Kern-these	1	Fortschreiben der projektspezifischen Organisationsvorgaben mit Projektstukturplanung	Kern-these	1	Fortschreiben der projektspezifischen Organisationsvorgaben mit Projektstukturplanung	Kern-these	1	Fortschreiben der projektspezifischen Organisationsvorgaben mit Projektstukturplanung	Kern-these	1	Mitwirken bei der organisatorischen und administrativen Konzeption und bei der Durchführung der Übergabe/Übernahme bzw. Inbetriebnahme/Nutzung	Kern-these
2	Betriebs-planung	1	2	Entwickeln und Abstimmen der Grundlagen für die Planung der Planung		2	Analysieren und Bewerten der Planungsprozesse auf Konformität mit den vorgegebenen Projektzielen		2	Analysieren und Bewerten der Planungsporzesse auf Konformität mit den vorgegebenen Projektzielen		2	Analysieren und Bewerten der Planungsprozesse auf Konformität mit den vorgegebenen Projektzielen		2	Veranlassen der systematischen Zusammenstellung und Archivierung der Projektdokumentation	
3	Infrastruktur-anlagen-konzept	1	3	Mitwirken bei der Festlegung der Projektziele und der Dokumentation der Projektvorgaben		3	Fortschreiben der Dokumentation der Projektvorgaben		3	Fortschreiben der Dokumentation der Projektvorgaben		3	Fortschreiben der Dokumentation der Projektvorgaben		3	Überprüfen der Zusammenstellung von Dokumentationsunterlagen durch die Planungsbeteiligten	
4	Steakholder-Analyse	1	4	Vorschlagen und Abstimmen der Kommunikationsstruktur des Informations-, Berichts- und Protokollwesens		4	Überprüfen und Umsetzen der Kommunikationsstruktur – regelmäßiges Informieren und Abstimmen mit dem Auftraggeber (Berichtswesen)		4	Überprüfen und Umsetzen der Kommunikationsstruktur – regelmäßiges Informieren und Abstimmen mit dem Auftraggeber (Berichtswesen)		4	Überprüfen und Umsetzen der Kommunikationsstruktur – regelmäßiges Informieren und Abstimmen mit dem Auftraggeber (Berichtswesen)		4	Überprüfen und Umsetzen der Kommunikationsstruktur – regelmäßiges Informieren und Abstimmen mit dem Auftraggeber (Berichtswesen)	
5	Finanzierung	1	5	Vorschlagen und Abstimmen des Entscheidungsmanagements		5	Umsetzen des Entscheidungsmanagements		5	Umsetzen des Entscheidungs-managements		5	Umsetzen des Entscheidungs-managements		5	Abschließen des Entscheidungs- / Änderungs- und Risikomanagements	7
6	Genehmi-gungskonzept	1	6	Vorschlagen und Abstimmen des Änderungsmanagements		6	Umsetzen des Änderungsmanagements		6	Umsetzen des Änderungsmanagements		6	Umsetzen des Änderungsmanagements		6	Organisieren des Abschlusses des Projektkommunikationssystems	
7	Termine (Projektab-lauf)	1	7	Mitwirken beim Risikomanagement	7	7	Analysieren und Bewerten der Koordinationsleistungen des Objektplaners		7	Analysieren und Bewerten der Koordinationsleistungen des Objektplaners		7	Analysieren und Bewerten der Koordinationsleistungen des Objektplaners		B1	Organisatorisches und baufachliches Unterstützen bei Gerichtsverfahren	
8	Risiko	1	8	Mitwirken bei der Auswahl eines Projektkommunikationssystems		8	Mitwirken beim Risikomanagement	7	8	Mitwirken beim Risikomanagement	7	8	Mitwirken beim Risikomanagement	7	B2	Organisiernen des abschlusses des eigenen Projektkommunikationssystems	
9	Wirtschaft-lichkeitsunter-suchung	1	B1	Koordination von speziellen Organisationseinheiten des Auftraggebers	10	9	Analysieren und Bewerten der ordnungsgemäßen Nutzung des Projektkommunikationssystems durch die Projektbeteiligten		9	Analysieren und Bewerten der ordnungsgemäßen Nutzung des Projektkommunikationssystems durch die Projektbeteiligten		9	Analysieren und Bewerten der ordnungsgemäßen Nutzung des Projektkommunikationssystems durch die Projektbeteiligten		B3	Abschließen des Risikomanagementsystemen mit besonderen Anforderungen	7
10	Ganzheit-liches Konzept / Ent-scheidungs-empfehlung	1	B2	Erstellen von Vorlagen und besondere Berichterstattung in Auftraggeber- und sonstigen Gremien		10	Mitwirken bei der Herbeiführung der behördlichen Genehmigungen	3	B1	Betreiben eines eigenen Projektkommunikationssystems		10	Unterstützen des Auftraggebers bei der Einleitung von selbstständigen Beweisverfahren		B4	Prüfen der Projektdokumentation der fachlich Beteiligten	
			B3	Einrichten eines eigenen Projektkommunikationssystems		B1	Vertreten der Planungskonzeption gegenüber der Öffentlichkeit unter besonderen Anforderungen und Zielsetzungen sowie bei mehr als fünf Erläuterungs- oder Erörterungsterminen	3	B2	Umsetzen von Risikomanagementsystemen mit besonderen Anforderungen	7	B1	Koordinieren besonderer Anforderungen der Betreiber-/Nutzerorganisation	2			
			B4	Erstellen der aufbau- und ablauforganisatorischen Grundlagen zur Planung, übergreifenden Überwachung und Steuern von mehreren verknüpften Projekten (Programme, Projektportfolios)	4	B2	Betreiben eines eigenen Projektkommunikationssystems		B3	Mitwirken bei der Einbeziehung zu beteiligender Dritter und der Öffentlichkeit bei der weiteren Projektrealisierung	5	B2	Betreiben eines eigenen Projektkommunikationssystems				
			B5	Konzipieren, Vorbereiten und Abstimmen von Risikomanagementsystemen mit besonderen Anforderungen	7	B3	Umsetzen von Risikomanagementsystemen mit besonderen Anforderungen	7				B3	Organisatorisches und baufachliches Unterstützen bei Gerichtsverfahren				
			B6	Mitwirken bei den Vorbereitungen besonderer behördlicher Genehmigungsverfahren (z.B. Planfeststellungverfahren)	3,5	B4	Mitwirken bei der Einbeziehung zu beteiligender Dritter und der Öffentlichkeit bei der weiteren Projektrealisierung	(3), 5				B4	Umsetzen von Risikomanagementsystemen mit besonderen Anforderungen	7			
			B7	Erstellen eines Konzepts zur Erfassung aller betroffenen Dritten und der relevanten Öffentlichkeit sowie deren Beteiligung im weiteren Projektverlauf	5							B5	Mitwirken bei der Einbeziehung zu beteiligender Dritter und der Öffentlichkeit bei der weiteren Projektrealisierung	5			

Legende/Kernthesen:

1. = vorgeschaltete Konzeptphase
2. = Koordination
3. = Genehmigungen
4. = Übergeordnete Projektleitung und -steuerung
5. = Kommunikation und Projektmarketing (extern)
6. = Inbetriebnahmemanagement
7. = Risikomanagement
8. = Vergabe-, Vertrags- und Nachtragsmanagement
9. = Bauen unter Betrieb
10. = Spezifische Prozesse des Auftraggebers

Bild 1: Darstellung infrastrukturrelevanter Teilleistungen, Handlungsbereich A

Eine Beauftragung von Projektsteuerungs- und Projektmanagementleistung für Infrastrukturprojekte gemäß AHO-Heft Nr. 9 ist grundsätzlich möglich, es sind jedoch für jeden Einzelfall die projektspezifischen Besonderheiten zu kalkulieren und vom AG zu beauftragen. Da einige bei Infrastrukturvorhaben relevante Teilleistungen in AHO-Heft Nr. 9 nach wie vor nicht in einer ausreichenden Tiefe dargestellt sind, dienen die nachfolgenden Ausführungen der Präzisierung des Leistungsbildes der infrastrukturrelevanten Teilleistungen und geben auch Hinweise zur Honorierung.

Dabei wird teilweise auch Bezug auf die weiteren Kapitel des AHO-Heftes Nr. 19 genommen, die als allgemeingültiges Leistungsbild auch von Mitgliedern des AHO-Arbeitskreises „Infrastruktur" erarbeitet wurden.

10.2 Besonderheiten bei Infrastrukturvorhaben

Das Verständnis, was unter dem Begriff „Infrastruktur" verstanden wird, hat sich in der Vergangenheit stark vom Verständnis eines bloßen „Leitungsnetzes" erweitert. Neben der Unterscheidung zwischen privater und öffentlicher Infrastruktur wird auch in eine technische Infrastruktur (Verkehr und Ver- und Entsorgung) und eine soziale Infrastruktur, wie z.B. das Bildungssystem, unterschieden.

Nachfolgend beziehen wir uns ausschließlich auf die technische Infrastruktur mit einem baufachlichen Bezug.

Beispielsweise können folgende Elemente der verkehrlichen Infrastruktur benannt werden:

- Straßen
- Schienenwege
- Wasserstraßen, Wasserverkehrsanlagen
- Flughäfen bzw. Luftverkehrsanlagen

Darüber hinaus sind im Detail die Elemente der Ver- und Entsorgung zu benennen:

- Energieversorgung (Stromerzeugung, -transport und -verteilung)
- Wasserversorgung, Gasversorgung, Fernwärme etc.
- Abwasserentsorgung
- Kommunikation (Rundfunk, Internet, Festnetz-Telefonie, Mobilfunk)

Merkmale von Elementen der Infrastruktur sind u.a. lange Planungs-, Genehmigungs- und Realisierungszeiten. Weiterhin ist eine lange Nutzungsdauer mit entsprechend langer Kapitalbindung sowie einem hohen Kapitalbedarf zu berücksichtigen. Diese Merkmale betreffen alle Handlungsbereiche des Projektmanagements.

Insbesondere die langen Projektlaufzeiten und die komplizierten Genehmigungsverfahren, i.d.R. Planfeststellungsverfahren, haben große Auswirkung auf die zu erbringenden Projektmanagementleistungen.

10.3 Konzeptphase

10.3.1 Definition

Den bekannten Projektstufen nach AHO-Heft Nr. 9 („Projektvorbereitung", „Planung" etc.) ist bei Infrastrukturprojekten i.d.R. ein langwieriger, mehrere Jahre dauernder Entwicklungsprozess vorgeschaltet, der analog einer vorgeschalteten Projektentwicklung aus anderen Branchen zu verstehen ist (z.B. Immobilienwirtschaft, IT-Systeme, Telekommunikation). Unter dem Begriff „Konzeptphase" werden die Aspekte dieses Entwicklungsprozesses subsummiert.

Die Leistungen der Konzeptphase, die heute maßgeblich durch die Auftraggeber selbst erbracht werden, beinhalten bereits mehr oder weniger umfangreiche Aspekte der Bedarfs-, Betriebs- und Infrastrukturanlagenplanung, der Umfeld- bzw. Stakeholderanalyse, der Finanzierungs- und Genehmigungsplanung, der Terminplanung, der Risiko- und Wirtschaftlichkeitsanalyse.

Die Konzeptphase schließt i.d.R. mit einem ganzheitlichen Konzept zur Entscheidungsfindung und -empfehlung zur Weiterverfolgung oder Einstellung des Vorhabens ab. Je nach Tiefe der Untersuchungen sind dies z.B. reine Bedarfsanalysen, Machbarkeitsstudien oder Planungs-, Finanzierungs- und Durchführungskonzepte.

10.3.2 Anwendungsbereich

Diese Untersuchungen zu einer Leistungs- und Honorarempfehlung beinhalten Vertragsvorschläge für Leistungen des Projektmanagements in der Konzeptphase. Sie gelten, soweit die Vertragsparteien in abgeschlossenen Verträgen auf sie verwiesen haben. Leistungen der Konzeptphase folgen den Definitionen der einschlägigen Richtlinien (z.B. DIN 18205 – „Bedarfsplanung"; HOAI; DIN ISO 21500 – „Leitfaden zum Projektmanagement"). Zum Leistungsinhalt gehören alle Aufgaben, die zur Steuerung der Entwicklungsprozesse erforderlich werden. Diese Leistungen ergänzen die Grundleistungen der nachfolgenden Projektstufen nach AHO-Heft Nr. 9. Es gibt mit diesen Grundleistungen keine Überschneidungen.

Leistungen der Konzeptphase sind Unterstützungsleistungen des Auftragnehmers für einen Bauherrn (Auftraggeber) in beratender Funktion (Stabsfunktion), wie sie in AHO-Heft Nr. 9, § 2, näher beschrieben sind. Die Leitung der Konzeptphase obliegt dem Bauherrn/Auftraggeber.

Die Leistungen der Konzeptphase sind von Leistungen der Planungsbeteiligten zu unterscheiden, wie sie z.B. in der HOAI beschrieben sind. Dem beauftragten Projektmanager sollen Planungs- und Überwachungsleistungen i.d.R. nicht übertragen werden, da dies zu Zielkonflikten in der Aufgabenstellung führen kann. Die Übertragung ist im Einzelfall abzuwägen.

Das Leistungsbild und die Honorarregelungen sind den jeweils veränderten Aufgabenstellungen spezifisch anzupassen. Die Honorierung erfolgt i.d.R. nach Zeitaufwand. Auf AHO-Heft Nr. 9, Kap. 2, § 9 Abs. 3, wird hingewiesen.

Rechtsberatungsleistungen im Sinne des Rechtsdienstleistungsgesetzes (RDG) sind nicht Gegenstand dieser Leistungsbearbeitung und -kommentierung.

10.3.3 Schnittstellen zu anderen Leistungen

Die Struktur der Konzeptphase ist an die Leistungsmodule Projektentwicklung in Kapitel „Projektentwicklung Neubau/Bestand" aus AHO-Heft Nr. 19, Kap. 2, angelehnt. Inhaltlich sind keine Überschneidungen vorhanden, da das vorgenannte Kapitel sich mit Hochbauten befasst. Die hier vorliegende Konzeptphase gilt nur bei Infrastrukturmaßnahmen.

Bei der hier vorliegenden Bedarfsplanung handelt es sich um spezifisch für Infrastrukturmaßnahmen notwendige Leistungen. Es gibt keine Überschneidung mit der Besonderen Leistung „Erstellen und Abstimmen einer Bedarfsplanung" aus dem AHO-Heft Nr. 9, Handlungsbereich B in der Projektstufe 1. Diese bezieht sich auf die DIN 18205 und damit auf Hochbauten. Allerdings soll auch bei der Bedarfsplanung bei Infrastrukturmaßnahmen ein Bedarfsplan aufgestellt werden.

Die hier in der Konzeptphase von Infrastrukturmaßnahmen durchzuführende Stakeholderanalyse ist eine erste grobe Abschätzung und Bewertung der Stakeholder (betroffene Dritte und relevante Öffentlichkeit). Es wird kein Konzept über mehrere Projektstufen erstellt, wie es in AHO-Heft Nr. 9, Handlungsbereich A, als Besondere Leistung enthalten ist.

Die hier in der Konzeptphase von Infrastrukturmaßnahmen durchzuführende Risikoanalyse ist eine erste grobe Identifikation und Bewertung von Risiken. Es wird kein Konzept über mehrere Projektstufen erstellt, wie es in AHO-Heft Nr. 9, Handlungsbereich A, als Grundleistung enthalten ist, um laufende Risiko-Bewertungen durchzuführen.

Das Kapitel „Projektentwicklung im Städtebau" in AHO-Heft Nr. 19 beschäftigt sich vornehmlich mit der Baurechtsschaffung in der Fläche, wohingegen sich das Projektmanagement von Infrastrukturvorhaben auf ganzheitliche Infrastrukturprojekte des Verkehrs und der Ver- und Entsorgung, wie z.B. Straßen-, Bahn- oder Leitungsabschnitte, bezieht.

10.3.4 Leistungsbild

Sofern die Vertragsparteien keine anderweitigen Festlegungen treffen, gilt das nachfolgend beschriebene Leistungsbild zu den Grundleistungen nach unserem Vorschlag als vereinbart.

Das Leistungsbild umfasst die für die Konzeptphase erforderlichen Teilleistungen. Sofern die Vertragsparteien nicht etwas anderes vereinbaren, umfasst die Beauftragung sämtliche Teilleistungen der Konzeptphase.

Soweit es die Projektumstände erfordern, steht es den Vertragsparteien frei, die Leistungen anzupassen, zu konkretisieren und ggf. um weitere Leistungen zu ergänzen, die in diesem Leistungsbild bisher nicht oder nicht so beschrieben sind.

Diesem Leistungsbild liegen die Definitionen des AHO-Heftes Nr. 9, § 2 (4), zugrunde.

Weitere Definitionen:

„**Veranlassen**":

1. Vorbereiten und Abstimmen der Inhalte und (Vertrags-)Termine und Fristen der AG-seitigen Planer- und Beraterleistungen für die Konzeptphase
2. Mitwirken im Vergabeprozess für Planer- und Beraterverträge (intern und extern)
3. Mitwirken bei der Auswahl der zu Beteiligenden, bei Verhandlungen und Vorbereitungen der Beauftragungen (intern und extern)

„**Koordinieren**":

Veranlassen, Kontrolle und Steuerung der iterativen Planungs- und Entscheidungsprozesse inkl. deren Dokumentation

Leistungsbild: Konzeptphase (bei Infrastrukturmaßnahmen)

0. Konzeptphase (bei Infrastrukturmaßnahmen)

1 Bedarfsplanung

1. Aufstellen oder Veranlassen, Koordinieren, Analysieren und Bewerten einer Bedarfsplanung und Zusammenstellen der wesentlichen Bedürfnisse, Ziele und Mittel des Bauherrn und Nutzers sowie der Rahmenbedingungen des Projekts und aller erforderlichen Anforderungen in einem Bedarfsplan in Analogie zu DIN 18205

2 Betriebsplanung

1. Veranlassen, Koordinieren, Analysieren und Bewerten einer Betriebsplanung und Zusammenführen der beteiligten Fachdisziplinen zu einer ganzheitlichen interdisziplinären Lösung in einem Betriebsplan oder einer Projektstudie mit vergleichender Gegenüberstellung der untersuchten Varianten und Herausarbeiten einer Vorzugsvariante

3 Infrastrukturanlagenplanung

1. Veranlassen, Koordinieren, Analysieren und Bewerten einer Infrastrukturanlagenplanung und Zusammenführen der beteiligten Fachdisziplinen zu einer ganzheitlichen interdisziplinären Lösung in einem Anlagenkonzept mit vergleichender Gegenüberstellung der untersuchten Varianten und Herausarbeiten einer Vorzugsvariante

4 Stakeholderanalyse

1. Erstellen einer Umfeldanalyse
2. Identifizieren interner und externer Stakeholder
3. Erstes Analysieren und Bewerten der Stakeholder (grob)

5 Kosten und Finanzierung

1. Aufstellen oder Veranlassen, Koordinieren, Analysieren und Bewerten eines Kostenrahmens
2. Erstellen einer Fördermittelrecherche mit Fördermittelkatalog
3. Mitwirken bei Vorabgesprächen mit den Fördermittelgebern
4. Aufstellen der Fördermittelprozesse zur Vermeidung von Verfahrensfehlern
5. Aufstellen eines Finanzierungsplans für Eigen-, Fremd- und Fördermittel

6 Genehmigungskonzept

1. Identifizieren, Analysieren und Bewerten der relevanten Genehmigungsverfahren inkl. der terminlichen Auswirkungen
2. Führen von Vorgesprächen mit den genehmigenden Behörden
3. Erstes Analysieren und Abschätzen der grundsätzlichen Genehmigungsfähigkeit (grob)

7 Terminrahmenplanung

1. Definieren der wesentlichen Meilensteine
2. Aufstellen eines Rahmenterminplans

8	**Risikoanalyse**
1.	Identifizieren, Analysieren und Bewerten der wesentlichen Einzelrisiken (grob)
2.	Aufzeigen erster möglicher Gegenmaßnahmen zur Minderung von Risiken
3.	Zusammenstellen der Einzelrisiken und Gegenmaßnahmen in einer Risikoliste
9	**Wirtschaftlichkeitsuntersuchung**
1.	Erstellen oder Veranlassen, Koordinieren, Analysieren und Bewerten einer Wirtschaftlichkeitsuntersuchung inkl. einer Sensitivitätsanalyse und Zusammenführen beteiligten Fachdisziplinen zu einer ganzheitlichen interdisziplinären Lösung in einem Abschlussbericht mit vergleichender Gegenüberstellung der untersuchten Varianten und Herausarbeiten einer Vorzugsvariante
10	**Entscheidungsempfehlung**
1.	Zusammenfassen der Untersuchungsergebnisse der Konzeptphase, Entwickeln eines Entscheidungsmodells mit Entscheidungsempfehlung

10.3.5 Anwendungshinweise

10.3.5.1 Bedarfsplanung

Die Bedarfsplanung beinhaltet den Nachweis nach Dringlichkeit des langfristigen verkehrlichen oder ver- und entsorgungstechnischen Bedarfes und den Nachweis der Wirtschaftlichkeit und Verträglichkeit entsprechend den Anforderungen auf kommunaler, Landes- und Bundesebene. Soweit erforderlich, ist an folgenden Tätigkeiten mitzuwirken:

1. Prüfung der Grundlagen auf Vollständigkeit und Plausibilität (Bestandsanalyse)
2. Klärung der Standortfragen
3. Klärung der Verkehrs-, Ver- und Entsorgungspotentiale

Beschaffung standortrelevanter Unterlagen, der Grundstücksbeurteilung hinsichtlich Nutzung in privatrechtlicher und öffentlich-rechtlicher Hinsicht, der umweltrelevanten Fragestellungen, der Bodenbeschaffenheit bzw. auch weiterer Schutzgüter, der Frage zu den Technischen Ausrüstungen wie TGA, BTA, Betriebstechnik, Verkehrstechnik.

10.3.5.2 Betriebsplanung

Die Betriebsplanung beinhaltet die Untersuchung betrieblicher und verkehrlicher oder ver- und entsorgungstechnischer Schnittstellen, die Anpassungen vorhandener und erprobter Betriebs- und Verkehrs-, Ver- und Entsorgungskonzepte mit Analyse und Bewertung der betrieblichen und verkehrlichen Abläufe (regional bis international) sowie der organisatorischen, qualitativen, kostenseitigen und terminlichen Auswirkungen infolge der neuen Maßnahmen für verschiedene Varianten.

10.3.5.3 Infrastrukturanlagenplanung

Die Infrastrukturanlagenplanung beinhaltet folgende wesentlichen Untersuchungen inkl. Vorabprüfungen und Recherchen:

- Standortanalyse/Trassenanalyse (Raumordnungsverfahren – ROV)
- Verfügbarkeit der Grundstücke
- standortbezogene Vorprüfung der Einzelmaßnahme auf Erfordernis einer Umweltverträglichkeitsprüfung oder -studie (UVP/UVS)
- Baugrund/Altlasten (Schutzgut Boden) und weitere Schutzgüter, wie z.B. Mensch, Tiere und Pflanzen, Wasser, Klima, Luft, Kultur
- Technische Ausrüstungen
- technische Umsetzbarkeit (ggf. mit Sondergenehmigungen)
- Investitions- und Lebenszykluskosten
- Wirtschaftlichkeit
- rechtliche und politische Durchsetzbarkeit

Soweit erforderlich, ist darüber hinaus an folgenden Tätigkeiten mitzuwirken:

1. Ermitteln und Zusammenstellen von Bestandsunterlagen
2. Einbinden und Koordinieren externer Stellen und Fachbehörden sowie Vorhabenträger
3. Vorbereiten einer qualifizierten Aufgabenstellung für die Planungsbeteiligten
4. Vorbereitung eines abgestimmten Kostenträgers bei Einbindung mehrerer Vorhabenträger

10.3.5.4 Stakeholderanalyse

Die Durchführung einer qualifizierten Stakeholderanalyse ist eine Besondere Leistung (siehe AHO-Heft Nr. 19, Kap. 3). Im Rahmen der Konzeptphase sind erste vorbereitende Maßnahmen zur Klärung des relevanten Umfangs zu ergreifen.

Zu den internen und externen Stakeholdern gehören i.d.R.:

- öffentliche Hand (Kommune, Land, Bund etc.)
- Betreiber
- Anlieger, Bevölkerung/Bürgerinitiativen
- zukünftige Nutzer
- Fachplaner und Berater
- Bau- und Lieferfirmen
- Naturschutzverbände
- Presse, Medien
- politische Gremien, Parteien
- Geldgeber, Förderbanken
- und Weitere

Nach der erfolgten Identifikation der Stakeholder sind diese zu analysieren und zu bewerten. Dabei sind deren Interessen und mögliche Koalitionen verschiedener Stakeholder zu ermitteln. Weiterhin sind bei der Analyse und der Bewertung verschiedene Faktoren wie Konfliktpotenzial bzw. Einstellung zum Projekt und deren Macht bzw. Einfluss zu ermitteln. Die Ergebnisse sind übersichtlich in einer Stakeholdermatrix darzustellen.

10.3.5.5 Kosten und Finanzierung

Neben der Erstellung eines Kostenrahmens ist ein Finanzierungsplan mit Eigen-, Fremd- und ggf. Fördermitteln zu erstellen.

Die Fördermittelrecherche erfolgt i.d.R. auf kommunaler/regionaler, Landes-, Bundes- und Europaebene.

Der Fördermittelkatalog beinhaltet Maßnahmenbeschreibung, Rechte und Pflichten, Prozesse, Fristen und Termine.

Die Fördermittelrecherche kann um eine Recherche von alternativen Finanzierungs- und Beschaffungsformen (z.B. ÖPP, PPP) und das Zusammenstellen in einem Katalog mit Vor- und Nachteilen und Wertung erweitert werden.

Die Leistungen können auch die Mitwirkung des Auftragnehmers bei den Finanzierungsvereinbarungen umfassen.

10.3.5.6 Genehmigungskonzept

Im Rahmen der Konzeptphase sind die relevanten Genehmigungsverfahren zu identifizieren und zu bewerten. Hierzu ist das Projekt in Abhängigkeit der zuständigen Gesetzgebung, z.B. Fachgesetze, gemäß Verwaltungsverfahrensgesetz einzustufen und ggf. sind Vorgespräche mit den genehmigenden Behörden zu führen.

Der Genehmigungsprozess ist in einem Genehmigungskonzept zusammenzufassen. Hierbei sind die geltenden Richtlinien, alle wesentlichen Prozessschritte, der Antragsteller, die Nutzer, die beteiligten Behörden und Träger öffentlicher Belange, die zu integrierenden Zustimmungen der Baubetriebs- und Inbetriebnahmeprozesse und die Entscheidungsträger bzw. -wege, insbesondere der Parallelprozess des Bauherrn bzw. Auftraggebers, vollständig und umfassend zu dokumentieren.

10.3.5.7 Terminrahmenplanung

Wesentliche Meilensteine sind i.d.R.:

- Abschluss von Finanzierungs-, Kreuzungs- und Baudurchführungsvereinbarungen sowie Termine und Fristen für Fördermittelprozesse
- Entscheiden und Beauftragen zu Planungsaufträgen
- Beginn und Ende der Vergabeverfahren zu Planungsaufträgen
- Beginn und Ende der Konzept- und Planungsphase
- Beginn und Ende von Prüf- und Genehmigungsverfahren (intern/extern)
- Beginn und Ende der Vergabeverfahren zu Bauaufträgen
- Baubeginn und Baufertigstellung
- Beginn und Fertigstellung der wesentlichen Bauabschnitte
- Beginn und Ende der Inbetriebnahmephase und Nutzungsbeginn
- Beginn und Ende der Abnahme-/Übergabephase

Der Erläuterungsbericht zum Rahmenterminplan beinhaltet i.d.R.:

- getroffene Annahmen
- gewählte Bezugsdaten
- Planungs- und Baufortschrittskennwerte
- Ergebnisse der Risiko-/Sensitivitätsanalysen zu den ausgewiesenen Abwicklungszeiträumen

10.3.5.8 Risikoanalyse

Die Durchführung einer qualifizierten Risikoanalyse ist eine gesonderte Leistung (siehe AHO-Heft Nr. 19, Kap. 5). Im Rahmen der Konzeptphase sind erste vorbereitende Maßnahmen zur Klärung der Relevanz zu ergreifen.

Zur Risikoanalyse sind mögliche Einzelrisiken zu identifizieren (u.a. des Genehmigungsverfahrens) und deren Eintrittswahrscheinlichkeiten sowie deren mögliche Schadenshöhen abzuschätzen. Grundsatzrisiken sind grob mit zu identifizieren und zu bewerten. Ferner sind Vorschläge zur Risikobewältigung zu untersuchen und daraus die Risikokosten abzuschätzen.

Zu beachten ist, dass den Risiken stets auch Chancen gegenüberstehen.

10.3.5.9 Wirtschaftlichkeitsuntersuchung

Die Wirtschaftlichkeitsuntersuchung umfasst volks- und betriebswirtschaftliche Aspekte unter Berücksichtigung der Randbedingungen von Genehmigungen und Finanzierungen auf Basis des Infrastrukturkonzepts.

Das Herausarbeiten einer Vorzugsvariante erfolgt nach den Regularien der standardisierten Bewertung.

Die Wirtschaftlichkeitsuntersuchung ist ggf. um eine Kosten-Nutzen-Analyse zu ergänzen. Hierzu ist eine Systematik zu erstellen zur Beurteilung der nicht monetär bewertbaren Faktoren von Alternativen, in die bestimmte Teilziele einzubeziehen sind (z.B. Nutzwertanalyse).

Durch eine Sensitivitätsanalyse ist die Stabilität der Untersuchungsergebnisse zu überprüfen (Leitfaden Wirtschaftlichkeitsuntersuchung Hochbau 2014).

10.3.5.10 Entscheidungsempfehlung

Das Entscheidungsmodell beinhaltet i.d.R. entweder die Entscheidung zur Fortführung des Projekts durch Erteilung von Planungsaufträgen für die Leistungsphasen 1 ff. nach HOAI wegen nachhaltiger Erfolgsaussichten oder aber die Entscheidung zum Abbruch des Projekts wegen zu hoher Risiken. Das Konzept fasst die Ergebnisse der o.g. Teilleistungen zusammen.

An der Entwicklung eines Entscheidungsmodells auf Basis eines Koordinatensystems der Erfolgsfaktoren ist mitzuwirken.

10.3.6 Honorierung

Die Ableitung einer realistischen und angemessenen Vergütung für die Leistungen in der Konzeptphase ist nicht trivial. Eine Honorierung auf Basis anrechenbarer Kosten in Verbindung mit der den Schwierigkeitsgrad eines Projekts widerspiegelnden Honorarzone in Analogie zur Systematik von AHO-Heft Nr. 9 erscheint nicht sachgerecht.

Die Gründe liegen zum einen in der Unterschiedlichkeit der notwendigen Untersuchungsschritte, die qualitativ, quantitativ und insbesondere auch zeitlich von Projekt zu Projekt stark variieren können.

Zum anderen wird der Untersuchungsumfang in dieser frühen Phase maßgeblich durch die Akzeptanz des Projekts bei allen Projektbeteiligten bzw. -betroffenen beeinflusst. Die Bearbeitungsintensität ist dynamisch und orientiert sich zum Teil stark an den äußeren Umständen.

Daher soll in der Konzeptphase allein eine aufwandsbezogene Vergütung der Projektmanagementleistungen zur Anwendung kommen (vgl. § 9, AHO-Heft Nr. 9).

10.4 Koordination

10.4.1 Definition

Für das Leistungsbild der Koordination gilt folgendes Begriffsverständnis:

Koordination im Bau-Projektmanagement gehört in die Kategorie der Steuerungsprozesse. Die Koordination ist an Schnittstellen notwendig. Schnittstellen bestehen zwischen einzelnen Prozessschritten und entstehen – durch die Arbeitsteilung der unterschiedlichen Projektakteure (Planer, Gutachter, ausführende Unternehmen etc.) – zwischen Prozessen. Der Koordinator ist an der Schnittstelle nicht mit einem eigenen Leistungsprozess involviert. Er ist nicht Prozessakteur.[1]

Bild 2 verdeutlicht das Begriffsverständnis. Der Koordinator betrachtet die Prozesswelt von „außen". Er überwacht die Schnittstellen zwischen Prozessschritten und unterschiedlichen Prozessketten und stellt die Funktionsfähigkeit sicher.

1 Kissmann (2015).

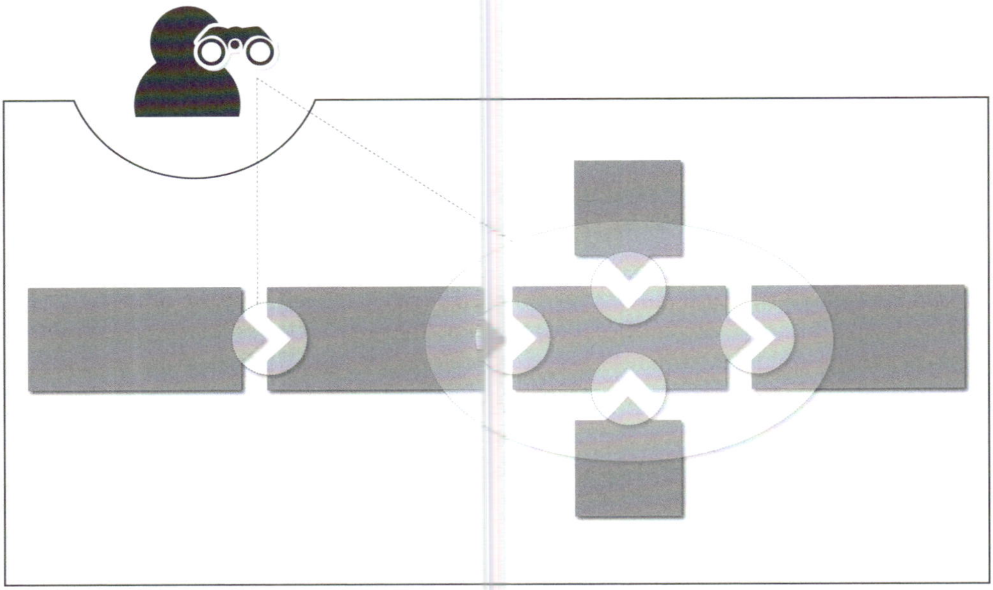

Bild 2: „Koordination" als Steuerungsprozess

Der „Steuerungsprozess Koordination" dient im Wesentlichen der zielgerichteten Leistungserbringung hinsichtlich Qualitäten und Terminen und ist klar von Leistungsprozessen – auch denen eines Projektsteuerers (z.B. Terminplanung) – in den Projekten zu unterscheiden.

Koordination ist immer dort erforderlich, wo durch arbeitsteilige Strukturen Schnittstellen entstehen. Koordination wird somit in und zwischen allen Organisationseinheiten, Tätigkeitsfeldern, Handlungsbereichen und Phasen eines Projekts benötigt.

Die Koordination korreliert überproportional mit der Komplexität von Projekten (Schnittstellenanzahl, Projektbeteiligte etc.). Der Bedarf an Koordination, die in die Aufgabensphäre der Projektleitungsfunktionen gehört, kann in Infrastrukturvorhaben einen äußerst umfangreichen Raum einnehmen.

Im Rahmen beauftragter Projektsteuerungsleistungen wird dann der Grundleistungsumfang der Koordination überschritten. Entwicklungen in der Praxis zeigen, dass daher vermehrt ergänzende Funktionen wie Schnittstellenmanager oder auch Gesamt- und Teilprojektkoordinatoren in die Aufbauorganisation von Projekten integriert werden.[1]

Bei der Umsetzung großer Bauprojekte ist eine hoch komplexe Prozesswelt[2] zu koordinieren. Dies betrifft gerade auch (große) Infrastruktursysteme. Deren Prozesswelt definiert sich durch

- das nach Projekten, Objekten, Funktionen/Gewerken, räumlichen Abschnitten und zeitlichen Phasen strukturierte Gesamtprojekt und
- den daraus für die Bearbeitung abgeleiteten Teilprojekten und Arbeitspaketen.

1 Höcker et al. (2014).
2 Höcker (2015).

Zahlreiche interne und externe Beteiligte bringen sich mit unterschiedlichem Know-how und Kapazitätsgrad in die Bearbeitung ein. Teams unterschiedlicher Größenordnung und fachlicher Zusammensetzung sowie Einzelpersonen stehen in der Verantwortung für die Bearbeitung und den Fortschritt von Prozessen. Ablaufdefizite in einzelnen Prozessen – wegen mangelhafter Kommunikation – oder die fehlende Verträglichkeit von (Teil-) Leistungsergebnissen an den Schnittstellen zwischen Prozessen – aufgrund der nicht zeitgerechten Bereitstellung von Zwischenergebnissen – sind bei Infrastrukturvorhaben systemimmanent.

Um Defizite wie Qualitätsmängel, Zeitverluste und Informationslücken zu vermeiden, ist ein besonders hoher Koordinationsaufwand von den projektleitenden und -steuernden Akteuren zu erbringen. Die Hauptaufgaben im Rahmen dieses Koordinationsmanagements bestehen in

- der Erfassung der gesamten Prozesswelt über Definition der Gesamtprojektstruktur sowie Ableitung der Teilprojekte und Arbeitspakete
- der Definition der Schnittstellen zwischen den Prozessen und Akteuren (z.B. Arbeitsergebnisse)
- der laufenden Überwachung von Abläufen und den Prozessknoten
- dem rechtzeitigen und vermittelnden Eingreifen zur Erreichung der unterschiedlichsten Gesamt-, Haupt- und Detailziele bzw. -ergebnisse

Zum Gelingen des Koordinationsmanagements trägt die Arbeitsweise des Koordinators wesentlich bei. Basierend auf umfangreicher Erfahrung und ausgestattet mit hoher Kommunikationsfähigkeit gilt es, analytisch und transparent zu agieren. Es unterstützt die Projektleitungsfunktionen proaktiv, bereitet Entscheidungen vor und ist Initiator ständiger Verbesserungsprozesse.

10.4.2 Anwendungsbereich

Dieses Leistungsbild beinhaltet Vorschläge für Leistungen der Koordination. Sie gelten, sofern und soweit die Vertragsparteien in abgeschlossenen Verträgen auf sie verwiesen haben.

Leistungen der Koordination beinhalten Teilleistungsbilder für die Aufgabenbereiche „Vorbereitendes Koordinationsmanagement" und „Operatives Koordinationsmanagement". Für weitere Leistungen wird auf die AHO-Hefte Nr. 9 und Nr. 19 verwiesen.

Leistungen der Koordination sind Unterstützungsleistungen des Auftragnehmers für einen Auftraggeber in beratender Funktion (Stabsfunktion), wie sie in Heft Nr. 9, § 2, näher beschrieben sind. Die Wahrnehmung weiterer Projektsteuerungsleistungen aus anderen Handlungsbereichen kann getrennt vergeben werden. Die Leitung des Projekts obliegt dem Auftraggeber.

10.4.3 Schnittstellen zu anderen Leistungen

Dieses Leistungsbild hat Schnittstellen zu allen Handlungsbereichen der Projektsteuerung. Vor der Beauftragung mit den singulären Leistungen der Koordination ist auf eine projektspezifisch geeignete Leistungsabgrenzung zu weiteren Steuerungsauftragnehmern zu achten.

Ergänzend zum Leistungsbild ist darzustellen, welche Tätigkeitsfelder (z.B. im Bereich der Planung), Handlungsbereiche (z.B. im Bereich von Gesamtkostenermittlungen), Phasen (z.B. im Bereich der Inbetriebnahme) und Organisationseinheiten (z.B. innerhalb von Auftraggeberstrukturen) vom Koordinationsmanagement umfasst sein sollen.

10.4.4 Leistungsbild

Sofern die Vertragsparteien keine anderweitigen Festlegungen treffen, gilt das nachfolgend beschriebene Leistungsbild (Bild 3) nach unserem Vorschlag als vereinbart.

Das Leistungsbild folgt einem modularen Aufbau. Dieser Aufbau orientiert sich an der zeitlichen Abwicklung der Projekte. Es besteht aus den Modulen „Vorbereitendes Koordinationsmanagement" und „Operatives Koordinationsmanagement". Sofern die Vertragsparteien nicht etwas anderes vereinbaren, umfasst die Beauftragung beide Leistungsmodule.

Den Vertragsparteien steht es frei, die für Standardprojekte definierten Leistungen an die Projektumstände anzupassen, zu konkretisieren und ggf. um weitere Leistungen zu ergänzen, die in dem Leistungsbild nicht beschrieben sind.

Diesem Leistungsbild liegen die Definitionen des AHO-Heftes Nr. 9, § 2 (4), zugrunde.

Modul 1: Vorbereitendes Koordinationsmanagement		Modul 2: Operatives Koordinationsmanagement	
M.1.1	Ableiten und Analysieren der Prozesswelt über den Gesamtprojektstrukturplan (Projektstruktur, Teilprojekte, Arbeitspakete).	M.2.1	Laufende Überwachung der Funktionsfähigkeit der Prozesswelt.
M.1.2	Durchführen einer Schnittstellenanalyse. Erfassen und Bewerten der Schnittstellen. Festlegen eines abgestuften Schnittstellenradars.	M.2.2	Laufende Überwachung der Schnittstellen. Sicherstellen eines reibungslosen Ablaufs. Fortschreiben des Schnittstellenradars.
M.1.3	Entwickeln und Implementieren von Verbesserungen der Projektstruktur.	M.2.3	Anpassung der Projektstruktur im Sinne eines kontinuierlichen Verbesserungsprozesses.
M.1.4	Analysieren der Leistungsfähigkeit der Projektbeteiligten und Aufzeigen von Konfliktpotenzialen.	M.2.4	Zusammenführen von Einzelergebnissen und Gründung integraler Ergebnisse in das Projekt.
M.1.5	Analysieren der Interessenslagen (insbesondere vertraglicher Art) der Prozessbeteiligten und Aufzeigen von Konfliktpotenzialen.	M.2.5	Aufzeigen von proaktiven Maßnahmen zur Sicherstellung der Leistungsfähigkeit und Produktivität der Projektbeteiligten. Umsetzen der Maßnahmen.
M.1.6	Festlegen des Kommunikationsmanagements.	M.2.6	Fördern der Kommunikation zwischen den Beteiligten und Einfordern einer aktiven Kommunikationsrolle. Aktive Ansprache von projektschädigendem Verhalten.
M.1.7	Festlegen des Konflikt- und Eskalationsmanagements.	M.2.7	Mitwirken bei der Klärung von Störungen und Behinderungen.

Bild 3: Leistungsbild „Koordination"

10.4.5 Kommentar

Modul 1: Vorbereitendes Koordinationsmanagement

M.1.1 Ableiten und Analysieren der Prozesswelt über den Gesamtprojektstrukturplan

Die komplexe Struktur eines (Gesamt-)Projekts ist in einem Projektstrukturplan (PSP) abzubilden. Dieser PSP ist Ausgangspunkt aller organisatorischen Festlegungen. Durch die Strukturierung über Teilprojekte bis auf die Arbeitspaketebene lassen sich alle Prozesse erfassen. Die sich hieraus ergebende Prozesswelt ist ausreichend detailliert und mit einer projektspezifisch geeigneten Systematik abzubilden.

M.1.2 Durchführen einer Schnittstellenanalyse. Erfassen und Bewerten der Schnittstellen. Festlegen eines abgestuften Schnittstellenradars

In der Prozesswelt lassen sich die Schnittstellen identifizieren. Jeder Schnittstelle können eindeutig Prozesse, Akteure, Inhalte, Termine etc. zugeordnet werden. Die Bewertung und Kategorisierung der Schnittstellen dient ihrer Priorisierung. Je größer die negativen Auswirkungen eines Schnittstellenmangels auf den Projektablauf sind, um so prioritärer ist die Schnittstelle im Rahmen der Koordinationsaufgabe zu betreuen. Ziel ist also auch, den Aufwand an Koordination schnittstellenbezogen einzuordnen und das zur Verfügung stehende Zeitbudget des Koordinators optimal einzusetzen.

Die zusammenfassende und kategorisierte Darstellung aller Schnittstellen in einem Schnittstellenradar[1] gibt den zentralen Arbeitsplan für den Koordinator vor. Folgende Informationen sind beispielhaft in den Radar aufzunehmen:

- Laufende Codierung der Schnittstellen
- Kurzbezeichnung zur eindeutigen Identifikation aus Schnittstellenliste
- Priorität (ABC-Analyse)
- zugehörige Prozesse und/oder Prozessschritte
- betroffene Akteure (Firmen, verantwortliche Personen)
- terminliche Soll-Ist-Gegenüberstellung
- Status der Schnittstelle mittels Ampelsymbolik
  - „rot": Schnittstellenklärung ist noch offen bzw. Schnittstelle ist kritisch
  - „gelb": Schnittstellenkoordination ist angelaufen
  - „grün": Schnittstellenkoordination verläuft planmäßig
  - „geklärt": Schnittstelle ist abschließend und erfolgreich koordiniert
- Koordinationsmethodik und Aufwandsschätzung

M.1.3 Entwickeln und Implementieren von Verbesserungen der Projektstruktur

Nachdem die Prozesswelt mit ihren Schnittstellen nun vorliegt, sind Optimierungen unter dem Aspekt eines reibungslosen Projektablaufs zu entwickeln. Mögliche Verbesserungen der Projektstruktur sind:

- Teilprojekte, Arbeitspakete und Schnittstellen durch das Zusammenfassen in den Verantwortungsbereich eines Akteurs reduzieren
- Insourcing und Outsourcing von Leistungsprozessen nach Kriterien (Qualität, Terminsicherheit, Ressourcen, Terminsicherheit etc.) überdenken
- (Teil-)Prozessdoppelungen prüfen und ausschalten
- Prozessschritte in der Reihenfolge ändern, parallelisieren oder überlappen
- Prozesse durch Mehrfachqualifikation der Beteiligten solider und ausfallsicherer gestalten, um personelle Abhängigkeiten zu reduzieren

1 Mayer (2015).

M.1.4 Analysieren der Leistungsfähigkeit der Projektbeteiligten und Aufzeigen von Konfliktpotenzialen

Eine mangelhafte Leistungsfähigkeit der Projektbeteiligten führt zu Behinderungen oder massiven Störungen in den Prozessabläufen. Bereits vor Beginn der Leistungsaufnahme sind die Projektbeteiligten auf Kompetenzressourcen und -kapazitäten zu untersuchen. Aus den Ergebnissen lassen sich eventuelle Konfliktpotentiale ableiten. Diese sind zu analysieren, zu dokumentieren und im Rahmen von Startgesprächen zu thematisieren. Es ergeben sich in diesem frühen Stadium des Projekts erste Hinweise zum Koordinationsaufwand.

M.1.5 Analysieren der Interessenslage der Prozessbeteiligten und Aufzeigen von Konfliktpotenzialen

Die Interessenslagen der Prozessbeteiligten sind sehr unterschiedlich. Es handelt sich neben projektinhaltlichen Unterschieden (z.B. Gestaltung, Funktion, Qualität, Termine) in Prozesssituationen auch um reine Eigeninteressen (z.B. wirtschaftlich). Diese komplizierten Interessenslagen sind zu analysieren, zu dokumentieren und im Rahmen des operativen Koordinationsmanagements zu beachten. Sie bilden eine Grundlage für das Erkennen möglicher Konfliktpotentiale und Handlungsansätze für den Koordinator.

M.1.6 Festlegen des Kommunikationsmanagements

Die Festlegung des richtigen Kommunikationsmanagements (Besprechungen, E-Mails, Briefe, Datenbanken etc.) bildet die zentrale Voraussetzung für zielgerichtete und ergebnisorientierte Koordination. Arbeitsergebnis des Koordinators ist ein ganzheitliches Kommunikationskonzept, das auch alle erforderlichen Angaben für einen verträglichen Dokumenten- und Datenaustausch zu enthalten hat.

M.1.7 Festlegen des Konflikt- und Eskalationsmanagements

Für im Projektablauf auftretende Konflikte ist ein standardisiertes Konflikt- und Eskalationsmanagement zu entwickeln und allen Beteiligten als Werkzeug bereitzustellen. Ziel ist das frühzeitige Erkennen und zügige Beseitigen von den Ablauf und die Qualität negativ beeinflussenden Faktoren. Das Konfliktmanagement umfasst folgende Phasen:

- Konfliktentstehung (während des Projektablaufs)
- Konfliktwahrnehmung (meist in der jeweiligen Besprechungsrunde)
- Konfliktanalyse
- Konfliktreaktion
- Konfliktlösung bzw. erneute Konfliktentstehung
- Eskalation (stufenweise)

Zur schnellen Umsetzung des Konflikt- und Eskalationsmanagements sind organisatorische Vorgaben festzulegen.

Modul 2: Operatives Koordinationsmanagement

M.2.1 Laufende Überwachung der Funktionsfähigkeit der Prozesswelt

Die Funktionsfähigkeit der Prozesswelt (z.B. definierte Teilprojekte und Arbeitspakete) ist laufend zu überprüfen. Problemstellen sind zu erkennen (z.B. Zuordnung von Arbeitspaketen und Prozessen zu Akteuren), zu beurteilen und geeignete Änderungsmaßnahmen zu entwickeln.

M.2.2 Laufende Überwachung der Schnittstellen. Sicherstellen eines reibungslosen Ablaufs. Fortschreiben des Schnittstellenradars

Art und Umfang der Überwachung ergeben sich aus dem Projektbedarf und können sich im Laufe des Projekts ändern. Die Arbeitsweise des Koordinators muss sich dem konkreten Projektbedarf anpassen. Die Schnittstellenliste und der Schnittstellenradar sind um die Überwachungsmaßnahmen und -ergebnisse sowie Koordinationsaktivitäten fortzuschreiben.

M.2.3 Anpassung der Projektstruktur im Sinne eines kontinuierlichen Verbesserungsprozesses

Erkannte Änderungsmaßnahmen (siehe M.2.1) sind umzusetzen. Ergänzend erfordern die Dynamik und Veränderlichkeit von Projekten eine wiederkehrende Überprüfung der ausgearbeiteten Projektstruktur. Sich hieraus ergebende Ansätze für Anpassungen und Verbesserungen sind herauszuarbeiten und ebenfalls umzusetzen.

M.2.4 Zusammenführen von Einzelergebnissen und Gründung integraler Ergebnisse in das Projekt

Projektstruktur, Prozesswelt und Schnittstellen sind ganzheitlich zu betrachten. Änderungen in einem Bereich sind durchgängig in den anderen Bereichen abzubilden. Erkenntnisse aus der Koordinationstätigkeit (z.B. Konfliktpunkte) sind in die Koordinationsmethodik aufzunehmen.

M.2.5 Aufzeigen von proaktiven Maßnahmen zur Sicherstellung der Leistungsfähigkeit und Produktivität der Projektbeteiligten; ggf. Umsetzen der Maßnahmen

Vorausschauend sind mögliche Leistungs- und Produktivitätsdefizite und die damit einhergehenden Konfliktpotentiale aufzuzeigen. Erkannte oder vermutete Defizite sind offen mit den Projektbeteiligten zu erörtern. Vorschläge für Korrekturmaßnahmen sind eigeninitiativ zu unterbreiten und mit Maßnahmen der betroffenen Projektbeteiligten möglichst einvernehmlich abzustimmen. Die Umsetzung abgestimmter Korrekturmaßnahmen ist zu überwachen.

M.2.6 Fördern der Kommunikation zwischen den Beteiligten und Einfordern einer aktiven Kommunikationsrolle. Aktive Ansprache von projektschädigendem Verhalten

Das Kommunikationskonzept soll den Gedanken-, Informations- und Dokumentenaustausch fördern. Es basiert auf einer von den Projektbeteiligten angenommenen und gelebten aktiven Kommunikationsrolle. Der Koordinator überprüft die Annahme dieser

Rolle. Kommunikationsstörungen zwischen Beteiligten oder mangelhaftes Verhalten Einzelner werden von ihm angesprochen. Er agiert als Kommunikationsförderer und -treiber. Projektschädigendes Kommunikationsverhalten ist zu eliminieren.

M.2.7 Mitwirken bei der Klärung von Störungen und Behinderungen

Konflikte mit und zwischen Projektbeteiligten führen zu Störungen und Behinderungen. Der Koordinator ist Klärungsinstanz und Regulator mit dem Werkzeug des festgelegten Konflikt- und Eskalationsmanagements.

10.4.6 Honorierung

Für die Honorierung nach Zeitaufwand wird folgende Vorgehensweise empfohlen:

Wesentliches Bewertungsmerkmal für die Ermittlung des Honorars nach Zeitaufwand ist die Komplexität des Projekts (u.a. Anzahl und Veränderlichkeit von Prozessen, Schnittstellen, Beteiligten). Aus der Komplexität des Projekts lassen sich neben dem Zeitbedarf auch die Qualifikationsanforderungen an den Koordinator ableiten. In Abhängigkeit der Qualifikationsanforderungen sind gestaffelte Verrechnungssätze zu vereinbaren.

Für das „Vorbereitende Koordinationsmanagement" lässt sich in vielen Projekten eine pauschale Vergütung vereinbaren, die mit Vorlage und Implementierung des Koordinationskonzepts endet.

Für das „Operative Koordinationsmanagement" empfiehlt sich eine stufenweise – an dem zeitlichen Ablauf der Handlungsbereiche orientierte – Honorierung nach Zeitaufwand gemäß AHO-Heft Nr. 9, dort § 9.

10.5 Baurechtliche Genehmigungen

10.5.1 Definition

Vorbereitung und Planung von Infrastrukturvorhaben sind eng verknüpft mit immer komplexer werdenden Genehmigungsprozessen, aus denen erhebliche Kosten- und Terminrisiken erwachsen können.

Vor diesem Hintergrund gewinnt die konsequente und möglichst frühzeitige Einbindung eines qualifizierten Projektmanagements in die Genehmigungsprozesse im Infrastrukturbereich zunehmend an Bedeutung.

In der Konsequenz ergibt sich ein spezifischer Projektmanagementbedarf für die „Genehmigung" von Infrastrukturmaßnahmen.

10.5.2 Anwendungsbereich

Im Folgenden wird der gegenüber dem „hochbaulastigen" AHO-Heft Nr. 9 geänderte und erweiterte Bedarf an Projektmanagementleistungen für Infrastrukturvorhaben herausgearbeitet.

Als Grundlagen für die Ableitung eines infrastrukturspezifischen Leistungsbildes werden im ersten Schritt die wesentlichen Unterschiede zwischen der Genehmigung klassischer

Hochbauprojekte und von Infrastrukturvorhaben umrissen. Im zweiten Schritt erfolgt eine kurze Vorstellung der für Infrastrukturvorhaben relevanten Genehmigungsverfahren.

Genehmigungsanforderungen – Hochbau vs. Infrastruktur

Infrastrukturmaßnahmen sind gegenüber Hochbauprojekten linien- und langstreckenorientiert oder bei erheblicher Flächeninanspruchnahme deutlich raumgreifender. Hieraus resultieren i.d.R. hohe Auswirkungen auf die Umwelt und starke Beeinträchtigungen von Rechten Dritter.[1] Diesem Umstand trägt der Gesetzgeber mit komplexen Genehmigungsverfahren und darin verankerten Beteiligungsprozessen in hohem Maße Rechnung. Kommen für die Genehmigung klassischer Hochbauprojekte i.d.R. die Instrumente der kommunalen Bauleitplanung nach Baugesetzbuch zum Tragen (Flächennutzungsplanverfahren, Bebauungsplanverfahren, Zulässigkeit nach §§ 33–35 BauGB unter definierten Voraussetzungen) bzw. Baugenehmigungsverfahren nach jeweiliger Landesbauordnung, gelegentlich auch nach BImSchG, so gelten für Infrastrukturvorhaben aufgrund der Großräumigkeit bzw. -flächigkeit zumeist deutlich weitreichendere Genehmigungsanforderungen.

Wesentliche Genehmigungsverfahren bei Infrastrukturvorhaben

Infrastrukturmaßnahmen (wenn nicht von B-Plan-Verfahren erfasst) werden im Regelfall aufgrund spezialgesetzlicher Regelungen in Fachplanungsgesetzen bauplanungsrechtlich festgestellt.

Die Genehmigung bzw. Baurechtsschaffung für Infrastrukturvorhaben ist dabei regelmäßig abhängig vom Ausgang durchzuführender Planfeststellungsverfahren. Der Planfeststellung als eigentlichem Genehmigungsverfahren können Raumordnungsverfahren und abhängig vom Vorhaben ggf. weitere Stufen vorgelagert sein (z.B. im Fernstraßenrecht Linienbestimmung, Plangebietsfestlegung etc.).

Im Folgenden werden wesentliche Genehmigungsverfahren im Infrastrukturbereich grob skizziert.

Planfeststellungsverfahren (PFV):

Für Infrastrukturmaßnahmen mit überörtlichem Charakter ist häufig ein PFV oder, sofern möglich, das vereinfachte Verfahren der Plangenehmigung durchzuführen. Die Fachplanungsgesetze und das Verwaltungsverfahrensgesetz (VwVfG) regeln die Vorhabenszulassung. Das Ziel des PFV ist die umfassende Problembewältigung durch Regelung aller durch das Vorhaben berührter öffentlich-rechtlicher Beziehungen unter Beteiligung aller privaten Betroffenen, der Träger öffentlicher Belange und der anerkannten Naturschutzverbände. Dabei nimmt die Berücksichtigung der Umweltbelange, gestützt durch die vom EuGH überwachte Einhaltung der von der EU erlassenen Umweltrechtsnormen, immer mehr Raum ein.[2]

Der Planfeststellungsbeschluss/die Plangenehmigung hat eine formelle Konzentrationswirkung und ersetzt andere behördliche Entscheidungen und Zulassungen.[3]

1 Balla (2013).
2 Spang (2016).
3 Zilch et al. (2012).

Planfeststellungspflichtige Infrastrukturvorhaben sind u.a.:[1]

- Bundesstraßen oder Bundesautobahnen nach dem Bundesfernstraßengesetz (FStrG)
- Bundeswasserstraßen nach dem Bundeswasserstraßengesetz (WaStrG)
- Eisenbahnverkehrsanlagen nach dem Allgemeinen Eisenbahngesetz (AEG)
- Luftverkehrsanlagen nach dem Luftverkehrsgesetz (LuftVG)
- Deponien nach dem Kreislaufwirtschaftsgesetz (KrWG)
- Betriebsanlagen für Straßenbahnen nach dem Personenbeförderungsgesetz (PBefG)
- bergbauliche Vorhaben, die einer Umweltverträglichkeitsprüfung bedürfen, nach dem Bundesberggesetz (BBergG)
- Gewässerausbau und Deichbau nach dem Wasserhaushaltsgesetz (WHG)
- Endlagerstätten für radioaktive Abfälle nach dem Atomgesetz (AtG)
- Schaffung, Änderung, Verlegung und Einziehung (Entwidmung) von Straßen, Wegen, Gewässern und anderen gemeinschaftlichen Anlagen nach dem Flurbereinigungsgesetz (FlurbG)
- grenz-/länderüberschreitende/offshoreanlagenverbindende Stromleitungen nach dem Netzausbaubeschleunigungsgesetz (NABEG).
- Wasserversorgungs- und Abwasserbeseitigungsmaßnahmen

Hinzu kommen weitere Vorhaben, z.B. nach jeweiligen landesgesetzlichen Regelungen (z.B. Landesstraßenrecht).

Raumordnungsverfahren (ROV):

Als Voraussetzung für die Umsetzung von Infrastrukturmaßnahmen können Raumordnungsverfahren notwendig werden. Diese klären die Raumverträglichkeit der raumbedeutsamen Einzelvorhaben mit überörtlicher Bedeutung im Grundsatz (z.B. Trassenführung einer Autobahn, Errichtung großer Einzelhandelseinrichtungen, vgl. § 1 der Raumordnungsverordnung). Das ROV hat keine unmittelbare Rechtswirkung nach außen („nur" gutachterlichen Charakter), ist aber in den nachfolgenden Genehmigungsverfahren, z.B. dem Planfeststellungsverfahren, zu berücksichtigen. Das ROV endet mit einer positiven oder negativen landesplanerischen Feststellung. Grundsätzlich kann es drei mögliche Ausgänge geben:

- Das Projekt entspricht den Anforderungen der Raumordnung und Landesplanung. Es gibt keine Probleme bei der Umsetzung.
- Das Projekt entspricht mit Maßgaben den Anforderungen der Raumordnung und Landesplanung. In diesem Fall werden dem Projektträger Auflagen erteilt, z.B. Ausgleichsmaßnahmen oder Lärmschutzmaßnahmen (dies ist der Fall, der am häufigsten vorkommt).
- Das Projekt entspricht nicht den Anforderungen der Raumordnung und Landesplanung. Als Alternative kann auf Initiative der Politik nun nur noch ein sogenanntes Zielabweichungsverfahren angestrebt werden.

1 Siehe http://de.wikipedia.org/wiki/Planfeststellung.

Weitere Verfahren:

Als Sonder-/Mischformen können die folgenden Verfahren alternativ zur Anwendung kommen:

- **Gebundene Genehmigungsverfahren** (z.B. immissionsschutzrechtliche Genehmigungen nach BImSchG; hier besteht ein Rechtsanspruch auf Genehmigung, wenn die Genehmigungsvoraussetzungen erfüllt sind, z.B. die Einhaltung von Emissionsgrenzwerten.)
- **Genehmigungsverfahren mit Ermessensspielraum** (Ermessensentscheidungen, wie z.B. wasserrechtliche Erlaubnisse; es besteht kein Zulassungsanspruch.)

Umweltverträglichkeitsprüfung (UVP):

Einen besonderen Stellenwert bei der Durchführung eines Planfeststellungsverfahrens nimmt die UVP ein. Die UVP ist unselbstständiger Teil von Planungs-/Zulassungsverfahren. Bei der UVP werden die entscheidungserheblichen umweltbezogenen Sachverhalte nach einheitlichen Grundsätzen ermittelt und bewertet, so dass die Umweltbelange vollständig und gebündelt in die Entscheidungsfindung zum Vorhaben einfließen können. Für grenzüberschreitende Projekte ist eine Umweltverträglichkeitsprüfung nach der ESPOO-Konvention durchzuführen („ESPOO-Verfahren")

10.5.3 Schnittstellen zu anderen Leistungen

Der Einsatz des Projektmanagements im Zusammenhang mit der Genehmigung von Bauvorhaben ist im AHO-Heft Nr. 9, Handlungsbereich A, in der Projektstufe 2 als „Grundleistung: 1.A.10: Mitwirken bei der Herbeiführung der behördlichen Genehmigung" aufgeführt, hier aber eher mit klassischem Hochbaubezug.

Der Bezug zu Infrastrukturvorhaben betreffend den Projektmanagement-Leistungsbedarf im Zusammenhang mit der Genehmigung ist dagegen seit der letzten Aktualisierung des AHO-Heftes Nr. 9 (4. Auflage 2014) erstmals im Handlungsbereich A in der Projektstufe 1 als „Besondere Leistung: 1.A.6 Mitwirken bei den Vorbereitungen besonderer behördlicher Genehmigungsverfahren (z.B. Planfeststellungsverfahren)" gefasst. Diese Leistung kann danach als Besondere Leistung beauftragt werden.

Die vorliegende Ausarbeitung präzisiert, ergänzt und erweitert diese Besondere Leistung.

Aus der ganzheitlichen Bearbeitung des Themas „Projektmanagement bei Infrastrukturvorhaben" in der Schriftenreihe (Schriftenreihe DVP 2014) und die Fortführung dieser Bearbeitungsansätze im vorliegenden Heft ergeben sich inhaltliche Schnittmengen zu einzelnen Unterkapiteln (z.B. „Konzeptphase" und „Stakeholdermanagement").

10.5.4 Leistungsbild

Die speziellen Anforderungen an Genehmigungsverfahren für Infrastrukturvorhaben wurden eingangs dargestellt. Daraus ergibt sich hinsichtlich der Projektmanagementleistungen ein spezifischer Leistungsbedarf gegenüber AHO-Heft Nr. 9, der sich in den Projektstufen 0 (Konzeptphase), 1 (Vorbereitung der Planung) und 2 (Planung) niederschlägt. In Analogie zur Systematik des AHO-Heftes Nr. 9 wird dieser spezifische Leistungsbedarf zum Handlungsbereich A in den einzelnen Projektstufen nachfolgend aufgeführt.

Projektstufe 0: Konzeptphase

- Identifizieren, Analysieren und Bewerten der relevanten Genehmigungsverfahren und -prozesse mit den terminlichen Auswirkungen
- Führen von Vorgesprächen mit den genehmigenden Behörden
- Grobe Erstbewertung der grundsätzlichen Genehmigungsfähigkeit

Projektstufe 1: Projektvorbereitung

- Zusammenstellung der das Vorhaben beeinflussenden Genehmigungsvorgaben von Bund, Ländern und Kommunen
- Strukturierung des Genehmigungsprozesses
- Abstimmung mit den Behörden
- Grobablaufplanung für genehmigungsrechtliche Verfahren …
- Erstellen eines Grobterminplans für die Genehmigungsverfahren
- Vertiefende Stakeholderanalyse
- Vorschlagen und Abstimmen der Vorgaben für das Liegenschaftsmanagement (betrifft vom Vorhaben betroffene Grundstücke, Grundstücke für Ersatz- und Ausgleichsmaßnahmen)
- Mitwirken bei der Auswahl und der Beauftragung von Sonderfachleuten
- Mitwirken bei der Erstellung eines Konzepts für die juristische Begleitung des Genehmigungsverfahrens
- Einbindung/Etablierung eines Risikomanagements

Projektstufe 2: Planung

- Koordination des Genehmigungsverfahrens (z.B. ROV, PFV) und aller zugehörigen Fachplanungen
- Koordination von verfahrensbedingten Terminen und Beteiligungsprozessen (z.B. Screening, Scopingtermin)
- Überprüfen der Dokumente zu verfahrensbedingten Terminen (z.B. Erörterungstermin, öffentliche Auslegung) auf Vollständigkeit und Konformität mit den Projektzielen
- Unterstützung im Beteiligungsverfahren (z.B. Erörterungstermin)
- Mitwirken bei der Bearbeitung von Einwänden und Stellungnahmen, ggf. unter Einbindung der juristischen Beratung
- Überprüfen der Planungsergebnisse zu den Genehmigungsverfahren (z.B. PFV, vorlaufend ROV) auf Vollständigkeit und Konformität mit den Projektzielen
- Fortschreibung des General- und Grobablaufplans für die Genehmigungsprozesse, Entwickeln und Aufstellen eines Detailterminplans für die Genehmigungsprozesse
- Identifizieren juristischer Fragestellungen in Bezug auf das Genehmigungsverfahren
- Mitwirken bei der Beteiligung betroffener Grundstückseigentümer und grundbuchdinglichen Sicherungsverfahren
- Mitwirken bei der Zusammenstellung der Antragsunterlagen zu Genehmigungsverfahren
- Dokumentation wesentlicher Eckpunkte der Genehmigungsverfahren

10.5.5 Anwendungshinweise

In Analogie zur Systematik des AHO-Heftes Nr. 9 wird der im voranstehenden Leistungsbild abgeleitete spezifische Projektmanagementbedarf für die „Genehmigung" von Infrastrukturmaßnahmen für die betroffenen Projektstufen im Handlungsbereich A nachfolgend kommentiert.

Projektstufe 0: Konzeptphase

Im Rahmen der Konzeptphase sind die relevanten Genehmigungsverfahren zu identifizieren und im Hinblick auf Chancen und Risiken zu bewerten. Hierzu ist das Projekt in Abhängigkeit der zuständigen Fachplanungsgesetze einzustufen und der Genehmigungsweg vorzudenken. Gegebenenfalls sind Vorgespräche mit den zuständigen Genehmigungsbehörden zu führen.

Der avisierte Genehmigungsprozess ist in einem Genehmigungskonzept zusammenzufassen. Hierbei sind die geltenden Rechtsgrundlagen und inhaltlichen Anforderungen, alle wesentlichen Prozessschritte und die Stakeholder (Antragsteller, Nutzer, beteiligte Behörden, Träger öffentlicher Belange, Naturschutzverbände, sonstige betroffene Dritte) zu identifizieren und zu dokumentieren.

Projektstufe 1: Projektvorbereitung

Aufbauend auf den Arbeiten in der Konzeptphase werden in der Stufe der Projektvorbereitung die Genehmigungsanforderungen des Gesetzgebers umfassend ermittelt und in Abstimmung mit den zuständigen Behörden präzisiert. Die Etappen des zur Anwendung kommenden Genehmigungsverfahrens werden inhaltlich und terminlich untersetzt und in einem Grobablaufplan dargestellt.

Der Beteiligungskreis der vom Vorhaben Betroffenen wird in Abstimmung mit dem Antragsteller und den zuständigen Behörden konkretisiert. Die vom Vorhaben betroffenen Grundstücke und deren Eigentümer/Nutzer sind zu ermitteln und ein entsprechendes Liegenschaftsmanagement ist zu etablieren, um eigentums- und nutzungsrelevante Fragen herauszuarbeiten und ggf. mit den betroffenen Eigentümern/Nutzern vorabzustimmen. Ebenso ist der im Zuge der Maßnahme zu erwartende Flächenbedarf für Ausgleichs- und Ersatzmaßnahmen in das Liegenschaftsmanagement einzubeziehen.

Die Auswahl von verfahrensspezifischen Sonderfachleuten in der Projektvorbereitung wird durch das Projektmanagement unterstützt (z.B. für juristische Fragen, Grundsatzfragen der technischen Machbarkeit, Klärung der infrastrukturellen Anbindung sowie der vielfältigen Umweltbelange wie LBP, UVP, artenschutzrechtlicher Fachbeitrag, FFH-Prüfung, Lärmschutz, Auswirkungen auf Boden, Wasser, Luft etc.).

Aufgrund der weitreichenden Zugangs- und Klagemöglichkeiten der Umweltverbände sind mögliche Gerichtsverfahren frühzeitig im Genehmigungsmanagement zu berücksichtigen und verfahrenskritische Punkte, die der juristischen Unterstützung bedürfen, herauszuarbeiten.

Die Chancen und Risiken im Genehmigungsprozess werden bewertet. Anlass und Umfang wesentlicher Änderungen am Antragsgegenstand sind zu dokumentieren.

Projektstufe 2: Planung

Aufbauend auf dem Arbeitsstand der Stufe Projektvorbereitung wird das Genehmigungsverfahren in der Stufe Planung vollzogen. Die Teilprozesse der im Infrastrukturbereich oft sehr langen und aufwändigen Genehmigungsverfahren (z.B. ROV, PFV, Verfahren nach BImSchG, z.T. unter Einbeziehung umfassender Umweltuntersuchungen) sind dabei vom Projektmanagement so vorzubereiten, zu überwachen und zu unterstützen, dass möglicher Handlungsbedarf, der sich im Verfahren aus fachlichen, wirtschaftlichen oder rechtlichen Fragestellungen ergibt, frühzeitig erkannt und die erforderlichen Prozesse in Abstimmung mit den zuständigen Behörden initiiert werden können.

Die Zuordnung und Bearbeitung daraus resultierender Aufgaben, die Vorbereitung verfahrensbedingter Termine und Terminketten und deren Einhaltung sind durch das Projektmanagement zu organisieren, zu koordinieren, zu kontrollieren und zu dokumentieren, ebenso die fristgerechte Bearbeitung von Einwänden und Stellungnahmen im Beteiligungsverfahren.

In Abstimmung mit Behörden und Sonderfachleuten ist zu erörtern, ob umfangreichere Umweltuntersuchungen und die Hinzuziehung von Sachverständigen schon in einem frühen Planungsstadium zu veranlassen sind, um lange gerichtliche Überprüfungen und die Nachholung einzelner Untersuchungen, ggf. über die Dauer einer Vegetationsperiode am Ende des Verfahrens, zu vermeiden.

Mit zunehmender Klarheit zu den Genehmigungsanforderungen ist vom Projektmanagement die Terminplanung zu präzisieren und die Zusammenstellung vollständiger, anforderungsgerechter Antragsunterlagen zu organisieren und zu koordinieren.

Als Dokumentation für den Auftraggeber sind die begründete Auswahl und die Etappen des Genehmigungsprozesses, Beteiligte/Betroffene, Verfahrensdauer sowie ggf. rechtliche Auseinandersetzungen in einem Kurzbericht zusammenzufassen. Anlass und Umfang wesentlicher Änderungen am beantragten/genehmigten Vorhaben sowie Auflagen sind dabei zu benennen.

10.6 Multiprojektmanagement

10.6.1 Sachstand AHO-Heft Nr. 19, Kapitel 4 „Multiprojektmanagement“

In diesem Heft ist ein eigenes Kapitel dem Thema „Multiprojektmanagement“ gewidmet (Kapitel 4). Dort ist definiert:

„Unter Multiprojektmanagement versteht man den organisatorischen und prozessualen Rahmen für das Management, d.h. die Planung, übergreifende Überwachung und Steuerung mehrerer einzelner Projekte in einer definierten Organisation.“

Multiprojektmanagement ist eine Leistung des Projektsteuerers bzw. des Projektmanagers, die bei Großprojekten, Programmen bzw. Portfolien zu erbringen ist. Ohne diese Leistung werden die Projekte untereinander nicht effizient organisiert und gesteuert. Großprojekte können auch als Programm(e) organisiert sein.

In Kapitel 4 werden die Leistungen beschrieben, die notwendig sind, um mehrere Projekte zu steuern. Hauptsächlich baut es auf der DIN 69909 Multiprojektmanagement auf.

10.6.2 Anwendungshinweise im Infrastrukturbereich

Multiprojektmanagement ist im Bereich Infrastruktur häufig anzuwenden, denn Großprojekte werden hier besonders oft abgewickelt.

Großprojekte ergeben sich im Infrastrukturbereich aus der mehr oder weniger großen Längen- oder Flächenausdehnung eines Infrastrukturprojekts. Um z.B. Streckenbauwerke wie Straßen oder Schienen zu errichten, müssen i.d.R. zahlreiche Bauobjekte (z.B. Brücken, Tunnel, Leitungsinfrastruktur, Gebäude) realisiert werden. Hinzu kommen bei Infrastrukturmaßnahmen spezifische Bauteile wie z.B. Oberleitungen, Gepäckförderanlagen und Befeuerungsanlagen.

Großprojekte im Infrastrukturbereich weisen eine große Komplexität auf, weil unterschiedliche Bauobjekte zur Erreichung eines gemeinsam festgelegten qualitativen und terminlichen Ziels unter Einhaltung eines festgelegten Kostenrahmens realisiert werden müssen.

Um diese Komplexität zu bewältigen und auch den fachlichen Spezifika der Bauobjekte Rechnung zu tragen, werden üblicherweise für die einzelnen Bauobjekte eigene (Teil-)Projektleiter benannt und damit eigene Projekte gebildet. Dies kann durch Aufteilung des Großprojekts in Teilprojekte erfolgen oder in der Aufteilung eines Programms, das aus einzelnen Projekten besteht.

Ein wichtiges Merkmal eines Großprojekts ist die Abhängigkeit der einzelnen Projekte voneinander, da der „Ausfall" eines (Teil-)Projekts zum Misserfolg des Gesamtprojekts führt. Dieser Sachverhalt führt zu folgenden Aufgaben, die übergeordnet zu erbringen sind:

- Implementierung einer zusätzlichen übergeordneten Organisationseinheit
- Steuerung der Abhängigkeiten zwischen den einzelnen Projekten durch diese übergeordnete Organisationseinheit
- Schaffung einheitlicher Aufbau- und Ablauforganisationen (z.B. Änderungsmanagement, Berichtswesen, Ausschreibungs- und Vergabeabläufe) sowie Erarbeitung einheitlicher Vorgaben (z.B. Formblätter Rechnungs- bzw. Nachtragsprüfung, Vertragsbedingungen) als wesentliche Voraussetzung der Steuerung

Wegen der häufigen Realisierung von Großprojekten im Infrastrukturbereich kommen hier die Leistungen des Multiprojektmanagements besonders zum Tragen. Ziel ist es, die Steuerung der Abhängigkeiten zwischen den einzelnen (Teil-)Projekten durch eine übergeordnete Organisationseinheit auf Basis einheitlicher Vorgaben zu gewährleisten.

10.7 Kommunikation/Stakeholdermanagement

10.7.1 Sachstand AHO-Heft Nr. 19, Kapitel 3 „Stakeholdermanagement"

Unter Stakeholdermanagement versteht man den organisatorischen und prozessualen Rahmen für die übergreifende Planung und Durchführung einer zielgerichteten Projektkommunikation mit einer Vielzahl von Projektbeteiligten. Das Stakeholdermanagement bezieht sich ausdrücklich auf interne und externe Projektbeteiligte. Der Begriff „Projektbeteiligte" wird bewusst weit gefasst, da hier Personen und Personengruppen gemeint sind, die Interessen in und am Projekt haben.

Das Stakeholdermanagement besteht aus einem vierstufigen Prozess, in dem

1. die Stakeholder identifiziert werden;
2. die Stakeholder bezüglich ihrer Interessen analysiert werden; hier werden ggf. auch mögliche Koalitionen zwischen einzelnen Interessengruppen untersucht;
3. Maßnahmen einer zielgerichteten Kommunikation mit den Stakeholdern geplant werden;
4. diese Maßnahmen fortlaufend auf ihre Wirksamkeit überprüft werden.

Stakeholdermanagement ist eine Leistung des Projektsteuerers bzw. des Projektmanagers (durchaus auch mit Unterstützung professioneller Kommunikationsagenturen), die in Projekten zu erbringen ist. Ohne diese Leistung besteht für das Projekt die Gefahr von unplanmäßigen Interventionen von Betroffenen, die versuchen, auf verschiedenen Wegen ihre Interessen nachträglich in das Projekt einzubringen oder das Projekt zu verhindern. Das nachträgliche Berücksichtigen von Interessen führt immer zu hohen Zusatzkosten und Zeitverzug, ggf. sogar zur Einstellung des Projekts.

In Kapitel 3 werden die Leistungen beschrieben, die notwendig sind, um Stakeholdermanagement zu betreiben. Es wird auch eine Abgrenzung von Grundleistungen und Besonderen Leistungen vorgenommen.

10.7.2 Anwendungsbereich bei Infrastrukturvorhaben

Stakeholdermanagement ist im Bereich Infrastruktur häufig anzuwenden, denn Projekte rufen hier i.d.R. viele Betroffene auf den Plan.[1]

Die Vielzahl der Interessierten/Betroffenen/Beteiligten ergibt sich im Infrastrukturbereich aus der mehr oder weniger großen Längen- oder Flächenausdehnung eines Infrastrukturprojekts und der notwendigen Zusammenarbeit unterschiedlichster Behörden, Fachplaner und Baufirmen. Die interessierte Öffentlichkeit muss hier unbedingt mit einbezogen werden. Ohne die Akzeptanz der Baumaßnahme in der Öffentlichkeit wird die Umsetzung nur sehr schwer möglich sein. Die i.d.R. langen Planungsphasen von Infrastrukturvorhaben sind Ausdruck dieses Beteiligungswillens von Öffentlichkeit und Interessenverbänden. Zu berücksichtigen ist auch die vorhandene große Klagebereitschaft vieler Interessenvertreter.

Ohne ein gezieltes Stakeholdermanagement mit geplanter Kommunikation sind Projekte im Infrastrukturbereich heute in Deutschland nicht mehr realisierbar.

Schon das Nichtberücksichtigen einzelner Interessenvertreter, sei es von Behördenseite oder auch aus dem öffentlichen Raum, kann zu erheblicher Kritik an der vorgesehenen Projektplanung führen. Stakeholdermanagement beinhaltet auch den bewussten Umgang mit den Emotionen der Projektbeteiligten. Die Konzentration nur auf Sachaspekte ist nicht ausreichend. Neben der Prozess- und Methodenkompetenz des Projektsteuerers im Stakeholdermanagement ist zusätzlich die Fähigkeit zum Konfliktmanagement und zur Moderation gefordert.

Die Aufgaben dazu finden sich, herausgearbeitet als Leistungen in dem Leistungsbild „Stakeholdermanagement" in Kapitel 3 dieses Heftes, gemäß der bekannten Strukturierung nach Projektstufen und Handlungsbereichen wieder.

1 Schriftenreihe DVP 2014.

Wegen der häufigen Realisierung von Großprojekten im Infrastrukturbereich kommen hier die Leistungen des Stakeholdermanagements besonders zum Tragen. Die zum Teil heftig geführten öffentlichen Diskussionen zu einzelnen Großprojekten unterstreichen die Notwendigkeit. Ziel ist es, auf Basis eines geplanten und professionellen Stakeholdermanagements einen (möglichst) reibungslosen Projektablauf zu gewährleisten und Projektlaufzeit sowie Projektkosten einzuhalten oder ggf. sogar zu reduzieren.

10.8 Inbetriebnahme

10.8.1 Sachstand AHO-Heft Nr. 19, Kapitel 8 „Inbetriebnahmemanagement"

Das Inbetriebnahmemanagement (IBNM) ist ausführlich in Kapitel 8 dieses Heftes dargestellt. Auch bei Infrastrukturmaßnahmen kommt diesem speziellen Steuerungsinstrument eine große Bedeutung zu. Es hat vornehmlich die Aufgabe, bei der Realisierung von Strecken- bzw. Flächenbauwerken (z.B. Infrastrukturprojekten wie Eisenbahn, Straßen, Leitungstrassen, Wasserwege sowie Flughäfen mit hohen Hochbauanteilen) eine letztlich termingerechte Abnahme, Betriebserlaubnis/Nutzungsfreigabe bzw. eine Aufnahme des Betriebs/der Nutzung sicherzustellen.

Oftmals sind diese Projekte in einen nationalen oder sogar internationalen Kontext wie z.B. Fahr-, Flug- oder sonstigen Terminplan eingebunden, dessen Störungen einen massiven Verlust an Reputation sowie erheblichen Zeitverlust inkl. Kostensteigerungen für den Bauherrn nach sich ziehen.

Darum ist es erforderlich, dass alle Beteiligten wie Bauherr, Betreiber, Unternehmen, Behörden usw. weit im Vorfeld des eigentlichen Betriebs durch ein fachkompetentes IBN-Team im Hinblick auf eine projektgerechte Inbetriebnahme sensibilisiert und gesteuert werden. Dazu sind sowohl eine direkte Einbindung aller Beteiligten als auch die frühzeitige Erfassung/Aufstellung der IBN-Organisation, Prozesse, Voraussetzungen, Termine/Meilensteine und revisionssichere Dokumentationen zur Inbetriebnahme notwendig.

Diese Voraussetzungen sind in einem IBN-Konzept abzubilden und während der gesamten Realisierung zu berücksichtigen und permanent fortzuschreiben.

Ein IBNM muss deshalb frühzeitig eingeführt werden, um die Grundlagen für eine projekt- und vor allem termingerechte Inbetriebnahme zu schaffen. Idealerweise ist dies bereits zur Konzept- bzw. Planungsphase der Fall, da zu diesem Zeitpunkt noch notwendiger Einfluss auf die IBN-relevanten Planungs- und Leistungsinhalte (z.B. Verträge mit den Baufirmen, Anpassung der Ausführungsplanung) sowie auf den Bauprozess als unmittelbare Voraussetzung für den Start der IBN-Phase genommen werden kann.

Des Weiteren nimmt das Behördenmanagement eine zentrale Rolle bei der Inbetriebnahme ein. Besonders bei sicherheitsrelevanten Anlagen (z.B. Brandschutzanlagen, Tunnelüberwachungsanlagen oder Anlagen der Flugsicherung) wie auch bei der Einführung von neuer Technik bzw. Baukomponenten ist die Einhaltung der rechtlichen sowie technischen Bestimmungen, Vorschriften und Auflagen gegenüber den zuständigen Behörden vor einer (kommerziellen) Inbetriebnahme nachzuweisen.

10.8.2 Anwendungshinweise im Infrastrukturbereich

Im Folgenden sind einige Anwendungshinweise zum Inbetriebnahmemanagement im Infrastrukturbereich aufgeführt.

- **Sicherstellung der Projektziele**
  - Einhaltung der Dokumentation von Genehmigungsauflagen (z.B. Auflagen der Baugenehmigung oder Planfeststellung)
  - Einhaltung der festgelegten Meilensteintermine
  - Sicherstellen der termingerechten Durchführung der IBN und Abnahme/Bewilligung
- **Informationsmanagement**
  - Information Entscheidungsgremium
  - Information aller Projektbeteiligten
  - regelmäßige Statusberichte wöchentlich/monatlich/quartalsmäßig/halbjährlich zum Projektfortschritt
  - regelmäßige Abstimmungsrunden
  - Workshops
- **Übergreifende Koordination**
  - Aufbau Projektorganisation/Struktur z.B. durch die Installation eines Steuerkreises unter Beachtung der dafür notwendigen Kompetenzen und der Fach-Knowhows
  - Organisation eines zielführenden Besprechungswesens Inbetriebnahme
  - Koordination und Unterstützung der Arbeitsgruppen und der Schnittstellen
  - Ausarbeitung und Koordination der Inbetriebnahmeprozesse
  - Schnittstellenmanagement (in Bezug auf Systemintegration)
- **Durchführung Inbetriebnahme**
  - Planung, Vorbereitung, Koordination und Durchführung der Inbetriebnahme
  - übergeordnete Organisation der Durchführung mit Steuerung aller beteiligten Stellen
  - Erstellung der für die Inbetriebnahme notwendigen Durchführungsunterlagen (z.B. IBN-Terminpläne, IBN-Konzepte, Wartungs- und Pflegeanweisungen, Schulungsunterlagen, Abnahmedokumente, Betriebsanleitungen)
  - Organisation von Schulungen und Einweisungen
- **Maßnahmencontrolling**
  - stringentes Controlling anhand von Workflows, Statusberichten, Terminplänen und Checklisten (z.B. Tunnel-, Trassen- oder Rollfeldbelegung), Aktivitätenkatalog, Checklisten, Fortschrittsmeldesystem und Liste offener Punkte
  - Analyse von eingetretenen Abweichungen, Soll-Ist-Vergleiche, Risiko-Trendanalysen und Erarbeiten von wirkungsvollen Gegensteuerungsmaßnahmen

- **Herbeiführung von Entscheidungen**
  - Entscheidungen zu Sachthemen der Arbeitsgruppen
  - Vorbereitung, Herbeiführung und Kommunikation von Entscheidungen der dafür kompetenten Stellen (z.B. des Entscheidungsgremiums)
  - Erarbeitung und Vorbereitung von Entscheidungsvorlagen
- **Informationsstelle für die Inbetriebnahme**
  - zentraler Ansprechpartner für alle Projektbeteiligten für jegliche Belange der Inbetriebnahme
  - zentrale Koordinierungsstelle
- **Besprechungswesen**
  - Vorbereitung
  - Moderation, Beteiligung
  - Auswertung

Neben den oben aufgeführten wichtigen Teilleistungen ist auch eine Unterstützung bei der Planung, Vorbereitung, Koordination und Durchführung durch entsprechende speziell zugeschnittene Management-Tools zwingend notwendig. Nur so ist eine fach- und termingerechte Erreichung der festgelegten Projektziele aufgrund der Komplexität einer IBN letztlich möglich.

10.9 Risikomanagement

10.9.1 Sachstand AHO-Heft Nr. 19, Kapitel 5 „Risikomanagement"

Das Risikomanagement stellt eine Methode mit übergreifender Bedeutung dar, die neben den Projekten der Infrastruktur auch für alle anderen Projekttypen (z.B. Hochbau, Anlagenbau) relevant ist. Deshalb wurde das Thema in Kapitel 5 in diesem Heft ausgelagert und dort möglichst allgemeingültig behandelt.

10.9.2 Anwendungshinweise im Infrastrukturbereich

Infrastrukturprojekte sind zum weit überwiegenden Teil Bauaufgaben von öffentlichen Auftraggebern. Staatsbau-, Landesbau- und Kommunalbauverwaltungen unterliegen – im Gegensatz zu großen Kapitalgesellschaften – nicht dem Gesetz zur Kontrolle und Transparenz im Unternehmensbereich (KonTraG) vom 27.4.1998 (BGBl. I S. 786). Sie sind daher auch nicht gesetzlich verpflichtet, ein Risikomanagement einzuführen und zu betreiben. Lebt der Bauherr ohne Risikomanagement, laufen auch die Grundleistungen des AHO-Heftes Nr. 9 „Mitwirken beim Risikomanagement" ins Leere. Betreibt der Bauherr selbst kein Risikomanagement, hat er nur geringe Erfahrungen und will es weitgehend delegieren, ist er gut beraten, wenn er das Risikomanagement gemäß AHO-Heft Nr. 19 als Ergänzung zur Projektsteuerung nach AHO-Heft Nr. 9 oder auch als Einzelauftrag vergibt.

Sektorenauftraggeber (Wasser-, Energie-, Verkehrsversorgung) sind sehr häufig privatwirtschaftliche Unternehmen (z.B. Deutsche Bahn, Flughafengesellschaften, Stadtwerke). Bei großen Kapitalgesellschaften wird man ein Unternehmens-Risikomanagement vorfinden. Dann wird es i.d.R. erforderlich sein, dass die Ergebnisse oder mindestens große Einzelrisiken aus dem Projekt-Risikomanagement in das Unternehmens-Risikomanagement übernommen werden (vgl. Kapitel 5, Risikomanagement). Im ersten Schritt liegt es nahe, das Unternehmens-Risikomanagement auf das Projekt zu übertragen. Dabei wird man u.U. feststellen müssen, dass bereits beim Auftraggeber etablierte Verfahren oder Methoden nicht auf das Projekt-Risikomanagement übertragbar sind. Ein wesentliches Merkmal eines Projekts ist seine Einmaligkeit. Statistisch untermauerte Eintrittswahrscheinlichkeiten sind allenfalls bei sehr großen Auftraggebern mit vielen gleichartigen oder ähnlichen Projekten aussagekräftig. Außerdem ist zu bedenken, dass das Unternehmens-Risikomanagement meist aus kaufmännischer Sicht gestaltet ist und deshalb auf Kostenrisiken oder Renditerisiken fokussiert ist. Für das Projekt sind auch weitere Dimensionen (z.B. Termine, Funktionalitäten oder Arbeitssicherheit) interessant (Kapitel 5). Deshalb kann es auch für Sektorenauftraggeber mit einem etablierten Unternehmens-Risikomanagement interessant sein, das Projekt-Risikomanagement gemäß AHO-Heft Nr. 19 ganz oder teilweise zu beauftragen.

10.10 Weitere Hinweise zur Honorierung

10.10.1 Honorierung gemäß AHO-Heft Nr. 9

Im AHO-Heft Nr. 9 (4. Aufl. 2014) sind Honorartabellen zur Vergütung von Projektmanagementleistungen dargestellt. Die Anwendung der Tabellen setzt voraus, dass es sich um Projekte von mittlerer Dauer und Komplexität handelt, vgl. Heft Nr. 9, § 7 Abs. 4.

Dies trifft i.d.R. für große Infrastrukturmaßnahmen nicht zu. Insbesondere die Dauer der Projekte weicht hier oftmals sehr deutlich ab. Weiterhin sind bei Infrastrukturmaßnahmen im Vergleich zu Hochbauprojekten teilweise erheblich voneinander abweichende Tätigkeitsschwerpunkte innerhalb der Teilleistungen erforderlich.

Grundsätzlich besteht daher die Möglichkeit der Vergütung nach tatsächlichem Aufwand. Diese Möglichkeit stellt bei bestimmten Projekttypen eine transparente und faire Form der Vergütung dar.

Dennoch werden am Markt sehr häufig Pauschalen für die Vergütung von Projektmanagementleistungen auch im Infrastrukturbereich abgefragt. Die Pauschalierung ist oftmals nur sehr schwer oder mit großen Einschränkungen möglich, von einer undifferenzierten Anwendung der AHO-Honorartabellen ist abzuraten. Nachfolgend werden für eine kalkulierbare Darstellung und Ausschreibung von Projektmanagementleistungen einige Hinweise gegeben:

- Der Ausschreibende muss frühzeitig eine sehr gute Vorstellung zum Auflauf des Projekts entwickeln.
- Der Bedarf an Grundleistungen und Besonderen Leistungen nach Heft Nr. 9, die teilweise im vorliegenden Heft Nr. 19 näher erläutert sind, muss im Vorfeld klar definiert werden.
- Bei der Ausschreibung von Besonderen Leistungen sind eindeutige Kalkulationshinweise, z.B. eine vorab definierte Anzahl an Beratungsterminen oder ein bestimmtes Stundenkontingent, vorzugeben.

- Bei der Kalkulation der AHO-Grundleistungen sind projektspezifische Besonderheiten, z.B. Komplexität und Dauer des Projekts, zu berücksichtigen.
- Eine Anwendung der im Hochbau üblichen Wägungsanteile der Teilleistungen[1] ist nicht ohne erhebliche Anpassung möglich. Hier sind für jedes Einzelprojekt eigene Bewertungen vorzunehmen.
- Bei der Erstellung eines Vergütungsmodells für Projekte, bei denen eine ausgeprägte Genehmigungsphase zu berücksichtigen ist, ist eine gedankliche Dreiteilung des Projekts möglich: Während der Genehmigungsphase werden Leistungen zur Betreuung der Genehmigungsphase, z.B. im Planfeststellungsverfahren, als Besondere Leistungen nach Aufwand vergütet. Vor und nach der Genehmigungsphase werden die Grundleistungen anhand eines Zahlungsplans nach Pauschalen honoriert. Weitere Besondere Leistungen, die im Projekt erforderlich werden, sind additiv zu sehen.

10.10.2 Weitere Hinweise zur Honorierung von Leistungen im Infrastrukturbereich

Der Vermeidung von Streitigkeiten zwischen dem Auftraggeber und dem Projektmanagementbüro/-unternehmen über den tatsächlich für die Leistungserbringung erforderlichen Zeitaufwand, über eine mögliche Indizierung der Verrechnungssätze aufgrund der teilweise sehr langen Laufzeiten sowie über die konkrete Qualifikation des eingesetzten Personals dienen die nachfolgenden Hinweise.

Die Vergütung der Projektmanagementleistungen als Abrechnungs- oder Pauschalauftrag soll aufgrund der besonderen Projektanforderungen über Zeitaufwand in Verbindung mit definierten Qualifikationsanforderungen an das einzusetzende Personal erfolgen. Der voraussichtliche Zeitaufwand und die geforderten projektspezifischen Qualifikationen des Projektmanagementpersonals sind vom Auftraggeber im Rahmen der Leistungsbeschreibung vorzugeben und im Rahmen von Vergabegesprächen zu erörtern.

Bei der Festlegung des Qualifikationsprofils für eine Funktion sind die Projektmanagementkompetenz, die projektbezogene Fachkompetenz und die Persönlichkeit anhand projektspezifischer Kriterien (Anforderungskatalog) zu bewerten. Für das jeweilig zu erzielende Bewertungsergebnis gibt das nachfolgende Bild 4 eine Orientierung.

Der vom Auftraggeber formulierte Anforderungskatalog enthält Kriterien wie beispielsweise die Berufserfahrung in Jahren, getrennt nach verschiedenen Fachdisziplinen, die Komplexität (Anzahl der Vertragspartner und Gewerke) sowie die Spezifika bearbeiteter Projekte, die Führungserfahrung mit Teams, die Methodenkompetenz im PM, die unterschiedlichen Fähigkeiten aus dem Persönlichkeitsbereich usw.

1 Eschenbruch/Schneider (2015).

Funktion	**Qualifikationsprofil**		
	PM-Kompetenz	**Projektbezogene Fachkompetenz**	**PM-Kompetenz**
Leitender Projektmanager	sehr hoch	sehr hoch	sehr hoch
Projektmanager	sehr hoch	hoch bis sehr hoch	hoch
Projektsteuerer	hoch	hoch	hoch
PM-Assistenz	gute Methoden-kompetenz	solides Verständnis	hohe Teamfähigkeit

Bild 4: Funktionen und Qualifikationsprofile von PM-Personal

Bei der Vergütung über Zeitaufwand ist bei den Mitarbeitermonatssätzen danach zu unterscheiden, ob es sich um die Vorhaltezeit (12 Monate/Jahr) oder die projektbezogene Einsatzzeit (z.B. 200 Arbeitstage/Jahr) handelt. Das nachfolgende Bild 5 beinhaltet Verrechnungssätze für projektbezogene Einsatzzeiten. Diese Verrechnungssätze gelten für das Jahr 2017 und sind zukünftig anhand der Marktpreisentwicklung anzupassen. Die Werte entsprechen Sätzen ohne Mehrwertsteuer und ohne projektspezifische Nebenkosten.

Funktion	**Monatsverrechnungssatz**
Leitender Projektmanager	16.500–18.800 €/Monat
Projektmanager	14.500–16.500 €/Monat
Projektsteuerer	12.500–14.500 €/Monat
PS-Assistenz	8.400–10.500 €/Monat

Bild 5: Mitarbeitermonatssätze für projektbezogene Einsatzzeiten des PM-Personals

Mit Büroinhabern/Senior-Beratern sind im Einzelfall gesonderte Sätze zu vereinbaren.

Bei längeren Projektlaufzeiten sind die Verrechnungssätze mit den voraussichtlichen Gehaltssteigerungen unter Berücksichtigung der gesetzlichen Regelungen zu indizieren.

11 Nutzerprojektmanagement

Prof. Dr.-Ing. N. Preuß

11.1 Definition

Der Nutzer einer Immobilie ist entweder bei Beginn einer Projektentwicklung bereits bekannt oder besteht aus einer anonymen Zielgruppe für das zukünftige Projekt. Bei eigengenutzten Immobilien, z.B. für ein Verwaltungsgebäude mit Büroarbeitsplätzen und vielfältigen Funktionsbereichen eines Unternehmens, sind die Nutzer häufig konkret bekannt und können im Hinblick auf ihre spezifischen Anforderungen und Wünsche bereits in der vor Planungsbeginn erforderlichen Bedarfsplanung berücksichtigt werden.

Falls ein Teil des Projekts für noch unbekannte Mieter entwickelt, geplant und vermietet werden soll, steht ein Anteil von Nutzerwünschen noch nicht abschließend fest. Dieser Umstand muss bei der Konzeption der Projektabläufe und Organisation berücksichtigt werden.

Die Nutzer treten in Abhängigkeit des Vermietungserfolgs im Verlaufe des Projekts als neue Beteiligte dazu und müssen störungsfrei integriert werden. Diese Integration erfolgt parallel zur Planung und Ausführung des Projekts. Die Nutzerbereiche beinhalten häufig individuelle Ausstattungen, die mit neuen Planungsbeteiligten und eigenen Kommunikationskreisen in den Ablauf integriert werden müssen.

Je nach Konstellation und Umfang entstehen dadurch ergänzende Anforderungen an das Projektmanagement. Dies ergibt sich insbesondere dann, wenn ein Nutzer selbst zur Interessenwahrnehmung durch Dritte unterstützt wird. Die Steuerung gesonderter Nutzerinteressen im Rahmen des Projektmanagements wird deshalb als Nutzerprojektmanagement bezeichnet.

Speziell bei der Großprojektrealisierung ergeben sich vielfältige Steuerungsnotwendigkeiten im Vorfeld der Planung und der Inbetriebnahme, die Besondere Leistungen der Projektsteuerung in Bezug auf die Grundlagen des AHO-Heftes Nr. 9 auslösen.

11.2 Anwendungsbereich

In Bild 1 ist die mögliche Projektaufbauorganisation eines Immobilienprojekts mit der Bau- und der Nutzerseite dargestellt. Die Nutzerseite organisiert sich mit einer Reihe von Arbeitskreisen zu verschiedenen Themenbereichen, die parallel zur Planungsentwicklung erforderliche Entscheidungen zu den nutzerrelevanten Themen bearbeiten. Des Weiteren ist es häufig sinnvoll, die Aktivitäten der Belegungsplanung für die Büroarbeitsplätze sowie den Umzug in das neue Projekt und die Räumung der Altprojekte im nutzerrelevanten Organisationsbereich des Bauherrn anzusiedeln.

In Bild 2 sind Beispiele der nutzerseitigen Ausstattung aufgeführt, die sich je nach Projekt sehr stark differenziert darstellen. Die Definition des sogenannten „Nutzerprojekts" ergibt sich häufig aus nutzerspezifischen Verantwortlichkeiten. Bei der Abwicklung eines Projekts in Form eines Kumulativleistungsträgers (z.B. GU/GÜ) erweist es sich häufig als sinnvoll, dass der Nutzer diese Ausstattung vom Leistungsumfang des Kumulativleistungsträgers abkoppelt, um nicht die zum Teil sehr hohen Zuschläge in Höhe von bis zu 15 % der Investition bezahlen zu müssen. Daraus erwächst allerdings die Aufgabe, dieses Nutzerprojekt inhaltlich auf Investorenseite zu steuern, worin ein gewisses Risiko liegt, wenn die Schnittstellen zwischen Bau- und Nutzerausstattung nicht einwandfrei koordiniert sind.

Diese Nutzerprojekte haben je nach Ausstattungsgrad einen Investitionsrahmen von 10–20 % der Gesamtinvestitionssumme des Projekts. Für den Erfolg des Nutzerprojekts ist entscheidend, ob die Immobilie am Ende für den Kunden (Nutzer) in funktionaler, wirtschaftlicher und nachhaltiger Hinsicht optimal geeignet ist. Dazu zählen z.B. die Abbildung seiner Organisations- und Arbeitsabläufe, die effiziente Nutzbarkeit der Mietflächen und die Attraktivität des realisierten Gebäudekonzepts sowie der Arbeitswelten für die Nutzer.

Aus diesem Grund ergibt sich die Notwendigkeit, für die Wahrnehmung dieser Aufgabe eine Projektleitung zu benennen. Die Leitung obliegt häufig einer Führungskraft aus der Linie der Aufbauorganisation des Nutzers mit noch anderen Aufgabenbereichen. Deshalb sollte der Nutzer temporär für die Dauer des Bauprojekts von einem Projektmanager oder einem Dienstleister unterstützt werden.

Je nach Konstellation entstehen unterschiedliche Interessenslagen der für den Bau zuständigen Verantwortlichen und des für die Nutzer festgelegten Ansprechpartners. Dies ergibt sich z.B. aus dem Wunsch des Nutzers, sich hinsichtlich der Technik erst möglichst spät festlegen zu wollen. Die für den Bau verantwortlichen Projektbeteiligten haben naturgemäß das Interesse, Störungen aus dem Nutzerbereich, z.B. durch zu späte Entscheidungen zu diversen Festlegungen oder durch Änderungen zu bereits getroffenen Entscheidungen, zu vermeiden.

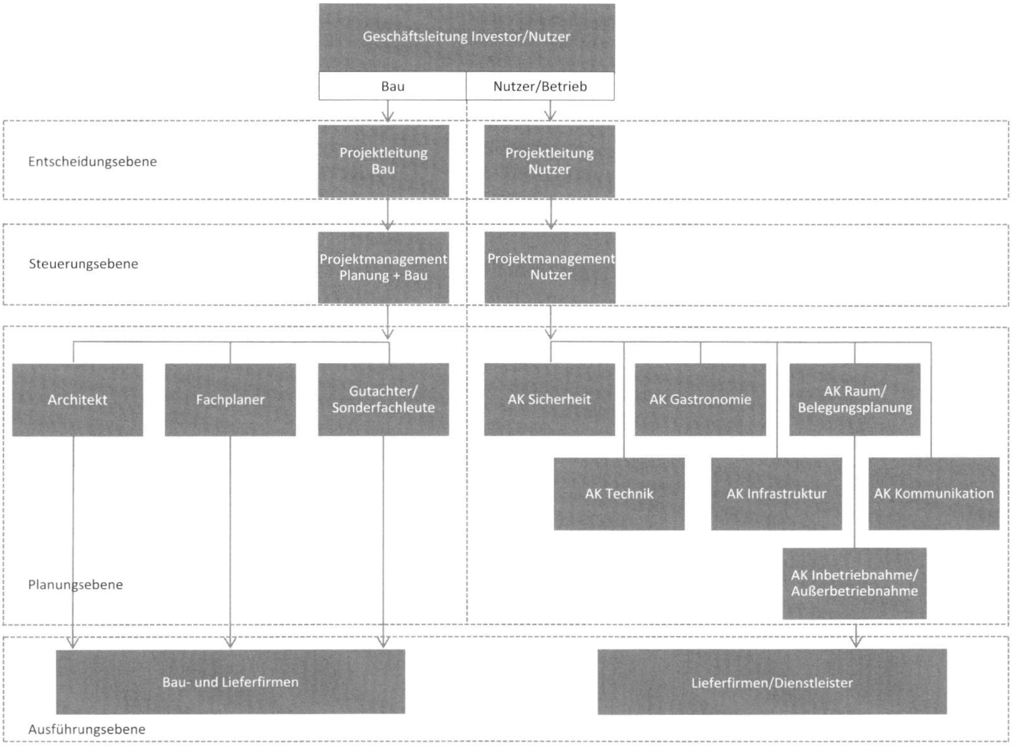

Bild 1: Beispiel für eine Aufbauorganisation Investor – Nutzer

Der Nutzer möchte die Planungen der Ausstattungen möglichst lange optimieren, die Verantwortlichen für den Bau brauchen die Entscheidungen zur Ausführung häufig schneller. Die Lösungen dieser partiell gegebenen Interessenkonflikte müssen dann in geeigneten Gremien der Projektaufbauorganisation im Interesse des Projekts und seiner Beteiligten entschieden werden. Das an dieser Stelle beschriebene Leistungsbild findet überwiegend Anwendung bei eigengenutzten Projekten. Bei gewerblich genutzten Projekten, wie z.B. Einkaufszentren, ergeben sich andere Abläufe und auch Leistungserfordernisse, die bereits bei den Mietvertragsverhandlungen des Investors im Verhältnis zu potentiellen Mietern beginnen.

Im weiteren Verlauf dieser Projekte werden dann Managementleistungen parallel zur Planung zur Koordination dieser Mieteinrichtungen im Verhältnis zum Bau erforderlich. Diese Leistungen werden in einem gesonderten Leistungsbild „Mieterkoordination" beschrieben.

Arbeitsplatzeinrichtung/Büromobiliar

- Schreibtische, Bürodrehstühle, Bürotechnik, Sideboards, Whiteboards, Schränke, Einbaumöbel, Garderoben, Besprechungstische und -stühle, akustische Zusatzelemente
- Servicebereiche (Kopierer, Drucker, Abfallbehälter, Schränke)
- Sondermobiliar Konferenzräume
- Sondermobiliar Foyerräume
- Sondermobiliar Pausenbereiche
- Pflanzen und Tröge

Informations- und Kommunikationstechnik

- Daten-, Strom- und ggf. Telefonanschlüsse
- Bürotechnik-Einheiten Arbeitsplatz
- Mobile Bürotechnik
- Haupt- und Etagenverteilernetze
- Serverzentralen
- Telefonzentralen
- Betriebsfunknetz
- Medientechnik für Konferenz und Schulung
- Zeiterfassungsgeräte
- Beschilderung Innen- und Außenbereiche, Logos

Dienstleistung

- Bürotechnikbereiche (Scan, Druck, Fax/Mail)
- Archive (zentral und abteilungsnah)
- Rollregalanlagen, Palettenregale, Tresoranlagen, Post- und Sortierregale
- Vervielfältigungseinrichtungen
- Filmdienstausstattungen
- Werkstättenausstattungen
- Umkleiden, Duschen, Seifenspender
- Ruheräume, Liegen für Ruhe- oder Arztraum, Erste-Hilfe-Ausstattung
- Fitnessraum, ggf. mit Geräten
- Entsorgung, Container, Ausstattung Ladehof

Küche/Verköstigung
• Großkochgeräte • Spültechnikgeräte • Kühltechnikgeräte • Förderanlagen, Kassensysteme • Essenausgabetheken (Mitarbeiterrestaurant, Gäste- und Vorstandskasino, Konferenzbewirtung) • Cafeteria, Teeküchen, Automatenstationen (Warenverkauf, Heiß- und Kaltgetränke, Geldaufwerter)
Technische Gebäudeausrüstung und Sicherheitstechnik
• Videoüberwachung • Zutrittskontrollanlagen • Schrankenanlagen • Pförtner, Sicherheitsdienstanlagen • Ausweissystem (Betriebsausweis) • ggf. Zeiterfassungssystem
Hausverwaltung
• Gebäudereinigungsgeräte und deren Befüllungs- und Entleerungsstellen • Müllentsorgungsvorrichtungen • Lagerräume Geräte

Bild 2: Beispiele der nutzerseitigen Ausstattung

11.3 Schnittstellen zu anderen Leistungen

Eine Schnittstelle ergibt sich im Verhältnis zu den Projektmanagementleistungen für die Planung und den Bau gemäß AHO-Heft Nr. 9. Dabei ist von wesentlicher Bedeutung, wie sich die Interessenlage zwischen Investor und Nutzer ergibt.

Das Risikomanagement des Projektmanagers hat sowohl in den Grundleistungen als auch den Besonderen Leistungen Schnittstellen zu den Projektmanagementleistungen des Nutzers. Dies gilt insbesondere für einen nicht ausreichend oder zu spät erkannten Nutzerbedarf, der bei Umsetzung empfindliche Störungen und damit Termin- und Kostenfolgen für das Gesamtprojekt auslösen kann.

Gleiche Bedeutung kommt einem klaren Entscheidungsmanagement auf Nutzerseite zu, d.h. dass gemeinsam getroffene Hauptfestlegungen im Laufe des Projekts später nicht mehr revidiert, sondern realisiert werden. Ein Beispiel hierfür stellt die baurelevante Belegungsplanung dar, welche nach deren Entscheidung idealerweise fixiert wird.

Eine weitere Schnittstelle ergibt sich beim Inbetriebnahmemanagement nach AHO-Heft Nr. 19 (Kapitel 8), das vom Projektmanager gemeinsam mit dem AK Inbetriebnahme durchgeführt wird. Hier ist rechtzeitig zu entscheiden, inwiefern die differenzierte Planung und Terminierung des Umzugs und die Räumung von Altstandorten als Ergänzungsleistung zum Projektmanagement als Besondere Leistung beauftragt werden oder im Rahmen dieses Leistungsbildes erbracht werden. In der Praxis sind beide Varianten denkbar. Die Managementleistung des Umzugs ist im Leistungsbild Inbetriebnahmemanagement dargestellt.

Falls ein Generalübernehmer oder ein Generalunternehmer beauftragt wird, entstehen sowohl physische als auch kommunikative Schnittstellen zwischen dem sogenannten Nutzerprojekt und dem Bauprojekt selbst. Die Projektsteuerung muss die Koordination der Schnittstellen mit dem Ziel durchführen, dass für den Kumulativleistungsträger keine Behinderungstatbestände entstehen.

Weitere Schnittstellen bestehen zwischen evtl. beauftragten Leistungen des Facility Management Consulting und dem Nutzerprojektmanagement. Das Facility Management Consulting gemäß AHO-Heft Nr. 16 konzentriert sich insbesondere auf das Ziel, ein strategisches und operativ optimales Facility Management zu entwickeln und umzusetzen.

11.4 Leistungsbild

Die Leistungen für das Nutzerprojektmanagement gliedern sich in folgende Phasen:

- Nutzerseitige Projektvorbereitung
- Nutzerseitige Planung
- Nutzerseitige Ausführungsvorbereitung
- Nutzerseitige Ausführung
- Projektabschluss

Die aufgeführten Teilleistungen werden nachfolgend in ein Leistungsbild überführt mit den bekannten fünf Handlungsbereichen

A Organisation, Information, Koordination und Dokumentation

B Qualitäten und Quantitäten

C Kosten und Finanzierung

D Termine, Kapazitäten und Logistik

E Verträge und Versicherungen

Das externe Projektmanagement von Nutzerleistungen unterstützt den Nutzer bei den im Rahmen der Vorbereitung, Planung und Durchführung seiner Gebäudebesiedelung anfallenden Aufgaben.

Ein externes „Projektmanagement Nutzer“ ist als Stabsstelle der für die Gebäudebesiedelung zuständigen Projektleitung zuzuordnen.

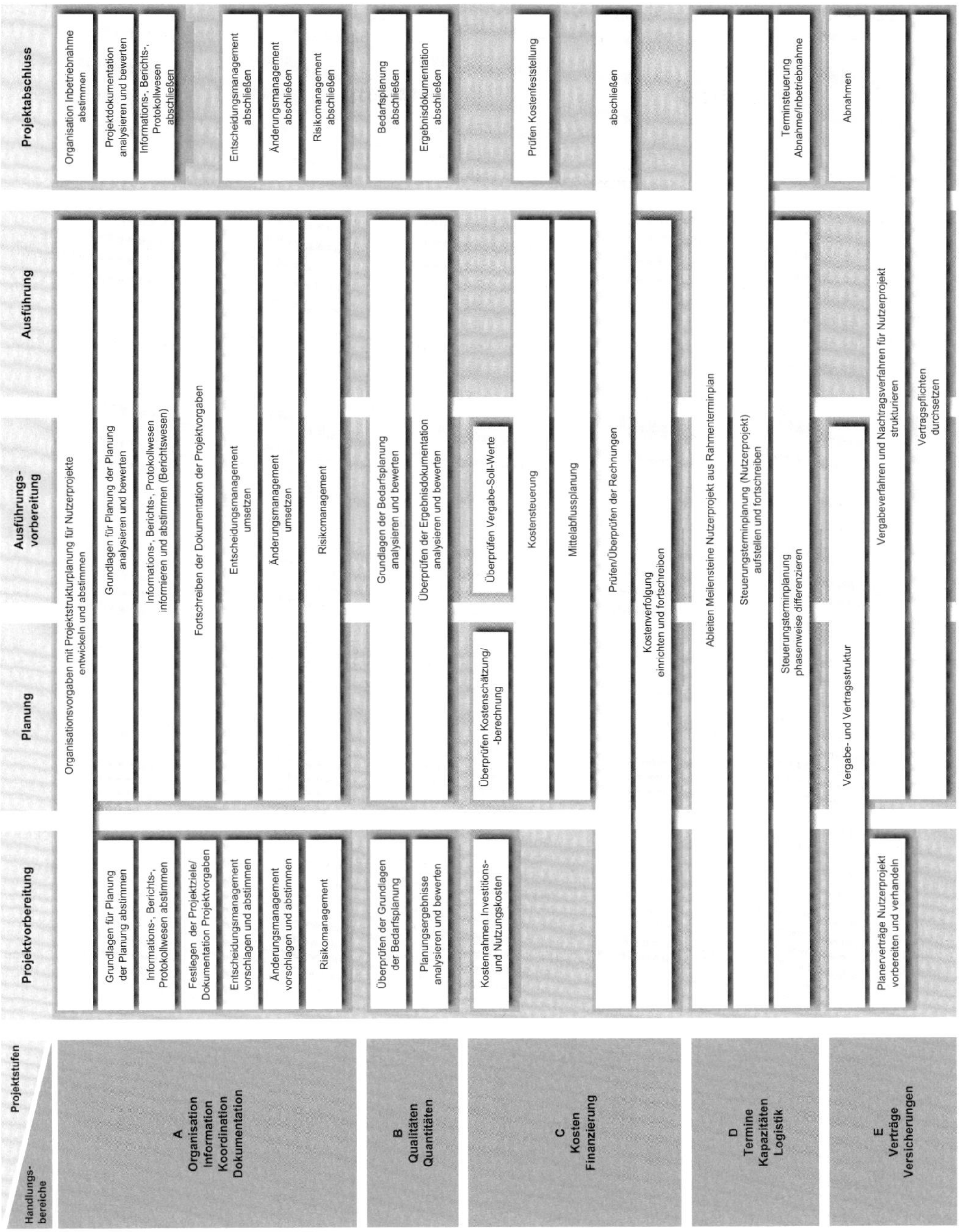

Bild 3: AHO-Handlungsbereiche Nutzerprojektmanagement

Leistungsbild Nutzerprojektmanagement

Grundleistungen

1. Nutzerseitige Projektvorbereitung

A Organisation, Information, Koordination und Dokumentation (übrige Handlungsbereiche einbeziehend)

1 Entwickeln, Abstimmen und Dokumentieren der projektspezifischen Organisationsvorgaben für das Nutzerprojektmanagement in Koordination mit den bestehenden Organisationsvorgaben für das Projektmanagement

2 Entwickeln und Abstimmen der Grundlagen für die Planung der Planung

3 Mitwirken bei der Festlegung der nutzerspezifischen Projektziele und der Dokumentation der Projektvorgaben

4 Vorschlagen und Abstimmen der nutzerspezifischen Kommunikationsstruktur, des Informations-, Berichts- und Protokollwesens

5 Vorschlagen und Abstimmen des Entscheidungsmanagements in Anlehnung an die bestehenden Vorgaben

6 Vorschlagen und Abstimmen des Änderungsmanagements in Anlehnung an die bestehenden Vorgaben

7 Mitwirken beim Risikomanagement

B Qualitäten und Quantitäten

1 Überprüfen der bestehenden Grundlagen zur nutzerseitigen Bedarfsplanung auf Vollständigkeit und Plausibilität

2 Überprüfen der Ergebnisse der Grundlagenermittlung der nutzerseitigen Planungsbeteiligten

C Kosten und Finanzierung

1 Mitwirken bei der Erstellung des Kostenrahmens für die nutzerseitigen Investitionskosten

2 Erstellung von Wirtschaftlichkeitsberechnungen für Variantenbetrachtungen des Nutzerprojekts

3 Prüfen und Freigabevorschläge bzgl. der Rechnungen der nutzerseitigen Planungsbeteiligten (außer bauausführenden Unternehmen) zur Zahlung

4 Abstimmen und Einrichten der projektspezifischen Kostenverfolgung für das Nutzerprojekt sowie Koordination und Integration in die projektspezifische Kostenverfolgung des Projektmanagements

D Termine, Kapazitäten und Logistik

1 Ableiten der Meilensteine für das Nutzerprojekt auf Basis des Terminrahmens des Projektmanagers

2 Aufstellen und Abstimmen des Steuerungsterminplans für das gesamte Nutzerprojekt

3 Erfassen logistischer Einflussgrößen unter Berücksichtigung der projektspezifischen Randbedingungen

E Verträge und Versicherungen

1 Mitwirken bei der Erstellung einer Vergabe- und Vertragsstruktur für das gesamte Nutzerprojekt

2 Vorbereiten und Abstimmen der Inhalte der nutzerseitigen Planerverträge

3 Mitwirken bei der Auswahl der nutzerseitig zu Beteiligenden, bei Verhandlungen und Vorbereitungen der Beauftragungen

4 Vorschlagen der Vertragstermine und -fristen für die Planerverträge, Mitwirken bei der Erstellung eines Versicherungskonzepts für das Nutzerprojekt in Ableitung des bestehenden Konzepts für Gesamtprojekt

2. Nutzerseitige Planung

A Organisation, Information, Koordination und Dokumentation übrige Handlungsbereiche einbeziehend)

1 Fortschreiben der nutzerprojektspezifischen Organisationsvorgaben

2 Analysieren und Bewerten der Planungsprozesse im Nutzerprojekt auf Konformität mit den vorgegebenen Projektzielen

3 Umsetzen des Entscheidungsmanagements in Abstimmung mit dem Projektmanagement, Erstellen von Entscheidungsvorlagen

4 Umsetzen des Änderungsmanagements in Abstimmung mit dem Projektmanagement

5 Analysieren und Bewerten der Koordinationsleistungen der nutzerseitigen Planer

6 Mitwirken beim Risikomanagement

7 Mitwirken bei der Herbeiführung der behördlichen Genehmigungen

8 Vorbereiten, Durchführen und Dokumentieren von Abstimmungsgesprächen mit allen nutzerseitig beteiligten Arbeitskreisen, Planungsbeteiligten etc.

9 Definition und Koordination der Schnittstellen (Schnittstellenkatalog) zwischen Nutzer- und Bauprojekt

B Qualitäten und Quantitäten

1 Laufendes Analysieren und Bewerten der Leistungen der Planungsbeteiligten

2 Steuern der Planung der Bemusterungen

3 Überprüfen der Ergebnisdokumentation der Planungsbeteiligten zu den einzelnen Leistungsphasen der Planung

4 Organisation des Freigabeverfahrens des Plans baulicher Maßnahmen sowie Überprüfung des Koordinations- und Planungsergebnisses

C Kosten und Finanzierung

1 Überprüfen der Kostenschätzung/-berechnung der nutzerseitigen Fachplaner sowie Veranlassen erforderlicher Anpassungsmaßnahmen

2 Kostensteuerung zur Einhaltung der nutzerseitigen Kostenziele

3 Planen von Mittelbedarf und Mittelabfluss des Nutzerprojekts

4 Prüfen und Freigabevorschläge bzgl. der Rechnungen der nutzerseitigen Planungsbeteiligten zur Zahlung

5 Fortschreiben der projektspezifischen Kostenverfolgung zum Nutzerprojekt (kontinuierlich)

D Termine, Kapazitäten und Logistik

1 Terminieren und Terminkontrolle der Erledigung der Aufgabenpakete aus den Arbeitskreisen

2 Fortschreiben des Steuerungsterminplans für das Nutzerprojekt unter Berücksichtigung der Terminpläne der Planungsbeteiligten für den Planungs- und Bauablauf

3 Terminsteuerung der Planung einschließlich Analyse und Bewerten der Terminfortschreibungen der Planungsbeteiligten

4 Abstimmen der Grobablaufplanung für die Inbetriebnahme/Übergabe/Umzug

5 Abstimmen der Grobablaufplanung für die Räumung der Altobjekte entsprechend der Ablaufplanungen für Inbetriebnahme, Übergabe sowie Ein-/Umzug

E Verträge und Versicherungen

1 Mitwirken bei der Durchsetzung von Vertragspflichten gegenüber den Beteiligten

2 Mitwirken bei der Umsetzung des Versicherungskonzepts für die nutzerseitig Projektbeteiligten

3. Nutzerseitige Ausführungsvorbereitung

A Organisation, Information, Koordination und Dokumentation (übrige Handlungsbereiche einbeziehend)

1 Fortschreiben der nutzerprojektspezifischen Organisationsvorgaben

2 Analysieren und Bewerten der Planungsprozesse im Nutzerprojekt auf Konformität mit den vorgegebenen Projektzielen

3 Umsetzen des Entscheidungsmanagements in Abstimmung mit dem Projektmanagement

4 Umsetzen des Änderungsmanagements in Abstimmung mit dem Projektmanagement

5 Analysieren und Bewerten der Koordinationsleistungen der nutzerseitigen Planer

6 Mitwirken beim Risikomanagement

7 Mitwirken bei der Herbeiführung der behördlichen Genehmigungen

8 Vorbereiten, Durchführen und Dokumentieren von Abstimmungsgesprächen mit allen nutzerseitig beteiligten Arbeitskreisen, Planungsbeteiligten etc.

9 Definition und Koordination der Schnittstellen (Schnittstellenkatalog) zwischen Nutzer- und Bauprojekt

B Qualitäten und Quantitäten

1 Laufendes Analysieren und Bewerten der Leistungen der Planungsbeteiligten

2 Steuern der Planung der Bemusterungen

3 Überprüfen der Ergebnisdokumentation der Planungsbeteiligten zu den einzelnen Leistungsphasen der Planung

4 Organisation des Freigabeverfahrens des Plans baulicher Maßnahmen sowie Überprüfung des Koordinations- und Planungsergebnisses

C Kosten und Finanzierung

1 Überprüfen der Kostenschätzung/-berechnung der nutzerseitigen Fachplaner sowie Veranlassen erforderlicher Anpassungsmaßnahmen

2 Kostensteuerung zur Einhaltung der nutzerseitigen Kostenziele

3 Planen von Mittelbedarf und Mittelabfluss des Nutzerprojekts

4 Prüfen und Freigabevorschläge bzgl. der Rechnungen der nutzerseitigen Planungsbeteiligten zur Zahlung

5 Fortschreiben der projektspezifischen Kostenverfolgung zum Nutzerprojekt (kontinuierlich)

D Termine, Kapazitäten und Logistik

1 Terminieren und Terminkontrolle der Erledigung der Aufgabenpakete aus den Arbeitskreisen

2 Fortschreiben des Steuerungsterminplans für das Nutzerprojekt unter Berücksichtigung der Terminpläne der Planungsbeteiligten für den Planungs- und Bauablauf

3 Terminsteuerung der Planung einschließlich Analyse und Bewerten der Terminfortschreibungen der Planungsbeteiligten

4 Abstimmen der Grobablaufplanung für die Inbetriebnahme/Übergabe/Umzug

5 Abstimmen der Grobablaufplanung für die Räumung der Altobjekte entsprechend der Ablaufplanungen für Inbetriebnahme, Übergabe sowie Ein-/Umzug

E Verträge und Versicherungen

1 Mitwirken bei der Durchsetzung von Vertragspflichten gegenüber den Beteiligten

2 Mitwirken bei der Umsetzung des Versicherungskonzepts für die nutzerseitig Projektbeteiligten

4. Nutzerseitige Ausführung

A Organisation, Information, Koordination und Dokumentation (handlungsbereichsübergreifend)

1 Fortschreiben der nutzerprojektspezifischen Organisationsvorgaben

2 Analysieren und Bewerten der Planungsprozesse im Nutzerprojekt auf Konformität mit den vorgegebenen Projektzielen

3 Umsetzen des Entscheidungsmanagements in Abstimmung mit dem Projektmanagement

4 Umsetzen des Änderungsmanagements in Abstimmung mit dem Projektmanagement

5 Analysieren und Bewerten der Koordinationsleistungen der nutzerseitigen Planer

6 Mitwirken beim Risikomanagement

7 Mitwirken bei der Herbeiführung der behördlichen Genehmigungen

8 Vorbereiten, Durchführen und Dokumentieren von Abstimmungsgesprächen mit allen nutzerseitig beteiligten Arbeitskreisen, Planungsbeteiligten etc.

9 Koordination der Schnittstellen zwischen Nutzer- und Bauprojekt

B Qualitäten und Quantitäten

1 Laufendes Analysieren und Bewerten der Leistungen der Planungsbeteiligten

2 Steuern der Planung der Bemusterungen

3 Überprüfen der Ergebnisdokumentation der Planungsbeteiligten zu den einzelnen Leistungsphasen der Planung

4 Organisation des Freigabeverfahrens des Plans baulicher Maßnahmen sowie Überprüfung des Koordinations- und Planungsergebnisses

C Kosten und Finanzierung

1 Überprüfung der Kostenschätzung/-berechnung der nutzerseitigen Fachplaner sowie Veranlassen erforderlicher Anpassungsmaßnahmen

2 Kostensteuerung zur Einhaltung der nutzerseitigen Kostenziele

3 Planen von Mittelbedarf und Mittelabfluss des Nutzerprojekts

4 Prüfen und Freigabevorschläge bzgl. der Rechnungen der nutzerseitigen Planungsbeteiligten zur Zahlung

5 Fortschreiben der projektspezifischen Kostenverfolgung zum Nutzerprojekt (kontinuierlich)

D Termine, Kapazitäten und Logistik

1 Terminieren und Terminkontrolle der Erledigung der Aufgabenpakete aus den Arbeitskreisen

2 Fortschreiben des Steuerungsterminplans für das Nutzerprojekt unter Berücksichtigung der Terminpläne der Planungsbeteiligten für den Planungs- und Bauablauf

3 Terminsteuerung der Planung einschließlich Analyse und Bewerten der Terminfortschreibungen der Planungsbeteiligten

4 Abstimmen der Grobablaufplanung für die Inbetriebnahme/Übergabe/Umzug

5 Abstimmen der Grobablaufplanung für die Räumung der Altobjekte entsprechend der Ablaufplanungen für Inbetriebnahme, Übergabe sowie Ein-/Umzug

E Verträge und Versicherungen

1 Mitwirken bei der Durchsetzung von Vertragspflichten gegenüber den Beteiligten

2 Mitwirken bei der Umsetzung des Versicherungskonzepts für die nutzerseitig Projektbeteiligten

5. Projektabschluss

A Organisation, Information, Koordination und Dokumentation (übrige Handlungsbereiche einbeziehend)

1 Mitwirken bei der organisatorischen und administrativen Konzeption und bei der Durchführung der Übergabe/Übernahme bzw. Inbetriebnahme/Nutzung

2 Veranlassen der systematischen Zusammenstellung und Archivierung der Projektdokumentation

3 Überprüfen der Zusammenstellung der Dokumentationsunterlagen durch die Planungsbeteiligten

4 Abschließen des Entscheidungs-/Änderungs- und Risikomanagements

B Qualitäten und Quantitäten

1 Analysieren und Bewerten der Auflistung der Verjährungsfristen für Mängelansprüche

C Kosten und Finanzierung

1 Überprüfen der Kostenfeststellung der nutzerseitigen Planer

2 Prüfen und Freigabevorschläge bzgl. der Rechnungen der Planungsbeteiligten und sonstigen Projektbeteiligten zur Zahlung

3 Überprüfen der und Freigabevorschläge bzgl. der Rechnungsprüfung der Objektüberwachung zur Zahlung an ausführende Unternehmen

4 Überprüfen der Leistungen der Planungsbeteiligten bei der Freigabe von Sicherheitsleistungen

5 Abschließen der projektspezifischen Kostenverfolgung für das Nutzerprojekt

D Termine, Kapazitäten und Logistik

1 Steuern der Inbetriebnahme, Abnahme und Übergabe

E Verträge und Versicherungen

1 Mitwirken bei der rechtsgeschäftlichen Abnahme der nutzerseitigen Planungsleistungen

11.5 Kommentar

Die nachfolgende Kommentierung der Leistungen orientiert sich an den Erläuterungen zu den Projektmanagementleistungen gemäß AHO-Heft Nr. 9.

11.5.1 Nutzerseitige Projektvorbereitung

A Organisation, Information, Koordination und Dokumentation

11.5.1.A1 Entwickeln, Abstimmen und Dokumentieren der projektspezifischen Organisationsvorgaben für das Nutzerprojektmanagement in Koordination mit den bestehenden Organisationsvorgaben für das Projektmanagement

Dem Projektsteurer für das Gesamtprojekt obliegt unmittelbar nach seiner Einschaltung die Entwicklung und Abstimmung der Organisationsvorgaben. Der Nutzerprojektmanager, nachfolgend als AN bezeichnet, erstellt die für das Nutzerprojekt relevanten Vorgaben, stimmt diese sowohl mit den ansprechenden Stellen des Nutzers als auch des Projektsteuerers ab und übergibt die relevanten Vorgaben zur Integration an den Projektmanager. Dies betrifft ein Organigramm bezüglich der nutzerrelevanten Ansprechpartner und die Schnittstellen zu den projektbezogenen Ansprechpartnern, die Entwicklung der Projektstruktur für das Nutzerprojekt sowie die Aufgabenaufteilung zwischen den nutzerrelevanten Verantwortlichen. In aller Regel gelten die für das Bauprojekt erstellten Vorgaben ebenso für das Nutzerprojekt, z.B. Anforderungen an die Planerstellung und Bestandsdokumentation, Kostenplanung und -struktur, Vergabestrategie/Vergabeverfahren, Abrechnungsverfahren sowie Projektkommunikationssystem.

11.5.1.A2 Entwickeln und Abstimmen der Grundlagen für die Planung der Planung

Analog den Regeln zum Bauprojekt müssen die Grundlagen für die Planung, Planumläufe für die einzelnen Leistungsphasen der Planung, in Organisationsvorgaben dokumentiert werden. Des Weiteren erstellt der AN einen geeignet strukturierten Steuerungsterminplan für die einzelnen Planungsphasen unter Berücksichtigung des Terminplans des Projektsteuerers bzw. des Objektplaners für Planung und Bau. Des Weiteren sind sorgfältig die Abstimmungsprozesse zwischen Objektplanern/Fachplanern und Bauherr in den Organisationvorgaben zu dokumentieren.

11.5.1.A3 Mitwirken bei der Festlegung der nutzerspezifischen Projektziele und der Dokumentation der Projektvorgaben

Im Rahmen der Projektentwicklung wird das Bau- bzw. Raumprogramm auch im Hinblick auf das Nutzerprojekt bereits definiert sein. Dies betrifft neben der Definition der Anforderungen an Betriebsflächen und -räume sowie Betriebsbereiche auch das Ausstattungsprogramm mit Betriebs- und Gebäudetechnik sowie Einrichtungen mit Maschinen, Geräten und Inventar. Diese Grundlage, in die der Nutzer bereits in der Bedarfsplanung eingebunden sein sollte, ist nun Ausgangspunkt für die Schaffung von belastbaren Grundlagen für die Planung, Ausschreibung und Bauausführung zur Umsetzung der Bedarfsanforderung des Nutzers.

11.5.1.A4 Vorschlagen und Abstimmen der nutzerspezifischen Kommunikationsstruktur, des Informations-, Berichts- und Protokollwesens und Abstimmen der nutzerspezifischen Kommunikationsstruktur

Der Vorschlag zur Kommunikationsstruktur sowie des Berichtswesens ist Aufgabe des Projektsteuerers.

Durch laufende Information und Abstimmung mit dem Auftraggeber soll sichergestellt werden, dass der Auftraggeber stets über den aktuellen Stand des Projekts und die voraussichtliche Entwicklung informiert ist.

Der AN wird für das Nutzerprojekt die erforderlichen Kommunikationsstrukturen abstimmen und in die Organisationsvorgaben integrieren.

In aller Regel wird der Nutzer eine ganze Reihe an Arbeitskreisen eingerichtet haben, die über geeignete Schnittstellen zur Kommunikationsstruktur des Bauprojekts verfügen. Analog gilt das für das Berichtswesen, welches je nach Konstellation in dem Bericht des Projektsteuerers integriert oder als eigenständiges Berichtswesen den relevanten Entscheidungsträgern vorgestellt wird.

11.5.1.A5 Vorschlagen und Abstimmen des Entscheidungsmanagements in Anlehnung an die bestehenden Vorgaben

In allen Phasen des Planens und Realisierens eines Projekts finden Entscheidungsprozesse statt. Analog zum Projektsteuerer für den Bau wird der AN für die Nutzer ein analoges Entscheidungsmanagement abstimmen, das im Grundsatz ähnlich oder analog aufgebaut ist. Das betrifft den Entscheidungsablauf, die Entscheidungsvorlagen mit erforderlichen Dokumentationen sowie eine chronologische Liste der Entscheidungen, die sich jederzeit chronologisch am Projektverlauf nachvollziehen lässt.

11.5.1.A6 Vorschlagen und Abstimmen des Änderungsmanagements in Anlehnung an die bestehenden Vorgaben

Der Projektsteuerer hat die Aufgabe, ein Änderungsmanagement für alle Projektbeteiligten vorzuschlagen und abzustimmen. Der Nutzer wird sich als Projektbeteiligter in diese Vorgaben einbinden lassen müssen. Da das Bauprojekt mit dem Nutzerprojekt physische Schnittstellen zwischen nutzerseitigen Bauleistungen und dem Bauwerk selbst hat, müssen diese rechtzeitig und eindeutig zwischen dem Nutzerprojektmanager und dem Projektsteuerer für das Gesamtprojekt abgestimmt werden.

Analog gilt dies für kommunikative Schnittstellen, an denen bestimmte Informationen wechselseitig zwischen Bau- und Nutzerprojekt ausgetauscht werden müssen.

11.5.1.A7 Mitwirken beim Risikomanagement

Der Projektsteuerer für das Gesamtprojekt wird ein Risikomanagement mit dem Investor abstimmen und implementieren. Dabei wird je nach Konstellation der Nutzer mit seinem Nutzerprojekt eingebunden sein, da die einwandfreie Inbetriebnahme eines Projekts letztlich auch von der Funktion und Mängelfreiheit des Nutzerprojekts abhängig ist.

Falls der Nutzer von der Organisation des Bauherrn vollständig getrennt ist, ist ein eigenständiges Risikomanagement für den Bereich des Nutzers abzustimmen und zu implementieren.

B Qualitäten und Quantitäten

11.5.1.B1 Überprüfen der bestehenden Grundlagen zur nutzerseitigen Bedarfsplanung auf Vollständigkeit und Plausibilität

Der AN wird bei Arbeitsaufnahme die Bedarfsplanung des Nutzerprojekts auf Vollständigkeit und Plausibilität überprüfen. Diese Überprüfung besteht in der Analyse der vorgefundenen Projektgrundlagen, das Aufzeigen von Lücken und Plausibilitäten und eventuellen Fehlern.

11.5.1.B2 Überprüfen der Ergebnisse der Grundlagenermittlung der nutzerseitigen Planungsbeteiligten

Die Ergebnisse der Grundlagenermittlung sind vom AN zu analysieren. Sinnvoll ist die Abklärung von Unklarheiten oder das Treffen von notwendigen Grundsatzentscheidungen, um die anschließende Vorplanung ungestört erbringen zu können.

C Kosten und Finanzierung

11.5.1.C1 Mitwirken bei der Erstellung des Kostenrahmens für die nutzerseitigen Investitionskosten

Der Investor gibt in aller Regel ein Budget als Kostenobergrenze für das Nutzerprojekt vor. Der AN überprüft das auftraggeberseitige Budget in Abhängigkeit der vorgesehenen Bedarfsplanung und des beabsichtigten Qualitätsstandards. Des Weiteren ist in dieser Phase abzuwägen, in welcher Höhe ein Budgetansatz für noch gegebene Unschärfen im Programm zu bemessen ist.

11.5.1.C2 Prüfen und Freigabevorschläge bzgl. der Rechnungen der nutzerseitigen Planungsbeteiligten (außer bauausführenden Unternehmen) zur Zahlung

Ohne Erläuterung

11.5.1.C3 Abstimmen und Einrichten der projektspezifischen Kostenverfolgung für das Nutzerprojekt sowie Koordination und Integration in die projektspezifische Kostenverfolgung des Projektmanagements

Ziel der projektspezifischen Kostenverfolgung ist die aktuelle Auskunftsbereitschaft über die Entwicklung des Budgets, die Auftrags- und Abrechnungssummen, Kostenüber- bzw. -unterschreitungen sowie die Einhaltung der Kostenziele. Der Projektsteuerer für das Gesamtprojekt wird eine Kostenverfolgung abgestimmt und für die Baugewerke eingerichtet haben. Die Kostenverfolgung des Nutzers orientiert sich entweder an diesen Vorgaben und führt die Kostendaten in analoger Form oder es wird eine eigenständige Struktur in der Führung dieser relevanten Daten vorgegeben. Unabhängig von der Konstellation ist wichtig, dass die Schnittstellen zwischen diesen Kostenverfolgungen hinreichend abgestimmt sind. Dies betrifft sowohl konkrete Leistungen mit den erforderlichen Abgrenzungen als auch die stichtagsbezogenen Abgrenzungen der Kostenverfolgung für die Berichterstellung.

D Termine, Kapazitäten und Logistik

11.5.1.D1 Ableiten der Meilensteine für das Nutzerprojekt auf Basis des Terminrahmens des Projektmanagers

Der Projektmanager bzw. der Objektplaner wird einen Terminplan für das Gesamtprojekt konzipiert haben. Auf dieser Basis muss der AN seine relevanten Terminabläufe konzipieren.

In aller Regel wird der AN ausgehend von den Bauablaufterminen bis zur baulichen Fertigstellung in einer Rückwärtsrechnung ermitteln, wann die relevanten nutzerseitigen Gewerke ausgeführt sein müssen. Aus diesen baulichen Eckdaten lässt sich dann ableiten, wann Leistungen vergeben, geplant und von ihrer Anforderung definiert sein müssen. Darauf aufbauend wird das Nutzerprojekt je Planungs- bzw. Gewerke-Bereich zu strukturieren und mit dem Projektmanager für den Bau abzustimmen sein.

11.5.1.D2 Aufstellen und Abstimmen des Steuerungsterminplans für das gesamte Nutzerprojekt

Die aus dem ersten Leistungsschritt abgeleiteten Eckdaten werden anschließend in differenzierte Steuerungsterminpläne für das gesamte Nutzerprojekt überführt. Wesentlich ist dabei, dass sowohl die planerseitig eingeschalteten Beteiligten als auch die Ansprechpartner des Nutzers in diesen Festlegungen verbindlich berücksichtigt sind.

11.5.1.D3 Erfassen logistischer Einflussgrößen unter Berücksichtigung der projektspezifischen Randbedingungen

Die Berücksichtigung der spezifischen Rahmenbedingungen des Projekts im Wechselspiel zwischen Terminen und logistischen Einschränkungen obliegen dem Projektmanager für den Bau.

Der AN wird je nach Projektkonstellation gegebene logistische Einschränkungen für seine Leistungsbereiche eingrenzen und mit dem Projektmanager für das Gesamtprojekt abstimmen. Dies wird insbesondere in der Phase Inbetriebnahme, Umzug und Betriebsaufnahme der Fall sein.

E Verträge und Versicherungen

11.5.1.E1 Mitwirken bei der Erstellung einer Vergabe- und Vertragsstruktur für das gesamte Nutzerprojekt

Eine Grundsatzentscheidung im Rahmen der Projektvorbereitung ist die Frage, in welcher Vergabe- und Vertragsstruktur das Projekt abgewickelt werden soll.

Für die Planung ist zu entscheiden, ob das Projekt von einem Generalplaner oder von Einzelplanern durchgeführt werden soll. In diesem Zusammenhang ist auch bereits jetzt hierüber nachzudenken, inwiefern das Projekt in der Ausführung von einem Generalunternehmer bzw. Generalübernehmer durchgeführt werden soll. Je nach gewählter Unternehmenseinsatzform ist die Schnittstelle der Ausführung im Verhältnis zur Planung unterschiedlich und hat auch Einfluss auf die Struktur der Planerverträge.

Der AN hat den Bauherrn über die unterschiedlichen Möglichkeiten der Planereinsatzmodelle zu beraten. Er hat die Vor- und Nachteile der alternativ denkbaren Ablaufmodelle aufzuzeigen und in geeigneter Form auch die bestehenden Entscheidungskriterien des Bauherrn abzustimmen und die Entscheidung auch herbeizuführen.

Falls das Projekt in Einzelplanungsbereichen abgewickelt wird, gliedert sich die Planungsaufgabe in eine Vielzahl von einzelnen Leistungsbildern und Planungsbeteiligten analog zur HOAI. Der AN sollte vor Erstellung der Planerverträge eine klare Struktur der Einzelplanungsbereiche erstellen, damit diese eindeutig vom Auftraggeber entschieden werden kann. In diesem Zusammenhang ergibt sich bei Projekten mit besonderer Komplexität häufig das Erfordernis von über die HOAI hinausgehenden Beratungsfeldern (z.B. brandschutztechnische Beratung, abfallwirtschaftliche Beratung, Gebäudeleitsysteme, lichtplanerische Beratung, messtechnische Untersuchungen, Computervisualisierung, Facility Management-Leistungen), welches konkret zu prüfen ist.

Ebenfalls vom AN aufzubereiten ist die Frage der geeigneten Unternehmenseinsatzform für die Ausführung. In der Regel bestehen gewisse Präferenzen des Auftraggebers für die eine oder andere Unternehmenseinsatzform wie Einzelvergabe, Generalunternehmer- oder Generalübernehmereinsatz. Die Vor- und Nachteile dieser Unternehmenseinsatzformen sind vom AN konkret auf die individuellen Randbedingungen des vorliegenden Projekts darzulegen und rechtzeitig ist durch den Bauherrn zu entscheiden, obwohl die Ausführung erst in einer späteren Projektstufe relevant wird.

Das Ziel des Projektmanagements ist auch die Streitvermeidung. Der AN unterstützt den Auftraggeber daher beim Implementieren sachgerechter Formen der außergerichtlichen Konfliktschlichtung.

11.5.1.E2 Vorbereiten und Abstimmen der Inhalte der nutzerseitigen Planerverträge

Zur Vorbereitung der Beauftragung der zu beteiligenden Objekt- und Fachplaner hat der AN die Verträge mit Leistungsbildern und Honoraren auf der Basis der vorangegangenen Auswahlverfahren und unter Einbindung eines sachkundigen Juristen vorzubereiten. Zielsetzung ist es,

- die Vertragsgrundlagen, -bestandteile und -bedingungen im Hinblick auf die Projektziele so weit wie möglich eindeutig und erschöpfend zu beschreiben,
- in den Vertragsbedingungen auf vertragsrechtlich eindeutige Regelungen zwischen dem Auftraggeber und den Planungsbeteiligten hinsichtlich Leistungsinhalt, vertraglichen Umfang und Honorar hinzuwirken sowie Widersprüchlichkeit zu vermeiden,
- die einzelnen Beauftragungen so zu koordinieren, dass weder Überschneidungen noch Lücken in der Leistungszuordnung entstehen und damit
- Unklarheiten oder Ungenauigkeiten in den Verträgen von Anfang an entgegenzuwirken.

Zur Bearbeitung sind die aktuellen Vorschriften, Normen, Gesetzestexte und Regelwerke wie HOAI, Vertragsmuster (z.B. der RBBau inkl. der Allgemeinen Vertragsbedingungen oder von Juristen geprüfte Vertragsmuster) und Vergabevorschriften des Auftraggebers zu berücksichtigen.

Bei der Vorbereitung der einzelnen Vertragsentwürfe sind ggf. vorhandene Vertragsmuster für den konkreten Anwendungsfall zu modifizieren. Dabei ist darauf zu achten, dass unklare Formulierungen und Vereinbarungen, die im Rahmen der Vertragserfüllung zu Auslegungsschwierigkeiten führen können, vermieden werden.

Besondere Aufmerksamkeit verdienen auch die Fragen der phasenweisen Trennung von Planerleistungen, z.B. Beauftragung der Leistungsphasen 1 bis 5 an den Planer 1 und der Leistungsphasen 6 bis 9 an den Planer 2. Die hieraus resultierenden technischen und wirtschaftlichen Schnittstellenprobleme müssen im Einzelfall vom Auftraggeber abgewogen und entschieden werden.

Eine weitere Aufgabe des AN liegt in der Klärung der Frage, welche Leistungen die fachlich Beteiligten bei der Nutzungskostenplanung in den weiteren Planungsphasen zu erbringen haben.

11.5.1.E3 Mitwirken bei der Auswahl der nutzerseitig zu Beteiligenden, bei Verhandlungen und Vorbereitungen der Beauftragungen

Die Auswahl der zu Beteiligenden erstreckt sich in der Phase der Projektvorbereitung vorrangig auf die künftigen Planer, Berater und Gutachter.

Für die Bearbeitung sind zunächst die Eignungs-/Bewerbungs- und Zuschlagskriterien mit dem Auftraggeber abzustimmen, ggf. Teilnahmewettbewerbe zu veranstalten und Unterlagen zur Überprüfung der Fachkunde, Erfahrung, Leistungsfähigkeit und Zuverlässigkeit anzufordern.

Nach Erhalt und Auswertung der erforderlichen Unterlagen und Informationen sind mit denjenigen Planern, die für die jeweilige Aufgabenstellung geeignet erscheinen, Verhandlungsgespräche zu organisieren. Es ist zu empfehlen, die Ergebnisse hieraus einer Nutzwertanalyse zu unterziehen unter Verwendung von projektspezifisch gewichteten Kriterienkatalogen, um das wirtschaftlichste Angebot zu ermitteln. Dabei sind Erwartungswerte an die Erfüllung der Teilziele festzulegen und die Erfüllung ist von dem jeweiligen Bewerber abzufragen.

Sofern bei öffentlichen Auftraggebern VOF-Verfahren durchgeführt werden müssen, entsteht ein erheblicher zusätzlicher Aufwand für die formale Betreuung der Verfahren. Hierzu zählen z.B.:

- Erstellung der Bekanntmachung und Veröffentlichung im EU-Amtsblatt,
- formale Eignungsprüfung,
- Leitung der Vergabeverhandlung,
- Erstellung und Abstimmung von Einzelmitschriften,
- Beantwortung von Bieterfragen, Rügen, Einsprüchen,
- Führen des Vergabevermerks,
- Information gemäß § 101a GWB,
- Bekanntmachung der Vergabe.

Diese Leistungen werden i.d.R. durch Sonderfachleute erbracht. Der AN koordiniert und kontrolliert dann diese Sonderfachleute. Sofern diese Leistungen beim AN abgerufen werden, sind sie als Besondere Leistungen zusätzlich zu vergüten.

11.5.1.E4 Vorschlagen der Vertragstermine und -fristen für die Planerverträge, Mitwirken bei der Erstellung eines Versicherungskonzepts für das Nutzerprojekt in Ableitung des bestehenden Konzepts für Gesamtprojekt

Den Planerverträgen ist ein geeigneter Terminplan beizufügen, der die für die Planungsleistungen relevanten Vertragstermine und -fristen beinhaltet. Da zum Zeitpunkt der Planerauswahl die Terminstrukturierung i.d.R. noch nicht im Detail vorliegen kann, sind diese Vereinbarungen in der Formulierung geeignet abzufassen (z.B. Nennung des voraussichtlichen Planungszeitraums und verbindlicher Bearbeitungsfristen innerhalb dieses Zeitraums).

11.5.2 Nutzerseitige Planung

Die Leistungen des AN im Rahmen dieser Projektstufe orientieren sich im Wesentlichen an den Kommentierungen zu den Projektsteuerungsleistungen gemäß AHO-Heft Nr. 9.

Schnittstellen ergeben sich bei den Leistungen im Handlungsbereich Termine, Kapazitäten und Logistik zum Projektmanager für das Gesamtprojekt oder ggf. zu eingeschalteten Sonderfachleuten für Inbetriebnahmemanagement.

In diesem Falle gibt es Schnittstellen zwischen den Leistungen des Inbetriebnahmemanagements und den weiteren Projektbeteiligten, die leistungstechnisch entsprechend abzustimmen sind.

Der AN wird die Grobablaufplanung für die Inbetriebnahme/Übergabe/Nutzer mit den Beteiligten abstimmen und die nutzerrelevanten Belange dort einbringen.

11.5.3 Nutzerseitige Ausführungsvorbereitung

Die Leistungen orientieren sich an den Leistungen der Projektsteuerung gemäß Kommentierung in AHO-Heft Nr. 9.

11.5.4 Nutzerseitige Ausführung

Im Leistungsbild des AN nicht beinhaltet ist die Objektüberwachung in der Ausführung der Gewerke gemäß § 34 Nr. 8 HOAI. Diese Leistung wird von den Planungsbeteiligten der relevanten Gewerke erbracht. Im anderen Falle müsste dies gesondert bei dem hier vorliegenden Leistungsbild berücksichtigt werden.

Die Leistung selbst und die Kommentierung orientieren sich an den Leistungen der Projektsteuerung gemäß AHO-Heft Nr. 9.

11.5.5 Projektabschluss

In dieser Phase erfolgt die Inbetriebnahme, Abnahme und Übergabe des Bau- und Nutzerprojekts an die relevanten Stellen.

Die Leistungen orientieren sich an den Leistungen der Projektsteuerung gemäß Kommentierung in AHO-Heft Nr. 9.

11.6 Honorierung

Die Honorierung erfolgt nach Zeitaufwand; siehe dazu die Honorarempfehlung der AHO-Fachkommission „Projektsteuerung/Projektmanagement" (Heft Nr. 9, 4. Aufl. 2014, dort § 9). Den Vertragsparteien steht es frei, Pauschalhonorarvereinbarungen zu treffen oder ergänzend zu den zeit- oder pauschalbezogenen Honorierungen Erfolgskomponenten festzulegen.

Der Aufwand des Nutzerprojektmanagements ist von den Schnittstellen zwischen Projektleitung Bau, Projektleitung Nutzer sowie der Struktur und Einbindung in die Nutzerarbeitskreise abhängig. Des Weiteren bestimmt sich der Aufwand in Abhängigkeit der Leistungskonstellation zwischen Projektsteuerung für den Bau und Projektsteuerung des Nutzers. Bei Identität zwischen Projektsteuerer für den Bau und den Nutzer ist der Aufwand tendenziell geringer. Wenn die Interessenlage dies verbietet, entsteht für den Projektsteuerer des Nutzers in aller Regel ein höherer Aufwand.

12 Leistungen der Mieterkoordination bei Handelsimmobilien

Prof. Dr.-Ing. N. Preuß / Dipl.-Ing. B. Schmidt-Waechter

12.1 Definition

Die nachfolgend dargestellten Leistungen der Mieterkoordination bei Handelsimmobilien stellen eine spezialisierte Form des Nutzerprojektmanagements dar, die insbesondere bei Einkaufszentren erbracht werden müssen. Die Steuerung der Abläufe zwischen Mieter, Investor, Planungs- und Ausführungsbeteiligten erfordert spezielle Leistungen der Koordination und Information, die in dieser Ausprägung nicht in den Grundleistungen der Projektsteuerung gemäß AHO-Heft Nr. 9 beinhaltet sind.

Die Mieterkoordination bildet das kommunikative und organisatorische Bindeglied zwischen dem Vermieter, den Mietern sowie den verschiedenen Projektbeteiligten (Investor, Planer, Haustechnik- und Fachplanern, Centermanagement, Behörden und bauausführenden Unternehmen). Sämtliche technischen, kaufmännischen, gestalterischen und terminlich-organisatorischen Fragestellungen in Zusammenhang mit der Planung und Bauausführung der Leistungen des Mieterausbaus müssen geklärt und in den Planungs- und Bauablauf des Gesamtprojekts integriert werden.

Die Leistungen werden i.d.R. unter Federführung des Investors bzw. der innerhalb dieser Organisation verantwortlichen Stellen des Vermietungsmanagements erbracht. Sie beinhalten auch eine Beratungsfunktion im Hinblick auf die abzuschließenden Mietverträge und die Umsetzung der darin vereinbarten Randbedingungen im Verhältnis zu verschiedensten Beteiligten.

12.2 Anwendungsbereich

Handelsimmobilien, insbesondere in ihrer komplexesten Form als Einkaufszentren, werden mit dem Ziel geplant und gebaut, geeignete Mieter für die Einzelmietflächen zu akquirieren, die dort mit hoher Kundenfrequenz ihre Ware verkaufen. Diese Anlagen müssen so konzeptioniert werden, dass eine langfristig flexible Vermietbarkeit und eine Anpassung an Veränderungen des Marktes und der Kundenbedürfnisse gewährleistet sind.

Daraus resultieren einige Folgerungen für die konkrete Projektsteuerung dieser Projekte.

Als wesentliche Besonderheiten in der Projektsteuerung von Handelsimmobilien können folgende Punkte genannt werden:

Mieter

Die Mieter in Handelsimmobilien stehen i.d.R. zu Beginn des Projekts noch nicht fest. Sie müssen, ausgehend von der Projektentwicklung und den ersten Planungskonzepten, aktiv akquiriert werden.

Je nach erfolgreicher Akquisition der Mieter für die einzelnen Läden entstehen unterschiedliche Abwicklungsszenarien.

Da zum Zeitpunkt des Planungsbeginns häufig noch keine Mieter feststehen, ist damit zu rechnen, dass parallel zum Bau viele Mieteränderungen in die Planung und anschließend in den Bauablauf integriert werden müssen. Das bedeutet, dass die Abläufe bzgl. des Änderungsmanagements eine besondere Bedeutung erfahren.

Terminablauf

Nahezu alle Handelsimmobilien stehen in der Abwicklung unter erheblichem Termindruck. Dies hängt einerseits damit zusammen, dass eine schnelle Fertigstellung zu einem frühen Zeitpunkt Mieterlöse generiert und somit die Phase der Zwischenfinanzierung möglichst kurz gehalten wird. Ein zweiter Umstand liegt darin, dass die Eröffnung von Handelsimmobilien immer mit zwei bestimmten Zeitfenstern stattfinden sollte, nämlich vor dem Weihnachtsgeschäft oder vor dem Ostergeschäft. Damit entsteht häufig ein zusätzlicher Druck in der Abwicklung dieser Projekte.

Erreichung der Wirtschaftlichkeitsziele

Die Wirtschaftlichkeit der Projekte hängt von der Fähigkeit der Beteiligten ab, die vielen Änderungen des ursprünglichen Planungs- und Bausolls, die während der Bauzeit durch die individuellen technischen und gestalterischen Anforderungen der einzelnen Mieterkonzepte entstehen, unter technischen, terminlichen, kaufmännisch-wirtschaftlichen und gestalterischen Aspekten ohne nennenswerte Reibungsverluste in das Gesamtprojekt einzubinden. Dieses Ziel bedarf vielfältiger koordinativer Aufgaben im Projekt zwischen den Beteiligten.

Eine Mieterkoordination muss sich in diesen organisatorischen Sachverhalten im Detail auskennen und trägt damit gemeinsam mit der Projektsteuerung wesentliche Verantwortung für den reibungslosen Ablauf auf allen Arbeitsfeldern.

Termin- und Planungssteuerung

Bei Handelsimmobilien entsteht in der Bauphase, je nach Projektgröße, eine Vielzahl von Einzelbaustellen durch die einzelnen Mieter, die ihre Mietbereichsausbauten realisieren. Diese Vielzahl von Beteiligten in der Abschlussphase des Projekts führt zwangsläufig zu Störungen im Ablauf, wenn nicht eine gesamthafte, logistische Abwicklungsstrategie verbindlich definiert und durch pragmatisches Management vor Ort umgesetzt wird.

Erschwerend kommt hinzu, dass unterschiedliche Interessenlagen zwischen Mieter einerseits und Investor andererseits bestehen können:

Der Mieter möchte gerne seine Dispositionen und Entscheidungsspielräume möglichst lange erhalten. Der Investor und Mieterkoordinator muss im Interesse eines geordneten Eröffnungstermins rechtzeitig Entscheidungen für die bauliche Umsetzung haben.

Das nachfolgend dargestellte Leistungsbild berücksichtigt diese Randbedingungen und bezieht sich auf die Mieterkoordination in Wahrnehmung der Interessenlage eines Investors. Deshalb liegen die Schwerpunkte der Leistungen in der Abstimmung der planerischen und organisatorischen Vorgaben an den Mieter. Des Weiteren sorgt er für die Integration der Mieterplanungen in das Gesamtprojekt mit der Notwendigkeit der Schnittstellenkoordination zwischen Planung und Bau. Je nach organisatorischer Konzeption entwickeln die Mieter für die Shops individuelle Planungen, die den gestalterischen und technischen Ansprüchen des Projekts Rechnung tragen müssen. Des Weiteren müssen die sicherheitstechnischen Belange koordiniert und genehmigungsfähige sowie ausführbare bauliche Lösungen erarbeitet werden.

12.3 Schnittstellen zu anderen Leistungen

Die nachfolgend dargestellten Leistungen beinhalten in den Grundleistungen keine Objektplanungsleistungen sowie keine Objektüberwachungsleistungen. Des Weiteren grenzen sie sich von den originären Projektsteuerungsleistungen gemäß AHO-Heft Nr. 9 durch ihre rein mieterspezifische Ausprägung ab. Die Leistungen können auch additiv zu den Projektsteuerungsleistungen ergänzend beauftragt werden. In der Praxis ist ebenso partiell üblich, Leistungen der Mieterplanung und Objektüberwachung in den Bereich des Mieterkoordinators zu integrieren. Dies wird im nachfolgenden Leistungsbild über Besondere Leistungen ermöglicht.

12.4 Leistungsbild

Die Erbringung der Mieterkoordinationsleistungen erfolgt in der Praxis nach einem spezifischen Prozessmodell, welches je nach projektrelevanten Randbedingungen unterschiedlich abläuft.

Aus diesem Grunde wird zunächst das Prozessmodell der Mieterkoordination dargestellt und erläutert, bevor es anschließend in der Struktur der Projektstufen gemäß AHO abgebildet und beschrieben wird. Dieses Steuerungsmodell ist projektspezifisch unterschiedlich, wobei der rote Faden überwiegend wie abgebildet in der Praxis abläuft.

12.4.1 Prozessmodell Mieterkoordination

Die erforderlichen Mieterkoordinationsaufgaben bei Handelsimmobilien müssen projektindividuell je nach Projektaufbauorganisation unterschiedlich erbracht werden. Die nachfolgend dargestellten Leistungen sind prinzipiell auf alle Projektsituationen übertragbar (Bild 1).

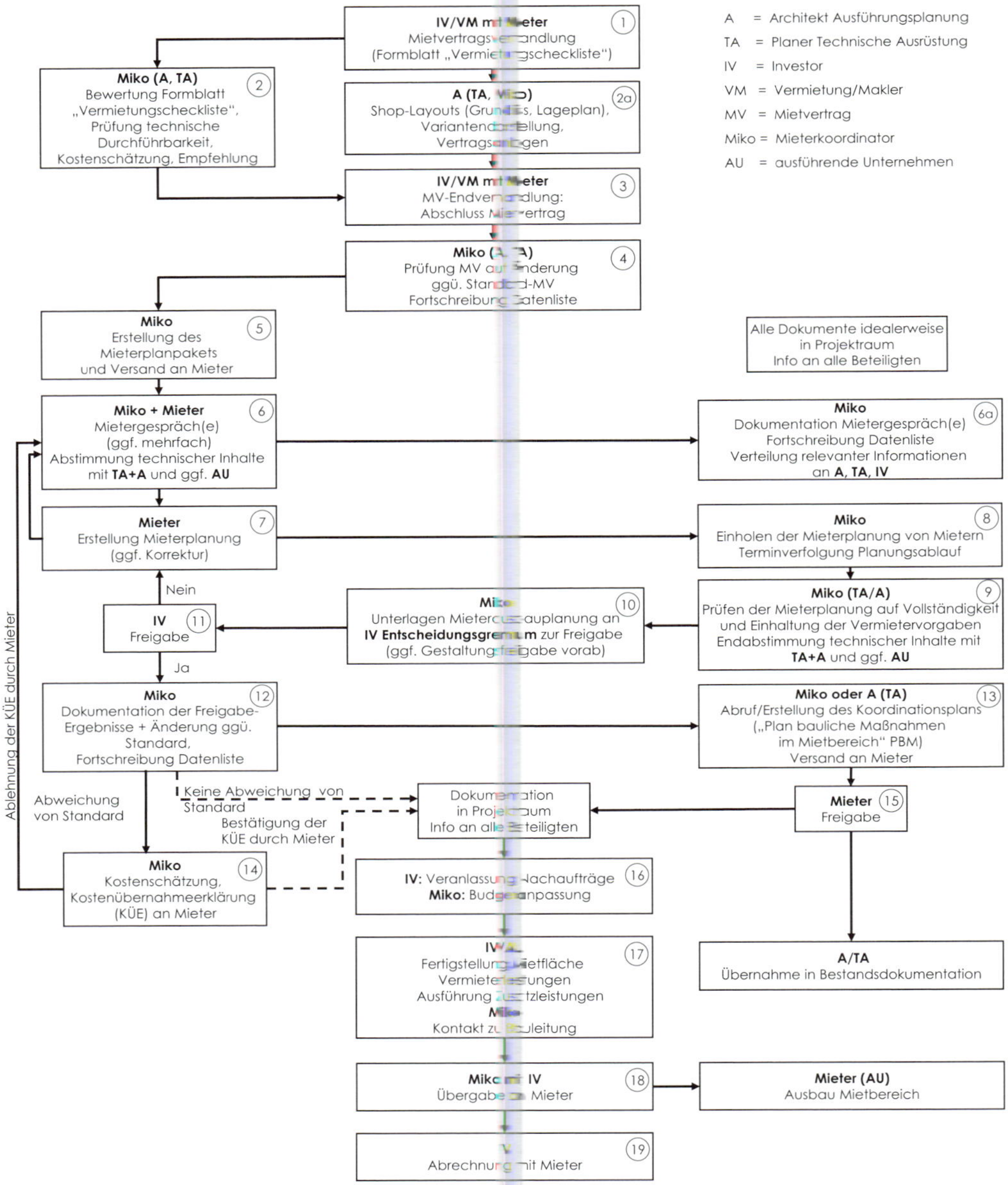

Bild 1: Strukturablauf Mieterkoordination

Auf Basis einer Standard-Vermieter-Baubeschreibung des Investors, der Mieterbaubeschreibung und der mieterspezifischen Anforderungen erfolgt die Verhandlung zwischen Investor und Mieter **(Vorgang 1)**. Bei großen Handelsimmobilien führt der Investor i.d.R. selbst die Gespräche mit den Hauptmietern, wobei zur Unterstützung auch externe Vermieter oder Makler eingesetzt werden.

Aus diesem Verhandlungsergebnis werden unter der Leitung des Mieterkoordinators mit dem Architekten und den Planern der Technischen Ausrüstung Variantendarstellungen und grundlegende Fragestellungen einer technischen und terminlichen Realisierbarkeit der Mieterwünsche geklärt **(Vorgang 2)** sowie die zusammenfassende Vermietungscheckliste bewertet. Mit dem Investor und dem Architekten werden die Mietbereichsgrenzen festgelegt und diverse Vertragsanlagen erstellt **(Vorgang 2a)**.

Auf dieser Basis wird eine Mietvertragsendverhandlung zwischen Investor und Mieter durchgeführt mit dem Ziel des Abschlusses des Mietvertrages **(Vorgang 3)**. Der Mietvertrag wird idealerweise in den Projektraum eingestellt, worauf die jeweils Zuständigen zugreifen können. Der Mieterkoordinator überprüft den abgeschlossenen Mietvertrag auf Änderungen gegenüber der Standard-Vermieter-Baubeschreibung und führt mit den Mietvertragsdaten seine Datenliste fort **(Vorgang 4)**.

Als nächster Schritt wird vom Mieterkoordinator ein sogenanntes Mieterplanpaket zusammengestellt. In diesem Mieterplanpaket sind Informationen und planerische Grundlagen enthalten, die der Mieter zur Erstellung seiner Mieterplanung benötigt. Die vermieterseitig erbrachten Leistungen werden idealerweise in einem sogenannten Standard-Mietbereichsplan dargestellt, der sich auf die Darstellung des einzelnen Mietbereichs in Grundriss, Deckenspiegel, Schnitten und Ansicht beschränkt **(Vorgang 5)**, und übergibt ihn an den Mieter.

Im Anschluss daran führt der Mieterkoordinator – evtl. unter Einbeziehung weiterer Planer oder den ausführenden Unternehmen – Abstimmungs- und Planungsgespräche (Mietergespräche) mit dem Mieter **(Vorgang 6)**. In diesem und in weiteren Gesprächen werden alle planerischen, technischen und organisatorischen Einzelheiten des Mietbereichsausbaus und der Wechselwirkungen mit dem Gesamtbauvorhaben differenziert durchgesprochen, dokumentiert und führen wiederum zur Anpassung von relevanten Daten in einer Gesamtübersicht relevanter Parameter des Mietbereichs **(Vorgang 6a)**.

Auf Basis der übergebenen Grundlagen erstellt der Mieter seine Planung **(Vorgang 7)**. Der Mieterkoordinator bleibt mit dem Mieter bzw. dessen Planer im Gespräch und macht eine Terminverfolgung der vereinbarten Eckdaten, die für jeden Mietbereich aus dem Gesamtterminrahmen heraus entwickelt werden **(Vorgang 8)**.

Die übergebene Mieterplanung wird vom Mieterkoordinator auf Vollständigkeit und Einhaltung der Mietervorgaben überprüft **(Vorgang 9)**. Das Ergebnis wird anschließend vom Investor freizugeben sein **(Vorgang 10 und 11)**. Rein gestalterische Freigaben können vorgezogen werden.

Falls die investorenseitige Prüfung negativ ist, werden die Änderungserfordernisse in einer weiteren Bearbeitungsschleife zwischen den Beteiligten umgesetzt. Falls der Investor die Mieterplanung freigibt, wird diese vom Mieterkoordinator dokumentiert und die wiederum veränderten Daten werden in geeigneter Form erfasst **(Vorgang 12)**. Ferner ruft der Mieterkoordinator den sogenannten „Plan bauliche Maßnahmen im Mietbereich" (PBM) ab **(Vorgang 13)** oder erstellt ihn selbst, in dem die Mieterplanung mit der Planung des

Gesamtobjekts in der Qualität einer Ausführungsplanung koordiniert und verschmolzen wird. Der Mieter gibt den PBM frei **(Vorgang 15)**.

In diesem Zusammenhang erfolgt auch die Überprüfung auf Einhaltung der Regelungen aus der Mieterbaubeschreibung und die in diesem Zusammenhang evtl. erforderlich werdenden Kostenübernahmeerklärungen der Mieter **(Vorgang 14)**.

Anschließend veranlasst der Mieterkoordinator die erforderlich werdenden Nachaufträge und ggf. eine Budgetanpassung **(Vorgang 16)** beim Investor. Alternativ werden die Zusatzleistungen im direkten Vertragsverhältnis zwischen Mieter und ausführenden Unternehmen ausgeführt. In diesem Fall überwacht der Mieterkoordinator die rechtzeitige Angebotslegung und Beauftragung der Zusatzleistungen.

Während der Bauausführung der vermieterseitigen Leistungen des Mietbereichsausbaus hält der Mieterkoordinator des Investors engen Kontakt mit der Bauleitung hinsichtlich der termingerechten Erbringung der Leistungen **(Vorgang 17)**. In größeren Projekten wird auf der (General-)Unternehmerseite eine Mieterkoordination auf Ausführungsseite eingerichtet, die für die technisch korrekte und termingerechte Umsetzung der Mieterwünsche verantwortlich ist.

Am Ende der Realisierung des vermieterseitigen Mietbereichsausbaus erfolgt die Übergabe des Mietbereichs an den Mieter durch den Mieterkoordinator mit dem Investor **(Vorgang 18)**. Die Mietbereichsübergabe wird in einem Übergabeprotokoll dokumentiert, das Gegenstand des Mietvertrages wird. Daher muss ein bevollmächtigter Vertreter des Investors anwesend sein.

Anschließend baut der Mieter seinen Mietbereich bis zur Eröffnung aus. In dieser Phase ist eine enge Zusammenarbeit des Mieters mit den Gewerken der Technischen Ausrüstung hinsichtlich der Endmontagen und Sachverständigenabnahmen notwendig.

Abschließend erfolgt die Abrechnung der Zusatzleistungen mit dem Mieter durch den Investor **(Vorgang 19)**.

12.4.2 Leistungsbild Mieterkoordination

Das nachfolgend dargestellte Leistungsbild der Mieterkoordination unterstellt, dass die planerischen Leistungen, die Vergabe sowie die vermieterseitigen Objektüberwachungsleistungen durch separat beauftragte Architekten/Dienstleister/Fachplaner erbracht werden.

Die zu erbringenden Leistungen stellen somit ausschließlich Koordinations- und Projektmanagementleistungen zwischen den Beteiligten dar (vgl. Bild 2).

Für andere Organisationsformen der Mieterkoordination, z.B. auf der Generalunternehmerseite oder im Rahmen von kooperativen Bauvertragsmodellen, kann das Leistungsbild entsprechend den jeweiligen Organisationserfordernissen angepasst werden.

Das nachfolgende Leistungsbild stellt die Leistungen der Mieterkoordination auf der Investorenseite dar.

Die Wahrnehmung dieses Leistungsbildes erfordert abgesichertes, inhaltliches Wissen über die baulichen und technischen Anforderungen der Mieterkonzepte, Anschlusswerte für technische Installationen, Größen von Betriebskosten, Konzeption von Ladeneinrichtungen etc. Das reine prozessorientierte Wissen der dargestellten Aufgaben der Beteiligten reicht nicht aus, um die Leistungen zufriedenstellend zu erbringen.

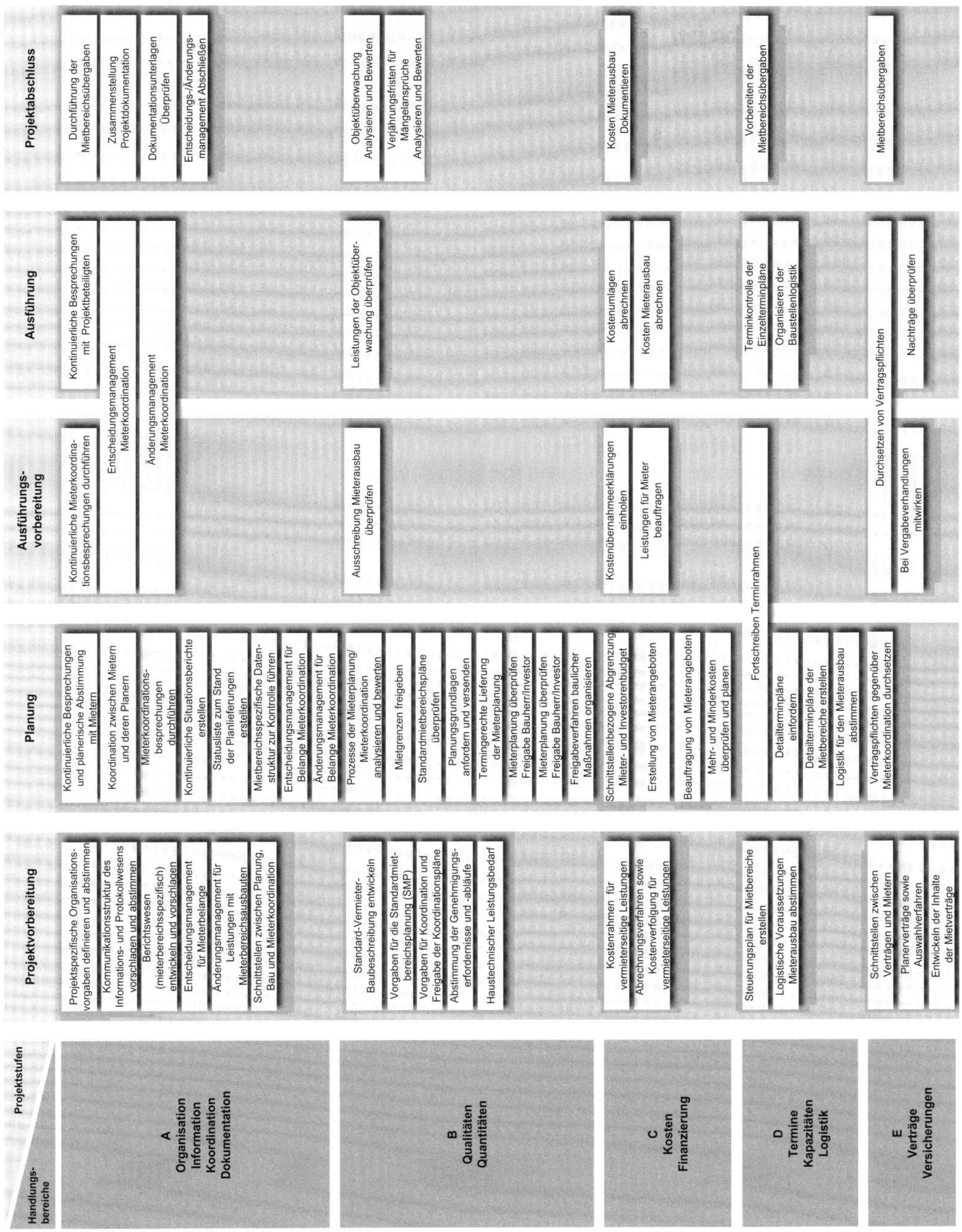

Bild 2: Prozessablauf Mieterkoordination

Regelleistungen	Zusätzliche Leistungen
1. Projektvorbereitung **A Organisation, Information, Koordination und Dokumentation (handlungsbereichsübergreifend)** 1 Definieren und Abstimmen der Projektorganisation zwischen Investor, Vermieter, Mietern, Planern sowie Ableitung projektspezifischer Organisationsvorgaben. 2 Vorschlagen und Abstimmen der Kommunikationsstruktur, des Informations- und Protokollwesens für alle mieterrelevanten Belange. 3 Entwickeln und Vorschlagen eines Berichtswesens (mietbereichsspezifisch) mit Status zu mieterrelevanten Sachverhalten. 4 Mitwirken beim Entwickeln eines Entscheidungsmanagements für Mieterbelange zwischen den Beteiligten unter Berücksichtigung der Prioritäten aus der Vermietungsstrategie. 5 Mitwirken beim Entwickeln eines Änderungsmanagements für Leistungen in Zusammenhang mit Mietbereichsausbauten und Auswirkungen auf Planung und Bau des Gesamtobjekts. 6 Definieren der Schnittstellen zwischen Planung, Bau und Mieterkoordination.	
B Qualitäten und Quantitäten 1 Mitwirken beim Entwickeln der Standard-Vermieter-Baubeschreibung. 2 Entwickeln von Vorgaben für die Erstellung der Standardmietbereichsplanung (SMP). 3 Entwickeln von Vorgaben für die Erstellung, die Koordination und die Freigabe der Koordinationspläne (Pläne bauliche Maßnahmen im Mietbereich, PBM). 4 Mitwirken bei der Abstimmung der Genehmigungserfordernisse und -abläufe für die Mietbereichsausbauten mit den beteiligten Behörden. 5 Mitwirken beim Ermitteln haustechnischer Leistungsbedarfe.	1 Erstellen eines Planungs- und Gestaltungshandbuches für den Mieterausbau. 2 Entwickeln der Standard-Vermieter-Baubeschreibung. 3 Entwickeln von spezifischen Mietbereichsbaubeschreibungen für Groß- und Sondermietbereiche.

Regelleistungen	Zusätzliche Leistungen
C Kosten und Finanzierung 1 Mitwirken beim Erstellen des Kostenrahmens für die vermieterseitigen Leistungen des Mieterausbaus (Mieterkosten, Mieterzuschüsse). 2 Mitwirken beim Abstimmen des Abrechnungsverfahrens sowie Kostenverfolgung für die vermieterseitigen Leistungen des Mieterausbaus.	1 Erstellen von Kostenermittlungen bzw. Wirtschaftlichkeitsbetrachtungen zur Vorbereitung von Vermietungsentscheidungen.
D Termine, Kapazitäten und Logistik 1 Erstellen eines Steuerungsplans für die Mietbereiche in Abstimmung mit der Rahmenterminplanung des Projektsteuerers. 2 Abstimmen sowie Dokumentation der logistischen Voraussetzungen für den Mieterausbau.	
E Verträge und Versicherungen 1 Mitwirken beim Definieren der Schnittstellen zwischen Verträgen mit Mietern, Planern und Bau. 2 Mitwirken beim Entwickeln der Inhalte der Planerverträge sowie beim Auswahlverfahren. 3 Mitwirken beim Entwickeln der Inhalte der Mietverträge.	
2. Planung **A Organisation, Information, Koordination und Dokumentation (handlungsbereichsübergreifend)** 1 Durchführen und Dokumentieren von kontinuierlichen Besprechungen und planerischer Abstimmung mit den Mietern. 2 Planerische und organisatorische Koordination zwischen den Mietern und deren Planern, dem Vermieter (Bauherr/Investor) und den vom Bauherr/Investor beauftragten Objektüberwachungen und Fachplanern. 3 Durchführen und Dokumentieren von kontinuierlichen Mieterkoordinationsbesprechungen. 4 Erstellen von kontinuierlichen Situationsberichten (mieterbereichsspezifisch).	1 Erstellen und laufendes Aktualisieren eines Übersichtsplans, aus dem die einzelnen Mietflächen und der Status der Mietvertragsverhandlungen im Überblick zu entnehmen sind. 2 Erstellen und laufendes Aktualisieren von Übersichtsplänen, in denen planerische und technische Auswirkungen und Ergebnisse aus den Mietbereichsausbauten im Überblick zu entnehmen sind.

Regelleistungen	Zusätzliche Leistungen
5 Erstellen einer Statusliste zum Stand der Planlieferungen des Investors und der Mieter sowie der Bauanträge/Nutzungsanträge. 6 Führen einer mietbereichsspezifischen Datenstruktur zur Kontrolle (Daten der Mietverträge, haustechnische Anschlusswerte, Einrichtungen sowie Einbauten). 7 Mitwirken beim Entscheidungsmanagement für die Belange der Mieterkoordination. 8 Mitwirken beim Änderungsmanagement für die Belange der Mieterkoordination.	
B Qualitäten und Quantitäten 1 Analysieren und Bewerten der Prozesse der Mieterplanung/Mieterkoordination im Hinblick auf Kosten, Termine und Qualitäten unter Einbindung des Bauherrn/Investors, Fachplaner Haustechnik und der Projektsteuerung. 2 Mitwirken beim Freigeben der Mietgrenzen. 3 Überprüfen der Standardmietbereichspläne auf Konformität mit den Inhalten des Mietvertrags und der Ausführungsplanung. 4 Anfordern und Versenden der geprüften Standardmietbereichspläne sowie ggf. weiterer erforderlicher Planungsgrundlagen an die jeweiligen Mieter zur Erstellung einer mit allen Gewerken abgestimmten Mieterplanung. 5 Organisieren und Kontrollieren der termingerechten Lieferung der Mieterplanung. 6 Überprüfen der Mieterplanung hinsichtlich der Flächen sowie der gestalterischen und technischen Projektziele sowie Einholen der Freigabe beim Bauherrn/Investor. 7 Organisieren des Freigabeverfahrens des Plans baulicher Maßnahmen sowie Überprüfung des Koordinations- und Planungsergebnisses.	1 Erstellen von Varianten der Vermietungsplanung. 2 Erstellen der Standardmietbereichspläne. 3 Koordinieren der mieterseitigen Genehmigungsunterlagen mit Eingangskontrolle, Inhaltskontrolle und Versand an die beteiligten Behörden.

Regelleistungen	Zusätzliche Leistungen
C Kosten und Finanzierung 1 Mitwirken bei der schnittstellenbezogenen Abgrenzung zwischen Mieter- und Investorenbudgets. 2 Analysieren und Bewerten der Erstellung von Mieterangeboten sowie Aufforderung zur Abarbeitung bei Mängeln. 3 Analysieren und Bewerten der Beauftragung von Mieterangeboten sowie Aufforderung zur Abarbeitung bei Mängeln. 4 Überprüfen der Planung auf Mehr- und Minderkosten in Bezug auf die mietvertraglich vereinbarten Leistungen aus Mietverträgen (Vermieterleistungen).	1 Überprüfen der Planung auf Mehr- und Minderkosten in Bezug auf die mietvertraglich vereinbarten Leistungen aus Mietverträgen (Vermieterleistungen).
D Termine, Kapazitäten und Logistik 1 Mitwirken beim Fortschreiben des Terminrahmens für Planung und Ausbau der Mietbereiche. 2 Einfordern von Detailterminplänen je Shop beim Mieter zur Abgrenzung der jeweiligen Termine der vom Mieter bzw. Vermieter durchzuführenden Leistungen. 3 Veranlassen der Erstellung von Detailterminplänen der Mietbereiche auf der Grundlage der Rahmenterminplanung, Prüfung auf Verträglichkeit mit der Objektplanung. 4 Mitwirken beim Abstimmen der Logistik für den Mieterausbau.	1 Erstellen von Einzelterminplänen der Mietbereiche auf der Grundlage der Gesamtterminplanung, Prüfung auf Verträglichkeit mit der Objektplanung und Einhaltung kritischer Zwischentermine. 2 Erstellen eines Logistikkonzepts für den Mieterausbau (Wege, Lagerplätze, Medienanschlüsse, Gerüste etc.).
E Verträge und Versicherungen 1 Mitwirken beim Durchsetzen von Vertragspflichten gegenüber den an der Mieterkoordination Beteiligten.	
3. Ausführungsvorbereitung **A Organisation, Information, Koordination und Dokumentation (handlungsbereichsübergreifend)** 1 Durchführen und Dokumentieren von kontinuierlichen Mieterkoordinations-Besprechungen. 2 Mitwirken beim Entscheidungsmanagement für die Belange der Mieterkoordination. 3 Mitwirken beim Änderungsmanagement für die Belange der Mieterkoordination.	

Regelleistungen	Zusätzliche Leistungen
B Qualitäten und Quantitäten 1 Überprüfen der Ausschreibung des Mietbereichsausbaus.	– Ausschreiben der Leistungen des Mietbereichsausbaus.
C Kosten und Finanzierung 1 Mitwirken bei der Einholung von Kostenübernahmerklärungen für Leistungen des Mieterausbaus. 2 Analysieren und Bewerten des Bearbeitungsstandes der Erstellung von Angeboten an Mieter sowie Aufforderung zur Abarbeitung bei Mängeln. 3 Analysieren und Bewerten der fristgerechten Beauftragung von Leistungen für Mieter sowie Aufforderung zur Abarbeitung bei Defiziten.	– Angebotserstellung für Kostenumlagen des Vermieters/Investors.
D Termine, Kapazitäten und Logistik 1 Fortschreiben des Terminrahmens für den Mietbereichsausbau.	– Fortschreiben von Einzelterminplänen der Mietbereiche auf der Grundlage der Gesamtterminplanung, Prüfung auf Verträglichkeit mit der Objektplanung und Einhaltung kritischer Zwischentermine.
E Verträge und Versicherungen 1 Mitwirken beim Durchsetzen von Vertragspflichten gegenüber den an der Mieterkoordination Beteiligten. 2 Mitwirken beim Einbinden von Leistungen, Terminen und sonstigen Vereinbarungen in die Vergaben der Bauleistungen. 3 Mitwirken bei den Vergabeverhandlungen.	– Ausarbeiten von Leistungsbeschreibungen für Bauleistungsverträge betreffend Mieterbelange.
4. Ausführung **A Organisation, Information, Koordination und Dokumentation (handlungsbereichsübergreifend)** 1 Durchführen und Dokumentieren von kontinuierlichen Besprechungen mit den Projektbeteiligten. 2 Mitwirken beim Entscheidungsmanagement für die Belange der Mieterkoordination. 3 Mitwirken beim Änderungsmanagement für die Belange der Mieterkoordination.	

Regelleistungen	Zusätzliche Leistungen
B Qualitäten und Quantitäten 1 Überprüfen der Leistungen der Objektüberwachung in Bezug auf den vermieterseitigen Mietbereichsausbau.	1 Bauüberwachung des Ausbaus der Mietbereiche für Vermieterleistungen. 2 Bauüberwachung des Ausbaus der Mietbereiche für Mieterleistungen.
C Kosten und Finanzierung 1 Mitwirken beim Abrechnen der Kostenumlagen des Vermieters/Investors. 2 Mitwirken beim Abrechnen der Kosten des Mieterausbaus.	1 Prüfen der Rechnungen der ausführenden Unternehmen.
D Termine, Kapazitäten und Logistik 1 Terminkontrolle der terminlichen Eckdaten der Einzelterminpläne. 2 Mitwirken beim Organisieren der Baustellenlogistik für den Mieterausbau.	1 Durchführen der Baustellenlogistik für den Mieterausbau.
E Verträge und Versicherungen 1 Mitwirken beim Durchsetzen von Vertragspflichten gegenüber den an der Mieterkoordination Beteiligten. 2 Überprüfen der Nachträge von Planungsleistungen sowie geprüfte Nachträge der Objektüberwachung.	1 Verfolgen der Fristen aus Mietverträgen.
5. Projektabschluss **A Organisation, Information, Koordination und Dokumentation** 1 Mitwirken bei der organisatorischen und administrativen Konzeption und bei der Durchführung der Mietbereichsübergaben. 2 Veranlassen der systematischen Zusammenstellung und Archivierung der Projektdokumentation. 3 Stichprobenhaftes Überprüfen der Zusammenstellung von Dokumentationsunterlagen durch die Bau- und Planungsbeteiligten. 4 Abschließen des Entscheidungs-/Änderungsmanagements.	1 Systematisches Zusammenstellen und Archivieren der Projektdokumentation für den Mietbereichsausbau, insbesondere aus mietvertraglichen Verpflichtungen. 2 Systematische Vollständigkeitskontrolle der Projektdokumentation für den Mietbereichsausbau, insbesondere aus mietvertraglichen Verpflichtungen.

Regelleistungen	Zusätzliche Leistungen
B Qualitäten und Quantitäten 1 Analysieren und Bewerten der Objektüberwachung in Bezug auf die Beseitigung mieterseitiger Mängel in den Mietbereichen. 2 Analysieren und Bewerten der Auflistung der Verjährungsfristen für Mängelansprüche.	1 Objektüberwachung (Mängelmanagement) hinsichtlich der mieterseitigen Mängel in den Mietbereichen. 2 Erstellen der Auflistung der Verjährungsfristen für Mängelansprüche.
C Kosten und Finanzierung 1 Dokumentieren der verauslagten Kosten des Mieterausbaus des Vermieters/Investors.	
D Termine, Kapazitäten und Logistik 1 Mitwirken beim Vorbereiten der Mietbereichsübergaben.	1 Erstellen und Versenden der mietvertraglichen Übergabe-Vorankündigungen an die Mieter.
E Verträge und Versicherungen 1 Mitwirken bei den Mietbereichsübergaben.	1 Mitwirken bei den Mietbereichsabnahmen.

12.5 Kommentar

Das Leistungsbild der Mieterkoordination enthält vielfältige Schnittstellen zu den Leistungen anderer Projektbeteiligter in organisatorischer, planerischer und vertraglicher Hinsicht. Die üblicherweise notwendigen Kernaufgaben der Mieterkoordination sind unter den Grundleistungen erfasst.

Leistungen, die auch von anderen Projektbeteiligten erbracht werden können, sind als Besondere Leistungen aufgeführt, ohne dass diese Auflistung abschließend wäre. Je nach Projektkonstellation können weitere Besondere Leistungen in die Leistungen der Mieterkoordination eingebunden werden.

Die Leistungen der Mieterkoordination werden überwiegend parallel zur Bauausführung erbracht. Daher überlappen sich die einzelnen Projektstufen (mit Ausnahme der Projektvorbereitung) untereinander und mit den Projektstufen der übrigen Projektbeteiligten.

1. Projektvorbereitung

In der Projektstufe der Projektvorbereitung kommt es auf die Optimierung der Schnittstellen und der Kommunikation zwischen den übrigen Projektbeteiligten und der Mieterkoordination an, um anschließend einen reibungslosen Projektablauf zu gewährleisten. Da in einem Handelsprojekt den Mietbereichen baulich, terminlich und unter Kostengesichtspunkten eine hohe Bedeutung zukommt, wirkt sich die Qualität der Einbindung der Leistungen der Mieterkoordination in das Gesamtprojekt stark auf den Projekterfolg aus. Insbesondere müssen Planungsabläufe, Prüf- und Freigabeprocedere sowie das Änderungsmanagement festgelegt werden.

Die Schnittstellen- und Kommunikationsvereinbarungen müssen sowohl in den Verträgen mit der Mieterkoordination als auch in den Verträgen mit den übrigen Projektbeteiligten, der Vermietung und den Mietern eingebunden werden. Daher ist es sinnvoll, die Mieterkoordination bereits in einer sehr frühen Phase in das Projekt einzubinden.

2. Planung

In der Projektstufe der Planung finden die Abstimmungen mit den Mietern statt. Möglichst früh müssen rohbau- und haustechnisch relevante Details geklärt und in die Gesamtplanung und in den häufig bereits stattfindenden Rohbau integriert werden.

Die Vielzahl an gewonnenen Daten aus den Abstimmungen mit den Mietern muss sorgfältig und leicht verständlich aufbereitet werden, um die Weiterverwendung im Team und notwendige Entscheidungs- und Änderungsprozesse zu beschleunigen.

Erforderliche Genehmigungsprozesse müssen rechtzeitig angestoßen und durchgeführt werden. Kaufmännische und Kostenänderungsprozesse mit den Mietern, Vergaben von zusätzlichen Bauleistungen und logistische Prozesse müssen im Einklang mit dem Gesamtprojektablauf organisiert und abgewickelt werden.

Die Terminabläufe für die einzelnen Mietbereiche müssen geplant und auf die Erfordernisse des Gesamtprojekts abgestimmt und kontrolliert werden.

3. Ausführungsvorbereitung

Während der Projektstufe der Ausführungsvorbereitung werden die Prozesse aus der Projektstufe der Planung fortgeführt und die Bauausführung wird vorbereitet.

Die Planungen der Mieter sind mit denen des Gesamtprojekts zu koordinieren.

4. Ausführung

Während der Projektstufe der Ausführung werden die Prozesse aus den Projektstufen der Planung und der Ausführungsvorbereitung fortgeführt.

Die Übergaben der Mietbereiche sind im Einklang mit dem Gesamtterminablauf und den mietvertraglichen Vereinbarungen zu planen und zu organisieren.

Die vermieterseitigen Leistungen müssen rechtzeitig zu den Übergaben der Mietbereiche fertiggestellt werden.

Die Kosten und Kosten-Umlagen müssen mit den Mietern abgerechnet werden.

5. Projektabschluss

Die Übergaben der Mietbereiche an die Mieter sind durchzuführen.

Die mieterseitigen Ausbauleistungen müssen mit den getroffenen mietvertraglichen Vereinbarungen und den koordinierten Plänen abgeglichen und gegenüber dem Mieter durchgesetzt werden. Mängel werden dokumentiert.

Die Ergebnisse der Mieterkoordination werden dokumentiert.

Alle Prozesse z.B. des Änderungs- und Kostenmanagements werden abgeschlossen.

12.6 Honorierung

Der Aufwand für die Leistungen der Mieterkoordination ist projektspezifisch höchst unterschiedlich. Wesentlich wird der Aufwand beeinflusst von der Projektstruktur und der Einbindung der Mieterkoordination in das Gesamtprojektteam. Insbesondere hängen der Aufwand für die teaminternen Abstimmungen und der Umfang des Berichtswesens stark von der gewählten Projektstruktur und von der zeitlichen Komponente des Projektablaufs ab. Auch ist die Frage entscheidend, in welchem Umfang Besondere Leistungen, wie z.B. eigenständige Planungsbeiträge, Budgetverantwortung oder Objektüberwachungsaufgaben, von der Mieterkoordination erbracht werden sollen.

Daher bietet sich eine Vergütung nach Zeitaufwand z.B. in Tages- oder Monatspauschalen an. Auch eine Vereinbarung von Fallpauschalen je Mietbereich ist möglich. Schließlich ist auf der Grundlage einer exakt definierten Aufgabenbeschreibung und Abgrenzung zu den übrigen Projektbeteiligten auch eine Gesamtpauschale möglich.

Als Anhaltspunkt für eine Kalkulation kann davon ausgegangen werden, dass ein Mieterkoordinator je ca. 20 bis 25 Mietbereiche koordinieren kann.

Anhang A: Literaturverzeichnis

AHO-Heft Nr. 9, 2014	Ausschuss der Verbände und Kammern der Ingenieure und Architekten für die Honorarordnung e.V. (Hrsg.) (2014), Leistungsbild und Honorierung – Projektmanagementleistungen in der Bau- und Immobilienwirtschaft, 4., vollständig überarbeitete Auflage Mai 2014, Bundesanzeiger Verlag, Köln
AHO-Heft Nr. 19, 2004	AHO (Hrsg.) (2004), Neue Leistungsbilder zum Projektmanagement in der Bau- und Immobilienwirtschaft, [Heft Nr. 19: Ergänzung zur 6. Auflage AHO-Heft Nr. 9, Januar 2004], 1. Auflage September 2004, Bundesanzeiger Verlag, Köln
AHO-Heft Nr. 34, 2016	AHO (Hrsg.) (2016), Besondere Leistungen bei der Objektplanung Gebäude und Innenräume, 1. Auflage Januar 2016, Bundesanzeiger Verlag, Köln
AKVS 2014	Bundesministerium für Verkehr und digitale Infrastruktur (Hrsg.) (2014), Anweisungen zur Kostenermittlung und zur Veranschlagung von Straßenbaumaßnahmen, 2014
Balla, Stefan	Bewertung und Berücksichtigung von Umweltauswirkungen nach § 12 UVPG in Planfeststellungsverfahren, 2003, Erich Schmidt Verlag, Berlin
BauR-news	„Projektcontrolling aus Sicht des Auftraggebers – Transparenz mit Verstand" – Jahrestagung der 1. Wissenschaftlichen Vereinigung Projektmanagement Mai 2015, Werner Verlag (10/2015)
BMVI 2015	Bundesministerium für Verkehr und digitale Infrastruktur (Hrsg.) (2015), Reformkommission Bau von Großprojekten, Endbericht
Bundesministerium für Umwelt, Naturschutz, Bau und Reaktorsicherheit	BNB (2015), Systemvariante Neubau Büro- und Verwaltungsgebäude, Kriterium 5.2.3 Systematische Inbetriebnahme
Deutsche Gesellschaft für Nachhaltiges Bauen	DGNB (2015), Nutzungsprofil Neubau Büro- und Verwaltungsgebäude, Kriterium PRO2.3 Geordnete Inbetriebnahme
DGUV Vorschrift 3	DGUV Vorschrift 3 (1997), Elektrische Anlagen und Betriebsmittel
Diederichs, C. J.	(2003), Grundleistungen der Projektsteuerung – Beispiele für den Handlungsbereich C, DVP-Verlag, Berlin
Diederichs, C. J.	(2004), Projektentwicklung im engeren Sinne. In: AHO-Heft Nr. 19, 1. Auflage, S. 10–34, Bundesanzeiger Verlag, Köln
Diederichs, C. J.	(2006), Projektentwicklung im engeren Sinne. In: Diederichs, C. J., Immobilienmanagement im Lebenszyklus, S. 5–138, Springer Berlin/Heidelberg

DVP e.V. — Deutscher Verband der Projektmanager in der Bau- und Immobilienwirtschaft e.V. (2014), Projektmanagement bei Infrastrukturvorhaben – Untersuchungen zum Leistungsbild, zur Honorierung und zur Beauftragung von Projektmanagementleistungen im Infrastruktursektor, 1. Auflage, DVP-Verlag, Berlin (04/2014)

DVP e.V. — (Hrsg.) (2014), Projektsteuerung/Projektmanagement in der Bau- und Immobilienwirtschaft – DVP-Weiterbildungsprogramm, Lehrskript 3.0, DVP-Verlag, Berlin

Eschenbruch/Bodden — Der Value-Engineering-Vertrag, NZBau 2015, S. 587 f.

Freeman, Edward — Strategic Management, 1984, S. 143 ff., Boston, London, Melbourne, Toronto : Pitman

Höcker, Thomas — Technisches Projektmanagement bei der Entwicklung von Bahnflächen. Frühjahrsseminar des Deutschen Verbandes der Projektmanager (DVP), Tagungsband, Berlin, März 2001

Höcker, Thomas/ Alsbach Henry — Organisationsformen und deren Anforderungen an das Projektmanagement am Beispiel komplexer städtebaulicher Projekte. Herbstseminar des Deutschen Verbandes der Projektmanager (DVP), Tagungsband Berlin, Herbst 2015

Höcker, Thomas et al. — Koordination, Kapitel 3.2. In: DVP e.V., Projektmanagement bei Infrastrukturvorhaben, DVP-Verlag, Berlin, April 2014

Kissmann, Kai — Koordinationsleistungen des Bau-Projektmanagements bei Infrastrukturvorhaben der Deutschen Bahn AG, Master-Arbeit am Institut für Baubetrieb und Baumanagement, Prof. Malkwitz/Prof. Höcker, Universität Duisburg-Essen, Essen 2015

Krips, David — Kurzanleitung Stakeholdermanagement, 1. Auflage 2015, DVP-Verlag, Berlin

Lechner, Hans — Leistungsmodell/Vergütungsmodell/Begleitende Kontrolle (BK), Institut für Baubetrieb und Bauwirtschaft TU Graz, 2014

Locher/Koeble/Frik (Hrsg.) — Kommentar zur HOAI – Gesamtdarstellung zum Architekten- und Ingenieurrecht, 13. Auflage 2017, Werner Verlag

Mayer, Fabian — Besondere Leistungen der Koordination für das Projektmanagement in der Bau- und Immobilienbranche in Projekten der Flächenerschließung, Master-Arbeit am Institut für Baubetrieb und Baumanagement, Prof. Malkwitz/Prof. Höcker, Universität Duisburg-Essen, Essen 2015

Mitchell, Ronald K./ Agle, Bradley R./ Wood, Donna J. — Toward a Theory of Stakeholder Identification and Salience: Defining the Principle of Who and What Really Counts, Vol. 22 No. 4, Academy of Management Review, 1977, S. 874

Preuß, N.	(2008), Überblick der Projektmanagementleistungen des Projektabschlusses am Praxisbeispiel eines Einkaufszentrums. In: DVP, Projektmanagement-Herbsttagung, Projektmanagement zum Projektabschluss – Projektsteuerung bis zur Übergabe, 17.10.2008, München
Preuß, N.	(2013), Projektmanagement von Immobilienprojekten: Entscheidungsorientierte Methoden für Organisation, Termine, Kosten und Qualität, 2. Auflage, Springer Vieweg, Berlin/Heidelberg
Preuß, N./ Schöne, L. B.	(2016), Real Estate und Facility Management, 4. Auflage, Springer Vieweg, Berlin/Heidelberg
Schulte/ Bone-Winkel/ Rottke	(2002), Grundlagen der Projektentwicklung aus immobilienwirtschaftlicher Sicht. In: Schulte, K.-W./Bone-Winkel, S. (Hrsg.), Handbuch Immobilien-Projektentwicklung, 3. Auflage, Immobilien Manager Verlag (2008), S. 40 ff.
Sommer, Hans	Projektmanagement im Hochbau – mit BIM und Lean Management, 4. Auflage 2016, Springer Vieweg Verlag, Berlin
Spang, Konrad	Projektmanagement von Infrastrukturprojekten, 1. Auflage 2016, Springer Vieweg Verlag, Berlin
U.S. Green Building Council	LEED (Leadership in Energy & Environmental Design), Reference Guide for Building Design and Construction V4, Fundamental Commissioning and Verification
U.S. Green Building Council	LEED (Leadership in Energy & Environmental Design), Reference Guide Building Design and Construction V4, Enhanced Commissioning
VHB	Vergabe- und Vertragshandbuch für die Baumaßnahmen des Bundes (VHB 2008), Aktualisierung August 2014
VOB	VOB Gesamtausgabe 2016, Vergabe- und Vertragsordnung für Bauleistungen – Teil A (DIN 1960), Teil B (DIN 1961), Teil C (ATV)
von Schneyder, Wolfram	Stakeholdermanagement durch Projektsteuerung – vom Konzept zur konkreten Umsetzung. In: Projektmanagement-Frühjahrstagung – Neues Leitbild Projektmanagement mit verschiedenen Anwendungskonstellationen, 1. Auflage 2014, DVP-Verlag, Berlin
Zilch, Konrad/ Diederichs, Claus-Jürgen/ Katzenbach, Rolf/ Beckmann, Klaus J.	Handbuch für Bauingenieure, 2. Auflage 2012, Springer-Verlag, Heidelberg

Anhang B: Technische Regelwerke/Gesetze/Richtlinien

ASHRAE Standard 202-2013	Commissioning Process for Buildings and Systems
ASHRAE Guideline 0-2013	The Commissioning Process
ASHRAE Guideline 1.1-2007	HVAC&R Technical Requirements for the Commissioning Process
ASHRAE Guideline 1.5-2012	The Commissioning Process for Smoke Control Systems
BauGB	Baugesetzbuch i.d.F. der Bekanntmachung vom 23.9.2004 (BGBl. I S. 2414), zuletzt geändert durch Art. 6 des Gesetzes vom 29.5.2017 (BGBl. I S. 1298)
BauNVO	Baunutzungsverordnung (Verordnung über die bauliche Nutzung der Grundstücke – BauNVO) i.d.F. der Bekanntmachung vom 23.1.1990 (BGBl. I S. 132), zuletzt geändert durch Art. 2 des Gesetzes vom 4.5.2017 (BGBl. I S. 1057)
BetrSichV	Verordnung über Sicherheit und Gesundheitsschutz bei der Verwendung von Arbeitsmitteln (Betriebssicherheitsverordnung – BetrSichV), zuletzt geändert durch Art. 147 des Gesetzes vom 29.3.2017 (BGBl. I S. 626)
BGB	Bürgerliches Gesetzbuch i.d.F. der Bekanntmachung vom 2.1.2002 (BGBl. I S. 42, 2909; 2003, 73), zuletzt geändert durch Art. 1 des Gesetzes vom 28.4.2017 (BGBl. I S. 969)
DIN EN 806-2	DIN EN 806-2 (2005-06) Technische Regeln für Trinkwasser-Installationen – Teil 2: Planung; Deutsche Fassung EN 806-2:2005
DIN EN 806-5	DIN EN 806-5 (2012-04) Technische Regeln für Trinkwasser-Installationen – Teil 5: Betrieb und Wartung. Deutsche Fassung EN 806-5:2012
DIN EN 12599	DIN EN 12599 (2013-01) Lüftung von Gebäuden – Prüf- und Messverfahren für die Übergabe raumlufttechnischer Anlagen. Deutsche Fassung EN 12599:2012
DIN EN 12831	DIN EN 12831 (2003-08) Heizungsanlagen in Gebäuden – Verfahren zur Berechnung der Norm-Heizlast. Deutsche Fassung EN 12831:2003
DIN EN 13779	DIN EN 13779 (2007-09) Lüftung von Nichtwohngebäuden – Allgemeine Grundlagen und Anforderungen für Lüftungs- und Klimaanlagen und Raumkühlsysteme. Deutsche Fassung EN 13779:2007
DIN EN 31010	DIN EN 31010 (2010): Risikomanagement – Verfahren zur Risikobeurteilung (IEC/ISO 31010:2009), Entwurf
DIN EN 62198	DIN EN 62198, VDE 0050-6 (2012) Risikomanagement für Projekte – Anwendungsleitfaden (IEC 56/1463/CD:2012), Entwurf

DIN EN ISO 9001	DIN EN ISO 9001 (2015-11) Qualitätsmanagementsysteme – Anforderungen
DIN ISO 21500	DIN ISO 21500 (2013) Leitfaden zum Projektmanagement
DIN ISO 31000	DIN ISO 31000 Entwurf (2011): Risikomanagement – Grundsätze und Leitlinien (ISO 31000:2009)
DIN V 4701-10	DIN V 4701-10 (2003-08) Energetische Bewertung heiz- und raumlufttechnischer Anlagen – Teil 10: Heizung, Trinkwassererwärmung, Lüftung
DIN VDE 0100-600	DIN VDE 0100-600 (2008-06) Errichten von Niederspannungsanlagen – Teil 6: Prüfungen)
DIN 276-1	DIN 276-1 (2008-12) Kosten im Bauwesen – Teil 1: Hochbau
DIN 277-1	DIN 277-1 (2016-01) Grundflächen und Rauminhalte im Bauwesen – Teil 1: Hochbau
DIN 14336	DIN 14336 (2005-1) Heizungsanlagen in Gebäuden – Installation und Abnahme der Warmwasser-Heizungsanlagen; Deutsche Fassung EN 14336:2004
DIN 18205	DIN 18205 (2016-11) Bedarfsplanung im Bauwesen
DIN 18960	DIN 18960: (2008-02) Nutzungskosten im Hochbau
DIN 18961	DIN 18961 (Entwurf 1987) Kostenrichtwerte im Hochbau *(zurückgezogen)*
DIN 1988-100	DIN 1988-100 (2011-08) Regeln für Trinkwasser-Installationen – Teil 100: Schutz des Trinkwassers, Erhaltung der Trinkwassergüte; Technische Regel des DVGW
DIN 32736	DIN 32736 (2000-08) Gebäudemanagement – Begriffe und Leistungen
DIN 69900	DIN 69900 (2009-01) Projektmanagement – Netzplantechnik; Beschreibungen und Begriffe
DIN 69901-1	DIN 69901-1 (2009-01) Projektmanagement-Projektmanagementsysteme – Teil 1: Grundlagen
DIN 69901-2	DIN 69901-2 (2009-01) Projektmanagement-Projektmanagementsysteme – Teil 2: Prozesse, Prozessmodell
DIN 69901-3	DIN 69901-3 (2009-01) Projektmanagement-Projektmanagementsysteme – Teil 3: Methoden
DIN 69901-4	DIN 69901-4 (2009-01) Projektmanagement-Projektmanagementsysteme – Teil 4: Daten, Datenmodell
DIN 69901-5	DIN 69901-5 (2009-01) Projektmanagement-Projektmanagementsysteme – Teil 5: Begriffe
DIN 69902	DIN 69902 (1987-03) Projektwirtschaft; Einsatzmittel – Begriffe *(zurückgezogen)*
DIN 69903	DIN 69903 (1987-03) Projektwirtschaft – Kosten und Leistung, Finanzmittelbegriffe *(zurückgezogen)*

DIN 69909	DIN 69909 (2013) Multiprojektmanagement, Management von Projektportfolien, Programmen und Projekten
EnEV	Verordnung über energiesparenden Wärmeschutz und energiesparende Anlagentechnik bei Gebäuden (Energieeinsparverordnung – EnEV) vom 24.7.2007 (BGBl. I S. 1519), zuletzt geändert durch Art. 3 der Verordnung vom 24.10.2015 (BGBl. I S. 1789); Geltung ab 1.10.2007
GEFMA 200	GEFMA 200 (2004-07) Kosten im Facility Management, German Facility Management Association
GEFMA 922	GEFMA 922 (2016-08) Daten und Dokumente im Lebenszyklus des FM, German Facility Management Association
GPSGV 9	Neunte Verordnung zum Geräte- und Produktsicherheitsgesetz (Maschinenverordnung) (9. GPSGV) vom 12.5.1993 (BGBl. I S. 704), zuletzt geändert durch Art. 19 des Gesetzes vom 8.11.2011 (BGBl. I S. 2178)
HOAI	Verordnung über die Honorare für Architekten- und Ingenieurleistungen (Honorarordnung für Architekten und Ingenieure – HOAI) vom 10.7.2013 (BGBl. I S. 2276), in Kraft getreten am 17.7.2013
ImmoWertV	Verordnung über die Grundsätze für die Ermittlung der Verkehrswerte von Grundstücken (Immobilienwertermittlungsverordnung – ImmoWertV) vom 19.5.2010 (BGBl. I S. 639), Geltung ab 1.7.2010
ÖNorm B 2118	Allgemeine Vertragsbestimmungen für Bauleistungen unter Anwendung des Partnerschaftsmodells, insbesondere bei Großprojekten – Werkvertragsnorm vom 1.6.2009
RBBau	BMBau (Hrsg.) (2009), Richtlinien zur Durchführung von Bauaufgaben des Bundes im Zuständigkeitsbereich der Finanzverwaltungen der Länder, Grundwerk bis 19. Aust.-Lfg., Bundesanzeige Verlag, Köln mit Aktualisierungen, Onlinefassung (Stand 18.4.2016)
RLBau	Richtlinien für die Durchführung von Bauaufgaben der Bundesländer
VDI 2079	VDI 2079 (1983-03) Abnahmeprüfung an Raumlufttechnischen Anlagen (zurückgezogen)
VDI 2166 Blatt 1	VDI 2166 Blatt 1 (2008-10) Elektrische Anlagen in Gebäuden – Anforderungen aus dem Energiecontrolling
VDI 2519 Blatt 1	VDI 2519 Blatt 1 (2001-12) Vorgehensweise bei der Erstellung von Lasten-/Pflichtenheften
VDI 2519 Blatt 2	VDI 2519 Blatt 2 (2001-12) Lastenheft/Pflichtenheft für den Einsatz von Förder- und Lagersystemen
VDI 2800	VDI 2800 Blatt 1:2010-08 Wertanalyse

VDI 2806	VDI 2806:2015-10 Wertanalyse – Kreativitätspotenziale und Ideenfindung
VDI 3809 Blatt 1	VDI 3809 Blatt 1 (2011-09) Prüfung gebäudetechnischer Anlagen – Heizungstechnik
VDI 3814 Blatt 3	VDI 3814 Blatt 3 (2012-09) Gebäudeautomation (GA) – Hinweise für das Gebäudemanagement – Planung, Betrieb und Instandhaltung
VDI 3814 Blatt 5	VDI 3814 Blatt 5 (2010-03) Gebäudeautomation (GA) – Hinweise zur Systemintegration
VDI 3814/GEFMA Blatt 3	VDI 3814/GEFMA Blatt 3 (2012-09) Gebäudeautomation (GA) – Hinweise für das Gebäudemanagement – Planung, Betrieb und Instandhaltung – Schnittstelle zum Facility-Management
VDI 3819 Blatt 1	VDI 3819 Blatt 1 (2016-10) Brandschutz für Gebäude – Grundlagen für die Gebäudetechnik – Begriffe, Gesetze, Verordnungen, technische Regeln (2016-10)
VDI 6010	VDI 6010 (2005-09) Sicherheitstechnische Einrichtungen – Systemübergreifende Funktionen
VDI 6017	VDI 6017 (2015-08) Aufzüge – Steuerungen für den Brandfall
VDI 6022 Blatt 1	VDI 6022 Blatt 1 (2011-07) Raumlufttechnik, Raumluftqualität – Hygieneanforderungen an Raumlufttechnische Anlagen und Geräte (VDI-Lüftungsregeln)
VDI 6026 Blatt 1	VDI 6026 Blatt 1 (2008-05) Dokumentation in der Technischen Gebäudeausrüstung – Inhalte und Beschaffenheit von Planungs-, Ausführungs- und Revisionsunterlagen
VDI 6039	VDI 6039 (2011-06) Facility-Management – Inbetriebnahmemanagement für Gebäude – Methoden und Vorgehensweisen für gebäudetechnische Anlagen
VgV	Verordnung über die Vergabe öffentlicher Aufträge (Vergabeverordnung – VgV) vom 12.4.2016 (BGBl. I S. 624)
VOB/B	VOB Teil B: Allgemeine Vertragsbedingungen für die Ausführung von Bauleistungen (2012)
VOB/C	VOB Teil C: Allgemeine Technische Vertragsbedingungen für die Ausführung von Bauleistungen (2015)
ZVSHK	Merkblatt „Spülen, Desinfizieren und Inbetriebnahme von Trinkwasserinstallationen“ (2014), Zentralverband Sanitär Heizung Klima

Anhang C: Abkürzungsverzeichnis

AEG	Allgemeines Eisenbahngesetz
AfA	Absetzung für Abnutzung
AG	Auftraggeber; Aktiengesellschaft
AGB	Allgemeine Geschäftsbedingungen
AGK	Allgemeine Geschäftskosten
AHO	Ausschuss der Verbände und Kammern der Ingenieure und Architekten für die Honorarordnung e.V., Berlin
AIA	American Institute of Architects
AIG	Arbeitskreis Internationaler Gemeinschaftsdienste
AK	Arbeitskreisleiter
AKVS	Anweisungen zur Kostenermittlung von Straßenbaumaßnahmen
AN	Auftragnehmer
ARGE	Arbeitsgemeinschaft
AT	Arbeitstagen
AtG	Atomgesetz
ATV	Allgemeine Technische Vertragsbedingungen
AUF	Außenumhüllungsfläche
AVA	Ausschreibung, Vergabe, Abrechnung
AVB	Allgemeine Vertragsbedingungen
BAK	Bundesarchitektenkammer
BauGB	Baugesetzbuch
BauNVO	Baunutzungsverordnung
BBergG	Bundesberggesetz
BBP	Baubestandsplan
BBP	Bebauungsplan
BBR	Bundesamt für Bauwesen und Raumordnung
BD	Baudirektor
BDA	Bund Deutscher Architekten
BGB	Bürgerliches Gesetzbuch
BGBl.	Bundesgesetzblatt
BGF	Bruttogeschossfläche
BGH	Bundesgerichtshof
BIM	Building Information Modeling
BImSchG	Bundes-Immissionsschutzgesetz
BImSch-Verfahren	Bundes-Immissionsschutz-Verfahren
BKI	Baukosteninformationszentrum Deutscher Architektenkammern GmbH

BMUB	Bundesministerium für Umwelt, Naturschutz, Bau und Reaktorsicherheit
BMVI	Bundesministerium für Verkehr und digitale Infrastruktur
BMWi	Bundesministerium für Wirtschaft und Energie
BNB	Bewertungssystem Nachhaltiges Bauen
B-Plan	Bebauungsplan
BRI	Bruttorauminhalt
BTA	Bahntechnische Ausrüstung (z.B. Oberleitung, Signale)
BU	Bauunternehmen
BV	Berechnungsverordnung
BVB	Besondere Vertragsbedingungen
BVerfG	Bundesverfassungsgericht
(B)ZVB/E	Zusätzliche Vertragsbedingungen für die Ausführung von Bauleistungen
CAD	Computer Aided Design
CAFM	Computer Aided Facility Management System
CM	Construction Management oder Construction Manager
CMA	Construction Management Agent
CPV	Common Procurement Vocabulary
CREM	Corporate Real Estate Management
DCF	Discounted Cash Flow
DDC	Direct Digital Control
DGNB	Deutsche Gesellschaft für Nachhaltiges Bauen
DIN	Deutsches Institut für Normung e.V.
DIN EN ISO	Deutsche Industrienorm(en); europäische Norm; International Organization for Standardization
DVP	Deutscher Verband der Projektmanager in der Bau- und Immobilienwirtschaft e.V., Berlin
EDV	elektronische Datenverarbeitung
EIC	European International Contractors
EkdT	Einzelkosten der Teilleistung
EMF	elektromagnetische Felduntersuchung
EMSR	Elektro-, Mess-, Steuerung- und Regeltechnik
EnAA	Engineering Advancement Association of Japan
EnEV	Energieeinsparverordnung
EStG	Einkommenssteuergesetz
EU	Europäische Union
EuGH	Europäischer Gerichtshof
EURING	European Engineer/Europa Ingenieur

EVM	Einheitliche Verdingungsmuster
FELZ	Fachkunde, Erfahrung, Leistungsfähigkeit, Zuverlässigkeit
FFH	Flora-Fauna-Habitat
FIDIC	International Federation of Consulting Engineers
FlurbG	Flurbereinigungsgesetz
FM	Facility Management
FMC	Facility Management Consulting
FNP	Flächennutzungsplan
FP	Freie Pufferzeit
FRP	Freie Rückwärtspufferzeit
GAEB	Gemeinsamer Ausschuss Elektronik im Bauwesen
GbR	Gesellschaft bürgerlichen Rechts
GEFMA	German Facility Management Association
GEP	Gebietsentwicklungsplan
GKR	Gesamtkostenrahmen
GLT	Gebäudeleittechnik
GmbH	Gesellschaft mit beschränkter Haftung
GmbH & Co. KG	Gesellschaft mit beschränkter Haftung & Compagnie Kommanditgesellschaft
GMP	Guaranteed Maximum Price
GP	Generalplaner
GP	Gesamte Pufferzeit
GRT	Gesamtrahmenterminplan
GRW 1995	Grundsätze und Richtlinien für Wettbewerbe auf den Gebieten der Raumplanung, des Städtebaus und des Bauwesens
GU	Generalunternehmer
GÜ	Generalübernehmer
HNF	Hauptnutzfläche
HOAI	Honorarordnung für Architekten und Ingenieure
HU-Bau	Haushaltsunterlage Bau
IBNM	Inbetriebnahmemanagement
IBV	Inbetriebnahmeverantwortlicher
ICC	International Commission of Commercial Law and Practice
IDD	Immobilienwirtschaftliche Due Diligence
ImmoWertV	Immobilienwertermittlungsverordnung
ISO	Internationale Organisation für Normung
IT	Informationstechnik
KANN	Kosten-Nutzen-Analyse
KANN-Bau	Kosten- und Leistungsrechnung Bau

KG	Kostengruppen nach DIN 276; Kommanditgesellschaft
Kgr.	Kostengruppen
KLER	Kosten-, Leistungs- und Ergebnisrechnung
KLR-Bau	Kosten- und Leistungsrechnung Bau
KonTraG	Gesetz zur Kontrolle und Transparenz im Unternehmensbereich
KrWG	Kreislaufwirtschaftsgesetz
KWA	Kostenwirksamkeitsanalyse
LB	Leistungsbereiche
LBP	Landschaftspflegerischer Begleitplan
LEED	Leadership in Energy and Environmental Design
LEP	Landesentwicklungsplan
Lph.; LPH	Leistungsphase
LSP-Bau	Leitsätze für die Ermittlung von Preisen für Bauleistungen aufgrund von Selbstkosten
LuftVG	Luftverkehrsgesetz
LV	Leistungsverzeichnis
M	Maßstab
MA	Mitarbeiter
max.	maximal
min.	minimal
Mio.	Million(en)
Mon.	Monat
MPM	Multiprojektmanagement
Mrd.	Milliarden
MSR	Mess-, Schalt- und Regelungstechnik
NABEG	Netzausbaubeschleunigungsgesetz
NBP	Nutzerbedarfsprogramm
NF	Nutzfläche
NHK	Normalherstellungskosten
NKU	Nutzen-/Kostenuntersuchung
NL-Leiter	Niederlassungsleiter
Nr.	Nummer
NU	Nachunternehmer
NWA	Nutzwertanalyse
OHB	Organisationshandbuch
OHG	Offene Handelsgesellschaft
ÖPNV	Öffentlicher Personennahverkehr
ÖPP	Öffentlich-Private-Partnerschaft

P	Planungsbereich
PBefG	Personenbeförderungsgesetz
PE	Projektentwicklung
PfH	Pflichtenheft
PFV	Planfeststellungsverfahren
PHB	Projekthandbuch
PKMS	Projektkommunikationsmanagementsystem
PL	Projektleitung
PM	Projektmanagement
POE	Projekt-/Objektentwicklung
PPP	Public Private Partnership
PPS	Projekt-Planungs-Strukturplan
PQ	Präqualifikation
PR	Public Relations
PS	Projektsteuerung
PSL	Projektsteuerung von städtebaulichen Leistungen
PSP	Projektstrukturplan
QFD	Quality Function Deployment
QM	Qualitätsmanagement
QS	Qualitätssicherung
RA	Rechtsanwalt
RBBau	Richtlinien für die Durchführung von Bauaufgaben des Bundes im Zuständigkeitsbereich der Finanzbauverwaltungen
RDG	Rechtsdienstleistungsgesetz
REDD	Real Estate Due Diligence
REFA	Verband für Arbeitsstudien und Betriebsorganisation e. V.
ROP	Raumordnungsprogramm
ROPl	Raumordnungsplan
ROV	Raumordnungsverfahren
saP	spezielle artenschutzrechtliche Prüfung
SHBau	Sicherheitshandbuch für die Durchführung von Bauaufgaben des Bundes im Zuständigkeitsbereich der Finanzbauverwaltungen
SiGe	Sicherheits-und Gesundheitsschutz
SiGeKo	Sicherheits-und Gesundheitsschutz Koordination
SKR	Sektorenrichtlinie
StLB	Standardleistungsbuch
T€	Tausend Euro
TA	Technische Ausrüstung
TDM	Tausend Deutsche Mark

TGA	Technische Gebäudeausrüstung
TOP	Tagesordnungspunkt
TP	Teilplanungsbereich
TU	Totalunternehmer
TÜ	Totalübernehmer
TÜV	Technischer Überwachungsverein
TV	Tarifvertrag
UP	Unabhängige Pufferzeit
UStG	Umsatzsteuergesetz
UVP	Umweltverträglichkeitsprüfung
UVS	Umweltverträglichkeitsstudie
VBI	Verband Beratender Ingenieure
VDI	Verband Deutscher Ingenieure
VE	Value Engineering
VEP	Verkehrsentwicklungsplan
VHB	Vergabehandbuch für die Durchführung von Bauaufgaben des Bundes im Zuständigkeitsbereich der Finanzbauverwaltungen
vhBPl	vorhabenbezogener Bebauungsplan
VM	Value-Management
VOB	Vergabe- und Vertragsordnung für Bauleistungen
VUBIC	Verband Unabhängig Beratender Ingenieure und Consultants e.V.
VwVfG	Verwaltungsverfahrensgesetz
W+G	Wagnis und Gewinn
WaStrG	Bundeswasserstraßengesetz
WB	Wirtschaftlichkeitsberechnung
WertR	Wertermittlungsrichtlinien
WHG	Wasserhaushaltsgesetz
WTO	World Trade Organization
ZPO	Zivilprozessordnung
ZTV	Zusätzliche Technische Vertragsbedingungen
ZVB	Zusätzliche Vertragsbedingungen

Anhang D: Glossar

Ablaufanalyse	Untersuchung einzelner Arbeitsabläufe und ihrer Einflussparameter, z.B. über das Zusammenwirken von Menschen und Betriebsmitteln sowie deren technologische, räumliche und zeitliche Zuordnung.
Ablauforganisation	Summe der Maßnahmen zur Regelung von Arbeitsabläufen durch Arbeits- oder Verfahrensanweisungen. Sie beinhaltet im Sinne eines Regelkreises die Prozesse der Planung, Abstimmung, Entscheidung, den Soll-Ist-Vergleich, die Abweichungsanalyse, das Vorschlagen/Abstimmen und Entscheiden von Anpassungsmaßnahmen zur Steuerung des Ist-Ablaufs zwecks Erreichung der Ablaufziele.
Ablaufplanung	Anfangsaufgabe der Ablauforganisation zur Erarbeitung von Sollvorgaben für die technologische, räumliche und zeitliche Abfolge einzelner Arbeitsschritte.
Ablaufstruktur	Gesamtheit der Anordnungsbeziehungen zwischen den Vorgängen der Ablaufelemente/Vorgänge.
Abnahme	Verpflichtung des Bestellers nach § 640 BGB, das vertragsmäßig hergestellte Werk abzunehmen, und nach § 641 BGB, die vereinbarte Vergütung zu entrichten. Für Bauverträge gilt ergänzend § 12 VOB/B, sofern die VOB/B Vertragsbestandteil ist.
Abschlagsrechnung	Schriftlich fixierte Forderung des Auftragnehmers für vertragsgemäß erbrachte Teilleistungen; bei Bauverträgen vgl. § 14 VOB/B.
Abschlagszahlung	Zahlung des Auftraggebers in Höhe des Wertes der jeweils durch Abschlagsrechnung nachgewiesenen vertragsgemäßen Leistung; bei Bauverträgen vgl. § 16 VOB/B.
Abweichungsanalyse	Ermittlung der Ursachen aufgetretener Abweichungen zwischen geplanten Soll-Werten und tatsächlich erzielten Ist-Werten für z.B. Qualitäten, Kosten und Termine dem Grunde und der Höhe nach, um den Verursacher, mögliche Anpassungsmaßnahmen zur Erreichung der Soll-Werte und ggf. Haftungstatbestände und Schadensersatzansprüche festzustellen.
Anlagenverzeichnis	Detaillierte, strukturierte Auflistung aller technischen Anlagen mit Aufführung von Leistungsdaten, Abmessungen, Anlagenkennzeichnungsschlüssel etc., die in den Phasen der Ausführungsvorbereitung und der Bauausführung fortgeschrieben wird und zu einem späteren Zeitpunkt Bestandsteil der Bestandsdokumentation und des Betriebshandbuchs wird.

Anordnungsbeziehung
Quantifizierbare Abhängigkeit zwischen Ereignissen oder Vorgängen. Nach DIN 69900 Teil 1 werden unterschieden:

- Normalfolge NF vom Ende eines Vorgangs zum Anfang seines Nachfolgers,
- Anfangsfolge AF vom Anfang eines Vorgangs zum Anfang seines Nachfolgers,
- Endfolge EF vom Ende eines Vorgangs zum Ende seines Nachfolgers oder
- Sprungfolge SF vom Anfang eines Vorgangs zum Ende seines Nachfolgers.

Für die Taktplanung im Bauwesen hat sich zusätzlich bewährt die

- Annäherung A, durch die gleichzeitig eine Anfangs- und eine Endfolge zwischen einem Vorgang und seinem Nachfolger festgelegt werden.

Aufbauorganisation
Durch die Aufbauorganisation werden Aufgaben, Kompetenzen und Verantwortungen der Mitarbeiter in einem Unternehmen oder der Beteiligten an einem Projekt festgelegt. Grundsätze sind eine eindeutige Schnittstellenabgrenzung, die Festlegung von Weisungs-, Entscheidungs- und Zeichnungsbefugnissen sowie Informationspflichten, die Ausgewogenheit von Leistung und Vergütung und die Bestimmung von Haftungs- und Gewährleistungsansprüchen.

Aufwandswert
Arbeitsaufwand zur Erzeugung einer Leistungseinheit, z.B. Lohnstunden zur Verlegung von 1 to Bewehrung Stabstahl, ∅ 16–28 mm.

Ausgleichsposten
Er ist das Sammelbecken aller Abweichungen zwischen Plan-, Vergabe- und Abrechnungswerten, sofern diese sich im Rahmen üblicher Schwankungen bewegen und zum Ausgleich tendieren. Dieser Ausgleich muss ggf. durch geeignete Kostensteuerungsmaßnahmen unterstützt werden.

Ausschreibung
Förmliches Verfahren zur Einholung von Angeboten für Bauleistungen, das in der VOB/A geregelt ist.

Baugenehmigungsverfahren
Durch die jeweiligen Landesbauordnungen geregeltes Verfahren zur Erstellung der Bauvorlagen/Bauantragsunterlagen, der Einreichung und Behandlung des Bauantrages bis zur Baugenehmigung, der erforderlichen Anzeigen während der Bauausführung und der Bauzustandsbesichtigung bis zur Schlussabnahme.

Baukosten
Nicht eindeutig abgegrenzter Begriff für die → Kosten von Bauleistungen aus der Sicht des Auftraggebers.

Baunutzungskosten
Siehe → Nutzungskosten

Bauordnungsrecht	Neben dem Bauplanungsrecht ein Teilbereich des öffentlichen Baurechts, der von den Bundesländern in den Landesbauordnungen geregelt wird.
Bauplanungsrecht	Teil des öffentlichen Baurechts, der die städtebauliche Planung regelt. Das Bauplanungsrecht ist im Baugesetzbuch (BauGB) und in der Baunutzungsverordnung (BauNVO) geregelt.
Bauprogramm	Es enthält eine Zusammenstellung der erforderlichen Betriebsflächen und -räume sowie der unterzubringenden Betriebsbereiche.
Bauunterhaltungskosten	Gesamtheit der Maßnahmen zur Bewahrung und Wiederherstellung des Soll-Zustands an Gebäuden und dazugehörenden Anlagen (Kostengruppe 6 der DIN 18960), jedoch ohne Reinigung und Pflege der Verkehrs- und Grünflächen nach KG 5.7 und ohne Wartung und Inspektion der haus- und betriebstechnischen Anlagen nach KG 5.6.
Bebauungsplanverfahren	Regelung für die Art und Weise der möglichen Bebauung von parzellierten Grundstücken und die Nutzung der in diesem Zusammenhang stehenden von der Bebauung freizuhaltenden Flächen. Der Bebauungsplan ist aus dem Flächennutzungsplan, dem vorbereitenden Bauleitplan für das gesamte Gemeindegebiet, zu entwickeln (Regelverfahren).
Bedarfsplanung	Ziel der Bedarfsplanung ist es, die Bedürfnisse, Ziele und Anforderungen des Bedarfsträgers, z.B. Bauherr, Nutzer oder Betreiber, zum frühestmöglichen Zeitpunkt in einen Lösungsrahmen des Projekts zusammenzustellen. Sie ist ergebnisoffen und muss nicht zwangsläufig zur Errichtung eines neuen Bauwerkes führen. Sie muss jedoch in den gesamten Prozess der Umsetzung der formulierten Ziele einbezogen werden. Die Bedarfsplanung ist der gesamte Prozess der methodischen Ermittlung eines Bedarfs, einschließlich der hierfür notwendigen Erfassung der maßgeblichen Informationen und Daten, und deren zielgerichtete Aufbereitung als quantitativer und qualitativer Bedarf. Der Prozess der Bedarfsplanung besteht im engeren Sinne aus vier Teilschritten und dient der Ermittlung der projektspezifischen Inhalte: 1. Projektkontext klären 2. Projektziele festlegen 3. Informationen erfassen und auswerten 4. Bedarfsplan erstellen

	Der fünfte Prozessschritt dient der Variantenuntersuchung zur Bedarfsdeckung unmittelbar im Anschluss an die Bedarfsplanung. Der sechste Teilschritt betont den ganzheitlichen Blick auf notwendige Aktivitäten in den weiteren Phasen des Gebäudelebenszyklus: 5. Bedarfsdeckung untersuchen und festlegen 6. Bedarfsplan und Lösungen abgleichen
Besondere Leistungen	Besondere Leistungen können nach § 2 (3) HOAI zu den Grundleistungen hinzu oder an deren Stelle treten, wenn besondere Anforderungen an die Ausführung des Auftrags gestellt werden, die über die allgemeinen Leistungen hinausgehen oder diese ändern. Sie sind in den Leistungsbildern nicht abschließend aufgeführt. Besondere Leistungen sind gemäß Ziff. 4.2 der DIN 18299 ff. der VOB/C Leistungen, die nicht Nebenleistungen gemäß Abschnitt 4.1 sind und nur dann zur vertraglichen Leistung gehören, wenn sie in der Leistungsbeschreibung erwähnt sind. Werden solche Besonderen Leistungen vom Auftraggeber nachträglich verlangt, so besteht hierfür seitens des Auftragnehmers ein Anspruch auf besondere Vergütung.
Betriebshandbuch	Zentrales und verbindendes Dokument, das im Besonderen auf Inhalte der Bestandsdokumentation referenziert ist. Es dient dem Betreiber als Handbuch der Liegenschaft, im Besonderen der Technischen Gebäudeausrüstung und sichert damit einen unproblematischen und schnellen Informationsfluss bei der Lösung etwaig auftretender Problem- oder Fragestellungen.
Controlling	Um die Existenz eines Unternehmens zu sichern, müssen zahlreiche Informationen systematisch gesammelt, ausgewertet und verdichtet und den Führungskräften des Unternehmens in der für sie jeweils geeigneten Form fristgerecht zur Verfügung gestellt werden. Das Controlling hat für das zur Prozesssteuerung erforderliche Informations- und Kommunikationssystem nach Art, Inhalt, Umfang, Periodizität, Vernetzung und Wirkungsmechanismen bei Soll-Ist-Abweichungen zu sorgen.
Deckungsbestätigung	Zunächst ist zu unterscheiden zwischen Deckungsbestätigungen für Aufträge und für Nachträge. Deckungsbestätigungen für Aufträge erfordern den Vergleich der Soll-Werte für Vergabeeinheiten auf der Basis der aktuellen Kostenberechnung mit den Angeboten von Bietern. Im Fall der Überschreitung der Soll-Werte durch die Angebote sind geeignete Deckungsmöglichkeiten zu erarbeiten.

	Deckungsbestätigungen für Nachträge sind entweder durch bei der Vergabe gebildete Rückstellungen oder durch Einsparungen bei anderen Teilleistungen oder aber durch Budgeterhöhungen nachzuweisen. Voraussetzungen jeder ordnungsgemäßen Erst- und Nachtragsbeauftragung sind der Nachweis und die Bestätigung der finanziellen Deckung durch eine Deckungsbestätigung.
Detailablaufplanung	Sie dient der kurz- und mittelfristigen detaillierten Planung von Projektabläufen in den verschiedenen Projektstufen und ist Grundlage der detaillierten Kapazitätseinsatzplanung sowie der Ablaufkontrolle und Ablaufsteuerung. Ergebnis ist eine Ablaufstruktur in Form eines Feinnetzplans oder eines vernetzten Balkenplans, die einen Einblick in viele Details des Projektablaufs zulassen.
Detaillierter Technischer Inbetriebnahmeterminplan	Ein über den Detaillierungsgrad der Terminpläne der Fachplaner und der Projektsteuerung hinausgehender Terminplan, der die gewerkeweisen und gewerkeübergreifenden Vorgänge, Meilensteine und Abhängigkeiten der Technischen Inbetriebnahme in den unterschiedlichen Projektstufen darstellt.
Entscheidungspunkte	Siehe → Wertschöpfungsstufen
Entscheidungsvorbereitung	Die Untersuchungsergebnisse aus der Projektentwicklungsphase müssen in einem Entscheidungsmodell zusammengefasst werden, um die Entscheidung zur Fortführung der Projektentwicklung durch Erteilung von Planungsaufträgen wegen nachhaltiger Erfolgsaussichten oder aber über den Abbruch der Projektentwicklung wegen zu hoher Risiken vorzubereiten.
Einweisung	Gemäß VDI 6039 (2011) der Übergang des Anlagen- und System-Know-hows vom Planungs- und Herstellvorgang zum Betreiben durch fachkundige Erklärung und Unterweisung von Fachpersonal des Auftraggebers mit dem Ziel, die zu übernehmenden Anlagenteile bedienen und betreiben zu können.
Expertise (fachlich)	Obwohl dieser Begriff im Deutschen eigentlich „Gutachten/Begutachtung" bedeutet, ist hier Wissen, Erfahrung und Know-how im Sinne von Expertenwissen gemeint.
Fachplaner	Der Fachplaner wird in direktem Vertragsverhältnis mit dem Auftraggeber zur Erbringung von Fachplanungsleistungen beauftragt, z.B. der Tragwerksplanung, der Planung der Technischen Anlagen und der Baugrundbeurteilung. Bei Einschaltung der Fachplaner hat der Architekt vielfach ein Vorschlagsrecht. Verantwortung, Haftung und Gewährleistung der Fachplaner erstrecken sich jeweils nur auf ihren begrenzten Aufgabenbereich.

Facility Management

Es bedeutet ganzheitliches Betreiben von Gebäuden und Anlagen mit dem Ziel der optimalen Wertschöpfung durch die Immobilie. Dazu gehören:

- das Flächen- und Veranstaltungsmanagement,
- das Wartungs-, Instandhaltungs- und Energiemanagement,
- Vermietung, Verwaltung und Controlling,
- das Informations- und Kommunikationsmanagement sowie
- das Entwickeln und Verfolgen von Programmen zur Werterhaltung des Immobilienbestandes.

Beim FM werden insbesondere Methoden des Projektmanagements angewendet. In der Regel ist das FM keine Teildisziplin des Projektmanagements (z.B. Fehlen des Charakters der Einmaligkeit). In besonderen Fällen kann z B. ein Umzugsvorhaben eines großen Unternehmens jedoch Projektcharakter besitzen.

Funktionsbeschreibung

Gewerkeübergreifende Beschreibung der ordnungsgemäßen Funktion einer oder mehrerer Anlagen anhand von Anlagenschemata oder eines gewerkeübergreifenden Anlagenschemas, welche in der Planungs- und Ausführungsvorbereitungsphase aufgestellt werden. In der gewerkeübergreifenden Funktionsbeschreibung werden die funktionalen Planungsvorgaben der einzelnen Gewerke, die zueinander in Verbindung stehen, beschrieben.

Funktionsprogramm

Nach DIN 18205 abstrakte Darstellung des qualitativen Bedarfs von oder zwischen Funktionseinheiten, ggf. in unterschiedlichen Differenzierungsstufen mit Vorgaben zu Schnittstellen und Zusammenarbeit, Informations- und Kommunikationsbedingungen, Arbeitsplätzen, Arbeitsumfeld und sonstigen Nutzungen, Nutzungskonzept und Standards, Erschließung und Orientierung sowie Zugänglichkeit und Sicherheit.

Gebäude- und Raumbuch	Es dient als Besondere Leistung der Projektsteuerung zur verbalen Beschreibung von Gebäuden und Räumen. Es stellt die konsequente Fortführung des Bau-, Funktions-, Raum- und Ausstattungsprogramms sowie der Baubeschreibung dar und bietet die für Nicht-Techniker vielfach zweckmäßige Ergänzung zu zeichnerischen Darstellungen. Mit einem Gebäude- und Raumbuch wird die Präzisierung der Vorgaben des Nutzers/Bauherrn und die gemeinsame Informations-/Abstimmungs-/Entscheidungsbasis für Nutzer/Bauherr einerseits und Planer andererseits geschaffen. Ein Gebäude- und Raumbuch kann als Anlage zum Nutzerbedarfsprogramm erstmals als Forderungskatalog aufgestellt, mit Abschluss der Vor-, Entwurfs- und Ausführungsplanung fortgeschrieben und mit Baufertigstellung als Bestandsgebäude- und -raumbuch abgeschlossen und an den Nutzer übergeben werden.
Generalablaufplanung	Sie dient der Gewinnung eines Terminüberblicks über sämtliche Projektstufen der Projektvorbereitung, der Planung, der Ausführungsvorbereitung, der Ausführung und des Projektabschlusses. Wichtige Eckdaten/Meilensteintermine sind darin die Zeitpunkte für den Planungsbeginn, die Baueingabe, den Baubeginn, die Rohbaufertigstellung, die Wintersicherung der Gebäudehülle, die Baufertigstellung sowie Beginn und Ende der Übergabe an den Nutzer.
Generalfachplaner	Der Generalfachplaner entspricht einem Generalplaner, allerdings i.d.R. ohne Beauftragung mit allen Leistungsphasen der Architekten-/Objektplanung, da Architekten daneben einzelvertraglich gebunden und ggf. nur mit den Leistungsphasen 1 bis 4 oder bis 5 des § 34 Abs. 2 HOAI beauftragt werden.
Generalplaner	Bei Einschaltung eines Generalplaners liegt die gesamte Verantwortung einschließlich Haftung und Gewährleistung für alle Planungsleistungen sowie für die Überwachung der Bauausführung in einer Hand. Dem Generalplaner steht es frei, alle Planungsleistungen mit eigenen Mitarbeitern zu erfüllen. Fallweise kann er Fachplaner im Nachunternehmerverhältnis für diejenigen Aufgaben einschalten, die zu leisten er nicht imstande ist, wobei sich der Auftraggeber i.d.R. ein Mitspracherecht bei der Auswahl vorbehält.
Generalübernehmer	Der Generalübernehmer unterscheidet sich vom → Generalunternehmer dadurch, dass er die Ausführung der Bauleistungen aller Gewerbezweige für ein Bauwerk übernimmt, jedoch selbst keinerlei Bauleistungen im eigenen Betrieb ausführt. Generalübernehmer haben für den Auftraggeber den Nachteil, dass ihr Betriebsvermögen durch das Fehlen eines eigenen Baubetriebs meistens niedriger ist als das eines Generalunternehmers.

Generalunternehmer	Einem Generalunternehmer werden vom Auftraggeber die Bauleistungen aller Gewerbezweige für ein Bauwerk übertragen. Dabei hat er ggf. auch Teile der Ausführungsplanung zu erbringen. In diesem Fall spricht man von einem „qualifizierten Generalunternehmer". Häufig übernimmt der Generalunternehmer eine Kosten- und Termingarantie unter Vereinbarung einer Vertragsstrafe bei Nichteinhaltung. Er führt wesentliche Teile der Bauleistungen selbst aus, z.B. die Rohbauarbeiten. Die übrigen Bauleistungen vergibt er an Nachunternehmer, die ihre Leistungen selbständig und eigenverantwortlich auch im Rahmen von Werkverträgen erfüllen.
Gewerk	Veraltete, heute aber noch weitgehend übliche Bezeichnung für die einzelnen gewerblichen Leistungen. Diese werden in der VOB als Fachlose und nach dem Standardleistungsbuch (StLB) des Gemeinsamen Ausschusses Elektronik im Bauwesen (GAEB) als Leistungsbereiche bezeichnet.
Gewerkebeziehungs-matrix	Eine Gewerkebeziehungsmatrix zeigt die möglichen Abhängigkeiten bzw. die Schnittstellen zwischen den unterschiedlichen Gewerken speziell im Hinblick auf die Inbetriebnahmephase auf. Sie veranschaulicht bereits früh, in welchem Zusammenhang die unterschiedlichen Gewerke zueinander in Verbindung stehen und zeigt die Berührungspunkte auf. Ziel der Gewerkebeziehungsmatrix ist es, Reibungspunkte frühzeitig zu vermeiden, einen reibungslosen Übergang in die Nutzungsphase zu ermöglichen und frühzeitig mögliche Anforderungen zu erkennen und den Projektbeteiligten aufzuzeigen. Sie dient als Grundlage für die Aufstellung des Schnittstellenkatalogs.
Grobablaufplanung	Sie dient zur Ermittlung von Vertragsterminen für die Planung und Ausführung für jeden Auftragnehmer und muss für diesen jeweils mindestens Vertragsbeginn und -ende sowie ggf. auch vertragliche Zwischentermine ausweisen. Sie dient damit der mittel- bis langfristigen Ablaufplanung.
Grundleistungen	Sie umfassen nach HOAI die Leistungen, die zur ordnungsgemäßen Erfüllung eines Auftrags im Allgemeinen erforderlich sind. Sachlich zusammengehörige Grundleistungen sind zu jeweils in sich abgeschlossenen Leistungsphasen zusammengefasst.
Hauptunternehmer	Ein Rohbauunternehmer wird bei der Vergabe nach Fachlosen/Gewerken nach VOB/A als Hauptunternehmer bezeichnet. Für die weiteren Teilleistungen, wie z.B. die Technischen Anlagen und den Ausbau, werden dann weitere Nebenunternehmer eingeschaltet.

Honorarordnung für Architekten und Ingenieure (HOAI)	Für alle Auftraggeber (nicht nur für die öffentliche Hand) einerseits sowie Architekten und Ingenieure andererseits geltendes Recht zur Regelung der Honorare für Leistungen i.d.F. der 7. Novelle der Honorarordnung für Architekten und Ingenieure (HOAI) vom 10.7.2013 (BGBl. I S. 2276), in Kraft getreten am 17.7.2013.
Immobilienmarketing	Immobilienmarketing bezeichnet die Gesamtheit aller unternehmerischen Maßnahmen, die zur Entwicklung, Preisfindung und Verbreitung von Immobilien dienen, um Austauschprozesse zwischen Mietern/Käufern einerseits und Vermietern/Verkäufern andererseits herbeizuführen.
Investitionsrahmen	Entspricht dem → Kostenrahmen.
Investitionsrechnung	Sie umfasst sämtliche statischen und dynamischen Verfahren der Wirtschaftlichkeitsberechnung.
Jours fixes	Sind regelmäßige Projektbesprechungen (meistens 14-tägig) zur Diskussion der anstehenden Probleme sowie zur Fällung und Durchsetzung von Entscheidungen. Der Bauherr/Projektleiter lädt ein und der Projektmanager verfasst das Protokoll. Ständiger Teilnehmer ist der Architekt. Weitere Teilnehmer (Planer und während der Ausführung auch Unternehmer) nehmen bei Bedarf teil und werden jeweils separat eingeladen. Als wesentliches Ergebnis der Projektbesprechungen wird ein Entscheidungs- und Maßnahmenkatalog geführt, in den alle noch ausstehenden Entscheidungen aufgenommen werden. Ferner wird eine Liste der getroffenen Entscheidungen geführt. Im Anschluss an die Projektbesprechungen werden auch die Ablaufbesprechungen geführt über den jeweils erreichten Stand der Planung und Ausführung mit Soll-Ist-Vergleich und Abweichungsanalyse sowie Diskussion erforderlicher Anpassungsmaßnahmen bei drohenden oder eingetretenen Terminüberschreitungen mit Auswirkungen auf kritische Termine.
Kapazität	Nach DIN 69902 Einsatzmittel (engl.: ressources), d.h. Personal- und Sachmittel, die zur Durchführung von Vorgängen, Arbeitspaketen oder Projekten benötigt werden.
Kapazitätsrahmen	Er gibt die voraussichtlich erforderlichen Kapazitäten/Ressourcen für Planung und Ausführung vor. Zur Ermittlung sind Überschlagsrechnungen für den erforderlichen Personaleinsatz in der Planung und Ausführung, ggf. auch für den Geräteeinsatz in der Ausführung, anzustellen.

Kosten

Sie sind der bewertete betriebsnotwendige Verbrauch von Gütern und Dienstleistungen sowie für die Bereitstellung der hierfür erforderlichen Kapazitäten, die zur Herstellung und zum Absatz der betrieblichen Leistung benötigt werden. Dem Werteverzehr steht i.d.R. eine Wertschöpfung in Form einer betrieblichen Leistung gegenüber.

Kosten im Hochbau sind nach DIN 276-1:2008-12 Aufwendungen für Güter, Leistungen und Abgaben, die für die Planung und Ausführung von Baumaßnahmen erforderlich sind. DIN 276 sieht 3 Kostengliederungsebenen durch dreistellige Ordnungszahlen vor. In der 1. Ebene werden die Gesamtkosten in folgende 7 Kostengruppen gegliedert:

100 Grundstück
200 Herrichten und Erschließen
300 Bauwerk – Konstruktionen
400 Bauwerk – Technische Anlagen
500 Außenanlagen
600 Ausstattung und Kunstwerke
700 Baunebenkosten.

Kostenabweichung

Sie ist das Ergebnis einer Kostenkontrolle oder eines Kostenvergleichs. Kostenabweichungen sind vor allem begründet durch

- gewollte Projektänderungen hinsichtlich Standard oder Menge,
- Schätzungsberichtigungen, die auf Ungenauigkeiten in der Mengenermittlung oder auf Abweichungen von den Kostenkennwerten vorausgegangener Projektphasen beruhen, oder
- Indexänderungen aufgrund der Baupreisentwicklung.

Kostenanschlag

Er ist eine möglichst genaue Ermittlung der Kosten und dient nach DIN 276-1:2008-12 als eine Grundlage für die Entscheidung über die Ausführungsplanung und die Vorbereitung der Vergabe. Im Kostenanschlag sollen die Gesamtkosten nach Kostengruppen mindestens bis zur 3. Ebene der Kostengliederung ermittelt werden.

Kostenberechnung	Die Kostenberechnung dient nach DIN 276-1:2008-12 als eine Grundlage für die Entscheidung über die Entwurfsplanung, in der die Planungsunterlagen (z.B. durchgearbeitete Entwurfszeichnungen, ggf. auch Detailpläne) und die Berechnung der Mengen von Bezugseinheiten der Kostengruppen und Erläuterungen (z.B. Beschreibung der Einzelheiten in der Systematik der Kostengliederung, die aus den Zeichnungen und Berechnungsunterlagen nicht zu ersehen, aber für die Berechnung und die Beurteilung der Kosten von Bedeutung sind) zugrunde gelegt werden. In der Kostenberechnung müssen die Gesamtkosten nach Kostengruppen mindestens bis zur 2. Ebene der Kostengliederung ermittelt werden.
Kostenermittlung	Sie ist die Vorausberechnung der entstehenden Kosten bzw. die Feststellung der tatsächlich entstandenen Kosten. Kostenermittlungen dienen als Grundlagen für die Kostenkontrolle, für die Planungs-, Vergabe- und Ausführungsentscheidungen sowie zum Nachweis der entstandenen Kosten.
Kostenfeststellung	Sie ist die Ermittlung der tatsächlich entstandenen Kosten und dient zum Nachweis der entstandenen Kosten sowie ggf. zum Vergleich und zu Dokumentationen. In der Kostenfeststellung sollen die Gesamtkosten nach Kostengruppen bis zur 2. Ebene der Kostengliederung unterteilt werden. Bei Baumaßnahmen, die für Vergleiche und Kostenkennwerte ausgewertet und dokumentiert werden, sollten die Gesamtkosten mindestens bis zur 3. Ebene der Kostengliederung unterteilt werden.
Kostengliederung	Sie ist nach DIN 276-1:2008-12 die Ordnungsstruktur, nach der die Gesamtkosten einer Baumaßnahme in Kostengruppen unterteilt werden.
Kostengruppe	Sie ist nach DIN 276-1:2008-12 die Zusammenfassung einzelner, nach den Kriterien der Planung oder des Projektablaufs zusammengehörender Kosten, die in bis zu drei Ebenen gegliedert werden.
Kostenkennwert	Er ist nach DIN 276-1:2008-12 ein Wert, der das Verhältnis von Kosten zu einer Bezugseinheit (z.B. Grundflächen oder Rauminhalte nach DIN 277 Teil 1 und Teil 2) darstellt.
Kostenkontrolle	Sie ist der Vergleich einer aktuellen mit einer früheren Kostenermittlung, um Kostenabweichungen zu erkennen.

Kosten-Nutzen-Analyse (KNA)	Sie dient der Beurteilung der Vorteilhaftigkeit gesamtwirtschaftlich bedeutsamer Investitionen und versucht, eine Beziehung zwischen dem Nutzen und den durch die Investition verursachten Kosten herzustellen mit der Zielsetzung, den gesamtwirtschaftlichen Nutzen zu maximieren. Sie bietet sich an, wenn alle betrieblichen und gesellschaftlichen Nutzen- und Kostenfaktoren mit Geldeinheiten bewertbar sind, und weist damit wie die Wirtschaftlichkeitsberechnung ein nur eindimensionales Zielsystem auf.
Kostenplanung	Sie ist nach DIN 276-1:2008-12 die Gesamtheit aller Maßnahmen der Kostenermittlung, Kostenkontrolle und der Kostensteuerung. Die Kostenplanung begleitet kontinuierlich alle Phasen der Baumaßnahme während Planung und Ausführung. Sie befasst sich systematisch mit den Ursachen und Auswirkungen der Kosten.
Kostenrahmen	Der Kostenrahmen dient als Grundlage für eine Entscheidung über die Bedarfsplanung sowie für grundsätzliche Wirtschaftlichkeits- und Finanzierungsüberlegungen und zur Festlegung der Kostenvorgabe. Im Kostenrahmen müssen mindestens die Bauwerkskosten gesondert ausgewiesen werden, sinnvollerweise werden aber alle Kostengruppen in der ersten Gliederungsebene mit Kosten belegt. Er ist die erste und in den Leistungsphasen der HOAI nicht enthaltene Kostenaussage auf der Basis eines Nutzerbedarfsprogramms. Das „Dilemma der erstgenannten Zahl" ergibt sich häufig daraus, dass der Kostenrahmen von der Kostenfeststellung in erheblichem Maße abweicht. Kostenüberschreitungen können allerdings wirksam dadurch erheblich vermindert oder ganz vermieden werden, dass der Kostenrahmen als zwingend einzuhaltende Budgetgrenze (Kostendeckel) vorgegeben wird.
Kostenschätzung	Die Kostenschätzung dient nach DIN 276-1:2008-12 als eine Grundlage für die Entscheidung über die Vorplanung, in der die Ergebnisse der Vorplanung (Planungsunterlagen, zeichnerische Darstellungen), Berechnung der Mengen von Bezugseinheiten (nach DIN 277), erläuternde Angaben zu den planerischen Zusammenhängen, Vorgängen und Bedingungen sowie Angaben zum Baugrundstück und zur Erschließung zugrunde gelegt werden. In der Kostenschätzung müssen die Gesamtkosten nach Kostengruppen mindestens bis zur 1. Ebene der Kostengliederung ermittelt werden.
Kostenstand	Bei Kostenermittlungen ist nach DIN 276-1:2008-12 vom Kostenstand zum Zeitpunkt der Ermittlung auszugehen; dieser Kostenstand ist durch die Angabe des Zeitpunktes zu dokumentieren. Sofern Kosten auf den Zeitpunkt der Fertigstellung prognostiziert werden, sind sie gesondert auszuweisen.

Kostenvergleich	Der Kostenvergleich ergibt sich aus den Ergebnissen einer Kostenermittlungsart durch Verwendung unterschiedlicher Bezugsgrößen für die Kostenkennwerte (z.B. €/m² BGF; €/m² HNF; €/m³ BRI) bzw. aus der Gegenüberstellung aktueller mit früheren Kostenermittlungen sowie aus der Differenz zwischen Soll- und Ist-Kosten, z.B. zwischen Vergabebudget und Submissionsergebnis oder zwischen Auftrags- und Schlussabrechnungssumme. Kostenüberschreitungen sind durch Anpassungsmaßnahmen auszugleichen.
Kostenwirksamkeitsanalyse (KWA)	Sie ist eine Methode zur Rangbestimmung bei komplexen Entscheidungs- oder Handlungsalternativen. Sie erlaubt die Beachtung mehrdimensionaler Zielsysteme. Die in Geldeinheiten bewertbaren Faktoren werden wie bei der Kosten-Nutzen-Analyse (KNA) und die nicht monetär bewertbaren Faktoren (intangiblen Effekte) wie bei der Nutzwertanalyse (NWA) behandelt. Die KWA erlaubt keine Beurteilung einer Einzelmaßnahme, sondern nur eine Aussage über die relative Vorteilhaftigkeit von Investitionsalternativen und damit die Aufstellung einer Rangliste.
Kritischer Weg	Er ist der Weg, auf dem Ereignisse bzw. Vorgänge so angeordnet sind, dass die gesamte Pufferzeit ein Minimum ist.
Kumulativleistungsträger	Auftragnehmer, die mehrere Projektleistungen als Eigen- oder Fremdleistung erbringen, z.B. Generalplaner (GP), Generalunternehmer (GU), Generalübernehmer (GÜ), Totalunternehmer (TU), Totalübernehmer (TÜ), Construction Manager (CM).
Lebenszykluskosten	Lebenszykluskosten berücksichtigen in der Berechnungsmethode – im Unterschied zu den Nutzungskosten – Preissteigerungen, die Zeitpunkte der Auszahlungen (Barwertmethode) und den Kapitalwert, bezogen auf einen Betrachtungszeitraum. Grundlage sind Abschreibungen, Sanierungskosten, Kapitalkosten, Nutzungskosten, Personalkosten und sonstige Kosten.

Leistungsbeschreibung	Nach VOB/A ist zu unterscheiden zwischen Leistungsbeschreibung mit Leistungsverzeichnis, d.h. allgemeine Darstellung der Bauaufgabe (Baubeschreibung) und ein in Teilleistungen gegliedertes Leistungsverzeichnis, sowie nach Leistungsbeschreibung mit Leistungsprogramm, d.h. Beschreibung der Bauaufgabe, aus der die Bewerber alle für die Entwurfsbearbeitung und für ihr Angebot maßgebenden Bedingungen und Umstände erkennen können und in der sowohl der Zweck der fertigen Leistung als auch die an sie gestellten technischen, wirtschaftlichen, gestalterischen und funktionsbedingten Anforderungen angegeben sind, sowie ggf. ein Musterverzeichnis, in dem die Mengenangaben ganz oder teilweise offen gelassen sind. Nach VOB/A ist die Leistung eindeutig und so erschöpfend zu beschreiben, dass alle Bewerber die Beschreibung im gleichen Sinne verstehen müssen und ihre Preise sicher und ohne umfangreiche Vorarbeiten berechnen können.
Leistungsbild	Die in den Teilen II bis XIII enthaltenen Leistungsbeschreibungen für die Architekten- und Ingenieurleistungen, die nach Grundleistungen und Besonderen Leistungen unterschieden werden.
Leistungsmessung	Messung mit dem Ziel der Überprüfung der Einhaltung der vorgegebenen Kennwerte unter verschiedenen Lastzuständen bzw. Rahmenbedingungen.
Leistungswert	Nach DIN 69902 Einsatzmittel-Leistungsvermögen (engl.: ressource unit capacity), d.h. Menge von Einheiten, die durch die Nutzung oder den Verbrauch eines Einsatzmittels in einer Zeiteinheit erzeugt werden kann (z.B. ein Tieflöffelbagger mit 1 m^3 Löffelinhalt kann in einer Stunde 50 m^3 ausheben).
Leitposition	Diejenigen Teilleistungen der verschiedenen Leistungsbereiche eines Bauwerkes, die wertmäßig (aus dem Produkt von Mengen und Einheitspreisen) ca. 80–90 % der Gesamtkosten des Leistungsbereichs ausmachen, zahlenmäßig jedoch nur einen prozentualen Anteil zwischen 20 % und 30 % haben.

Machbarkeitsstudie	Die Machbarkeitsstudie ist der fünfte Prozessschritt der Bedarfsplanung gemäß DIN 18205 und dient der Variantenuntersuchung zur Bedarfsdeckung unmittelbar im Anschluss an die Bedarfsplanung. Dabei wird die Bedarfsdeckung untersucht und festgelegt, indem realisierbare Varianten unter Berücksichtigung der jeweiligen baulichen, planungs- und baurechtlichen Vorgaben und Bedingungen erarbeitet werden und eine Bewertung der Gesamtwirtschaftlichkeit erfolgt. Der Kostenrahmen enthält dabei neben Investitions- und Risikokosten auch Kosten für die spätere Nutzung und den Rückbau bzw. die Wiederverwertung. Auf Basis einer qualitativen und quantitativen Bewertung wird dann die Entscheidung über die Variante getroffen, die der weiteren Planung zugrunde gelegt wird (Bedarfsdeckung).
Mess- und Zählerkonzept	Ein bereits in der Planungsphase entwickeltes Mess- und Zählerkonzept dient der gezielten Erfassung von Energie- und Medienströmen während der Inbetriebnahme- und der anschließenden Nutzungsphase. Durch die Analyse der erhobenen Werte lassen sich Schwachstellen leichter erkennen und beheben. Das Mess- und Zählerkonzept bildet auch die Grundlage für eine Betriebsoptimierung während der Nutzung.
Multiprojektmanagement (MPM)	Organisatorischer und prozessualer Rahmen für das Management, d.h. die Planung, übergreifende Überwachung und Steuerung mehrerer einzelner Projekte in einer definierten Organisation. Das MPM kann in Form von Programmen und Projektportfolios organisiert werden (DIN 69909). Es umfasst die Schaffung einheitlicher Vorgaben und Prozesse sowie die Koordination zwischen den Projekten bzw. Programmen.
MPM-Projektleiter (MPM-PL)	Er ist der Realisierungsverantwortliche gemäß DIN 69909 und verantwortet die Umsetzung des durch das Gremium erteilten Auftrags. Er bewegt sich dabei im Rahmen der getroffenen Entscheidungen.
MPM-Projektsteuerer (MPM-PS)	Er ist der Prozessverantwortliche gemäß DIN 69909 und steuert den Multiprojektmanagement-Prozess auf der jeweiligen Ebene sowie die Weiterentwicklung des Prozesses und berichtet über die Prozessqualität.
Nachforderung	Sie ist eine vom Auftragnehmer nach Vertragsabschluss über die Vereinbarung der Vergütung hinaus erhobene Forderung. Dem Grunde und der Höhe nach aus Leistungsänderungen oder Leistungsstörungen berechtigte Nachforderungen führen zu entsprechenden Nachtragsvereinbarungen. Nach VOB/B schließt die vorbehaltlose Annahme der Schlusszahlung durch den Auftragnehmer Nachforderungen aus, wenn der Auftragnehmer über die Schlusszahlung schriftlich unterrichtet und auf die Ausschlusswirkung hingewiesen wurde.

Nachunternehmer	Er wird von einem Generalunter-, Generalüber- oder Totalunternehmer im Werkvertragsverhältnis beauftragt. Es besteht kein direktes Vertragsverhältnis zu deren Auftraggeber.
Nebenleistungen	Nebenleistungen sind nach VOB/C solche Leistungen, die auch ohne Erwähnung im Vertrag zur vertraglichen Leistung gehören und infolgedessen in die vertraglichen Einheitspreise oder den Pauschalpreis einzurechnen sind.
Nebenunternehmer	Für nachrangige Bauleistungen schließt der Auftraggeber neben dem Bauwerkvertrag mit einem Hauptunternehmer für die maßgeblichen Bauleistungen Verträge mit Nebenunternehmern ab. Zwischen Hauptunternehmer und Nebenunternehmern bestehen keine direkten Vertragsverhältnisse.
Netzplan	Er ist nach DIN 69900 die grafische oder tabellarische Darstellung von Abläufen und deren Abhängigkeiten.
Nutzen-Kosten-Untersuchung (NKU)	Sie ist definitionsgemäß immer dann anzuwenden, wenn neben einzelwirtschaftlichen auch gesamtwirtschaftliche Ziele und entsprechende Nutzen- und Kostenfaktoren in die Betrachtungen einzubeziehen sind oder aber für einzelwirtschaftliche Untersuchungen auch nicht monetär bewertbare Teilziele herangezogen werden sollen. Im Wesentlichen haben sich drei Verfahren durchgesetzt: die Kosten-Nutzen-Analyse (KNA), die → Nutzwertanalyse (NWA) und die → Kostenwirksamkeitsanalyse (KWA).
Nutzungskosten	Nach DIN 18960 „Nutzungskosten im Hochbau" alle in baulichen Anlagen und deren Grundstücken entstehenden regelmäßig oder unregelmäßig wiederkehrenden Kosten von Beginn ihrer Nutzbarkeit bis zu ihrer Beseitigung (Nutzungsdauer). Das schließt die Übergabe- und Optimierungsphase, die Betriebsphase, die Modernisierungsphase, die Rückgabephase bis zum Beginn der Beseitigungsphase mit ein. Nutzungskosten sind keine Kosten nach DIN 276-1:2008-12. Die betriebsspezifischen und produktionsbedingten Personal- und Sachkosten sind nicht nach dieser Norm zu erfassen, soweit sie sich von den Nutzungskosten trennen lassen. Die Kosten der Erstellung, des Umbaus und der Beseitigung von Gebäuden sind Kosten nach DIN 276-1:2008-12.

Nutzwertanalyse (NWA)	Die NWA kommt zur Anwendung, wenn die einzel- oder gesamtwirtschaftlichen Teilziele überwiegend nicht in Geldern, sondern nur mit Nutzenpunkten bewertet werden können. Sie erlaubt damit die Berücksichtigung mehrdimensionaler Zielsysteme. Die kardinal, ordinal oder nominal gemessenen Teilziele werden durch eine Bewertung mit Nutzenpunkten gleichnamig gemacht und entsprechend ihrer Bedeutung für den Gesamtnutzen gewichtet. Die Nutzenpunkte jedes Teilziels werden mit den Gewichtungsfaktoren multipliziert und ergeben damit gewichtete Nutzenpunkte. Aus der Addition ergibt sich der Gesamtnutzwert der betrachteten Alternative. Mit einer NWA kann nicht entschieden werden, ob eine Maßnahme für sich allein zu befürworten ist. Sie lässt nur eine Aussage über die relative Vorteilhaftigkeit beim Vergleich alternativer Maßnahmen zu und ermöglicht das Aufstellen einer Rangfolge.
Objekt	Ein in der HOAI verwendeter Begriff für den jeweiligen Gegenstand der Planungsleistungen wie Gebäude, Freianlagen und raumbildende Ausbauten, Ingenieurbauwerke und Verkehrsanlagen, Tragwerke, Technische Anlagen und Gebäude für Leistungen bei der Bau- und Raumakustik. Die HOAI enthält allerdings keine Vorschriften über die Aufteilung mehrerer Objekte in Einzelobjekte, deren anrechenbare Kosten in Abhängigkeit von der jeweiligen Honorarzone maßgebend sind für das aus den Honorartafeln zu entnehmende Honorar für die Erfüllung der Grundleistungen in allen Leistungsphasen (100 v.H.). Aus dieser Unschärfe der HOAI entstehen bei fehlender vertraglicher Präzisierung häufig Streitigkeiten bei der Prüfung der Honorarschlussrechnung von Planerverträgen.
Objektbeschreibung	Grundleistung nach HOAI 2013, Anlage 10 zu §§ 34 Abs. 1 und 35 Abs. 6 und Anlage 11 zu §§ 39 Abs. 1 und 40 Abs. 5. Sie enthält Erläuterungen wie z.B. eine Beschreibung der Einzelheiten in der Systematik der Kostengliederung, die aus den Zeichnungen und Berechnungsunterlagen nicht zu ersehen, aber für die Berechnung und die Beurteilung der Kosten von Bedeutung ist. Die Objektbeschreibung sollte nach den Kostengruppen der DIN 276-1:2008-12 gegliedert sein.
Organisationshandbuch	Dieses dient zur Schaffung von Klarheit über die Projektziele, die Projektstruktur, die Aufbau- und Ablauforganisation sowie das Informations- und Kommunikationssystem der Projektbeteiligten. Im Sinne von DIN EN ISO 9000 ff. beinhaltet es den projektspezifischen Qualitätsmanagementplan.
Phasenabschluss	Grundleistung nach HOAI 2013 durch Zusammenfassen, Erläutern und Dokumentieren der Ergebnisse.

Planer-Workshop	Gemeinsames Treffen der Planungsbeteiligten zur Vorstellung und Diskussion der bis zu diesem Zeitpunkt erarbeiteten wesentlichen und das Projekt bestimmenden Planungsergebnisse innerhalb einer Leistungsphase nach HOAI 2013. Der Planer-Workshop dient sowohl der Abstimmung der Planungsbeteiligten untereinander als auch der Vorstellung beim Auftraggeber, Projektleiter, Projektsteuerer und Value Engineer.
Planfeststellungsverfahren	Es wird angewendet auf Planungen auf den Gebieten des Verkehrs-, Wege- und Wasserrechts und der öffentlichen Versorgung. Planfeststellungsverfahren sind Verwaltungsverfahren mit Beteiligung der Planungsbetroffenen. Elemente des Verfahrens sind die Anordnung des Verfahrens durch Rechtsvorschrift, das Anhörungsverfahren und der Planfeststellungsbeschluss. Einzelheiten regelt das Verwaltungsverfahrensgesetz (VwVfG).
Planungskennwert	Planungskennwerte dienen als Orientierungswerte und als Maßstab zur Beurteilung der Wirtschaftlichkeit einer Planung. Sie sind teilweise in Vorschriften und Richtlinien verankert, teilweise gehören sie zum individuellen Erfahrungsschatz der Architekten und Fachplaner. Sie werden als Verhältniswerte je nach Verwendungszweck und Bezugsbasis in drei Gruppen eingeteilt: • zur Bedarfsableitung mit der Bezugsbasis Nutzeinheiten, wie z.B. Flächenkennwerte pro Schüler- oder Kindergartenplatz pro Krankenhausbett, • zur wirtschaftlichen Entwurfsgestaltung als Verhältniswerte von Flächen und Kubaturen, wie z.B. m² BGF/m² HNF, und • zur wirtschaftlichen Gestaltung von Bauteilen oder Bauelementen, wie z.B. Bauteil- oder Baustoffkennwerte über zulässige Beanspruchungen, Eigenschaften und Nutzungsdauern in Abhängigkeit von der Beanspruchung.
Probebetrieb	Nach VDI 6039 (2011) der Betrieb einer bereits in Betrieb genommenen Anlage während einer festgelegten Dauer, bei dem Funktionen der Anlage auf vereinbarte Eigenschaften geprüft werden.
Programm	Ein Programm umfasst eine Menge von Projekten, die zueinander in Beziehung stehen und einem gemeinsamen übergeordneten Ziel dienen (DIN 69909).
Programmstufen	Diese wurden für die Leistungen des Multiprojektmanagements, in Anlehnung an die DIN 69909 Multiprojektmanagement – Management von Projektportfolios, Programmen und Projekten, festgelegt.

Projekt

Nach DIN 69901 ist ein Projekt ein Vorhaben, das im Wesentlichen durch die Einmaligkeit der Bedingungen in ihrer Gesamtheit gekennzeichnet ist, wie z.B.

- Zielvorgabe,
- zeitliche, finanzielle, personelle oder andere Begrenzungen,
- Abgrenzung gegenüber anderen Vorhaben und
- projektspezifische Organisation.

Projektänderung

Sie ist eine bewusste Abweichung von dem jeweils genehmigten Projektstatus hinsichtlich Standard oder Menge und führt zu einer Veränderung von Funktion, Gestaltung oder Konstruktion des Projekts oder einzelner Projektteile. Projektänderungen haben Einfluss auf Qualitäten, Kosten und Termine. Daher sind alle gewünschten oder notwendigen Änderungen gegenüber dem jeweils aktuellen Planungsstand vom jeweiligen Initiator der Projektleitung des Auftraggebers mit Begründung und Auswirkungen auf Qualitäten, Kosten und Termine so rechtzeitig schriftlich anzumelden, dass sie nach einer entsprechenden Entscheidung ggf. ohne Zeitverzögerung umgesetzt oder aber bei Ablehnung noch vermieden werden können. Die Projektleitung des Auftraggebers entscheidet nach Abstimmung mit dem Auftraggeber und den fachlich Beteiligten über das weitere Vorgehen. Genehmigte Projektänderungen/-ergänzungen werden mit den entsprechenden Auswirkungen von der Projektleitung des Auftraggebers in einer Projektänderungsliste mit Genehmigungsvermerken dokumentiert.

Projektbuchhaltung

Sie enthält alle Auftrags- und Abrechnungsdaten der an einem Projekt beteiligten Fachplaner, Firmen, behördlichen und sonstigen Institutionen. Zielsetzung ist die jederzeitige Auskunftsbereitschaft über die Entwicklung des Budgets, die Auftrags- und Abrechnungssummen, den Stand des Ausgleichspostens, der Rückstellungen und des Unvorhergesehenen sowie der Über- und Unterschreitungen zwischen Soll-Vorgaben, Vergabe- und Schlusssabrechnungswerten.

Projektchronik

Sie ist die Zusammenstellung ausgewählter wesentlicher Daten über die Projektstruktur, die Aufbau- und Ablauforganisation, erreichte Projektziele sowie Kosten und Termine. Sie liefert während und nach Abschluss eines Projekts Hinweise für das Vorgehen bei laufenden und zukünftigen gleichartigen Projekten.

Projektcontrolling

Das Projektcontrolling ist eine Teildisziplin des Projektmanagements. Es wird als Leistung bei der Steuerung von Kumulativleistungsträgern (Generalplanern und Generalunternehmern etc.) erforderlich.

Projektentwicklung

Durch Projektentwicklungen sind die Faktoren Standort, Projektidee und Kapital so miteinander zu kombinieren, dass einzelwirtschaftlich wettbewerbsfähige, arbeitsplatzschaffende und -sichernde sowie gesamtwirtschaftlich sozial- und umweltverträgliche Immobilienobjekte geschaffen und dauerhaft rentabel genutzt werden können.

Projektentwicklung im engeren Sinne umfasst die Phase vom Projektanstoß bis zur Entscheidung über die weitere Verfolgung der Projektidee durch Erteilung von Planungsaufträgen bzw. bis zur Entscheidung über die Einstellung aller weiteren Aktivitäten aufgrund zu hoher Projektrisiken.

Die Projektentwicklung im weiteren Sinne umfasst den gesamten Lebenszyklus der Immobilie vom Projektanstoß bis hin zur Umwidmung oder dem Abriss am Ende der wirtschaftlich vertretbaren Nutzungsdauer. Sie entspricht dem Immobilienmanagement (engl.: corporate real estate management – CREM).

Ziel der Projektentwicklung ist die Schaffung von Wertsteigerungen, da dies der Ertrag ist, den ein Projektentwickler erwirtschaftet.

In institutioneller Hinsicht lassen sich drei Formen der Leistungserstellung in der Projektentwicklung unterscheiden:

- die Projektentwicklung für den eigenen Bestand,
- die Projektentwicklung für Investoren und
- die Projektentwicklung als Dienstleistung.

Projekthandbuch
: Das Projekthandbuch beinhaltet die aktuelle Dokumentation der jeweils vorliegenden Pläne, Berechnungen und Beschreibungen. Es bildet damit die aktuelle Dokumentation des Projektleiters des Auftraggebers und besteht üblicherweise aus

- dem Organisationshandbuch,
- dem Nutzerbedarfsprogramm,
- einer Liste der vorhandenen und noch zu erstellenden Planungsunterlagen,
- einem Überblick über den Stand sowie die weitere Entwicklung sämtlicher Genehmigungsverfahren,
- einer Zusammenstellung der Flächen und Kubaturen nach DIN 277,
- Qualitätsbeschreibungen durch Erläuterungsbericht zur Planung, die Projekt-/Baubeschreibung und ggf. das Gebäude- und Raumbuch,
- der jeweils aktuellen Kostenermittlung mit zugehörigem Erläuterungsbericht,
- den jeweils aktuellen Terminplänen mit Erläuterungsberichten,
- dem Maßnahmen- und Entscheidungskatalog sowie
- einer Liste der maßgeblichen Entscheidungen

mit den jeweiligen Konsequenzen für Qualitäten, Kosten und Termine unter Einbeziehung der jeweiligen Trends bis zum Projektende.

Projektkommunikationssystem (PKMS)
: Die Intensität der Kommunikation zwischen den Baubeteiligten von „niedrig" bis „hoch" beschreiben die Verben „informieren", „koordinieren", „kollaborieren" und „kooperieren" (in dieser Reihenfolge). Projektkommunikationssysteme unterstützen die Zusammenarbeit einer Bauprojektgruppe über elektronische Netzwerke in allen vorgenannten Intensitäten. Dabei stehen Funktionen für den Austausch und die gemeinsame Ablage von Dokumenten, für den Austausch von Nachrichten, für die Verwaltung von Adressen und Kalendern sowie für die Vorgangssteuerung in Form von Workflows im Vordergrund.

Projektleitung (PL)
: Für die Dauer eines Projekts geschaffene Organisationseinheit, die für Planung, Steuerung und Überwachung dieses Projekts verantwortlich ist. Sie kann den Bedürfnissen der Projektphasen angepasst werden (DIN 69901).

Projektmanagement (PM)
: Gesamtheit von Führungsaufgaben, -organisation, -techniken und -mitteln für die Abwicklung eines Projekts (DIN 69901).

Projektportfolio
Ein Projektportfolio bündelt Projekte und Programme (ggf. auch weitere Projektportfolios) in einem abgegrenzten Verantwortungsbereich zum Zweck der übergeordneten Planung und Steuerung (DIN 69909).

Projektsteuerung (PS)
Nach § 31 HOAI Leistungen von Auftragnehmern, die Funktionen des Auftraggebers bei der Steuerung von Projekten mit mehreren Fachbereichen übernehmen. Nach der Berufsordnung des Deutschen Verbandes der Projektmanager in der Bau- und Immobilienwirtschaft e. V. (DVP) ist Projektsteuerung die neutrale und unabhängige Wahrnehmung von Auftraggeberfunktionen in technischer, wirtschaftlicher und rechtlicher Hinsicht i.S.v. § 31 HOAI.

Projektstrukturplan (PSP)
Darstellung der Gesamtheit der wesentlichen Beziehungen zwischen den Elementen eines Projekts, wobei nach dem Aufbau, dem Ablauf, den Grundbedingungen oder nach sonstigen Gesichtspunkten differenziert werden kann. Der PSP ist Basis der Codifizierung der Projektarbeit sowohl für Pläne, Beschreibungen, Kostenermittlungen und -kontrollen, Terminplanungen und -überwachungen als auch für Auftragszuordnungen, Budgetierungen und Inventarisierungen (DIN 69901).

Projektstufen
Nach § 204 Leistungsbild Projektsteuerung vorgenommene Zusammenfassung der 9 Leistungsphasen der HOAI mit einer vorausgehenden Leistungsphase 0 Projektentwicklung zu 5 Projektstufen:

1 Projektvorbereitung
2 Planung
3 Ausführungsvorbereitung
4 Ausführung
5 Projektabschluss

(Projekt-)Ziele
Nach DIN 69901-5:2009 die Gesamtheit von Einzelzielen, die durch das Projekt erreicht werden. Die Zieldefinition beinhaltet die quantitative und qualitative Festlegung des Projektinhalts und der einzuhaltenden Realisierungsbedingungen, z.B. Kosten und Dauer, in Zielmerkmalen mit meist unterschiedlichen Zielgewichten (z.B. Muss- und Kann-Ziele). Wesentliche Zielgrößen sind Kosten, Termine und Leistung (Qualität), die in Beziehung zueinander stehen. Zur Priorisierung müssen die Zielbeziehungen (antinom, konkurrent, neutral, komplementär, identisch) geklärt werden.

(Projektmanagement-)Prozess
Unter Prozessen versteht man die in vielfältiger Wechselwirkung stehenden Aktivitäten des Projektmanagements, die Eingaben (Input) in Ergebnisse (Output) umzuwandeln. Projektmanagement-Prozesse sind meist über den Projektverlauf hinweg in Projektmanagement-Phasen unterteilt, z.B. in Projektvorbereitung, Planung, Ausführungsvorbereitung, Ausführung und Projektabschluss nach AHO-Heft Nr. 9.

Pufferzeit	Zeitspanne, um die unter bestimmten Bedingungen die Lage eines Ereignisses bzw. Vorgangs verschoben oder die Dauer eines Vorgangs verlängert werden kann (DIN 69900).
Gesamte Pufferzeit (GP)	Zeitspanne zwischen frühester und spätester Lage eines Ereignisses bzw. Vorgangs.
Freie Pufferzeit (FP)	Zeitspanne, um die ein Ereignis bzw. Vorgang gegenüber seiner frühesten Lage verschoben bzw. verlängert werden kann, ohne die früheste Lage anderer Ereignisse bzw. Vorgänge zu beeinflussen.
Freie Rückwärtspufferzeit (FRP)	Zeitspanne, um die ein Ereignis bzw. Vorgang gegenüber seiner spätesten Lage verschoben bzw. verlängert werden kann, ohne dass die späteste Lage anderer Ereignisse bzw. Vorgänge beeinflusst wird.
Unabhängige Pufferzeit (UP)	Zeitspanne, um die ein Ereignis bzw. ein Vorgang verschoben bzw. verlängert werden kann, wenn sich seine Vorereignisse bzw. Vorgänger in spätester und seine Nachereignisse bzw. Nachfolger in frühester Lage befinden.
Quartals-/Statusbericht	Lagebericht zum Projekt als auch Rechenschaftsbericht des Projektmanagements für den Berichtszeitraum. Die Gliederung bezieht sich auf die 4 Handlungsbereiche des Projektmanagements: A Organisation, Information, Koordination und Dokumentation B Qualitäten und Quantitäten C Kosten und Finanzierung D Termine und Kapazitäten. Ferner sind die Risiken für die definierten Qualitäts-, Kosten- und Terminziele bis zum Projektende aufzuzeigen. Als Anlagen sind beizufügen: • der aktuelle Maßnahmen-/Entscheidungskatalog, • die Entscheidungsliste, • die Liste der im Berichtszeitraum erstellten Dokumente, • die grafische Darstellung des Budgets sowie der Vergabe-, Leistungs- und Zahlungssummen, jeweils im Soll und im Ist, • Kosten- und Terminübersichten, ggf. mit weiterer Detaillierung.
Raumprogramm	Differenzierung des Flächenprogramms und Beschreibung der Größe und Anforderungen ggf. einzelner Räume, sofern diese Einfluss auf die Umsetzung des Bedarfes haben. Die Gliederung erfolgt nach der DIN 277.
Review	Analyse und Bewertung von Planungsergebnissen mit dem Ziel der Qualitätssicherung.

Risikoanalyse

Risiken sind nach Motzel (Motzel, 2006:190) mögliche ungeplante Ereignisse und Situationen mit negativen Auswirkungen (Schäden) auf das Projektergebnis insgesamt oder auf einzelne Planungsgrößen oder Ereignisse, die neue, unvorhergesehene und schädliche Aspekte aufwerfen können. Das systematische Vorgehen im Risikomanagement umfasst die Schritte Identifikation, Analyse, Bewertung sowie Planung, Durchführung und Überwachung der Maßnahmen. Gegenstand der Analyse ist dabei das Verhältnis von Eintrittswahrscheinlichkeit und Tragweite (Schadenshöhe).

Rückstellungen

Sie werden im Zusammenhang mit der Vorgabe der Deckungsbestätigung für Aufträge gebildet und dienen als Reserve zur Deckung von evtl. Nachträgen zu dem jeweiligen Auftrag. Die Größenordnung ist auftragsindividuell abzuschätzen und liegt meistens zwischen 3 % und 5 % der Vergabesumme. Der Charakter dieser Rückstellungen entspricht hinsichtlich der Unbestimmtheit der Notwendigkeit, der Höhe und des Zeitpunkts der Verwendung streng dem betriebswirtschaftlichen Begriff. Bis zur Schlusszahlung eines Auftrags nicht benötigte Rückstellungen werden aufgelöst und dem Ausgleichsposten zugeführt.

Saisonale Funktions- und Leistungstest

Durchführung von Funktions- und Leistungstests unter Berücksichtigung unterschiedlicher jahreszeitlicher Bedingungen. Beispielhaft genannt sei die im Sommer in Betrieb genommene Heizungsanlage, bei der erst im darauffolgenden Winter unter Volllast weitere Funktions- und Leistungstests durchgeführt werden können.

Schlussrechnung

Nach VOB/B muss die Schlussrechnung bei Leistungen mit einer vertraglichen Ausführungsfrist von höchstens 3 Monaten spätestens 12 Werktage nach Fertigstellung eingereicht werden, wenn nichts anderes vereinbart ist. Diese Frist wird um je 6 Werktage für je weitere 3 Monate Ausführungsfrist verlängert.

Schlusszahlung

Die Schlusszahlung ist nach VOB/B alsbald nach Prüfung und Feststellung der vom Auftragnehmer vorgelegten Schlussrechnung zu leisten, spätestens innerhalb von 2 Monaten nach Zugang.

Nach VOB/B schließt die vorbehaltlose Annahme der Schlusszahlung durch den Auftragnehmer Nachforderungen aus, wenn der AN über die Schlusszahlung vom AG schriftlich unterrichtet und auf die Ausschlusswirkung hingewiesen wurde.

	Nach VOB/B ist ein Vorbehalt innerhalb von 24 Werktagen nach Zugang der Mitteilung über die Schlusszahlung seitens des AN zu erklären. Er wird hinfällig, wenn nicht innerhalb von weiteren 24 Werktagen eine prüfbare Rechnung über die vorbehaltenen Forderungen eingereicht oder, wenn das nicht möglich ist, der Vorbehalt eingehend begründet wird.
Schnittstellenkatalog	Der Schnittstellenkatalog dient der Klärung und Darstellung der zahlreichen Gewerke-Schnittstellen. Die Detaillierung geht dabei über die Informationen in der Gewerkebeziehungsmatrix hinaus. Je nach Anforderung kann dieser Parameter z.B. den Zeitpunkt der Leistungserbringung oder die Qualität der Leistung enthalten.
Second Opinion	Einholen einer zweiten fachlichen Begutachtung, die der Stabilisierung und dem Gewinn einer größeren Sicherheit dient, in dem die vorliegende Planung kritisch hinterfragt wird. Im Ergebnis kann entweder eine Bestätigung oder eine Aufforderung zur Überarbeitung bzw. Ergänzung erfolgen.
Stakeholderanalyse	Im Stakeholder-Management werden in der ersten Phase die Projektbeteiligten und Projektbetroffenen identifiziert. Danach erfolgt eine Analyse über den möglichen Grad der Einflussmöglichkeiten und der Einstellung zum Projekt und damit auch eine erste Indikation für die daraus resultierende Aktionsplanung, in der festgelegt wird, mit welchen Maßnahmen welche Stakeholder erreicht werden sollen und was das Ergebnis je Maßnahme sein soll. Die Ausführung des Stakeholder-Managements ist dann das Monitoring.
Steuerungsablaufplanung	Die Steuerungsablaufpläne der Planung und der Ausführung dienen dem Projektmanager zur Durchführung von Ablaufkontrollen mit Soll-Ist-Vergleich, Abweichungsanalyse und ggf. erforderlichen Anpassungsmaßnahmen zur Erreichung der Terminziele. Sie werden vom Projektmanager in den Projektstufen der Planung und Ausführungsvorbereitung aufgestellt auf der Basis der Grobablaufplanung für die Planung und Ausführung und mit den Projektbeteiligten abgestimmt. Während der Ausführung übernimmt der Projektmanager aus den Zeitplänen des Objektplaners und den Detailablaufplänen der Ausführung der Firmen wichtige Zwischentermine und schreibt dadurch seine Steuerungsablaufpläne der Ausführung fort.
Subunternehmer	→ Nachunternehmer

Technischer Inbetrieb-nahmeleitfaden	Der Inbetriebnahmeleitfaden ist das zentrale Dokument im Gesamt-Inbetriebnahmeprozess, der die gewerkeübergreifenden Abhängigkeiten berücksichtigt. Er fasst alle für die geregelte Inbetriebnahme erforderlichen Unterlagen zusammen. Neben diesen Unterlagen und den allgemeinen Projektdaten enthält der Leitfaden u.a. Angaben zu den Inbetriebnahmezielen, Meetings, Terminen, Zuständigkeiten sowie weitere Vorgaben zur Erreichung der Projektziele.
Technisches Inbetrieb-nahmemanagement	Gemäß VDI handelt es sich um einen Prozess mit dem Ziel, die Gesamtfunktionalität des Gebäudes durch koordinierende Maßnahmen während der Planung, Errichtung und des Betriebs zu erreichen. Diese Leistung ist nicht Gegenstand der HOAI. Die Leistungen des Technischen Inbetriebnahmemanagments beginnen gemäß AHO-Heft Nr. 19 in der Projektstufe 2 (Planung) und gehen zeitlich betrachtet über die Leistungsstufe 5 (Projektabschluss) hinaus. Das Technische Inbetriebnahmemanagement endet in der Projektstufe der Nachlaufenden Leistungen.
Technischer Inbetrieb-nahmemanager	Der Inbetriebnahmemanager unterstützt das Projektmanagement als Verantwortlicher bei der Umsetzung der gewerkeübergreifenden Technischen Inbetriebnahme. Hierzu benötigt er fachübergreifende Kompetenzen.
Teilschlusszahlung	Nach VOB/B können in sich abgeschlossene Teile der Leistung nach Teilabnahme ohne Rücksicht auf die Vollendung der übrigen Leistungen endgültig festgestellt und durch eine Teilschlusszahlung bezahlt werden.
Terminrahmen	Der Terminrahmen wird während der Projektstufe der Projektvorbereitung erstellt. Er steckt mit nur wenigen Vorgängen und Ereignissen (≤ 15) die Dauern der Projektstufen und die Entscheidungszeitpunkte für das Projekt ab.
Totalübernehmer	Der Totalübernehmer unterscheidet sich vom Totalunternehmer dadurch, dass er zwar auch neben der Ausführung die Planungsleistungen übernimmt, jedoch wie der → Generalübernehmer keinerlei Planungs- und Ausführungsleistungen in eigenem Betrieb erbringt. Damit gelten die für den → Generalübernehmer genannten Nachteile analog.

Totalunternehmer

Er übernimmt neben der Ausführung der Bauleistungen aller Gewerbezweige für ein Bauwerk auch die Planungsleistungen ab der Entwurfsplanung mit einem Vertrag, d.h. sämtliche Leistungen eines Generalplaners und eines Generalunternehmers zusammen. Teilweise besorgt der Totalunternehmer für den Auftraggeber auch noch das Grundstück und regelt Finanzierungsfragen. Totalunternehmer werden im Rahmen Beschränkter Ausschreibungen (Nichtoffene Verfahren) vor allem dadurch gewonnen, dass sie ihre Angebote auf der Basis einer Leistungsbeschreibung mit Leistungsprogramm nach VOB/A unterbreiten. Zielsetzung dabei ist es, zusammen mit der Bauausführung auch den Entwurf für die Leistung dem Wettbewerb zu unterstellen, um die technisch, wirtschaftlich und gestalterisch beste sowie funktionsgerechte Lösung der Bauaufgabe zu ermitteln.

Umfeldanalyse

Unterteilung des Projektumfelds in Sach- und Sozialfaktoren, die in interne und externe Faktoren unterschieden werden können. Die Sachfaktoren, z.B. Normen und Gesetze (extern) oder der Baugrund (intern), sind Grundlage des Risikomanagements. Die Sozialfaktoren, z.B. der Nutzer (intern) oder die betroffenen Nachbarn (extern), sind Basis für die Stakeholderanalyse.

Umweltverträglichkeitsprüfung (UVP)

Sie regelt das Verwaltungsverfahren zur vorausschauenden Beurteilung der Auswirkungen von besonders umweltrelevanten Vorhaben. Ziel des Gesetzes über die Umweltverträglichkeitsprüfung (UVPG) vom 12.2.1990 (BGBl. I S. 205) ist es, bei umweltgefährdenden Projekten zur wirksamen Umweltvorsorge nach einheitlichen Grundsätzen sicherzustellen, dass

- die Auswirkungen auf die Umwelt frühzeitig und umfassend ermittelt, beschrieben und bewertet werden,
- das Ergebnis der Umweltverträglichkeitsprüfung so früh wie möglich bei allen behördlichen Entscheidungen über die Zulässigkeit berücksichtigt wird.

Die Umweltverträglichkeitsprüfung ist ein unselbständiger Teil verwaltungsbehördlicher Verfahren, die der Entscheidung über die Zulässigkeit von Vorhaben dienen. Die Umweltverträglichkeitsprüfung umfasst die Ermittlung, Beschreibung und Bewertung der Auswirkungen eines Vorhabens auf die Schutzgüter

- Menschen, Tiere und Pflanzen,
- Boden, Wasser, Luft, Klima und Landschaft, einschließlich der jeweiligen Wechselwirkungen,
- Kultur- und sonstige Sachgüter.

Unvorhersehbares	Kostenansatz in Kostenermittlungen bei Projekten mit hohem Schwierigkeitsgrad, insbesondere auch bei Umbaumaßnahmen. Es ist mit ca. 5–10 % der Gesamtkosten anzusetzen.
Varianten	Im Sinne der Vorplanung nach HOAI 2013, Anlage 10 zu §§ 34 Abs. 1 und 35 Abs. 6 und Anlage 11 zu §§ 39 Abs. 1 und 40 Abs. 5 bezieht sich die Erarbeitung von Varianten auf Planungsalternativen nach gleichen Anforderungen. Bei verschiedenen Anforderungen handelt es sich um eine Besondere Leistung, die gesondert zu beauftragen ist.
VE-Projektleitfaden	Im VE-Projektleitfaden werden die Ergebnisse der VE-Ziele (Zieldefinition, Zielbeziehungen, Zielpriorisierung) unter Berücksichtigung der Bedarfsplanung, des VE-Prozesses und der Anforderungen an die zu überprüfenden Planungsergebnisse zusammengefasst und dokumentiert.
VE-Prüfbericht	Zusammenfassen und dokumentieren der Ergebnisse aus der Überprüfung der Planungsergebnisse im Hinblick auf Berücksichtigung der Abstimmungsergebnisse dieser oder vorhergehender Leistungsphasen, der Planung von Varianten und der Erreichung der VE-Ziele in einem Prüfbericht zum Phasenabschluss der jeweiligen Leistungsphase gemäß HOAI 2013.
Vergabe- und Vertragsordnung für Bauleistungen (VOB)	Sie ist aus dem Bedürfnis entstanden, die werkvertraglichen Regelungen der §§ 631 ff. BGB, die den Interessen der Baubeteiligten und den Bauabläufen nur bedingt gerecht werden, durch entsprechende bauspezifische und praxisbezogene Regelungen zu ergänzen. Die grundsätzliche Bedeutung der Vergabe- und Vertragsordnung für Bauleistungen liegt u.a. in ihrer baupraxisbezogenen Ausrichtung, ihrer ausgewogenen Behandlung der Vertragspartner und – bedingt durch das Fehlen des Gesetzescharakters – in der Möglichkeit, sie fortlaufend, schnell und flexibel an sich verändernde Bedürfnisse anzupassen.

Vergabeunterlagen	Sie bestehen nach VOB/A aus • dem Anschreiben, • ggf. Bewerbungsbedingungen und • den Vergabeunterlagen mit – Leistungsbeschreibung durch Baubeschreibung mit Leistungsverzeichnis oder mit Leistungsprogramm, – Ausschreibungsplänen, – ggf. Mustern und Probestücken, – Besonderen Vertragsbedingungen (BVB), – Zusätzlichen Vertragsbedingungen (ZVB), – ggf. Zusätzlichen Technischen Vertragsbedingungen (ZTV), – Allgemeinen Technischen Vertragsbedingungen (ATV = VOB/C) und – Allgemeinen Vertragsbedingungen (AVB = VOB/B).
Vorauszahlung	Nach VOB/A können Vorauszahlungen vor und auch nach Vertragsabschluss vereinbart werden; hierfür ist auf Verlangen des AG ausreichende Sicherheit zu leisten. Vorauszahlungen sind, sofern nichts anderes vereinbart wird, mit 1 v.H. über dem Lombardsatz der Deutschen Bundesbank zu verzinsen. Vorauszahlungen sind auf die nächstfälligen Zahlungen anzurechnen, soweit damit Leistungen abzugelten sind, für welche die Vorauszahlungen gewährt worden sind.
Werkvertrag	Privatrechtlicher, gegenseitiger Vertrag bzw. schuldrechtlicher Vertrag, durch den nach § 631 Abs. 1 BGB der Unternehmer zur Herstellung des versprochenen Werkes, der Besteller zur Entrichtung der vereinbarten Vergütung verpflichtet wird. Nach Abs. 2 kann Gegenstand des Werkvertrages die Herstellung oder Veränderung einer Sache oder ein anderer durch Arbeit oder Dienstleistung herbeizuführender Erfolg sein.
Wertschöpfungsstufen	Ziel einer jeden Projektentwicklung ist die Wertsteigerung im Rahmen des Entwicklungsprozesses. Diese Wertsteigerung kann beim Entwickler verbleiben (bei der Entwicklung für den eigenen Bestand) oder durch einen Verkauf zu einem bestimmten Zeitpunkt realisiert werden. Diese Wertschöpfungsstufen stellen gleichzeitig auch Entscheidungspunkte dar, an denen im Verlauf einer Projektentwicklung die Entscheidung für den Abbruch oder die Fortführung der Entwicklung getroffen werden muss.

Wirtschaftlichkeits-berechnungen	Sie stellen Methoden dar, mit deren Hilfe die Vorteilhaftigkeit einzelwirtschaftlicher Investitionsmaßnahmen geprüft und im Hinblick auf die Zielsetzungen des jeweiligen Investors bewertet werden soll. Sie gehören damit zur betriebswirtschaftlichen Investitionsrechnung. Die untersuchten Kosten- und Nutzenfaktoren sind als Ausgaben und Einnahmen stets monetär bewertbar. Nicht in Geldeinheiten bewertbare Faktoren können ergänzend nur verbal diskutiert werden (intangible Effekte).

Stichwortverzeichnis

Ausschuss der Verbände und Kammern
der Ingenieure und Architekten
für die Honorarordnung e.V.

Der AHO – Tradition und gewachsene Kompetenz

Der AHO Ausschuss der Verbände und Kammern der Ingenieure und Architekten für die Honorarordnung e.V. ist der Zusammenschluss maßgeblicher Ingenieurverbände, der Länderingenieurkammern Deutschlands und einiger Architektenkammern und -verbände. Als Fachverband wahrt und vertritt er die Honorar- und Wettbewerbsinteressen von Ingenieuren und Architekten.

Die Facharbeit des AHO wird in themenbezogen zusammengestellten Arbeitsgremien von hochqualifizierten Ingenieuren und Architekten ehrenamtlich geleistet. Im Mittelpunkt stehen die Diskussionen von Grundsatzfragen zum Honorar- und Wettbewerbsrecht, die Weiterentwicklung der bestehenden Leistungsbilder der Verordnung über die Honorare für Architekten- und Ingenieurleistungen (Honorarordnung für Architekten und Ingenieure – HOAI) sowie die Erarbeitung neuer Leistungsbilder. Beratungsergebnisse aus den einzelnen Arbeitsgremien werden in der Schriftenreihe des AHO als Praxishilfe für Auftragnehmer und Auftraggeber veröffentlicht.

Mitgliedsorganisationen im AHO

Verbände

abv Arbeitskreis Beratende Ingenieure – Vermessung – im BDB Baden-Württemberg

BAB Berufsverband freischaffender Architekten und Bauingenieure e.V.

BDB Bund Deutscher Baumeister, Architekten und Ingenieure e.V.

BDG Berufsverband Deutscher Geowissenschaftler e.V.

BDK Bundesverband Deutscher Baukoordinatoren e.V.

BDVI Bund der Öffentlich bestellten Vermessungsingenieure e.V.

BVPI Bundesvereinigung der Prüfingenieure für Bautechnik e.V.

BVS Bundesverband öffentlich bestellter und vereidigter sowie qualifizierter Sachverständiger e.V.

DVP Deutscher Verband der Projektmanager in der Bau- und Immobilienwirtschaft e.V.

IGVB Ingenieurverband Geoinformation und Vermessung Bayern e.V.

UBF Unabhängige Berater für Fassadentechnik e.V.

VBI Verband Beratender Ingenieure

VDI Verein Deutscher Ingenieure e.V.

VDV Verband Deutscher Vermessungsingenieure e.V.

VIV Verband der Ingenieurbüros für Verkehrstechnik e.V.

V.S.G.K. Verband der Sicherheits- und Gesundheitsschutzkoordinatoren Deutschlands e.V.

Kammern

Architektenkammer Baden-Württemberg

Architektenkammer der Freien Hansestadt Bremen

Architektenkammer Sachsen

Architektenkammer Thüringen

Architekten- und Ingenieurkammer Schleswig-Holstein

Architekten- und Stadtplanerkammer Hessen

Baukammer Berlin

Bayerische Architektenkammer

Bayerische Ingenieurekammer-Bau

Brandenburgische Ingenieurkammer

Hamburgische Ingenieurkammer-Bau

Ingenieurkammer Baden-Württemberg

Ingenieurkammer-Bau Nordrhein-Westfalen

Ingenieurkammer der Freien Hansestadt Bremen

Ingenieurkammer des Saarlandes

Ingenieurkammer Hessen

Ingenieurkammer Mecklenburg-Vorpommern

Ingenieurkammer Niedersachsen

Ingenieurkammer Rheinland-Pfalz

Ingenieurkammer Sachsen

Ingenieurkammer Sachsen-Anhalt

Ingenieurkammer Thüringen

Außerordentliche Mitglieder

BDIA Bund Deutscher Innenarchitekten e.V.

bdla Bund Deutscher Landschaftsarchitekten

SRL Vereinigung für Stadt-, Regional- und Landesplanung e.V.

VFA Vereinigung Freischaffender Architekten Deutschlands e.V.

Ausschuss der Verbände und Kammern
der Ingenieure und Architekten
für die Honorarordnung e.V.

Veröffentlichungen in der Schriftenreihe des AHO

Alle Hefte der AHO-Schriftenreihe verstehen sich als unverbindliche Honorierungsempfehlungen und Praxishilfen.

Die bisher erschienenen Hefte können – sofern nichts anderes angegeben ist – beim AHO direkt bezogen werden. Ihre Bestellung können Sie online unter www.aho.de/schriftenreihe oder per Fax unter (0 30) 31 01 917-11 aufgeben.

Alle Hefte werden kartoniert im Format 16,5 x 24,4 cm veröffentlicht. Alle angegebenen Preise sind Bruttopreise inkl. gesetzl. MwSt. zzgl. Versandkosten.

Nr. 1 **HOAI – Planen und Bauen im Bestand Arbeitshilfen zur Bestimmung der anrechenbaren Kosten aus mitzuverarbeitender Bausubstanz und des Zuschlags für Umbauten und Modernisierungen**
ISBN 978-3-8462-0435-1, 2014, 144 Seiten, 28,80 €

Nr. 2 **Örtliche Bauüberwachung bei Ingenieurbauwerken und Verkehrsanlagen – Leistungsbild und Honorierung**
ISBN 978-3-8462-0431-3, 2014, 36 Seiten, 14,80 €

Nr. 3 **HOAI – Besondere Leistungen bei der Tragwerksplanung**
ISBN 978-3-8462-0767-3, 5., vollständig überarbeitete Auflage 2017, 72 Seiten, 16,80 €

Nr. 4 **HOAI – Besondere Leistungen bei der Planung von Objekten der Wasser- und Abfallwirtschaft nach Teil 3 Abschnitt 3, § 41 HOAI 2013**
ISBN 978-3-8462-0824-3, 3., vollständig überarbeitete Auflage 2017, 52 Seiten, 16,80 €

Nr. 5 **HOAI – Verkehrsplanerische Leistungen – Leistungsbeschreibung mit Honorarvorschlag**
ISBN 978-3-8462-0768-0, 2., vollständig überarbeitete Auflage 2017, 84 Seiten, 24,80 €

Nr. 6 **HOAI – Besondere Leistungen bei der Planung von Anlagen der Technischen Ausrüstung nach Teil 4 Abschnitt 2, Anlage 15, Nr. 15.1 HOAI 2013**
ISBN 978-3-8462-0317-0, 3., vollständig überarbeitete Auflage 2014, 64 Seiten, 14,80 €

Nr. 7 **HOAI – Besondere Leistungen bei der Planung von Ingenieurbauwerken nach Teil 3 Abschnitt 3, § 41 Nr. 6 (konstruktive Ingenieurbauwerke für Verkehrsanlagen) und Nr. 7 (sonstige Einzelbauwerke, ausgenommen Gebäude und Freileitungsmaste) HOAI 2013**
ISBN 978-3-8462-0436-8, 2., vollständig überarbeitete Auflage 2015, 52 Seiten, 14,80 €

Nr. 8 **Untersuchungen zum Leistungsbild und zur Honorierung für den Planungsbereich „Altlasten“**
ISBN 978-3-89817-914-0, 2., vollständig überarbeitete Auflage 2010, 76 Seiten, 21,80 €

Ausschuss der Verbände und Kammern
der Ingenieure und Architekten
für die Honorarordnung e.V.

Nr. 9 **Projektmanagementleistungen in der Bau- und Immobilienwirtschaft – Leistungsbild und Honorierung**
ISBN 978-3-8462-0189-3, 4., vollständig überarbeitete Auflage 2014, 228 Seiten, 36,80 €

Nr. 10 **GIS-Dienstleistungen, Teil A: Leistungsphasen nach GIS-Basissystemen**
ISBN 978-3-8462-0889-2, 2017, 32 Seiten, 16,80 €

Nr. 12 **HOAI – Arbeitshilfen zur Vereinbarung von Ingenieurverträgen für die Bearbeitung von Generalentwässerungsplänen (GEP)**
ISBN 978-3-8462-0437-5, 2., vollständig überarbeitete und erweiterte Auflage 2014, 64 Seiten, 14,80 €

Nr. 13 **HVA F-StB – Benutzerhinweise zur Verhandlung und Abfassung von Ingenieurverträgen (im Straßen- und Brückenbau)**
ISBN 978-3-89817-036-9, 2001, 28 Seiten, 14,80 €

Nr. 14 **HOAI – Tafelfortschreibung Erweiterte Honorartabellen (§§ 20.1, 21.1, 28.1, 29.1, 30.1, 31.1, 32.1, 35.1, 40.1, 44.1, 48.1, 52.1, 56.1, Anlage 1, Nr. 1.1 und 1.2)**
ISBN 978-3-8462-0710-9, 3., vollständig überarbeitete und erweiterte Auflage 2016, 60 Seiten, 21,80 €

Nr. 15 **Leistungen nach der Baustellenverordnung – Leistungsbild und Honorierung**
ISBN 978-3-89817-940-9, 2., vollständig überarbeitete und erweiterte Auflage 2011, 48 Seiten, 14,80 €

Nr. 16 **Untersuchungen zum Leistungsbild und zur Honorierung für das Facility Management Consulting**
ISBN 978-3-89817-841-9, 4., vollständig überarbeitete und erweiterte Auflage 2010, 128 Seiten, 28,80 €

Nr. 17 **Leistungen für Brandschutz – Leistungsbild und Honorierung**
ISBN 978-3-8462-0540-2, 3., vollständig überarbeitete Auflage 2015, 64 Seiten, 14,80 €

Nr. 18 **Planungsbereich „Baufeldfreimachung/Rückbau" – Leistungsbild und Honorierung**
ISBN 978-3-8462-0234-0, 2., vollständig überarbeitete Auflage 2014, 64 Seiten, 14,80 €

Nr. 19 **Ergänzende Leistungsbilder im Projektmanagement für die Bau- und Immobilienwirtschaft – Leistungsbild und Honorierung**
ISBN 978-3-8462-0049-0, 2., vollständig überarbeitete Auflage 2018, 328 Seiten, 41,80 €

Nr. 20 **Abgrenzung der Vergütung von Objektplanungsleistungen der Freianlagen zu Ingenieurbauwerken und Verkehrsanlagen nach Teil 3 der HOAI 2009**
ISBN 978-3-89817-950-8, 2., überarbeitete Auflage 2011, 64 Seiten, 21,80 €